BIM

技术丛书

REVIT 族入门与提高

贾　璐　吕　憬　卓平山　著
张明锋　刘中存　熊　峰　主审

中国水利水电出版社
www.waterpub.com.cn

·北京·

内 容 提 要

本书首先对族的基本概念以及族的参数类型进行了结构化的阐述，讲明了族的编辑工具与参数设置方法；其次，对 Revit 2018 自带族样板进行了分类，并从族的使用场景界定了族样板的选用规则；而后，将族分为二维族和三维族，详细介绍了建筑、结构、MEP 涉及的典型族创建思路与创建步骤，并着重引入了嵌套族的概念；最后，针对族的高阶应用，介绍了概念设计环境的基础知识与编辑方法，并对该环境下体量族、自适应构件的创建与应用进行了介绍。此外，还提出了族文件的测试与管理原则，并对族文件的知识产权保护做了说明。

图书在版编目（ＣＩＰ）数据

REVIT族入门与提高 / 贾璐等著. -- 北京 ： 中国水
利水电出版社，2020.12
　　（BIM技术丛书）
　　ISBN 978-7-5170-9260-5

Ⅰ．①R… Ⅱ．①贾… Ⅲ．①建筑设计－计算机辅助
设计－应用软件 Ⅳ．①TU201.4

中国版本图书馆CIP数据核字(2020)第254195号

书　　　名	BIM 技术丛书 **REVIT 族入门与提高** REVIT ZU RUMEN YU TIGAO	
作　　　者	贾　璐　吕　憬　卓平山　著 张明锋　刘中存　熊　峰　主审	
出 版 发 行	中国水利水电出版社 （北京市海淀区玉渊潭南路 1 号 D 座　　100038） 网址：www. waterpub. com. cn E - mail：sales@waterpub. com. cn 电话：(010) 68367658（营销中心）	
经　　　售	北京科水图书销售中心（零售） 电话：(010) 88383994、63202643、68545874 全国各地新华书店和相关出版物销售网点	
排　　　版	中国水利水电出版社微机排版中心	
印　　　刷	清淞永业（天津）印刷有限公司	
规　　　格	184mm×260mm　16 开本　36 印张　876 千字	
版　　　次	2020 年 12 月第 1 版　2020 年 12 月第 1 次印刷	
印　　　数	0001—3000 册	
定　　　价	**138. 00 元**	

凡购买我社图书，如有缺页、倒页、脱页的，本社营销中心负责调换

前 言

随着建筑行业信息化进程的加深，对于建筑信息模型（BIM）技术人才的需求总量巨大。不仅是 BIM 专业技术人员，每一位建筑行业从业者以及建筑类专业的教师、学生都应该掌握基础的 BIM 技术知识与相关软件操作。

Autodesk Revit 系列软件是由美国 Autodesk 公司开发的一套 BIM 软件，是我国建筑业 BIM 体系中使用最广泛的软件之一。"族"是 Revit 中一个重要的概念，Revit 族是某一类别中图元的类，是根据参数（属性）集的共用、使用上的相同和图形表示的相似来对图元进行分组，Revit 中的所有图元都是基于族的，每个族文件内都含有很多的参数和信息，像尺寸、形状、类型和其他的参数变量设置，能够帮助使用者更轻松地管理模型数据和进行修改。因此，"族"的基础知识、创建方法、使用技巧对于 Revit 项目的创建与使用具有重要的意义。

目前，国内针对 Revit 的学习资源主要集中在软件的基本操作、模型的创建、模型的可视化应用等方面，对于族的基础知识与使用尚未有成体系的研究。笔者从多年的高校 BIM 教学经验中发现，学生在建模过程中缺乏对族的应用理解，建好的模型往往徒有其表，不能进行模型的构件管理与数据提取。另外，从施工单位的现实需求来看，实现企业族文件的定制，族库的搭建，需要技术人员对族的理解与使用较为深入。因此，笔者经过多年的思考与教学经验，加之企业提出的实际需求，将自己的微薄经验写成书与大家分享，供大家评点。

本书基于赣州市重点研发计划项目"装配式住宅数字建造关键技术研究"的研究成果，首先对族的基本概念以及族的参数类型进行了结构化的阐述，讲明了族的编辑工具与参数设置方法；其次，对 Revit 2018 自带族样板进行了分类，并从族的使用场景界定了族样板的选用规则；而后，将族分为二维族和三维族，详细介绍了建筑、结构、MEP 涉及的典型族创建思路与创建步骤，并着重引入了嵌套族的概念；最后，针对族的高阶应用，介绍了概念设计环境的基础知识与编辑方法，并对该环境下体量族、自适应构件的创建与应用进行了介绍。此外，研究还提出了族文件的测试与管理原则，并对族文件的知识产权保护做了说明。

本书由南昌大学建筑工程学院贾璐副教授、江西中煤建设集团有限公司吕憬高级工程师、南昌大学建筑工程学院卓平山副教授主笔，江西中煤建设集团有限公司董事长张明锋、总经理刘中存、副总经理熊峰主审，并提出了合理的建议。

其他参与编写的人员有：南昌大学支清、王祉祺、程颖新，江西中煤建设集团有限公司王湘吉、王雪飞、曾思智、颜悦、漆璐、罗凌，南昌航空大学熊黎黎，江西财经大学旅游与城市管理学院陈红艳，江西省恒立建工咨询有限公司余江平，江西省旅游集团有限责任公司胡志强，江西赣江新区开发投资集团有限责任公司洪锡南、黄建平，南昌城市建设投资发展有限公司谢文碧，南昌城建集团有限公司彭伟，南昌市政公用工程项目管理有限公司黄小彬、胡昊、吴鹏飞，中联建设集团股份有限公司帅品峰，中国电建集团江西省水电工程局有限公司曾兵建、朱鹏飞、彭睿，南昌工学院宋蕾，江西中昌工程咨询监理有限公司彭军，江西省建筑设计研究总院集团有限公司刘晓林。

本书的编写与出版得到了江西中煤建设集团有限公司和南昌大学建筑工程学院领导的大力支持，杜晓玲教授、廖小建教授、李火坤教授、魏博文教授对本书提出了许多宝贵建议，南昌大学建筑工程学院黄星、徐嘉潞、郭伟斌、任珂、秦嵩、黄剑涛、刘洋、杨黄明哲、韩芮、郑舒严、严志豪、徐佩芝、付建、罗俊龙、刘丽平、王森、洪可、黄磊、李永明等同学对该书的案例进行了试验与修改。

本书是对南昌大学 BIM 相关课程教学经验、科研项目研发过程以及江西中煤建设集团有限公司 BIM 应用经验的总结，可为高校 BIM 技术教学以及企业族库搭建提供良好的参考，可作为高校相关专业师生的教材，也可作为企业 BIM 应用与人员培训的参考用书，还可以用作广大 BIM 爱好者的自学用书。

由于笔者水平有限，本书难免有疏漏和不足之处，敬请读者批评、指正。

作者

2020 年 12 月

目 录

第 1 章

族 的 简 介

本 章 导 读

"族"是 Revit 软件中一个功能强大的概念，它的使用贯穿 Revit 项目文件创建的全过程。本章第 1.1 节主要讲述族的基本概念，并对族相关术语给出解释；第 1.2 节对族进行了分类，详细介绍了各类族的创建特点与适用环境；第 1.3 节对族编辑器的界面与功能进行了介绍；第 1.4 节通过实际操作，介绍了 Revit 族编辑器的图元编辑与视图控制等基本功能。Revit 2018 开始界面见图 1-1。

图 1-1　Revit 2018 开始界面

在学习"族"的相关知识和技能时，大量专业术语会成为学习的障碍，为了更好地方便读者阅读，从本章起将在每章导读部分将该章各节所有首次出现的术语进行名词解释，本章第 1.1 节、第 1.2 节、第 1.3 节的名词解释见图 1-2。

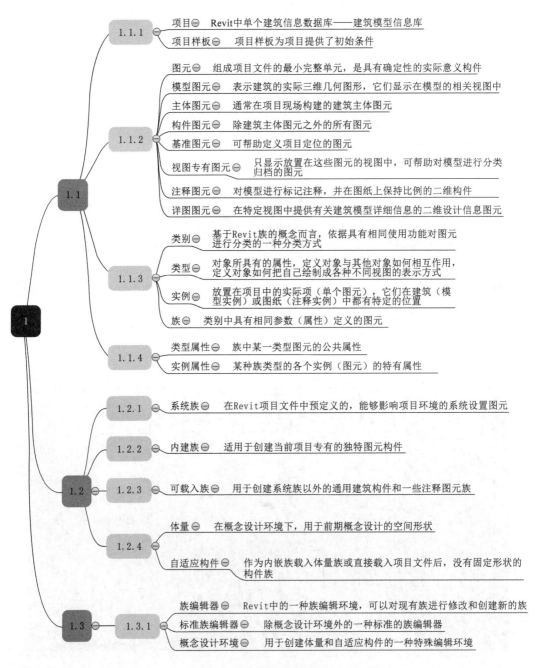

图 1-2 专有名词解释

1.1 族的基本概念

1.1.1 项目与项目样板

项目是 Revit 中单个建筑信息数据库，项目包含了建筑的所有设计信息（从几何图形

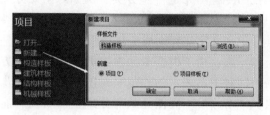

图 1-3 新建项目

到构造数据），包括完整的三维建筑模型、所有的设计视图（平面、立面、剖面、大样节点、明细表等）和施工图图纸等信息，而且所有这些信息之间都保持关联关系，当修改其中某一个视图时，整个项目都随之修改，实现了"一处更新，处处更新"。这种信息之间关联关系的紧密程度取决于项目中图元之间的"关系"，相应的概念将在 1.1.3 介绍。新建项目见图 1-3。

项目文件扩展名为 . rvt。

项目样板为新项目提供了起点，包括视图样板、已载入的族、已定义的设置（如单位、填充样式、线样式、线宽、视图比例等）和几何图形（如果需要）。

项目样板文件结构：在 Autodesk Revit 2018 初次安装完成后，这些文件存在"C \ ProgramData \ Autodesk \ RVT2018 \ Templates \ China"文件夹下（注：读者在安装 AutodeskRevit2018 时应确认装载项目样板文件，否则文件夹中不存在项目样板文件），项目样板文件扩展名为 . rte。新建项目样板见图 1-4。

1.1.2 图元

"图元"的概念源自计算机图学领域，指的是图形软件包中用来描述各种图形元素的函数，在绘图软件的视图环境下，图元对应的是界面上看得见的实体。在 Revit 项目文件中，图元可以看作用来创建模型的单个可见的实际项，它们在平面、立面、剖面、三维视图、详图以及明细表中显示。

图 1-4 新建项目样板

Revit 按照图元的使用功能将图元分为 3 类，分别是模型图元、基准图元、视图专有图元。它们在 Revit 视图中的具体见表 1-1。

表 1-1   图 元 分 类

图元分类		图元功能	视图显示	实例
模型图元	主体图元	表示建筑的实际三维模型	平面、立面、剖面、三维视图、详图、明细表	墙、柱、梁、板等
	构件图元			门、窗、家具等
基准图元		帮助定义项目的定位信息	显示在放置这些图元的视图中	标高、轴网、参照平面等
视图专有图元	注释图元	帮助对模型进行描述或归档	显示在放置这些图元的视图中	尺寸标注、标记等
	详图图元			详图线、填充区域等

1.1.3　类别、族、类型与实例

Revit 按照类别、族和类型对上述各种图元进行分类。类别、族和类型的相互关系示意图见图 1-5。

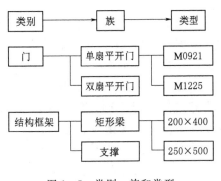

图 1-5　类别、族和类型

（1）类别：用于对建筑模型图元、基准图元、视图专有图元进一步分类。例如，图元分类表中的墙、柱、梁、板等都有数据模型图元类别。标记和文字注释则属于注释图元类别。

（2）族：用于根据图元参数的共用、使用方式的相同和图形表示的相似来对图元类别进一步分组。一个族中不同图元的部分或全部属性可能有不同的值，但是属性的设置（其名称与含义）是相同的。例如，结构框架中的"矩形梁"和"支撑"都是结构框架类别中的一个族。

（3）类型：特定尺寸的模型图元就是族的一种类型，一个族可以拥有多种类型；每个不同的尺寸都可以是同一族内的新类型。例如，"M0921"和"M1225"是族"单扇平开门"的两种不同类型。

（4）实例：就是放置在 Revit Architecture 项目中的每一个实际的图元，每一个实例都属于一个族，并且在该族中，它属于特定的类型。例如，在项目中某一层放置了几根 200×400 的矩形梁，那么每一根梁都是"矩形梁"族中"200×400"类型的一个实例。

 知识衔接

如何快速查找类别、族、类型与实例

方法一：

在"项目浏览器"中，单击"族"左边⊞按钮，以"墙"类别为例：单击"墙"左边⊞按钮，系统将会显示出墙类别中的不同族：叠层墙、基本墙、幕墙，单击"基本墙"左边⊞按钮，系统将会显示出基本墙的不同类型：填充墙240mm、砖墙240mm 等，其中项目内每一面厚度为 240mm 的砖墙都是"基本墙"族中"砖墙 240mm"类型的一个实例，见图 1-6。

方法二：

单击鼠标左键选中"砖墙 240mm"，该图元高亮显示（若将该图元在视图或整个项目中高亮显示，单击鼠标右键，在弹出的窗口找到全部实例，若选择了"在视图中可见"，则在当前视图中，使用该族类型的所有图元都会高亮显示，若选择了"在整个项目中"，则在其他视图中，使用该族类型的所有图元都会高亮显示）。单击鼠标左键打开属性对话框中的编辑类型，在类型属性对话框中可以看到族与类型，见图 1-7、图 1-8。

图 1-6　项目浏览器

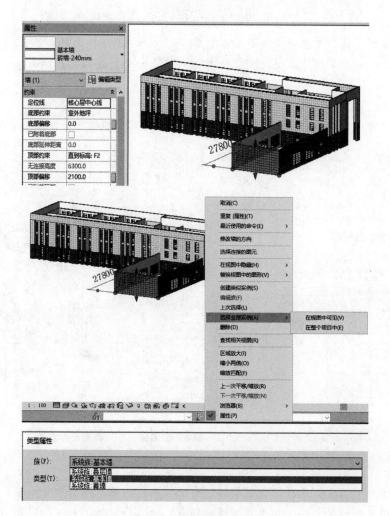

图 1-7　类型属性（一）

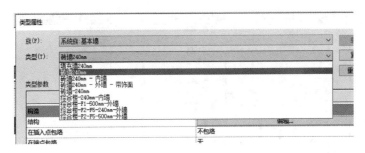

图1-8 类型属性（二）

 知识衔接

如何快速查找 Revit 中载入的族文件

方法一：

在"项目浏览器"中，单击鼠标右键，选择"搜索"。在弹出的搜索对话框中输入需要查找的族文件名称关键字，通过"上一个"和"下一个"按钮，可以在族文件中进行筛选，见图1-9。

方法二：

切换至"建筑""结构"或者"系统"选项卡，找到"构件"功能工具，见图1-10。

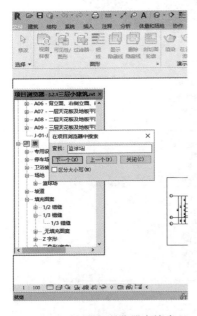

图1-9 在项目浏览器中搜索

图1-10 "构件"工具

单击"构件"工具，选择"放置构件"命令，在弹出的"属性"面板中，就可以看到载入到当前项目中的族文件。单击"类型选择器"的下拉按钮，在下拉列表中就可以找到载入当前项目中的所有文件，见图1-11。

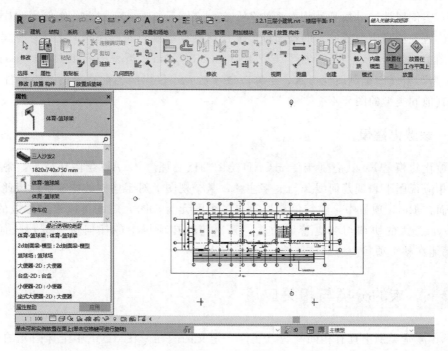

图 1-11 放置构件

1.1.4 图元属性

Revit 作为一款参数化设计软件，其中最根本的一个特点是：大多数图元都具有各种属性参数，这些属性参数用于控制其外观和行为。Revit 的图元属性分两大类：

（1）类型属性：是族中某一类型图元的公共属性，修改类型属性参数会影响项目中族的所有已有的实例（各个图元）和任何将要在项目中放置的实例。如图 1-12 所示，"矩形柱"族"400mm×500mm"类型的截面尺寸参数 b 和 h 就属于类型属性参数。

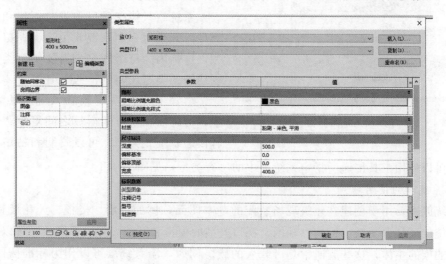

图 1-12 类型属性与实例属性

（2）实例属性：是指某种族类型的各个实例（图元）的特有属性，实例属性往往会随图元在建筑或项目中位置的不同而不同，实例属性仅影响当前选择的图元或将要放置的图元。如图 1-12 所示，"矩形柱"族"400mm×500mm"类型的高度参数"基准标高""顶部标高"就属于实例属性参数，当修改该参数时，仅影响当前选择的"矩形柱"实例图元，其他同类型的图元不受影响。

1.1.5 参数化建模

参数化建模是 Revit 有别于传统 CAD 绘图的核心理念。CAD 绘图环境下，各建筑构件只在相应视图下表现几何线条与文字注释，某个视图上对于构件的修改不能传递到其他视图。而在 Revit 项目中，建筑信息挂载在各个图元上，图元之间可以建立相应的关系，通过 Revit 强大的协调与变更管理功能，无论何时在项目中的任何位置进行任何修改，Revit 都能在整个项目内协调该修改。

1.2 族的分类与相关应用

Revit 族是类别中具有相同参数（属性）定义的图元。在 Revit 中全部图元的创建都是基于族来实现的。

Revit 族可分为系统族、内建族、可载入族 3 类。

1.2.1 系统族

1. 系统族的定义

系统族是由 Revit 在项目文件中预定义的一类族，保存在项目样板和项目中，不能从外部文件中导入进项目及项目样板。

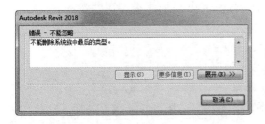

图 1-13 系统族至少需保留一种类型

2. 系统族的特点

系统族只能在项目中进行创建和修改族类型，并且每一个系统族至少需保留一种类型，这是因为每个族至少需要一个类型才能创建新的类型及实例，见图 1-13。

尽管不能将系统族载入到样板和项目中，但可以在项目和样板之间复制和粘贴或者传递系统族类型。可以复制和粘贴各个类型，也可以使用工具传递所指定系统族中的所有类型，见图 1-14。

3. 系统族的使用场景

系统族主要用于创建在建筑现场装配的基本图元，例如：墙、楼板、天花板和楼梯。此外系统族还包含图纸、标高、轴网、视口类型的项目和系统设置。系统族还可以作为其他种类的族的主体，这些族通常是可载入的族。例如，墙系统族可以作为标准构件门/窗部件的主体。

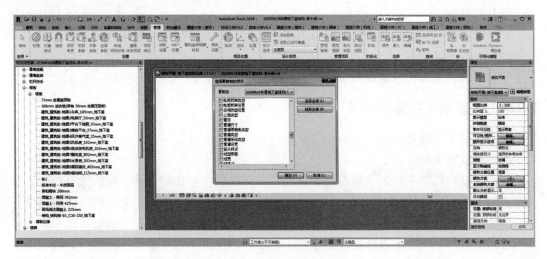

图 1-14　系统族的复制

1.2.2　内建族

1. 内建族的定义
内建图元是在项目的上下文中创建的自定义图元。

2. 内建族的特点
项目中可以创建多个内建图元，并且可以将同一内建图元的多个副本放置在项目中。但是，与系统族和可载入族不同的是，内建族不能通过复制族类型来创建多种类型。内建族可以在项目之间传递或复制内建图元，但只有在必要时才应执行此操作，因为内建图元会增大文件大小并使软件性能降低。

内建模型可指定为项目中各类系统族类别，例如墙、楼板等，但内建模型无法享有系统族自己的特定参数设置，它们仅仅是独立的体块。内建模型可被统计进对应的项目构件明细表。

3. 内建族的使用场景
对于需要拾取面的模型，用作参照，例如面墙、面幕墙系统、面屋顶，特殊的造型构件，空心模型用于和当前模型做布尔裁切。

1.2.3　可载入族

1. 可载入族的定义
可载入族是在项目外部 RFA 文件中创建的，可导入或载入到项目中。

2. 可载入族的特点
可载入族具有高度自定义的特点，可载入族在族编辑器中进行创建与修改，本书主要介绍可载入族的创建与应用。

3. 可载入族的使用场景
（1）通常购买、提供并安装在建筑内和建筑周围的建筑构件，例如窗、门、橱柜、装置、家具和植物。

（2）通常购买、提供并安装在建筑内和建筑周围的系统构件，例如锅炉、热水器、空气处理设备和卫浴装置。

（3）常规自定义的一些注释图元，例如符号和标题栏。

1.2.4 体量族与自适应构件

（1）区别于常规构件族，体量族与自适应构件在概念设计环境下进行创建与修改。

（2）体量族介绍。

在概念设计环境下，用于前期概念设计的空间形状，它在赋予梁、板、柱等具体元素前是空间一个半透明的区域，代表着设计者设计外观的范围，不是作为一个实体的结构。

体量族可以在项目内部（内建体量）或项目外部（可载入体量族）创建。

可以使用体量研究来执行各种任务：①创建内建体量实例或基于族的体量实例，这些实例特定于单独的设计选项；②创建体量族，这些族表示与经常使用的建筑体积关联的形式；③使用设计选项修改表示建筑物或建筑物群落主要构件的体量之间的材质、形式和关联；④抽象表示项目的阶段；⑤通过将计划的建筑体量与分区外围和楼层面积比率进行关联，可视化和数字化研究分区遵从性；⑥从预先定义的体量族库中组合各种复杂的体量；⑦从带有可完全控制图元类别、类型和参数值的体量实例开始，生成楼板、屋顶、幕墙系统和墙。在体量更改时完全控制这些图元的再生成。

（3）自适应构件介绍。

自适应构件是一种更为灵活的构件族。作为内嵌族载入体量族或直接载入项目文件后，它没有固定的形状。可根据自适应构件中定义的自适应点的数量和相对位置，自适应到体量族的形状中。

自适应构件是灵活适应许多独特概念条件的构件。

自适应构件是基于填充图案的幕墙嵌板的自我适应。例如，自适应构件可以用在通过布置多个符合用户定义限制条件的构件而生成的重复系统中。

自适应构件可通过修改参照点来创建自适应点。通过捕捉这些灵活点而绘制的几何图形将产生自适应的构件。

自适应构件只能用于填充图案嵌板族、自适应构件族、概念体量环境和项目。

1.3   族编辑器

族编辑器是 Revit 中的一种图形编辑模式，可以用来对现有族进行修改或创建新的族。Revit 2018 提供了标准族编辑器及概念设计环境两个族编辑器模式，分别用来创建常规构件族以及进行概念设计。

1.3.1   标准族编辑器

1. 工作界面

族编辑器界面（见图 1-15）与 Revit 中的项目环境具有相同的外观，但其特征在于

"创建"选项卡上提供了不同的工具，工具的可用性取决于要编辑族的类别。

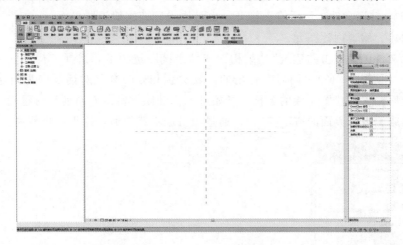

图 1-15　Revit 工作界面

标准族编辑器共有"创建""插入""注释""视图""管理""附加模块""修改"7 个选项卡，每个选项卡下面包含若干功能命令，本文将在 1.3.3 节对所有标准族编辑器中可用的工具进行说明。

2. 使用场景

(1) 通过项目编辑族。

在项目文件中，单击选择任一非系统族图元（以柱为例，见图 1-16），在弹出"修改 | 柱"选项卡下单击"编辑族"命令（或者双击该图元），即可进入标准族编辑器。

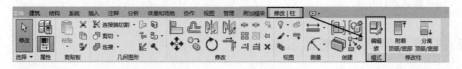

图 1-16　通过项目编辑族

(2) 在项目外部创建、编辑可载入族。

在 Revit 开始界面，单击族选项卡下"新建"或"打开"，选择合适样板 .rft（以公制常规模型 .rft 为例，见图 1-17）或族 .rfa 文件，点击"打开"，即可进入标准族编辑器界面。

图 1-17　在项目外部创建、编辑可载入族

11

另外单击"文件"选项卡，"新建"或"打开"——"族"（见图 1-18），选择合适样板 . rft 或族 . rfa 文件，然后点击打开，也可进入标准族编辑器界面。

（3）创建、编辑内建图元。

在项目文件中，点击"建筑""结构"或"系统"选项卡，选择"构件"——"内建模型"命令（见图 1-19），而后在弹出的"族类别和族参数"对话框中为内建图元指定族类别，最后输入内建图元族的名称，开始进入标准族编辑器界面创建内建族。编辑内建族进入标准族编辑器界面的方法与（1）通过项目编辑族类似，这里不再赘述。

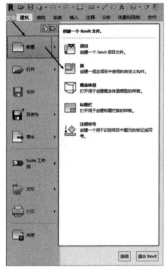

图 1-18　新建或打开族

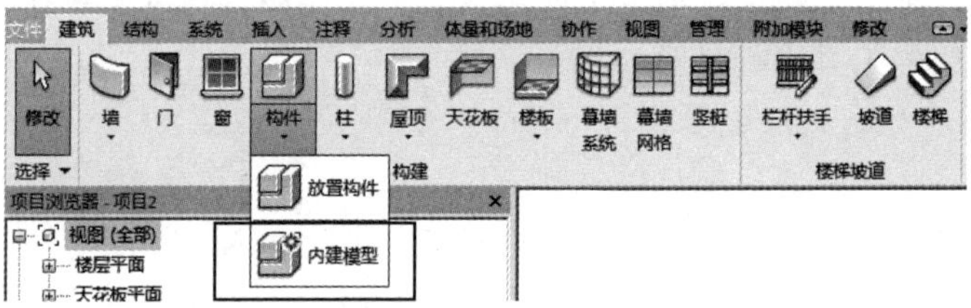

图 1-19　内建模型

1.3.2　标准族编辑器功能区工具

1. "创建"选项卡

标准族编辑器"创建"选项卡中包含了选择、属性、形状、模型、控件、连接件、基准、工作平面以及族编辑器共 9 种基本工具集，见图 1-20。

图 1-20　9 种基本工具集

（1）"选择"工具集。

用于进入选择模式。通过在图元上方移动光标选择要修改的对象。这个工具会出现在所有的选项卡中，之后不再赘述。

（2）"属性"工具集。

用于查看和编辑对象属性的选项板集合。在族编辑器中，提供"属性""族类型""族类别和族参数"和"类型属性"4 种基本属性查询和定义。这个面板会出现在"创建"和

"修改"选项卡中。

"属性"工具用于显示或隐藏用于查看和编辑实例属性的选项板，也可在绘图区域右键单击对话框进行相应操作，见图1-21。

"族类型"工具用于创建新的族类型，并为族添加新的参数（值）或编辑已有参数（值）。一个族可以创建多种族类型，其中每种类型均表示族中不同的大小或变化，使用"族类型"工具可以指定用于定义族类型之间差异的参数。

"族类别和族参数"工具用于为族指定族类别，并定义一些基本的族参数。

图1-21 右键对话框

"类型属性"工具用于显示选定图元所属族类型的属性。

（3）"形状"工具集。

该工具集包含拉伸、融合、旋转、放样及放样融合等工具用于创建实心三维形状或空心形状。

（4）"模型"工具集。

该工具集包含模型线、构件、模型文字和模型组4个工具，用于在视图中创建相应的图元，其中模型组工具可以放置或创建被定义的成组图元。

（5）"控件"工具集。

该工具集只有控件一个工具，用于将控件添加到视图中。支持添加单向垂直、双向垂直、单向水平垂直或双向水平翻转箭头（在项目中，通过翻转箭头可以修改族的垂直或水平方向，如控制窗的开启方向）。

（6）"连接件"工具集。

该工具集下的工具用于将连接件添加到构件中。这些连接件包括电气、风管、电缆桥架等。

（7）"基准"工具集。

该工具集包含参照线与参照平面两个工具，用于定义构件的约束条件。具体使用方法见第2章2.2.2中参照平面和参照线的相关内容。

（8）"工作平面"工具集。

该工具集下"设置"工具用于为当前视图或所选基于工作平面的图元指定工作平面，"显示"工具用于控制工作平面在当前视图中的可见性，"查看器"工具可将"工作平面"用作临时的视图来编辑选定图元。

（9）"族编辑器"工具集。

该工具集用于将族载入到打开的项目或族文件中。它支持所有的功能区面板，之后将不再重复介绍。

2．"插入"选项卡

"插入"选项卡中包含选择、链接、导入、从库中载入和族编辑器5个工具集，其中链接工具集不可选，见图1-22。

（1）"导入"工具集。

该工具集包含"导入CAD""图像""管理图像""导入族类型"4个工具，用于将

图 1-22　"插入"选项卡

CAD、光栅图像和族类型导入当前族中（导入族类型工具只能将族类型从文本文件.txt导入到当前族）。

（2）"从库中载入"工具集。

该工具集主要用于将本地库或联网库中的族文件直接载入或成组载入到当前族（载入的族可作为新建族的主体或嵌套族，例如载入门把族嵌套入门族）。

3．"注释"选项卡

"注释"选项卡包含"选择""尺寸标注""详图""文字"和"族编辑器" 5 个工具集，见图 1-23。

图 1-23　"注释"选项卡

（1）"尺寸标注"工具集。

该工具集包含对齐、角度、半径、直径和弧长 5 个工具，用于对相应图形进行测量。同时，单击"尺寸标注"下拉按钮，可对线性、角度和径向的尺寸标注类型的参数进行修改。

（2）"详图"工具集。

该工具集包含了用户在绘制二维图元时集中使用到的主要工具，包括仅用作符号的符号线、视图专有的详图构件、创建详图组、二维注释符号、遮挡其他图元的遮罩区域等。

（3）"文字"工具集。

该工具集提供的工具主要用于在视图中添加文字注释，以及对视图中的文字注释进行拼写检查和查找/替换等工作。

4．"视图"选项卡

"视图"选项卡中包含"选择""图形""创建""窗口"和"族编辑器" 5 个工具集，见图 1-24。

（1）"图形"工具集。

"可见性/图形"工具用于控制模型图元、注释、导入和链接的图元在视图中的可见性和图形显示（具体功能将在），"细线"工具用于按照单一宽度在屏幕上显示所有线，禁用该工具后将按实际线宽打印。

图 1-24 "视图"选项卡

（2）"创建"工具集。

该工具集用于打开或创建三维视图、剖面、相机视图等。

（3）"窗口"工具集。

该工具集用于调整视图窗口，包括切换窗口来指定显示某一焦点视图、关闭隐藏的窗口、按平铺或层叠效果对打开的窗口进行排列以及复制窗口等。

5. "管理"选项卡

"管理"选项卡包含"选择""设置""管理项目""查询""宏""可视化编程"和"族编辑器"7 个工具集，见图 1-25。

图 1-25 "管理"选项卡

（1）"设置"工具集。

该工具集用于指定要应用于建筑模型中的图元设置。主要包括材质、对象样式、捕捉、共享参数、传递项目标准、清除未使用项、项目单位、结构设置、MEP 设置以及其他设置。

1）材质。"材质"对话框汇集了正在创建的族所包含的所有图元材质。用户可以依据需要对材质进行修改、重命名、删除或复制以创建新的材质，见图 1-26。

2）对象样式。"对象样式"工具可为项目中不同类别和子类别的模型图元、注释图元和导入对象指定线宽、线颜色、线型图案和材质，见图 1-27。

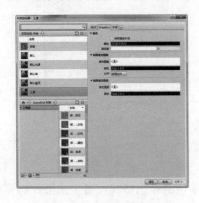

图 1-26 材质浏览器

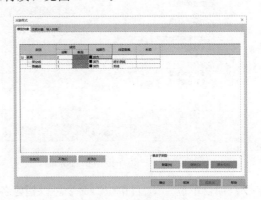

图 1-27 对象样式

3）捕捉。在放置图元或绘制线时，使用对象捕捉与现有几何图元对齐。"捕捉"命令用于指定捕捉增量，以及启用或禁用捕捉点，见图1-28。

4）共享参数。"共享参数"命令用于指定可在多个族和项目中使用的参数。使用共享参数可以添加族文件或项目样板中尚未定义的特定数据。共享参数存储在一个独立于任何族文件或项目文件中，见图1-29。

图1-28 捕捉

图1-29 编辑共享参数

5）传递项目标准。"传递项目标准"命令用于将选定的项目设置从另一个打开的项目复制到当前的族中来。项目标准包括族类型、线宽、材质、视图样板和对象样式，见图1-30。

6）清除未使用项。"清除未使用项"命令是从族中删除未使用的项。使用该工具可以缩小族文件的大小，见图1-31。

图1-30 传递项目标准

图1-31 清除未使用项

7）项目单位。"项目单位"命令可以指定各种计量单位的显示格式。指定的格式将影响其在屏幕上和打印输出的外观。可以用于报告或演示目的数据进行格式设置，见图1-32。

8）结构设置。更改项目中结构图元的外观和行为。使用结构设置工具来定义以下设置：框架图元的符号表示法、荷载工况、荷载组合、分析模型和边界条件。

9）MEP 设置。项目中系统构件的外观和表现是由各个规程对应的设置确定的。电气设置可指定电压定义、配电系统、配线参数、电缆桥架和线管等设置以及负荷计算。机械设置可确定项目中风管、管道、卫浴和消防系统管网和管道的行为和外观。

10）其他设置。对项目中图元使用到的填充图案以及线样式、线宽、线型图案、剖面标记、箭头、临时尺寸标注等进行设置，以增强图元在视图中的显示效果，见图 1-33。

图 1-32　项目单位

图 1-33　其他设置

（2）"管理项目"工具集。

用于管理的连接选项，如管理图像、贴花类型等。

（3）"查询"工具集。

用于查找并选择当前视图中的图元（图元具有唯一标识符，可通过图元 ID 定位相关图元）。

（4）"宏"工具集。

支持宏管理器和宏安全，以便用户安全地运行现有宏，或者创建、删除宏。

（5）"可视化编程"工具集。

用于打开、预览、选择、运行 Dynamo 及程序（Dynamo 是用于自定义建筑信息工作流的图形编程界面，是为设计师提供的开源可视化编程平台）。

6. "附加模块"选项卡

"附加模块"选项卡包含"Batch Print""eTransmit""Model Review""Worksharing - Monitor""FormIt Converter"和"族编辑器"6 个工具集，见图 1-34。

（1）"Batch Print"工具集。

Batch Print，能够以无人值守的方式轻松打印 Revit 项目中的大量图纸（视图和图纸）。

（2）"eTransmit"工具集。

图 1-34　"附加模块"选项卡

使用 eTransmitforAutodeskRevit 附加模块，可将 Revit 模型和相关文件复制到一个文件夹中，通过 Internet 进行传递。

（3）"Model Review"工具集。

AutodeskRevitModelReview 是用于 Revit 平台的插件，可验证项目的准确性和一致性，其中包含各种更正选项，可确保模型的完整性和正确性。

（4）"WorksharingMonitor"工具集。

WorksharingMonitor，有助于在基于文件的工作共享环境中使用 Revit 软件，在此环境中多个用户可以同时处理一个项目。

（5）"FormIt Converter"工具集。

使用 AutodeskFormIt 以在灵感闪现时捕获建筑设计概念，该附加模块使用户能够在 Revit 和 FormIt 之间移动文件。

7. "修改"选项卡

"修改"选项卡包含"选择""属性""剪贴板""几何图形""修改""测量""创建"和"族编辑器"8 个工具集，见图 1-35。

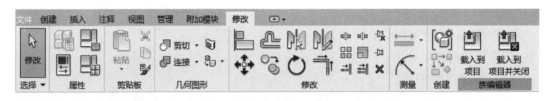

图 1-35　"修改"选项卡

（1）"剪贴板"工具集。

该工具集包含粘贴、剪切、复制和匹配类型 4 种常用剪贴命令。

（2）"几何图形"工具集。

该工具集用于几何图形之间的剪切/取消剪切、连接/取消连接，以及对图元表面拆分面、填色/删除填色的操作。

（3）"修改"工具集。

该工具集包含对齐、偏移、镜像、移动、复制、旋转、拆分、修剪等常用编辑命令。

（4）"测量"工具集。

该工具集包含测量两个参照之间的距离、沿图元测量和标注对齐尺寸、角度尺寸、径向尺寸及弧长度尺寸。

（5）"创建"工具集。

该工具集包含创建组及创建类似实例。"创建组"命令可以创建一组图元以便于重复使用。用户如果计划在一个项目或族中多次重复布局时,可以使用"创建族"。

1.4 图元选择与编辑

1.4.1 图元选择

1. 选择单个图元

点选。将光标移动到绘图区域中的图元上。Revit 将高亮显示该图元并在状态栏和工具提示中显示有关该图元的信息,单击该图元。如果几个图元彼此非常接近或者互相重叠,可将光标移动到该区域上并按 Tab 键,直至状态栏描述所需图元为止。使用 Tab 键以高亮显示链接文件中的各个图元。按 Shift+Tab 组合键可以按相反的顺序循环切换图元。

2. 选择多个图元

➢ 点选。在按住 Ctrl 键的同时单击每个图元。

➢ 框选。将光标放在要选择的图元一侧,并对角拖曳光标以形成矩形边界,从而绘制一个选择框。要仅选择完全位于选择框边界之内的图元,请从左至右拖曳光标。要选择全部或部分位于选择框边界之内的任何图元,请从右至左拖曳光标。

➢ 取消选择图元。在按住 Shift 键的同时单击每个图元,可以从一组选定图元中取消选择该图元。

3. 选择全部实例

(1)在任意视图中右键单击一个图元,或者在项目浏览器的"族"节点下面右键单击一种族类型。

(2)单击"选择全部实例(A)",见图 1-36,然后单击"在视图中可见(V)"或"在整个项目中(F)"。

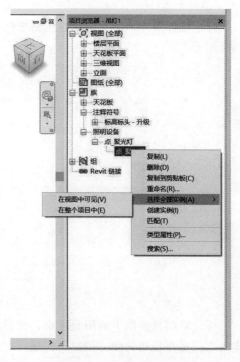

图 1-36 选择全部实例

4. 使用过滤器选择图元

(1)在要选择的图元周围定义一个选择框。将光标放置在图元的一侧,并沿对角线拖曳光标,以形成一个矩形边界,见图 1-37。要仅选择完全位于选择框边界之内的图元,请从左至右拖曳光标。要选择全部或部分位于选择框边界之内的任何图元,请从右至左拖曳光标。

(2)单击"修改|选择多个"选项卡→"过滤器"面板→过滤器(过滤器),见图 1-38。"过滤器"对话框会列出当前选择的所有类别的图元。"合计"列指示每个类别中的已

选择图元数。当前选定图元的总数显示在对话框的底部。

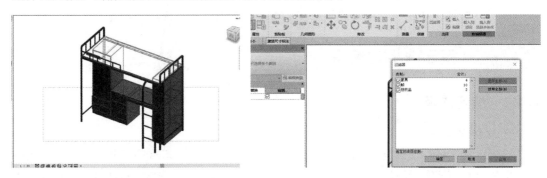

<table>
<tr><td>图 1-37　选择框</td><td>图 1-38　过滤器</td></tr>
</table>

（3）指定要在选择中包含的图元类别。

1.4.2　图元编辑

1. 图元属性

选中图元后，该图元的属性对话框被激活，见图 1-39。通过修改"属性"中的参数编辑图元。

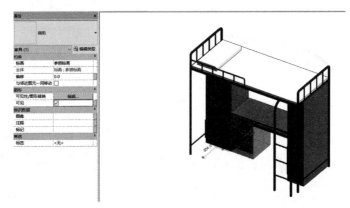

图 1-39　图元属性

2. 创建图元组

可以将项目或族中的图元成组，然后多次将组放置在项目或族中。放置在组中的每个实例之间都存在相关性。例如，创建一个具有床、墙和窗的组，然后将该组的多个实例放置在项目中。如果修改一个组中的墙，则该组所有实例中的墙都会随之改变。

3. 专用编辑命令

某些图元被选中时，选项栏会出现专用的编辑命令按钮，以编辑该图元，见图 1-40。

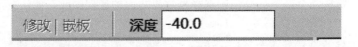

图 1-40　专用编辑命令

4. 临时尺寸编辑

选择图元时会出现临时尺寸，可以修改图元的位置、长度和尺寸等，见图1-41。

5. 控制符号

选择某些图元时，在图元附近会出现专用的控制符号，选中图元，出现可以拉伸图形编辑的控件。

6. 常用编辑命令

在功能区中的"修改"选项卡中提供了对齐、镜像、移动、拆分、修剪、偏移等常用编辑命令。

1.4.3　可见性控制

当绘图区域图元较多、图纸较复杂时，需要关闭某些对象的显示。Revit可根据情况选择不同的可见性控制方法。

图1-41　临时尺寸编辑

1. 可见性/图形

单击功能区中"视图"→"图形""可见性/图形"，打开"可见性/图形"对话框，见图1-42。用于控制视图中的每个类别将如何显示。对话框中的选项卡可将类别组织为逻辑分组："模型类别""注释类别"和"导入的类别"。取消勾选图元类别前面的复选框即可关闭这一类型图元显示。

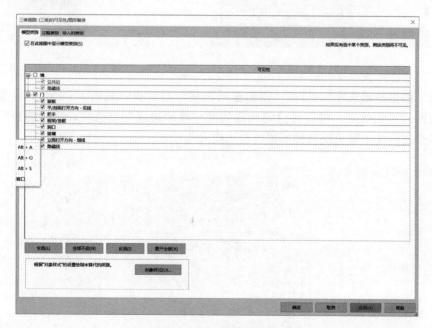

图1-42　可见性/图形

➢ 模型类别：控制墙、窗等模型构件的可见性、线样式等。

➢ 注释类别：控制参照平面、尺寸标注等的可见性和线样式等。

➢ 导入的类别：控制导入的外部CAD格式文件图元的可见性和线样式等，仍按图层

21

控制。

2. 临时隐藏/隔离

单击"视图控制栏"的"临时隐藏/隔离"按钮,见图 1-43,其列表中有以下指令:

➤ 隔离类别:在当前视图中只显示与被选中图元相同类别的所有图元,隐藏不同类别的其他所有图元。

➤ 隐藏类别:在当前视图中隐藏与被选中图元相同类别的所有图元。

➤ 隔离图元:在当前视图中只显示被选中的图元,隐藏该图元以外所有对象。

➤ 隐藏图元:在当前视图中隐藏被选中的图元。

➤ 重设临时隐藏/隔离:恢复显示所有图元。

1.4.4 视图显示模式控制

在视图控制栏中可以将平面、立面、剖面、三维视图等设置成以下 5 种显示模式:"线框""隐藏线""着色""一致的颜色"和"真实",见图 1-44。

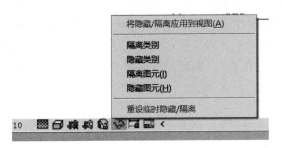

图 1-43 临时隐藏/隔离　　　　　　　　图 1-44 视图显示模式

单击"图形显示选项",打开"图形显示选项"对话框,见图 1-45。其设置用于增强模型视图的视觉效果,可以通过勾选或清除"显示边缘"复选框,为"着色"和"真实"选择带边框或不带边框两种不同的显示模式。

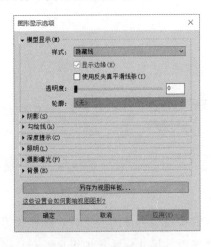

图 1-45 图形显示选项

第 2 章

族 的 参 数 化 创 建

本 章 导 读

本章第 2.1 节介绍了族的相关参数，并对族参数、类型参数、共享参数等参数的驱动范围及使用场景进行阐述。第 2.2 节介绍了工作平面，图元约束、图元控件等常规构件族的参数化设置，第 2.3 节介绍了常规构件族的拉伸、融合、旋转、放样和放样融合共 5 种形状的绘制，第 2.4 节介绍了族创建过程中属性（参数）信息的挂载。

专有名词解释，见图 2-1。

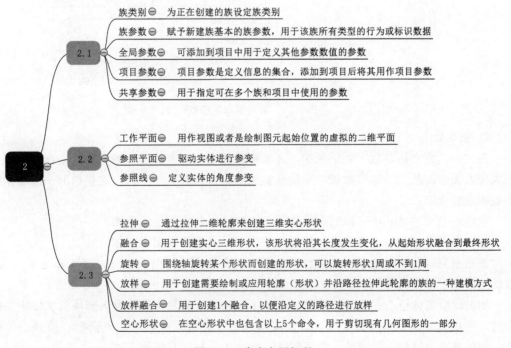

	族类别⊖	为正在创建的族设定族类别
	族参数⊖	赋予新建族基本的族参数，用于该族所有类型的行为或标识数据
2.1	全局参数⊖	可添加到项目中用于定义其他参数数值的参数
	项目参数⊖	项目参数是定义信息的集合，添加到项目后将其用作项目参数
	共享参数⊖	用于指定可在多个族和项目中使用的参数
	工作平面⊖	用作视图或者是绘制图元起始位置的虚拟的二维平面
2.2	参照平面⊖	驱动实体进行参变
	参照线⊖	定义实体的角度参变
	拉伸⊖	通过拉伸二维轮廓来创建三维实心形状
	融合⊖	用于创建实心三维形状，该形状将沿其长度发生变化，从起始形状融合到最终形状
2.3	旋转⊖	围绕轴旋转某个形状而创建的形状，可以旋转形状1周或不到1周
	放样⊖	用于创建需要绘制或应用轮廓（形状）并沿路径拉伸此轮廓的族的一种建模方式
	放样融合⊖	用于创建1个融合，以便沿定义的路径进行放样
	空心形状⊖	在空心形状中也包含以上5个命令，用于剪切现有几何图形的一部分

图 2-1 专有名词解释

23

2.1　族的参数设置

2.1.1　族类别和族参数

1. 族类别

在族编辑器的"属性"选项卡上点击"族类别和族参数"命令，见图 2-2，弹出相应对话框，在此对话框，可为新建或已有族指定族类别。新建或修改后的族在载入项目后，会自动归类在项目浏览器－族－对应族类别目录下。Revit 2018 给出了涵盖所有模型图元所对应的族类别，并按建筑、结构、机械、电气、管道对这些族类别进行区分（如果是基于非公制常规模型样板所创建的族，族类别可选项会根据样板的特性有所限制）。但 Revit 中无法添加或者删除族类别，也无法对现有族类别名进行修改。

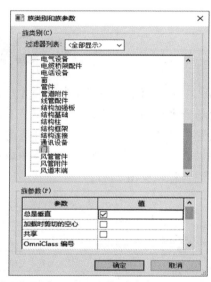

图 2-2　族类别和族参数

2. 族参数

在"族类别和族参数"对话框中，还可赋予新建族基本的族参数，这些族参数作用于该族所有类型的行为或标识数据，不同族类别对应族参数有所不同。这里选取一些基本的参数项进行介绍：

主体：表示的是基于主体的族的主体，例如"门"族的主体为墙。

基于工作平面：勾选该项时，族将以工作平面或实体表面为主体。

总是垂直：若勾选该项，该族总是显示为垂直状态，同时勾选"基于工作平面"，则族总是垂直于放置的平面。

加载时剪切的空心：若勾选该项，在族中创建的空心将会随族导入到项目文件中发挥作用，并切割项目中相应的实体，这些实体包括天花板、楼板、常规模型、屋顶、结构柱、结构基础、结构框架和墙，若不勾选，族载入项目后只保留实体。

可将钢筋附着到主体：若勾选该项，可在该族的实例剖面上添加钢筋形状，实现钢筋模型的创建，钢筋模型附着在实例上并随实例的变化而变化。

零件类型：零件类型为某些涵盖范围较广的族类别提供了更细致的分类，例如族类别"电气设备"下包含"配电盘""变压器""开关板"等零件类型。

共享：勾选此项后，该族作为嵌套族嵌套到主体族中并载入项目后，该族在项目中可以从主体族独立选择、标记和添加到明细表；如果不勾选此项，该族将和主体族作为一个单位。

圆形连接件尺寸：定义连接件的尺寸是由半径还是由直径确定。

OmniClass 编号/标题：基于 OminiClass 产品分类，对族进行编码，可不填。

2.1.2 族类型和参数

在一个族中可以创建多种族类型，不同类型代表着族的不同形态与变化，使用"族类型"工具可以用于定义族类型之间差异的参数。

1. 新建族类型

在族编辑器的"属性"选项卡上点击"族类型"命令，弹出相应对话框，见图 2-3，首先新建一个族类型，并命名。对于一个族中有很多类型，需要批量创建时，可以使用类型目录方法来创建。

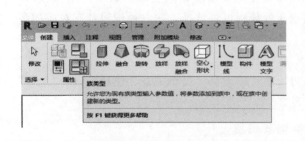
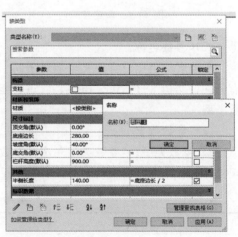

图 2-3 族类型

2. 新建参数

点击"族类型"对话框左下角的"新建参数"，进入"参数属性"对话框，选择相应的参数类型并对参数数据进行定义。如图 2-4 所示，创建了一个名为长度的族类型参数，其规程为"公共"，参数类型为"长度"，分组方式为"尺寸标注"，点击"确定"按钮后返回"族类型"对话框，见图 2-5。

3. 参数属性

（1）参数类型。

1）族参数。族参数可以为任何可载入族及内建族创建族参数，但载入项目后，此类参数不能出现在明细表或标记中。

2）共享参数。共享参数存储在 TXT 文档中，可以由多个项目和族共享，可以出现在明细表和标记中。

3）特殊参数。特殊参数由族样板和族类别定义，不能进行创建和修改，可以出现在明细表中。

图 2-4 新建参数　　　　　　　　　图 2-5 参数属性

（2）参数名称。

参数名称由用户自定义，但对于同一族而言，不能出现相同名称参数项。Revit 2018 有公共、结构、HVAC、电气、管道、能量 6 种规程可供选择，每一种规程都有对应的参数类型。

（3）参数数据。

1）参数类型。"参数类型"定义参数的特性（物理量、逻辑关系、注释），以"公共"规程为例，介绍其所属的"参数类型"见表 2-1。

表 2-1　　　　　　　　　　　　　　参 数 类 型 及 说 明

序号	参数类型	说　　明
1	文字	可以随意输入字符，定义文字类型参数
2	整数	始终表示为整数的值
3	数值	用于收集
4	长度	用于设置图元或子构件的长度，可通过公式定义
5	面积	用于设置图元或子构件的面积，可通过公式定义
6	体积	用于设置图元或子构件的体积，可通过公式定义
7	角度	用于设置图元或子构件的角度，可通过公式定义
8	坡度	用于创建定义坡度的参数
9	货币	用于创建货币参数

序号	参数类型	说　明
10	质量密度	表示材质每单位体积质量的一个值
11	URL	提供至用户定义的 URL 网络连接
12	材质	可在其中指定选定材质的参数
13	图像	建立可在其中指定特定光栅图像的参数。
14	是/否	使用"是"或"否"定义参数，可与条件判断连用
15	多行文字	建立可使用较长多行文字字符串的参数。单击"属性"选项板上的 "浏览"按钮以输入文字字符串
16	<族类型…>	用于嵌套构件，可在族载入到项目中后替换构件

2）参数分组方式。"参数分组方式"定义参数的组别，可视作一个参数集，表现在族类型对话框中见图 2-6，方便查询与管理参数，没有实际意义。

图 2-6　参数分组方式

3）类型参数、实例参数。类型参数：该参数作用于族的各个类型，类型参数值的不同定义了不同的族类型，但同一族类型创建的各个实例其类型参数值相同，类型参数值改变相应的个体也将发生变化。

实例参数：实例参数作用于单个族实例，修改实例参数值只会影响对应的单个实例，在项目中选择某个图元，其实例参数会出现在属性面板中，可直接在属性面板上修改实例参数值。创建实例参数时，所创建的参数名后将自动加上（默认）两字。

将实例参数勾选为报告参数后，该参数将不能进行修改，根据关联参数进行变化，可用于数值读取、查看和制作明细表。

4．编辑参数

在族类型对话框中，点击"编辑参数"，弹出"参数属性"（图 2-7）对话框。用户可以编辑"名称""参数分组方式""类型、实例"，但不能对"规程""参数类型"进行编辑。

在族类型对话框中，可删除相应参数，调整参数的位置。

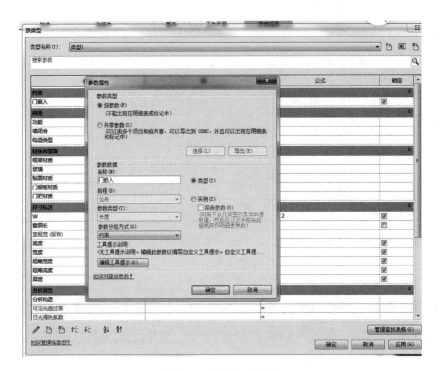

图 2-7　编辑参数属性

2.1.3　项目参数

　　Revit 编辑器环境下只能对单个族的参数进行创建和管理，Revit 项目环境下给用户提供一个可以同时设置多个族参数的工具——"项目参数"，见图 2-8。

图 2-8　项目参数

　　定义项目参数后可添加到项目的多个类别图元中，项目参数只存在于项目中，不能保存在族文件中，因此不能与其他项目共享，但可以在明细表中使用这类参数。

2.1.4　全局参数

　　全局参数特定于单个项目文件，但未指定类别。全局参数可以是简单值、来自表达式的值或使用其他全局参数从模型获取的值。使用全局参数值可以驱动和报告值。全局参数可以使用相同的值指定多个尺寸标注。全局参数可以通过另一图元的尺寸设定某个图元的位置。例如，可以驱动梁驱动以使梁始终偏离其所支撑的楼板。如果楼板设计更改，梁会相应发生更改。

2.1.5　共享参数

共享参数是参数定义，可用于多个族或项目。共享参数定义添加到族或项目后，将其用作族参数或项目参数。是因为共享参数的定义存储在不同的文件中（不是在项目或族中），受到保护不可更改。因此，可以标记共享参数，将其添加到明细表中。

2.2　常规构件族的参数化创建基础

2.2.1　工作平面

Revit工作平面是一个用作视图或者是绘制图元起始位置的虚拟的二维平面。

1. 工作平面的用途

（1）不论是在族编辑器环境下还是项目环境下，每个视图都与工作平面存在关联关系（例如：平面视图与标高相关联，这里的标高即水平工作平面）。

（2）绘制图元。

（3）在特殊视图中启用某些工具（例如：在三维视图中启用"旋转"和"镜像"）。

（4）用于放置基于工作平面的构件（例如：创建基于主体的族，需要选择该主体的一个面作为图元的工作平面）。

2. 工作平面的设置

在平面视图、三维视图和绘图视图以及族编辑器的视图中，工作平面由系统自动设置，但在其他一些视图（如立面视图和剖面视图）中，则必须由用户自己设置工作平面。

在族编辑器界面"创建"选项卡下，点击"工作平面"选项卡上的"设置"面板，进入"工作平面"对话框，见图2-9。

关于与工作平面关联的图元：基于工作平面的族或不基于标高的图元（基于主体的图元），将与某个工作平面关联，工作平面关联可控制图元的移动方式以及其主体移动的时间。创建图元时，它将继承视图的工作平面，随后对视图工作平面所做的修改不会影响该图元。将几何图形与工作平面关联，使几何图形能够正确移动。例如，通过工作平面将图元与其主体关联。主体移动时，图元也移动。

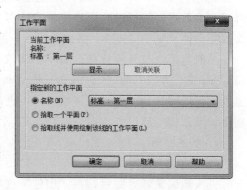

图2-9　工作平面

大多数图元都具有名为"工作平面"的只读实例参数，该参数将标识图元的当前工作平面。在"属性"选项板中查看该属性，取消关联的图元的工作平面参数值为不关联，即可取消图元与工作平面的关联。

某些基于草图的图元（如楼梯、楼板、迹线屋顶和天花板）是在某个工作平面上绘制的，但该工作平面必须为一个层。无法取消这些图元类型与其工作平面的关联。

3. 工作平面的显示

单击功能区"创建"→"工作平面"→"显示"按钮，显示或者隐藏工作平面，见图 2-10，显示已有工作平面。通常工作平面是隐藏的，需要用户自行打开。

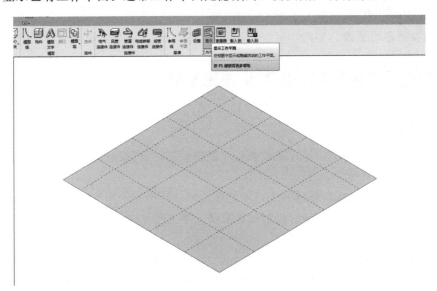

图 2-10   显示工作平面

2.2.2   图元约束

"参照平面"和"参照线"是创建族过程中必不可少的工具，它能有效帮助绘制族。对相关参数进行注释时，用户需将实体与"参照平面"进行"对齐"锁定，并通过参照平面改变实体，见图 2-11。而"参照线"主要用于角度注释，控制实体角度变化。

一般当用户打开族样板文件（.rfa 文件）中，系统已绘制三个参考平面，分别位于（X，Y，Z）方向，与（0，0，0）原点处相交。这三个参照平面系统默认锁定，用户不能进行删除和移动。当进行解锁时，可进行操作，一般而言不建议用户对此进行操作，否则会导致创建的族原点不在（0，0，0）上，在项目中不能正确使用。

1. 参照平面

（1）绘制参照平面。

进入族编辑器界面后，在"创建"选项卡下单击"参照平面"工具进行绘制，参照平面在三维视图中不可见。点选绘制好的参照平面可对其进行命名，根据需要，选择是否锁定参照平面在当前位置（锁定后，参照平面无法进行空间位置的变化），见图 2-12。

（2）参照平面属性。

1）是参照。

对于参照平面，最重要属性为"是参照"。如果设置了该属性，则在项目中放置族时可以指定将尺寸标注到或捕捉到该参照平面。例如，创建一个桌子族并希望标注桌子边缘的尺寸，可在桌子边缘创建参照平面，并设置参照平面的"是参照"属性。然后，创建桌子尺寸标注，选择桌子的边缘。

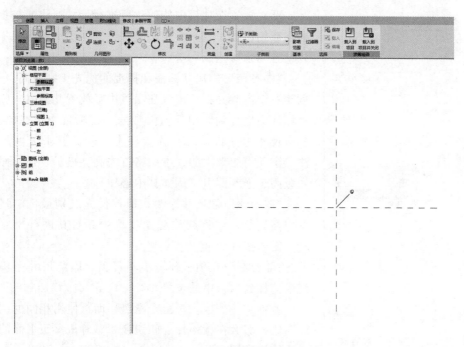

图 2-11　通过参照平面改变实体

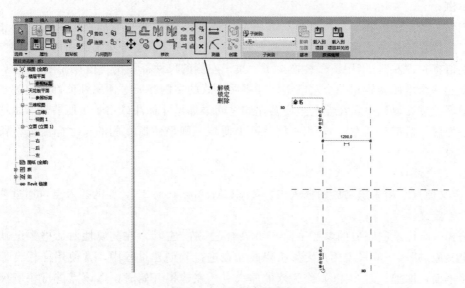

图 2-12　绘制参照平面

在使用"对齐"工具时"是参照"属性可以为尺寸标注设置参照点。通过指定"是参照"参数，选择对齐构件的不同参照平面或边缘进行尺寸标注。在项目环境中，"是参照"属性可以控制造型操纵柄是否可用于实例参数。造型操纵柄仅在附着到强度为强或弱的参照平面的实例参数上创建。

选择一个参照平面，在"属性"对话框中，点击"是参照"下拉列表符号，出现"是参照"选择类型，见图 2-13。

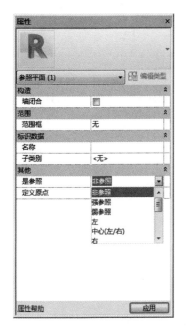

图 2-13　"属性"对话框

要对放置在项目中族的位置进行尺寸标注或捕捉，需要在族编辑器中定义参照，附着到几何图形的参照平面可以设置为强参照或弱参照。

"强参照"的尺寸标注和捕捉的优先级别最高。例如，创建一个窗族并将其放置在项目中。放置此族时，临时尺寸标注会捕捉到族中任何强参照。在项目中选择此族时，临时尺寸标注将显示在强参照上。若放置永久性尺寸标注，窗几何图形中的强参照将首先高亮显示，强参照的优先级高于强参照点（例如其中心线）。

"弱参照"的尺寸标注和捕捉优先级别最低。强参照首先高亮显示，将族放置到项目中并对其进行尺寸标注时，需要按 Tab 键选择弱参照。

"非参照"在项目环境中不可见，因此尺寸无法标注到或捕捉到项目中的位置。

若创建多个族，对特定参照平面都使用相同的"是参照"值，那么在族构件之间切换时，对该参照平面的尺寸标注始终适用。

示例：

创建一个桌子族和一个椅子族，并将两个族的左侧参照平面属性值都指定为"左"。将桌子放置在建筑中，在墙与桌子左侧之间添加尺寸标注。由于桌子族和椅子族的参照平面属性值都是"左"，当用椅子替换桌子，桌子左侧的尺寸标注仍将留在椅子的左侧。

创建一个坐便器族和一个水槽族，并将两个族的左侧参照平面属性值都指定为"左"。将坐便器放置在建筑中，在墙与坐便器左侧之间添加尺寸标注。由于坐便器族和水槽族的参照平面属性值都是"左"，若用水槽替换坐便器，则坐便器左侧的尺寸标注仍将留在水槽的左侧。

2）定义原点。

"定义原点"用于定义族的插入点。Revit Architecture 2018 族的插入点可通过参照平面属性栏定义。

选择一个已绘制完成的参照平面，如"中心（左/右）"，在其属性对话框中已默认勾选"定义原点"，一般来说用户无须去修改。在进行族创建过程中，常使用样板自带的三个参照平面，即把（0，0，0）作为族的插入点。在建模开始时，以该点进行相应模型构建，用户也可改变族插入点，选择需要设置插入点的参照平面，在"属性"对话栏中勾选"定义原点"，即这个参照平面成为新的插入点。

3）名称。

族创建过程中，若用户需要创建许多参照平面时，可以设置参照平面名称，帮助用户更好绘制族。设置方式为：单击需要设置的参照平面，弹出"属性"对话框，然后在"属性"对话框"名称"中输入名字即可，或点击未命名的参照平面，在"参照平面"两侧出现的"单击以命名"对话框中，进行名称设置。

【注意】 参照平面名称不能一致，当参照平面名称被设置时，用户虽无法清除名称，但可进行重命名。

2. 参照线

"参照线"和"参照平面"的作用基本相同，但"参照线"主要用于定义实体的角度参化，参照线的具体绘制步骤如下：

进入族编辑器界面后，在"创建"选项卡下单击"参照线"工具进行绘制。

【注意】 在实体进行角度参变时，需先绘制参照线，进行锁定后，将角度参数标注在相应位置，然后选择相应参照线的一个工作平面进行族的绘制，这样可以避免产生过多约束。

2.2.3 图元控件

创建族的过程中（以门为例），需要用到"控件"工具，这个工具的作用：使族按照"控件"的方向进行翻转调整，具体使用方法如下：

（1）新建一个基于"公制常规模型.rft"样板的族文件，并在绘制区域绘制模型，见图2-14。

（2）单击功能区"创建"→"控件"→"控件"按钮。

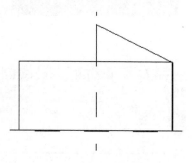

图2-14 绘制模型

（3）单击功能区"修改丨放置控制点"，找到"控制点类型"选项卡，见图2-15。

图2-15 "控制点类型"选项卡

（4）鼠标左键单击"双向水平"控件，见图2-16。

（5）将该族载入至项目中并插入绘图区域，点击该族，出现"双向水平"控件符号，单击此控件符号，模型发生左右翻转，见图2-17。

其他三种类型控件："单向垂直""双向垂直""单向水平"创建方式与"双向水平"类似，不做过多介绍。

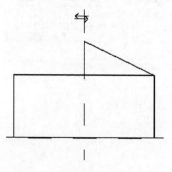

图2-16 "双向水平"控件

2.2.4 图元注释

1. 模型线

单击功能区"创建"→"模型"→"模型线"按钮，见图2-18，进入绘制模式，绘制方式与参照线相同。

模型线无论在哪个平面进行绘制，在其他视图中都可见。若在楼层平面视图绘制了一条模型线，在三维视图中模型线依然可见。

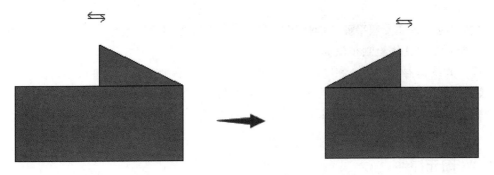

图 2-17　水平翻转

图 2-18　模型线

2. 符号线

单击功能区"注释"→"详图"→"符号线"按钮，见图 2-19，进入绘制符号线模式，绘制方式与参照线相同。

符号线可以在平面图和立面图中绘制，但不能在三维视图中绘制。符号线只能在其绘制的视图中可见，其他视图中不可见。若在楼层平面视图中绘制 1 条符号线，切换至三维视图或立面视图，则无法看到这条符号线。

用户可以根据需要，合理使用模型线和符号线，使族具有多样的显示效果。

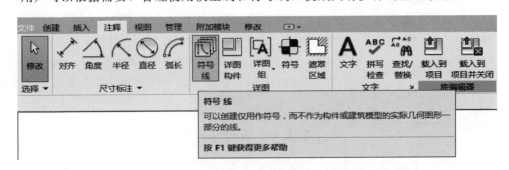

图 2-19　符号线

3. 模型文字

单击功能区"创建"→"模型"→"模型文字"按钮，进入"编辑文字"对话框，见

图 2-20，输入需要创建的文字，创建三维实体文字。将该族载入到项目中，模型文字在项目中可见。

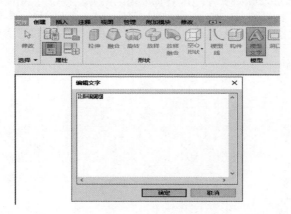

图 2-20 模型文字

4. 文字

单击功能区"注释"→"文字"→"文字"按钮，进行文字注释，见图 2-21。这些文字注释只能在族编辑器环境下可见，将族载入到项目中，文字注释不可见。

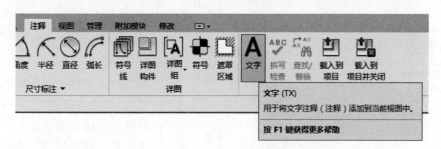

图 2-21 文字

2.2.5 可见性和详细程度

1. 基本设置

通过"可见性设置"对话框，可以设置实体的可见性。

新建一个基于"公制常规模型.rft"样板的族文件，在同一位置设置一个长方体和正方体，见图 2-22。

在未对两个实体进行可见性设置时，其"粗略""中等""精细"等在各个视图中都会显示，通过下列操作对它们进行可见性设置。

（1）点击选中正方体。

（2）单击功能区"可见性设置"按钮，或者通过"属性"对话框→"可见性|图形替换"→

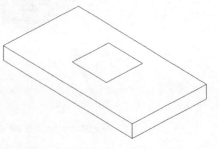

图 2-22 设置长方体和正方体

"编辑"进入"族图元可见性设置"对话框，见图2-23。

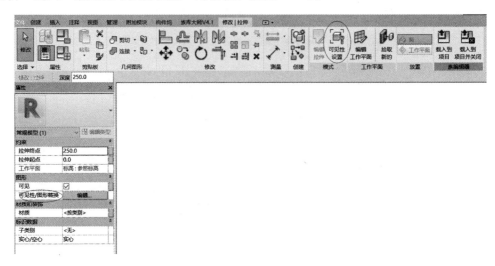

图2-23 可见性设置

（3）只勾选"族图元可见性设置"对话框中的"详细程度"选项卡中的"精细"，单击"确定"按钮，见图2-24，则正方体只在"精细"程度下可见。

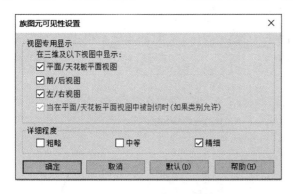

图2-24 族图元可见性设置

（4）单击选择长方体。

（5）同步骤（2），打开"族图元可见性设置"对话框。

（6）只勾选"详细程度"选项卡中的"粗略"，单击"确定"，则该长方体只能在粗略程度情况下可见。

将该族载入到项目中，在绘图区域绘制该族。在视图控制栏中，当选择"精细"显示正方体；当选择"粗略"，则显示长方体，见图2-25。

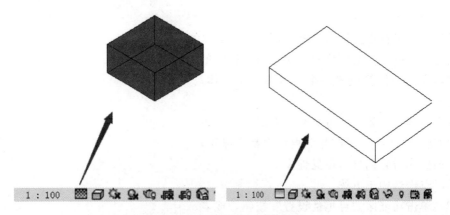

图2-25 不同详细程度下的显示

【提示】 在族编辑器中，"不可见"图元显示为灰色，只有载入到项目中才会显示不可见。同时在"族图元可见性设置"对话框中，还可以设置在视图中的可见性，如"平面/天花板平面""前/后""左/右"等视图的可见性，在族创建过程中，经常使用该方法。

2. 条件参数控制可见性

除了使用"族图元可见性设置"设置图元的可见性外，还可通过设置条件参数控制图元的显示。下面以设置长度类型参数作为控制条件说明其步骤：

（1）单击功能区"创建"→"属性"→"族类型"按钮，进入"族类型"对话框。

（2）添加一个"长度1"的长度类型参数。

（3）添加一个"可见性"为"是/否"的类型参数，见图2-26。

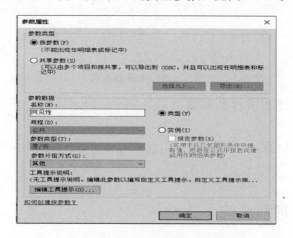

图2-26 添加"可见性"参数

（4）在"可见性"参数的公式中输入"长度1<1000mm"，见图2-27。

（5）在绘图区域创建一个长方体，设置其长度尺寸标签为"长度1"，见图2-28。

图2-27 "可见性"参数公式

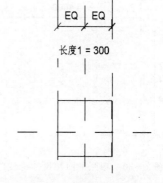

图2-28 设置尺寸标签

（6）单击长方体，在"属性"对话框中，单击"可见"选项右侧的"关联参数"按钮，打开"关联族参数"对话框，选择"可见性"参数，与之相关联，见图2-29。

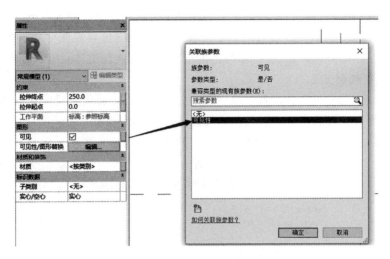

图 2-29　关联族参数

经过以上操作，当长方体的长度小于 1000mm 时才可见，否则长方体处于不可见状态。

【提示】　当公式的返回值为真时，勾选"可见性"参数的参数值，当返回值为假时，不勾选。

2.3　常规构件族的形状绘制

2.3.1　拉伸

"拉伸"命令通过拉伸二维轮廓来创建三维实心形状。实心或空心拉伸是最容易创建的形状，可以在工作平面上绘制形状的二维轮廓，然后拉伸该轮廓使其与绘制它的平面垂直。

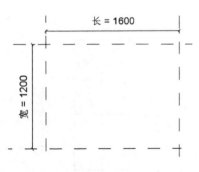

图 2-30　参照平面和尺寸标注

在拉伸形状之前，可以指定其起点和终点，以增加或减少该形状的深度。默认情况下，拉伸起点是 0。工作平面不必作为拉伸的起点或终点，它只用于绘制草图和设置拉伸方向，其具体步骤如下。

（1）在楼层平面视图中绘制 4 个参照平面，并进行尺寸标注，见图 2-30。

（2）在"族编辑器"环境下，单击"创建"选项卡"形状"面板中的"拉伸"命令，使用"绘制"面板中的"矩形"方式任意绘制一个矩形，见图 2-31。

（3）单击"修改/创建拉伸"选项卡的"对齐"命令，将矩形的 4 条边分别对齐 4 个参照平面并锁定，见图 2-32。

（4）单击"修改/创建拉伸"选项卡中的"完成编辑"按钮，完成实体在平面视图的创建。

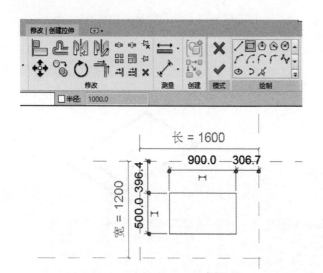

图 2-31 任意绘制一个矩形

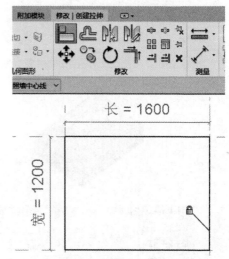

图 2-32 对齐并锁定

（5）选择任意立面在其上绘制参照平面（以右立面为例加以说明，见图 2-33），并对参照平面进行标注尺寸，将实体的宽和高分别锁在对应参照平面上，完成长方体在立面视图的创建。

至此，就完成了长方体模型的创建，通过改变参照平面上的尺寸标注可以驱动长方体的长、宽、高形状变化，其三维视图见图 2-34。

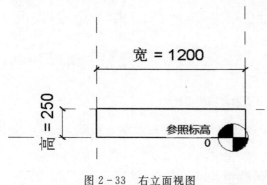

图 2-33 右立面视图

图 2-34 三维视图展示

（6）用户可以对创建完成的长方体进行重新编辑，单击选中长方体，长方体高亮显示。单击"修改｜拉伸"选项卡中的"编辑拉伸"，进入编辑拉伸的界面。用户可以重新绘制拉伸端面，完成修改后单击完成编辑按钮，保存修改并退出编辑拉伸的绘图界面，见图 2-35。

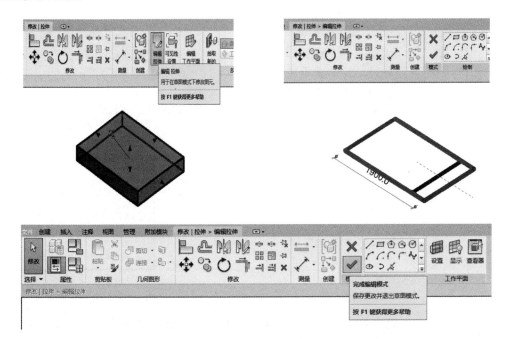

图 2-35 编辑拉伸

2.3.2 融合

"融合"命令可以将两个平行平面上的不同形状的端面进行融合建模,用于创建实心三维形状,该形状将沿其长度发生变化,从起始形状融合到最终形状。其具体步骤如下:

(1) 在"族编辑器"环境下,单击"创建"选项卡"形状"面板上的"融合"命令,默认进入"创建融合底部边界"模式,见图 2-36。这时可以绘制底部的融合面形状,绘制一个圆。

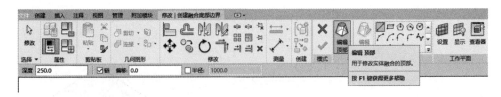

图 2-36 创建融合底部边界

(2) 单击选项卡中的"编辑顶部",切换到顶部融合面的绘制,见图 2-37,绘制一个正方形。

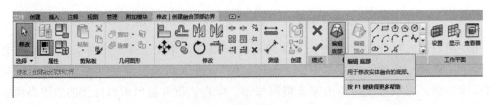

图 2-37 创建融合顶部边界

（3）底部和顶部都绘制后，通过单击"编辑顶点"的方式可以编辑各个顶点的融合关系，见图2-38。

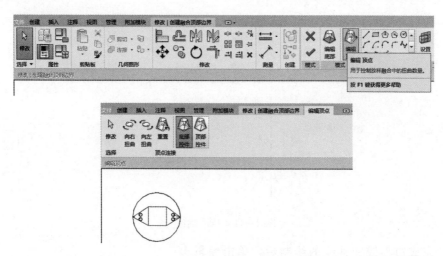

图2-38 编辑顶点

（4）单击"修改/编辑融合顶部边界"选项卡中的完成编辑按钮，模型融合完成，三维效果见图2-39。

2.3.3 旋转

"旋转"命令是指围绕轴旋转某个形状而创建的形状，可以旋转形状一周或不到一周。如果轴与旋转造型接触，则产生一个实心几何图形。旋转命令可创建围绕根轴旋转而成的几何图形，可以绕一根轴旋转一周，也可以只旋转半周或任意的角度。其具体步骤如下：

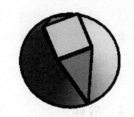

图2-39 三维效果展示

（1）在"族编辑器"环境下，单击"创建"选项卡"形状"面板中的"旋转"命令，出现"修改/创建旋转"选项卡，默认先绘制"边界线"。可以绘制任何形状，但是边界必须闭合，见图2-40。

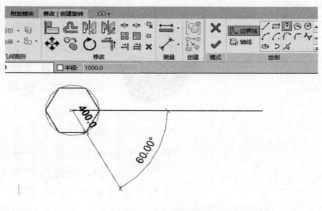

图2-40 创建旋转

（2）单击选项卡中的"轴线"，在中心的参照平面上绘制一条竖直的轴线，用户可以绘制轴线，或使用拾取功能选择已有的直线作为轴线，见图 2-41。

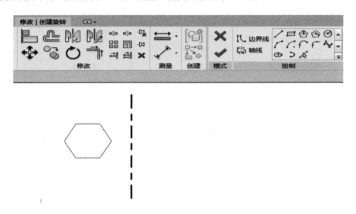

图 2-41　拾取轴线

（3）完成边界线和轴线的绘制后，单击编辑完成按钮，完成旋转建模，切换至三维视图查看建模的效果，见图 2-42。

（4）用户可以通过"属性"对话框对已有的旋转实体进行编辑，单击创建好的旋转实体，将"结束角度"修改成 180°，使这个实体只旋转半周，见图 2-43。

图 2-42　三维效果展示

2.3.4　放样

"放样"命令是用于创建需要绘制或应用轮廓（形状）并沿路径拉伸此轮廓的族的一种建模方式，通过沿路径放样二维轮廓，可以创建三维形状，该路径既可以是一条单独的闭合路径，也可以是一条单独的开放路径，其步骤如下：

（1）在楼层平面视图的"参照标高"工作平面上画一条参照线。通常以用选取参照线的方式来作为放样的路径，见图 2-44。

（2）在"族编辑器"环境下，单击使用"创建"选项卡"形状"面板上的"放样"工具，进入放样绘制界面。使用选项卡中的"绘制路径"或"拾取路径"命令绘制路径，通过选择方式定义放样路径。单击"拾取路径"按钮，选择参照线，单击完成编辑按钮，完成路径

图 2-43　修改结束角度

绘制，见图2-45。

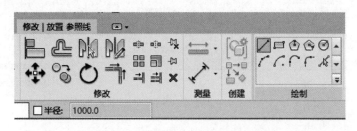

图2-44　放置参照线

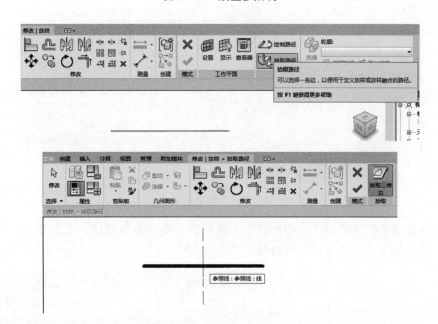

图2-45　路径绘制

（3）单击选项卡中的"编辑轮廓"，出现"转到视图"对话框，选择"立面：右"，单击"打开视图"，在右立面视图上绘制轮廓线，任意绘制一个封闭的多边形，见图2-46。

（4）单击完成编辑按钮，完成轮廓绘制，退出"编辑轮廓"模式。

（5）单击"修改 | 放样"选项卡中的完成编辑按钮，放样建模完成，切换至三维视图查看建模的效果，见图2-47。

2.3.5　放样融合

"放样融合"命令可以创建一个具有两个不同轮廓的融合体，它的使用方法和放样基本相同，只是可以选择两个轮廓面。其形状由起始形状、最终形状和指定的二维路径确定，其具体步骤如下。

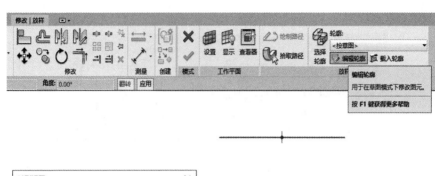

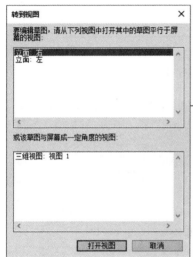

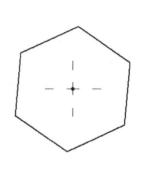

图 2-46 编辑轮廓

（1）在楼层平面视图的"参照标高"工作平面上面一条参照线，见图 2-48。通常以用选取参照线的方式来作为放样的路径。

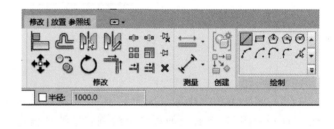

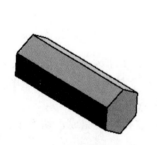

图 2-47 三维效果展示   图 2-48 放置参照线

（2）在"族编辑器"环境下，单击使用"创建"选项卡"形状"面板上的"放样融合"工具，进入放样绘制界面。使用选项卡中的"绘制路径"或"拾取路径"命令绘制路径，通过选择方式定义放样路径。单击"拾取路径"按钮，选择参照线，单击完成编辑按钮，完成路径绘制，见图 2-49 和图 2-50。

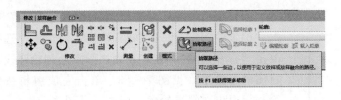

图 2-49 拾取路径

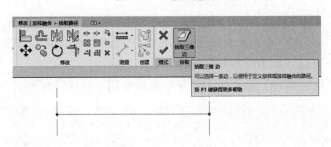

图 2-50 拾取三维边

（3）单击"放样融合"选项卡中的"选择轮廓 1"，然后单击"编辑轮廓"，出现"转到视图"对话框，见图 2-51，选择"立面：右"，单击"打开视图"，在右立面视图上绘制轮廓线，任意绘制一个封闭的多边形，见图 2-52。单击完成编辑按钮，完成轮廓 1 绘制。

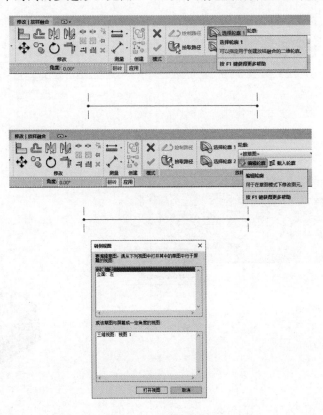

图 2-51 编辑轮廓 1

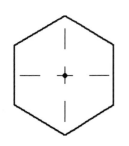

图 2-52 任意绘制一个
封闭多边形

（4）单击"放样融合"选项卡中的"选择轮廓 2"，然后单击"编辑轮廓"，出现"转到视图"对话框，选择"立面：右"，单击"打开视图"，在右立面视图上绘制轮廓线，任意绘制一个封闭的多边形，见图 2-53。单击完成编辑按钮，完成轮廓 2 绘制，退出"编辑轮廓"模式，见图 2-54。

注：若在放样融合时选择轮廓族作为放样轮廓，选择已经创建好的放样融合实体，打开"属性"对话框，通过更改"轮廓 1"和"轮廓 2"中间的"水平轮廓偏移"和"垂直轮廓偏移"来调整轮廓和放样中心线的偏移量，可实现"偏心放样融合"的效果。如果直接在族中绘制轮廓的话，就不能应用这个功能。

（5）单击"修改 | 放样"选项卡中的完成编辑按钮，放样建模完成，见图 2-55。

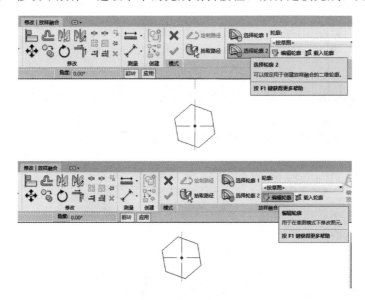

图 2-53 编辑轮廓 2

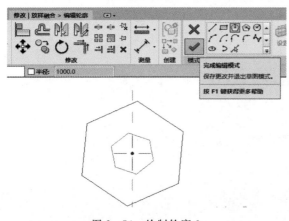

图 2-54 绘制轮廓 2

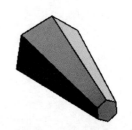

图 2-55 三维效果展示

2.4 属性（参数）信息的挂载

2.4.1 指定族类别和族参数

指定族参数的步骤：

（1）在族编辑器中，单击"创建"选项卡（或"修改"选项卡）"属性"面板（族类别和族参数）。

（2）从对话框中选择需要将其属性导入到当前族中的族类别。

（3）指定族参数，见图2-56。

注：族参数选项根据族类别而有所不同。

（4）单击"确定"。

2.4.2 为尺寸标注添加标签

带标签的尺寸标注将成为族的可修改参数。使用族编辑器中的"族类型"对话框修改它们的值。将族载入到项目中之后，在"属性"选项板上修改实例参数，或打开"类型属性"对话框修改类型参数值。

如果族中存在该标注类型的参数，可以选择它作为标签。否则，必须创建标注类型的参数，用来指定实例参数或类型参数。

为尺寸标注添加标签并创建参数：

（1）在族编辑器中，选择尺寸标注。

（2）在"标签尺寸标注"面板上，对于"标签"，选择现有参数或单击"创建参数"。在创建参

图2-56 指定族参数

数之后，可以使用"属性"面板上的"族类型"工具来修改默认值，或指定一个公式（如需要），见图2-57。

（3）如果需要，选择"引线"来创建尺寸标注的引线。

2.4.3 创建类型/实例参数

创建族时，可以将带标签的尺寸标注指定为实例参数。当族实例放置在项目中时，这些参数是可修改的。

被指定为实例参数的带标签的尺寸标注可以有造型操纵柄，这些造型操纵柄会在族被载入到项目中后出现。

（1）使用族编辑器工具绘制族几何图形。

（2）创建族几何图形的尺寸标注。

（3）为尺寸标注添加标签。

图 2-57 为尺寸标注添加标签并创建参数

（4）选择尺寸标注，然后在选项栏上选择"实例参数"，见图 2-58。

注：如果通过在选项栏上选择标签来为尺寸标注添加标签，则不用重新选择尺寸标注就可以选择"实例参数"。

（5）单击"修改 | 尺寸标注"选项卡"属性"面板（族类型）。

在"族类型"对话框中，注意新的实例参数。在项目中放置族时，（默认）标签会指出该实例参数的值。例如，如果创建一个名为"长度"的实例参数，其默认值为 3000mm，则在将该族放置到项目中后，族实例的长度为 3000mm。

（6）保存所做的修改并将族载入到项目中。选择此族的一个实例，然后在"属性"选项板上，可看到有标签尺寸可用于修改。

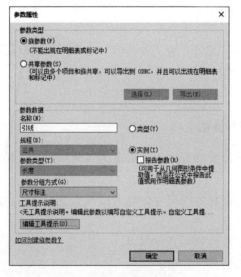

图 2-58 指定实例参数

2.4.4　添加造型操纵柄

可以向可载入族中添加造型操纵柄，这些操纵柄会在族被载入项目中后显示出来，见图 2-59。

造型操纵柄用于在绘图区域中调整构件的大小，而不是在族编辑器中创建多个类型。

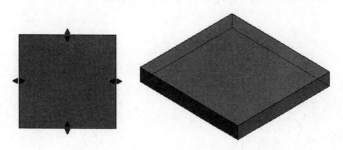

图 2-59　造型操纵柄

要向构件族中添加造型操纵柄，必须执行下列操作：

（1）将参照平面添加到族中。

（2）添加几何图形以使几何图形的草图对齐到参照平面。

（3）对于参照平面，请确认"是参照"的值不是"非参照"的值。

（4）将尺寸标注添加到该参照平面。

注：如果需要三维视图中的造型操纵柄，请使用参照线，而不是参照平面。

（5）将尺寸标注标记为实例参数。

（6）保存该族并将其载入到项目中。当在项目的绘制区域中选择构件时，造型操纵柄将显示在参照平面对齐和标注尺寸的位置。

第3章

族 样 板

本章导读

在前两章主要介绍了族的创建环境以及常规族的参数化创建过程，读者可以根据项目需求，自定义项目需要的族。若需要创建用于一个或多个模型的自定义图元，则需要创建可载入族。创建可载入族时，系统将会提醒选择一个该族所要创建的图元类型相对应的族样板。

族样板是创建族的基础框架，族样板文件中包含了在开始创建族时以及在项目中放置族时所需要的信息。本章将对 Revit 2018 自带族样板进行简单梳理，详细阐述族样板以及它们如何影响模型文件中族的行为，并介绍如何针对不同图元模型的特点选择合适的族样板文件。

专有名词解释，见图 3-1。

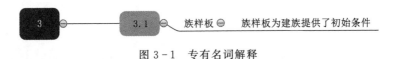

图 3-1 专有名词解释

3.1 族样板概述

为了满足不同用户和实际工程项目的需求，能够自定义所需要的构件是使用 Revit 进行设计的一项重要内容。族样板就是用来创建可载入到项目文件中的构件的样板文件，其中包含了默认的"族类别和族参数"设置。族在一个项目文件中显示出来的特殊工作性质，由该族的族类别决定，通常情况下，"族类别"同其样板名。按族样板是否由用户自行创建，可以分为 Revit 自带族样板和自建族样板。

3.2 族样板分类

族样板按照其创建族在项目中的放置特性可分为基于主体的样板、基于线的样板、基于面的样板以及独立样板。基于主体的样板中的主体可以是墙、天花板、楼板，以及屋顶，选择不同主体样板所创建的族在项目中放置时将依附于相应主体，见表3-1。

表3-1   族样板类型说明

族样板分类	族样板类型	族样板类型说明
有主体的三维族样板	基于墙的样板	使用基于墙的样板可以创建将插入到墙中的构件。有些墙构件（例如门和窗）可以包含洞口，因此在墙上放置该构件时，它会在墙上剪切出一个洞口。基于墙的构件的一些示例包括门、窗和照明设备。每个样板中都包括一面墙；为了展示构件与墙之间的配合情况，这面墙是必不可少的
	基于天花板的样板	使用基于天花板的样板可以创建将插入到天花板中的构件。有些天花板构件包含洞口，因此在天花板上放置该构件时，它会在天花板上剪切出一个洞口。基于天花板的族示例包括喷水装置和隐蔽式照明设备
	基于楼板的样板	使用基于楼板的样板可以创建将插入到楼板中的构件。有些楼板构件（例如加热风口）包含洞口，因此在楼板上放置该构件时，它会在楼板上剪切出一个洞口
	基于屋顶的样板	使用基于屋顶的样板可以创建将插入到屋顶中的构件。有些屋顶构件包含洞口，因此在屋顶上放置该构件时，它会在屋顶上剪切出一个洞口。基于屋顶的族示例包括天窗和屋顶风机
	基于面的样板	使用基于面的样板可以创建基于工作平面的族，这些族可以修改它们的主体。从样板创建的族可在主体中进行复杂的剪切。这些族的实例可放置在任何表面上，而不考虑它自身的方向
需要特定功能的三维族样板	专用样板	当族需要与模型进行特殊交互时使用专用样板。这些族样板仅特定于一种类型的族。例如，"结构框架"样板仅可用于创建结构框架构件
没有主体的三维族样板	基于线的样板	使用基于线的样板可以创建采用两次拾取放置的详图族和模型族
	独立样板	独立样板用于不依赖于主体的构件。独立构件可以放置在模型中的任何位置，可以相对于其他独立构件或基于主体的构件添加尺寸标注。独立族的示例包括家具、电气器具、风管以及管件
	自适应样板	使用该样板可创建需要灵活适应许多独特上下文条件的构件。例如，自适应构件可以用在通过布置多个符合用户定义限制条件的构件而生成的重复系统中。选择一个自适应样板时，您将使用概念设计环境中的一个特殊的族编辑器创建体量族

3.3　族样板的选用

不要以类别限制对族样板的选择。选择样板时，请选择主体样式或需要的行为，然后更改类别以匹配所需的族类型。另外，某些类型的族需要特定的族样板才能正常运行，见表3-2。

表 3 - 2　　　　　　　　　　　　　　族 样 板 的 选 用

族分类	族类别	系统自带族样板	样板类型
二维族	标题栏	A0 公制.rft	专用样板
		A1 公制.rft	
		A2 公制.rft	
		A3 公制.rft	
		A4 公制.rft	
		新尺寸公制.rft	
	注释	公制标高标头.rft	
		公制常规标记.rft	
		公制常规注释.rft	
		公制窗标记.rft	
		公制电话设备标记.rft	
		公制电气设备标记.rft	
		公制电气装置标记.rft	
		公制多类别标记.rft	
		公制房间标记.rft	
		公制高程点符号.rft	
		公制火警设备标记.rft	
		公制立面标记指针.rft	
		公制立面标记主体.rft	
		公制门标记.rft	
		公制剖面标头.rft	
		公制视图标题.rft	
		公制数据设备标记.rft	
		公制详图索引标头.rft	
		公制轴网标头.rft	
	标记	钢筋接头标记样板-CHN.rft	独立样板
	详图项目	公制详图项目.rft	
		基于公制详图项目线.rft	
	轮廓	公制分区轮廓.rft	
		公制轮廓-分隔条.rft	
		公制轮廓-扶栏.rft	
		公制轮廓-楼梯前缘.rft	
		公制轮廓-竖梃.rft	
		公制轮廓-主体.rft	
		公制轮廓.rft	

续表

族分类	族类别	系统自带族样板	样板类型
三维族	场地	公制场地.rft	独立样板
	植物	公制植物.rft	
	环境	公制环境.rft	
	RPC族	公制RPC族.rft	
	常规模型	公制常规模型.rft	
		基于两个标高的公制常规模型.rft	
		基于楼板的公制常规模型.rft	基于楼板的样板
		基于面的公制常规模型.rft	基于面的样板
		基于墙的公制常规模型.rft	基于墙的样板
		基于天花板的公制常规模型.rft	基于天花板的样板
		基于填充图案的公制常规模型.rft	专用样板
		基于屋顶的公制常规模型.rft	基于屋顶的样板
		基于线的公制常规模型.rft	基于线的样板
		自适应公制常规模型.rft	自适应样板
	窗	公制窗.rft	基于墙的样板
		带贴面公制窗.rft	
		公制窗-幕墙.rft	独立样板
	门	公制门.rft	基于墙的样板
		公制门-幕墙.rft	独立样板
	电话设备	公制电话设备.rft	专用样板
		公制电话设备主体.rft	
	电气设备	公制电气设备.rft	
	风管管件	公制风管T形三通.rft	独立样板
		公制风管过渡件.rft	
		公制风管四通.rft	
		公制风管弯头.rft	
	火警设备	公制火警设备.rft	专用样板
		公制火警设备主体.rft	
	家具	公制家具.rft	独立样板
		公制家具系统.rft	
	钢筋	钢筋接头样板-CHN.rft	
		钢筋形状样板-CHN.rft	
	结构桁架	公制结构桁架.rft	专用样板
	结构基础	公制结构基础.rft	
	结构加强板	公制结构加强板.rft	
		基于线的公制结构加强板.rft	

续表

族分类	族类别	系统自带族样板	样板类型
三维族	结构框架	公制结构框架-梁和支撑.rft	专用样板
		公制结构框架-综合体和桁架.rft	
	柱	公制结构柱.rft	
		公制柱.rft	
	扶手	公制扶手支撑.rft	
		公制扶手终端.rft	
	栏杆	公制栏杆-嵌板.rft	
		公制栏杆-支柱.rft	
		公制栏杆.rft	
	幕墙嵌板	公制幕墙嵌板.rft	独立样板
		基于公制幕墙嵌板填充图案.rft	
	数据设备	公制数据配电盘.rft	专用样板
		公制数据设备.rft	
		公制数据设备主体.rft	
	停车场	公制停车场.rft	独立样板
	卫生器具	公制卫生器具.rft	
		基于墙的公制卫生器具.rft	基于墙的样板
	专用设备	公制专用设备.rft	独立样板
		基于墙的公制专用设备.rft	基于墙的样板
	橱柜	公制橱柜.rft	独立样板
		基于墙的公制橱柜.rft	基于墙的样板
	电气装置	公制电气装置.rft	独立样板
		基于墙的公制电气装置.rft	基于墙的样板
		基于天花板的公制电气装置.rft	基于天花板的样板
	机械设备	公制机械设备.rft	独立样板
		基于墙的公制机械设备.rft	基于墙的样板
		基于天花板的公制机械设备.rft	基于天花板的样板
	照明设备	公制照明设备.rft	独立样板
		公制聚光照明设备.rft	
		公制线性照明设备.rft	
		基于墙的公制照明设备.rft	基于墙的样板
		基于墙的公制聚光照明设备.rft	
		基于墙的公制线性照明设备.rft	
		基于天花板的公制照明设备.rft	基于天花板的样板
		基于天花板的公制聚光照明设备.rft	
		基于天花板的公制线性照明设备.rft	

3.4　族样板详述

3.4.1　标题栏

　　Revit 共提供了 5 个样板用于创建图框族，包括 5 个常用尺寸样板和 1 个便于用户客制化的"新尺寸公制.rft"样板，均放在"标题栏"文件夹下，见表 3-3。

表 3-3　　　　　　　　　　　　　　　标题栏的族样板

族类别	系统自带族样板	样板类型	备注（默认尺寸）
	A0 公制.rft		1190×840
	A1 公制.rft		841×594
标题栏	A2 公制.rft	专用样板	594×420
	A3 公制.rft		420×297
	A4 公制.rft		297×210
	新尺寸公制.rft		297×210

　　1."A0 公制.rft"

　　打开视图见图 3-2。

　　（1）系统参数。该样板未预设其他的族参数。

　　（2）预设参考平面。样板中已经建好图框线以及相应的尺寸，无参考平面。

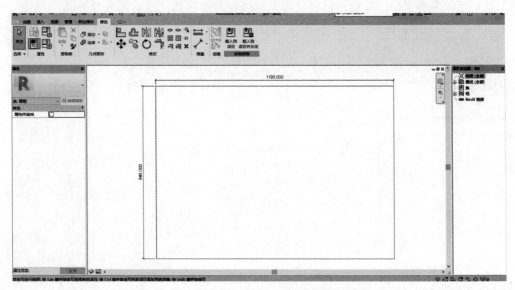

图 3-2　"A0 公制.rft"

　　2."A1 公制.rft"

　　打开视图见图 3-3。

　　（1）系统参数。该样板未预设其他的族参数。

（2）预设参考平面。样板中已经建好图框线以及相应的尺寸，无参考平面。

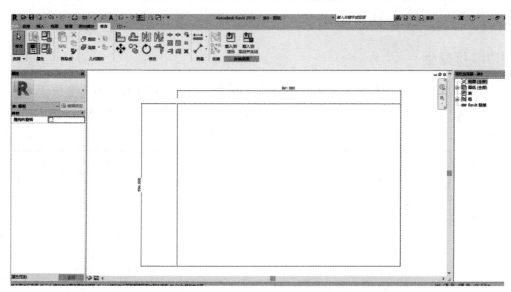

图 3-3 "A1公制.rft"

3. "A2公制.rft"

打开视图见图 3-4。

（1）系统参数。该样板未预设其他的族参数。

（2）预设参考平面。样板中已经建好图框线以及相应的尺寸，无参考平面。

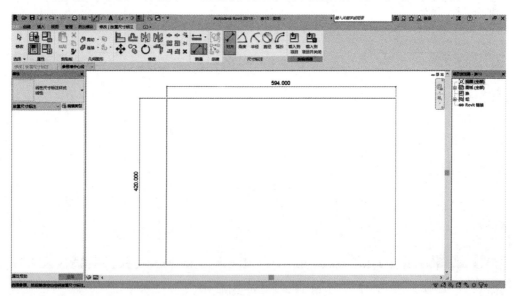

图 3-4 "A2公制.rft"

4. "A3公制.rft"

打开视图见图 3-5。

（1）系统参数。该样板未预设其他的族参数。

（2）预设参考平面。样板中已经建好图框线以及相应的尺寸，无参考平面。

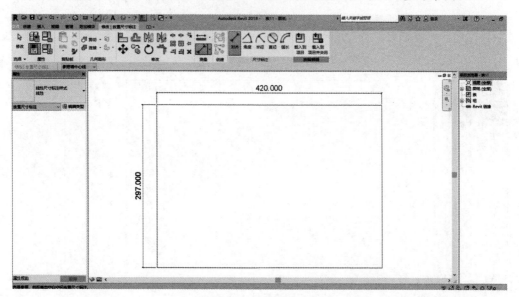

图 3－5 "A3 公制.rft"

5. "A4 公制.rft"

打开视图见图 3－6。

（1）系统参数。该样板未预设其他的族参数。

（2）预设参考平面。样板中已经建好图框线以及相应的尺寸，无参考平面。

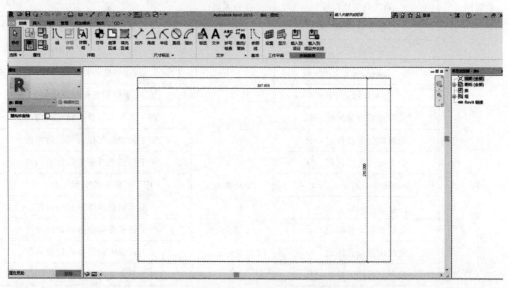

图 3－6 "A4 公制.rft"

6. "新尺寸公制.rft"

打开视图见图 3－7。

（1）系统参数。该样板未预设其他的族参数。

（2）预设参考平面。样板中已经建好图框线以及相应的尺寸，无参考平面。

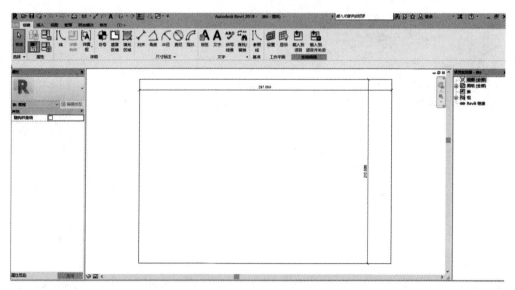

图 3-7　"新尺寸公制.rft"

3.4.2　注释

Revit 2018 共提供了 20 个族样板用于创建注释族，见表 3-4。

表 3-4　　　　　　　　　"注释"族系统自带族样板说明

族类别	系统自带族样板	样板类型	备　注
注释	公制常规注释.rft	专用样板	用于创建注释的构件
	公制常规标记.rft		用于创建标记的构件
	公制门标记.rft		用于创建门标记的构件
	公制窗标记.rft		用于创建窗标记的构件
	公制电话设备标记.rft		用于创建电话设备标记的构件
	公制电气设备标记.rft		用于创建电气设备标记的构件
	公制电气装置标记.rft		用于创建电气装置标记的构件
	公制多类别标记.rft		用于创建多类别标记的构件
	公制房间标记.rft		用于创建房间标记的构件
	公制数据设备标记.rft		用于创建数据设备标记的构件
	公制火警设备标记.rft		用于创建火警设备标记的构件
	公制立面标记指针.rft		用于创建立面标记指针的构件
	公制立面标记用途.rft		用于创建立面标记用途的构件
	钢筋接头标记样板.rft		用于创建钢筋接头标记的构件
	公制标高标头.rft		用于创建标高标头的构件

族类别	系统自带族样板	样板类型	备 注
注释	公制剖面标头.rft	专用样板	用于创建剖面标头的构件
	公制详图索引标头.rft		用于创建详图索引标头的构件
	公制轴网标头.rft		用于创建轴网标头的构件
	公制视图标题.rft		用于创建视图标题的构件
	公制高程点符号.rft		用于创建高程点符号的构件

1. "公制常规注释.rft"

（1）系统参数。该样板中未预设任何族参数，均需自行添加。

（2）预设参照平面。打开视图，有两条已经预设好的参照平面，见图 3-8，仅有两个用于定义族原点的参照平面。

（3）"公制常规标记.rft"的族类别。Revit 2018 自带的族样板文件"公制常规注释.rft"默认设置的族类别，见表 3-5。

图 3-8 "公制常规注释.rft"的视图

表 3-5   "公制常规注释.rft"分析

项目	公制常规注释.rft	备 注
族类别	常规模型注释	—
系统参数	未设参数，见图 3-9	需自行添加
预设参照平面	仅有两个用于定义族原点的参照平面	"公制常规注释.rft"族样板未预设特殊的参照平面
属性	增加了其他属性（随构件旋转、使文字可读、共享）等属性，见图 3-10	在"公制常规注释.rft"中预设的参数为之后的建族工作提供了不小便利

图 3-9 "公制常规注释.rft"预设族类别

图 3-10 "公制常规注释.rft"属性栏

59

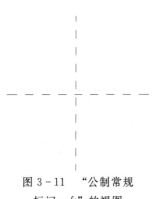

图 3-11 "公制常规
标记.rft"的视图

总结：

"公制常规注释.rft"族样板在使用上留白多，如需要其他参数等均可自行添加。

2. "公制常规标记.rft"

（1）系统参数。该样板中未预设任何族参数，均需自行添加。

（2）预设参照平面。打开视图，有两条已经预设好的参照平面，见图 3-11，仅有两个用于定义族原点的参照平面。

（3）"公制常规标记.rft"的族类别。Revit 2018 自带的族样板文件"公制常规标记.rft"默认设置的族类别，见表 3-6。

表 3-6   "公制常规标记.rft"分析

项　目	公制常规标记.rft	备　注
族类别	常规模型标记	—
系统参数	该样板中未预设任何族参数，见图 3-12	均需自行添加
预设参照平面	仅有两个用于定义族原点的参照平面	"公制常规标记.rft"族样板未预设特殊的参照平面
属性	存在其他属性（随构建旋转）属性见图 3-13	在"公制常规标记.rft"预设的属性为之后的建族提供了方便

图 3-12 "公制常规标记.rft"
预设族类别

图 3-13 "公制常规标记.rft"
属性栏

总结：

"公制常规标记.rft"族样板在使用上留白多，如需要参数等均可自行添加。

3. "公制门标记.rft"

（1）系统参数。该样板中未预设任何族参数，均需自行添加。设置同"公制常规标记.rft"。

（2）预设参照平面。打开视图，有两条已经预设好的参照平面，见图3-14。它们与"公制常规标记.rft"相同，仅有两个用于定义族原点的参照平面。

（3）"公制门标记.rft"与"公制常规标记.rft"的区别。Revit 2018自带的族样板文件"公制门标记.rft"与"公制常规标记.rft"默认设置的族类别不同，除此之外并没有明显的区别，见表3-7。

图3-14 "公制门标记.rft"的视图

表3-7 "公制门标记.rft"与"公制常规标记.rft"对比分析

项 目	公制门标记.rft	公制常规标记.rft	备 注
族类别	门标记	常规模型标记	使用"公制门标记.rft"样板创建门标记族后，将族载入项目中时，可自动在项目浏览器中对该族进行正确的分类，方便后期的使用与管理
系统参数	同"公制常规标记.rft"，见图3-15	未设任何系统参数，见图3-16	见有需要，均需自行添加
预设参照平面	同"公制常规标记.rft"	仅有两个用于定义族原点的参照平面	"公制门标记.rft"族样板和"公制常规标记.rft"均未预设特殊的参照平面
属性	属性见图3-17	属性见图3-18	两者属性相同

图3-15 "公制门标记.rft"预设族类型

图3-16 "公制常规标记.rft"预设族类型

61

图 3-17 "公制门
标记.rft"属性栏

图 3-18 "公制常规
标记.rft"属性栏

总结：

（1）对于创建"门标记"族而言，"公制门标记.rft"族样板与"公制常规标记.rft"族样板在使用上并没有明显的区别，如需要参数等均可自行添加。

（2）在"公制常规标记.rft"中亦可自定义修改其族类别为"门标记"，其属性会随之改变，但参照平面等不会自动更改。

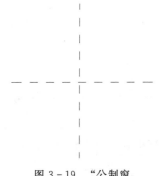

图 3-19 "公制窗
标记.rft"的视图

综上所述，当需要创建门标记族时，"公制常规标记.rft"与"公制门标记.rft"均可使用，且在使用上没有明显的区别。

4."公制窗标记.rft"

（1）系统参数。该样板中未预设任何族参数，均需自行添加。设置同"公制常规标记.rft"。

（2）预设参照平面。打开视图，有两条已经预设好的参照平面，见图3-19。它们与"公制常规标记.rft"相同，仅有两个用于定义族原点的参照平面。

（3）"公制窗标记.rft"与"公制常规标记.rft"的区别。Revit 2018 自带的族样板文件"公制窗标记.rft"与"公制常规标记.rft"默认设置的族类别不同，除此之外并没有明显的区别，见表3-8。

表 3-8 "公制窗标记.rft"与"公制常规标记.rft"对比分析

项 目	公制窗标记.rft	公制常规标记.rft	备 注
族类别	窗标记	常规模型标记	使用"公制窗标记.rft"样板创建窗标记族后，将族载入项目中时，可自动在项目浏览器中对该族进行正确的分类，方便后期的使用与管理

项 目	公制窗标记.rft	公制常规标记.rft	备 注
系统参数	同"公制常规标记.rft"，见图3-20	未设参数，见图3-21	两样板中均未预设任何族参数，均需自行添加
预设参照平面	同"公制常规标记.rft"	仅有两个用于定义族原点的参照平面	"公制窗标记.rft"族样板和"公制常规标记.rft"均未预设特殊的参照平面
属性	属性见图3-22	属性见图3-23	两者属性相同

图3-20 "公制窗标记.rft"预设族类别

图3-21 "公制常规标记.rft"预设族类别

图3-22 "公制窗标记.rft"属性栏

图3-23 "公制常规标记.rft"属性栏

总结：

（1）对于创建"窗标记"族而言，"公制窗标记.rft"族样板与"公制常规标记.rft"族样板在使用上并没有明显的区别，如需要参数等均可自行添加。

（2）在"公制常规标记.rft"中亦可自定义修改其族类别为"窗标记"，其属性会随之改变，但参照平面等不会自动更改。

综上所述，当需要创建窗标记族时，"公制常规标记.rft"与"公制窗标记.rft"均可使用，且在使用上没有明显的区别。

5. "公制电话设备标记.rft"

（1）系统参数。该样板中未预设任何族参数，均需自行添加。设置同"公制常规标记.rft"。

（2）预设参照平面。打开视图，有两条已经预设好的参照平面，见图3-24。它们与"公制常规标记.rft"相同，仅有两个用于定义族原点的参照平面。

（3）"公制电话设备标记.rft"与"公制常规标记.rft"的区别。Revit 2018自带的族样板文件"公制窗标记.rft"与"公制常规标记.rft"默认设置的族类别不同，除此之外并没有明显的区别，见表3-9。

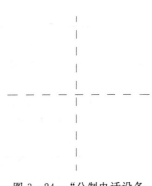

图3-24 "公制电话设备标记.rft"的视图

表3-9 "公制电话设备标记.rft"与"公制常规标记.rft"对比分析

项目	公制电话设备标记.rft	公制常规标记.rft	备 注
族类别	电话设备标记	常规模型标记	使用"公制电话设备标记.rft"样板创建电话设备标记族后，将族载入项目中时，可自动在项目浏览器中对该族进行正确的分类，方便后期的使用与管理
系统参数	同"公制常规标记.rft"，见图3-25	未设参数，见图3-26	两样板中均未预设任何族参数，均需读者自行添加
预设参照平面	同"公制常规标记.rft"	仅有两个用于定义族原点的参照平面	"公制电话设备标记.rft"族样板和"公制常规标记.rft"均未预设特殊的参照平面
属性	属性见图3-27	属性见图3-28	两者属性相同

图3-25 "公制电话设备标记.rft"预设族类别

图3-26 "公制常规标记.rft"预设族类别

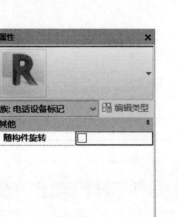

图 3-27 "公制电话设备标记.rft"属性栏   图 3-28 "公制常规标记.rft"属性栏

总结：

（1）对于创建"电话设备标记"族而言，"公制电话设备标记.rft"族样板与"公制常规标记.rft"族样板在使用上并没有明显的区别，如需要参数等均可自行添加。

（2）在"公制常规标记.rft"中亦可自定义修改其族类别为"电话设备标记"，其属性会随之改变，但参照平面等不会自动更改。

综上所述，当需要创建电话设备标记族时，"公制常规标记.rft"与"公制电话设备标记.rft"均可使用，且在使用上没有明显的区别。

6."公制电气设备标记.rft"

（1）系统参数。该样板中未预设任何族参数，均需自行添加。设置同"公制常规标记.rft"。

（2）预设参照平面。打开视图，有两条已经预设好的参照平面，见图 3-29。它们与"公制常规标记.rft"相同，仅有两个用于定义族原点的参照平面。

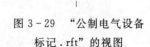

图 3-29 "公制电气设备标记.rft"的视图

（3）"公制电气设备标记.rft"与"公制常规标记.rft"的区别。Revit 2018 自带的族样板文件"公制电气设备标记.rft"与"公制常规标记.rft"默认设置的族类别不同，除此之外并没有明显的区别，见表 3-10。

表 3-10　　　　"公制电气设备标记.rft"与"公制常规标记.rft"对比分析

项　目	公制电气设备标记.rft	公制常规标记.rft	备　注
族类别	电气设备标记	常规模型标记	使用"公制电气设备标记.rft"样板创建电气设备标记族后，将族载入项目中时，可自动在项目浏览器中对该族进行正确的分类，方便后期的使用与管理
系统参数	同"公制常规标记.rft，见图 3-30	未设参数，见图 3-31	两样板中均未预设任何族参数，均需自行添加

65

续表

项　　目	公制电气设备标记.rft	公制常规标记.rft	备　　注
预设参照平面	同"公制常规标记.rft"	仅有两个用于定义族原点的参照平面	"公制电气设备标记.rft"族样板和"公制常规标记.rft"均未预设特殊的参照平面
属性	属性见图 3-32	属性见图 3-33	两者属性相同

图 3-30　"公制电气设备标记.rft"预设族类别

图 3-31　"公制常规标记.rft"预设族类别

图 3-32　"公制电气设备标记.rft"属性栏

图 3-33　"公制常规标记.rft"属性栏

总结：

（1）对于创建"电气设备标记"族而言，"公制电气设备标记.rft"族样板与"公制常规标记.rft"族样板在使用上并没有明显的区别，如需要参数等均可自行添加。

（2）在"公制常规标记.rft"中亦可自定义修改其族类别为"电气设备标记"，其属性会随之改变，但参照平面等不会自动更改。

综上所述，当需要创建电气设备标记族时，"公制常规标记.rft"与"公制电气设备标记.rft"均可使用，且在使用上没有明显的区别。

7．"公制电气装置标记.rft"

（1）系统参数。该样板中未预设任何族参数，均需自行添加。设置同"公制常规标记.rft"。

（2）预设参照平面。打开视图，有两条已经预设好的参照平面，见图3-34。它们与"公制常规标记.rft"相同，仅有两个用于定义族原点的参照平面。

（3）"公制电气装置标记.rft"与"公制常规标记.rft"的区别。Revit 2018自带的族样板文件"公制电气装置标记.rft"与"公制常规标记.rft"默认设置的族类别不同，除此之外并没有明显的区别，见表3-11。

图3-34 "公制电气装置标记.rft"的视图

表3-11　　　　　"公制电气装置标记.rft"与"公制常规标记.rft"对比分析

项　目	公制电气装置标记.rft	公制常规标记.rft	备　注
族类别	电气装置标记	常规模型标记	使用"公制电气装置标记.rft"样板创建电气装置标记族后，将族载入项目中时，可自动在项目浏览器中对该族进行正确的分类，方便后期的使用与管理
系统参数	同"公制常规标记.rft"，见图3-35	未设参数，见图3-36	两样板中均未预设任何族参数，均需自行添加
预设参照平面	同"公制常规标记.rft"	仅有两个用于定义族原点的参照平面	"公制电气装置标记.rft"族样板和"公制常规标记.rft"均未预设特殊的参照平面
属性	属性见图3-37	属性见图3-38	两者属性相同

图3-35 "公制电气装置标记.rft"预设族类别

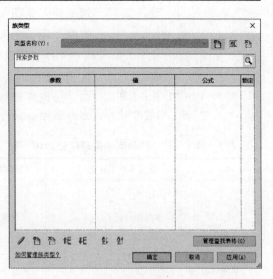

图3-36 "公制常规标记.rft"预设族类别

图 3-37　"公制电气装置标记.rft"属性栏　　　图 3-38　"公制常规标记.rft"属性栏

总结：

（1）对于创建"电气装置标记"族而言，"公制电气装置标记.rft"族样板与"公制常规标记.rft"族样板在使用上并没有明显的区别，如需要参数等均可自行添加。

（2）在"公制常规标记.rft"中亦可自定义修改其族类别为"电气装置标记"，其属性会随之改变，但参照平面等不会自动更改。

综上所述，当需要创建电气装置标记族时，"公制常规标记.rft"与"公制电气装置标记.rft"均可使用，且在使用上没有明显的区别。

8."公制多类别标记.rft"

（1）系统参数。该样板中未预设任何族参数，均需自行添加。设置同"公制常规标记.rft"。

（2）预设参照平面。打开视图，有两条已经预设好的参照平面，见图 3-39。它们与"公制常规标记.rft"相同，仅有两个用于定义族原点的参照平面。

（3）"公制多类别标记.rft"与"公制常规标记.rft"的区别。Revit 2018 自带的族样板文件"公制多类别标记.rft"与"公制常规标记.rft"默认设置的族类别不同，除此之外并没有明显的区别，见表 3-12。

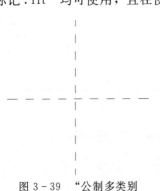

图 3-39　"公制多类别标记.rft"的视图

表 3-12　　　　"公制多类别标记.rft"与"公制常规标记.rft"对比分析

项　目	公制多类别标记.rft	公制常规标记.rft	备　注
族类别	多类别标记	常规模型标记	使用"公制多类别标记.rft"样板创建多类别标记族后，将族载入项目中时，可自动在项目浏览器中对该族进行正确的分类，方便后期的使用与管理
系统参数	同"公制常规标记.rft"，见图 3-40	未设参数，见图 3-41	两样板中均未预设任何族参数，均需自行添加

续表

项　目	公制多类别标记.rft	公制常规标记.rft	备　注
预设参照平面	同"公制常规标记.rft"	仅有两个用于定义族原点的参照平面	"公制多类别标记.rft"族样板和"公制常规标记.rft"均未预设特殊的参照平面
属性	增加其他（过滤参数）等属性见图3-42	属性见图3-43	"公制多类别标记.rft"比"公制常规标记.rft"多了一项预设属性，为后期建设多类别标记族提供了一些方便

图3-40　"公制多类别标记.rft"预设族类别　　图3-41　"公制常规标记.rft"预设族类别

图3-42　"公制多类别标记.rft"属性栏　　图3-43　"公制常规标记.rft"属性栏

总结：

（1）对于创建"多类别标记"族而言，"公制多类别标记.rft"族样板与"公制常规标记.rft"族样板在使用上并没有明显的区别，如需要参数等均可自行添加。

（2）在"公制常规标记.rft"中亦可自定义修改其族类别为"多类别标记"，其属性会随之改变，但参照平面等不会自动更改。

综上所述，当需要创建多类别标记族时，"公制常规标记.rft"与"公制多类别标记.rft"均可使用，且在使用上没有明显的区别。

9."公制房间标记.rft"

（1）系统参数。该样板中未预设任何族参数，均需自行添加。设置同"公制常规标记.rft"。

（2）预设参照平面。打开视图，有两条已经预设好的参照平面，见图3-44。它们与"公制常规标记.rft"相同，仅有两个用于定义族原点的参照平面。

（3）"公制房间标记.rft"与"公制常规标记.rft"的区别。Revit 2018自带的族样板文件"公制房间标记.rft"与"公制常规标记.rft"默认设置的族类别不同，除此之外并没有明显的区别，见表3-13。

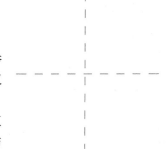

图 3-44　"公制房间标记.rft"的视图

表 3-13　　　　　　　"公制房间标记.rft"与"公制常规标记.rft"对比分析

项　目	公制房间标记.rft	公制常规标记.rft	备　注
族类别	房间标记	常规模型标记	使用"公制房间标记.rft"样板创建房间标记族后，将族载入项目中时，可自动在项目浏览器中对该族进行正确的分类，方便后期的使用与管理
系统参数	同"公制常规标记.rft"，见图3-45	未设参数，见图3-46	两样板中均未预设任何族参数，均需自行添加
预设参照平面	同"公制常规标记.rft"	仅有两个用于定义族原点的参照平面	"公制房间标记.rft"族样板和"公制常规标记.rft"均未预设特殊的参照平面
属性	属性见图3-47	增加其他（随构建旋转）等属性见图3-48	—

图 3-45　"公制房间标记.rft"预设族类别

图 3-46　"公制常规标记.rft"预设族类别

图 3-47 "公制房间标记.rft"属性栏

图 3-48 "公制常规标记.rft"属性栏

总结：

（1）对于创建"房间标记"族而言，"公制房间标记.rft"族样板与"公制常规标记.rft"族样板在使用上并没有明显的区别，如需要参数等均可自行添加。

（2）在"公制常规标记.rft"中亦可自定义修改其族类别为"房间标记"，其属性会随之改变，但参照平面等不会自动更改。

综上所述，当需要创建房间标记族时，"公制常规标记.rft"与"公制房间标记.rft"均可使用，且在使用上没有明显的区别。

10. "公制数据设备标记.rft"

（1）系统参数。该样板中未预设任何族参数，均需自行添加。设置同"公制常规标记.rft"。

（2）预设参照平面。打开视图，有两条已经预设好的参照平面，见图 3-49。它们与"公制常规标记.rft"相同，仅有两个用于定义族原点的参照平面。

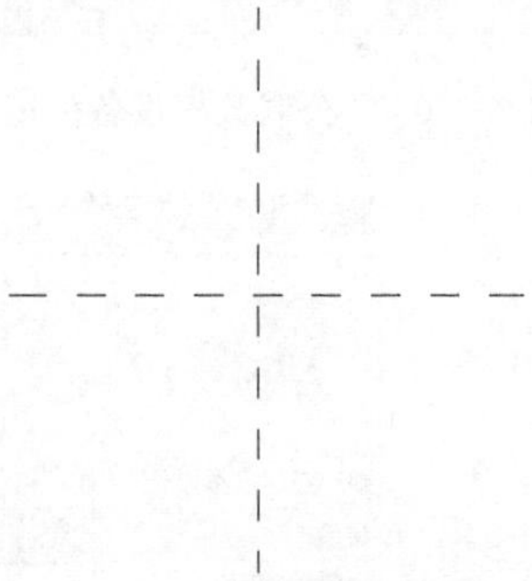

图 3-49 "公制数据设备标记.rft"的视图

（3）"公制数据设备标记.rft"与"公制常规标记.rft"的区别。Revit 2018 自带的族样板文件"公制数据设备标记.rft"与"公制常规标记.rft"默认设置的族类别不同，除此之外并没有明显的区别，见表 3-14。

表 3-14 "公制数据设备标记.rft"与"公制常规标记.rft"对比分析

项　目	公制数据设备标记.rft	公制常规标记.rft	备　注
族类别	数据设备标记	常规模型标记	使用"公制数据设备标记.rft"样板创建数据设备标记族后，将族载入项目中时，可自动在项目浏览器中对该族进行正确的分类，方便后期的使用与管理
系统参数	同"公制常规标记.rft"，见图 3-50	未设参数，见图 3-51	两样板中均未预设任何族参数，均需自行添加

续表

项　　目	公制数据设备标记.rft	公制常规标记.rft	备　　注
预设参照平面	同"公制常规标记.rft"	仅有两个用于定义族原点的参照平面	"公制数据设备标记.rft"族样板和"公制常规标记.rft"均未预设特殊的参照平面
属性	属性见图 3-52	属性见图 3-53	属性相同

图 3-50　"公制数据设备标记.rft"预设族类别　　　图 3-51　"公制常规标记.rft"预设族类别

图 3-52　"公制数据设备标记.rft"属性栏

图 3-53　"公制常规标记.rft"属性栏

　　总结：

　　（1）对于创建"数据设备标记"族而言，"公制数据设备标记.rft"族样板与"公制常规标记.rft"族样板在使用上并没有明显的区别，如需要参数等均可自行添加。

　　（2）在"公制常规标记.rft"中亦可自定义修改其族类别为"公制数据设备标记"，其属性会随之改变，但参照平面等不会自动更改。

综上所述，当需要创建数据设备族时，"公制常规标记.rft"与"公制数据设备标记.rft"均可使用，且在使用上没有明显的区别。

11. "公制火警设备标记.rft"

（1）系统参数。该样板中未预设任何族参数，均需自行添加。设置同"公制常规标记.rft"。

（2）预设参照平面。打开视图，有两条已经预设好的参照平面，见图3-54。它们与"公制常规标记.rft"相同，仅有两个用于定义族原点的参照平面。

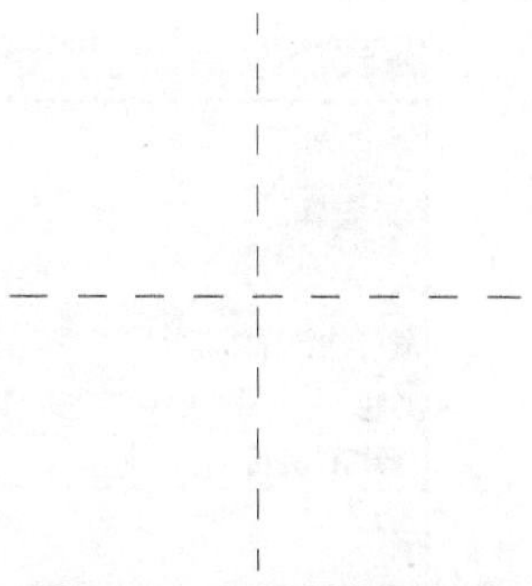

图 3-54 "公制火警设备标记.rft"的视图

（3）"公制火警设备标记.rft"与"公制常规标记.rft"的区别。Revit 2018自带的族样板文件"公制火警设备标记.rft"与"公制常规标记.rft"默认设置的族类别不同，除此之外并没有明显的区别，见表3-15。

表 3-15 "公制火警设备标记.rft"与"公制常规标记.rft"对比分析

项 目	公制火警设备标记.rft	公制常规标记.rft	备 注
族类别	火警设备标记	常规模型标记	使用"公制火警设备标记.rft"样板创建火警设备标记族后，将族载入项目中时，可自动在项目浏览器中对该族进行正确的分类，方便后期的使用与管理
系统参数	同"公制常规标记.rft"，见图3-55	未设参数，见图3-56	两样板中均未预设任何族参数，均需自行添加
预设参照平面	同"公制常规标记.rft"	仅有两个用于定义族原点的参照平面	"公制数据设备标记.rft"族样板和"公制常规标记.rft"均未预设特殊的参照平面
属性	属性见图3-57	属性见图3-58	属性相同

图 3-55 "公制火警设备标记.rft"预设族类别

图 3-56 "公制常规标记.rft"预设族类别

图 3-57 "公制火警设备标记 .rft"属性栏　　　　图 3-58 "公制常规标记 .rft"属性栏

总结：

（1）对于创建"设备标记"族而言，"公制火警设备标记 .rft"族样板与"公制常规标记 .rft"族样板在使用上并没有明显的区别，如需要参数等均可自行添加。

（2）在"公制常规标记 .rft"中亦可自定义修改其族类别为"火警设备标记"，其属性会随之改变，但参照平面等不会自动更改。

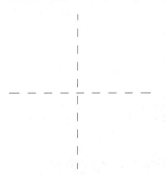

图 3-59 "公制立面标记指针 .rft"的视图

综上所述，当需要创建数据设备族时，"公制常规标记 .rft"与"公制火警设备标记 .rft"均可使用，且在使用上没有明显的区别。

12."公制立面标记指针 .rft"

（1）系统参数。该样板中未预设任何族参数，均需自行添加。设置同"公制常规标记 .rft"。

（2）预设参照平面。打开视图，有两条已经预设好的参照平面，见图 3-59。它们与"公制常规标记 .rft"相同，仅有两个用于定义族原点的参照平面。

（3）"公制立面标记指针 .rft"与"公制常规标记 .rft"的区别。Revit 2018 自带的族样板文件"公制立面标记指针 .rft"与"公制常规标记 .rft"默认设置的族类别不同，除此之外并没有明显的区别，见表 3-16。

表 3-16　　"公制立面标记指针 .rft"与"公制常规标记 .rft"对比分析

项　目	公制立面标记指针 .rft	公制常规标记 .rft	备　注
族类别	立面标记	常规模型标记	使用"公制立面标记指针 .rft"样板创建立面标记族后，将族载入项目中时，可自动在项目浏览器中对该族进行正确的分类，方便后期的使用与管理

项 目	公制立面标记指针.rft	公制常规标记.rft	备 注
系统参数	同"公制常规标记.rft",见图3-60	未设参数,见图3-61	两样板中均未预设任何族参数,均需自行添加
预设参照平面	同"公制常规标记.rft"	仅有两个用于定义族原点的参照平面	"公制立面标记指针.rft"族样板和"公制常规标记.rft"均未预设特殊的参照平面
属性	增加了其他属性(立面标记用途)等属性见图3-62	属性见图3-63	"公制立面标记指针.rft"比"公制常规标记.rft"多了一项预设属性,为后期建设立面标记族提供了一些方便

图3-60 "公制立面标记指针.rft"
预设族类别

图3-61 "公制常规标记.rft"
预设族类别

图3-62 "公制立面标记
指针.rft"属性栏

图3-63 "公制常规
标记.rft"属性栏

75

总结：

（1）对于创建"设备标记"族而言，"公制立面标记指针.rft"族样板与"公制常规标记.rft"族样板在使用上并没有明显的区别，如需要参数等均可自行添加。

（2）在"公制常规标记.rft"中亦可自定义修改其族类别为"立面标记"，其属性会随之改变，但参照平面等不会自动更改。

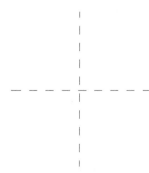

图 3 - 64　"公制立面标记
主体.rft"的视图

综上所述，当需要创建立面标记族时，"公制常规标记.rft"与"公制立面标记指针.rft"均可使用，但使用"公制立面标记指针.rft"可对后期的建族过程提供较多便利，故还是建议选择"公制立面标记指针.rft"创建立面标记族。

13."公制立面标记主体.rft"

（1）系统参数。该样板中未预设任何族参数，均需自行添加。设置同"公制常规标记.rft"。

（2）预设参照平面。打开视图，有两条已经预设好的参照平面，见图 3 - 64。它们与"公制常规标记.rft"相同，仅有两个用于定义族原点的参照平面。

（3）"公制立面标记主体.rft"与"公制常规标记.rft"的区别。Revit 2018 自带的族样板文件"公制立面标记用途.rft"与"公制常规标记.rft"默认设置的族类别不同，除此之外并没有明显的区别，见表 3 - 17。

表 3 - 17　　　　　　"公制立面标记主体.rft"与"公制常规标记.rft"对比分析

项　目	公制立面标记主体.rft	公制常规标记.rft	备　注
族类别	立面标记	常规模型标记	使用"公制立面标记主体.rft"样板创建立面标记族后，将族载入项目中时，可自动在项目浏览器中对该族进行正确的分类，方便后期的使用与管理
系统参数	同"公制常规标记.rft"，见图 3 - 65	未设参数，见图 3 - 66	两样板中均未预设任何族参数，均需自行添加
预设参照平面	同"公制常规标记.rft"	仅有两个用于定义族原点的参照平面	"公制立面标记主体.rft"族样板和"公制常规标记.rft"均未预设特殊的参照平面
属性	增加了其他（立面标记用途）等属性见图 3 - 67	属性见图 3 - 68	"公制立面标记主体.rft"比"公制常规标记.rft"多了一项预设属性，为后期建设立面标记族提供了一些方便

总结：

（1）对于创建"立面标记"族而言，"公制立面标记主体.rft"族样板与"公制常规标记.rft"族样板在使用上并没有明显的区别，如需要参数等均可自行添加。

（2）在"公制常规标记.rft"中亦可自定义修改其族类别为"公制立面标记用途"，

图 3-65　"公制立面标记主体.rft"预设族类别 　　图 3-66　"公制常规标记.rft"预设族类别

图 3-67　"公制立面标记
主体.rft"属性栏

图 3-68　"公制常规
标记.rft"属性栏

其属性会随之改变，但参照平面等不会自动更改。

　　综上所述，当需要创建立面标记族时，"公制常规标记
.rft"与"公制立面标记主体.rft"均可使用，但使用"公制
立面标记主体.rft"可对后期的建族过程提供较多便利，故
还是建议选择"公制立面标记主体.rft"创建立面标记族。

　　14."钢筋接头标记样板.rft"

　　(1)系统参数。该样板中未预设任何族参数，均需自
行添加。设置同"公制常规标记.rft"。

　　(2)预设参照平面。打开视图，有两条已经预设好的参
照平面，见图 3-69。它们与"公制常规标记.rft"相同，仅

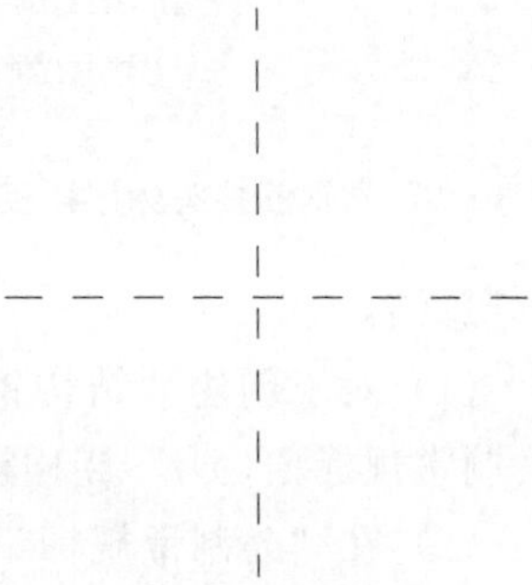

图 3-69　"钢筋接头标记
样板.rft"的视图

有两个用于定义族原点的参照平面。

（3）"钢筋接头标记样板.rft"与"公制常规标记.rft"的区别。Revit 2018 自带的族样板文件"钢筋接头标记样板.rft"与"公制常规标记.rft"默认设置的族类别不同，除此之外并没有明显的区别，见表 3 – 18。

表 3 – 18　　　　　"钢筋接头标记样板.rft"与"公制常规标记.rft"对比分析

项　目	钢筋接头标记样板.rft	公制常规标记.rft	备　注
族类别	结构钢筋接头标记	常规模型标记	使用"钢筋接头标记样板.rft"样板创建结构钢筋接头标记族后，将族载入项目中时，可自动在项目浏览器中对该族进行正确的分类，方便后期的使用与管理
系统参数	同"公制常规标记.rft"，见图 3 – 70	未设参数，见图 3 – 71	两样板中均未预设任何族参数，均需自行添加
预设参照平面	同"公制常规标记.rft"	仅有两个用于定义族原点的参照平面	"钢筋接头标记样板.rft"族样板和"公制常规标记.rft"均未预设特殊的参照平面
属性	属性见图 3 – 72	属性见图 3 – 73	属性相同

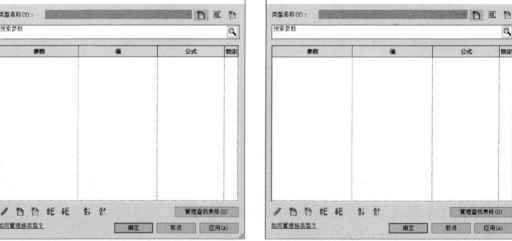

图 3 – 70　"钢筋接头标记样板.rft"预设族类别　　　　图 3 – 71　"公制常规标记.rft"预设族类别

总结：

（1）对于创建"结构钢筋接头标记"族而言，"钢筋接头标记样板.rft"族样板与"公制常规标记.rft"族样板在使用上并没有明显的区别，如需要参数等均可自行添加。

（2）在"公制常规标记.rft"中亦可自定义修改其族类别为"结构钢筋接头标记"，其属性会随之改变，但参照平面等不会自动更改。

综上所述，当需要创建结构钢筋接头标记族时，"公制常规标记.rft"与"钢筋接头

图 3 - 72　"钢筋接头标记
样板.rft"属性栏

图 3 - 73　"公制常规
标记.rft"属性栏

标记样板.rft"均可使用，且在使用上没有明显的区别。

15.　"公制标高标头.rft"

（1）系统参数。该样板中预设了"名称"
和"立面"两个族参数，未预设其他的族参数，
设置基本同"公制常规标记.rft"，若有其他需
要需自行添加。

（2）预设参照平面。打开视图，有两条已
经预设好的参照平面，见图 3 - 74。它们与"公
制常规标记.rft"相同，仅有两个用于定义族原
点的参照平面。

（3）"公制标高标头.rft"与"公制常规标
记.rft"的区别。Revit 2018 自带的族样板文件
"公制标高标头.rft"与"公制常规标记.rft"

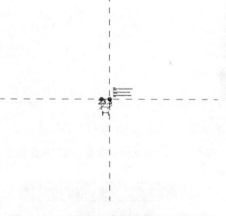

图 3 - 74　"公制标高标头.rft"的视图

默认设置的族类别，系统参数以及预设构件略有不同，除此之外并没有明显的区别，见表
3 - 19。

表 3 - 19　　　　"公制标高标头.rft"与"公制常规标记.rft"对比分析

项　目	公制标高标头.rft	公制常规标记.rft	备　注
族类别	结构钢筋接头标记	常规模型标记	使用"公制标高标头.rft"样板创建结构钢筋接头标记族后，将族载入项目中时，可自动在项目浏览器中对该族进行正确的分类，方便后期的使用与管理
系统参数	增加了"名称""立面"两个参数，见图 3 - 75	未设参数，见图 3 - 76	在"公制标高标头.rft"预设的参数为之后的建族工作提供了一些便利

79

续表

项　目	公制标高标头．rft	公制常规标记．rft	备　注
预设构件	相比"公制常规标记．rft"仅多了一条一端为参照线交点的线	—	在"公制标高标头．rft"中预设的线为创建公制标高标头时的常用构件，可自行修改其尺寸
预设参照平面	同"公制常规标记．rft"	仅有两个用于定义族原点的参照平面	"公制标高标头．rft"族样板和"公制常规标记．rft"均未预设特殊的参照平面
属性	属性见图 3-77	属性见图 3-78	属性相同

图 3-75　"公制标高标头．rft"预设族类别

图 3-76　"公制常规标记．rft"预设族类别

图 3-77　"公制标高标头．rft"属性栏

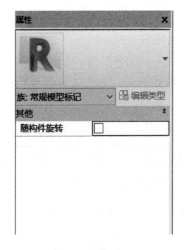

图 3-78　"公制常规标记．rft"属性栏

总结：

（1）相较于"公制标高标头.rft"族样板，在"公制常规标记.rft"族样板中缺少的预设参数等均可自行添加，但其加大了建族的工作量。

（2）在"公制常规标记.rft"中亦可自定义修改其族类别为"标高标头"，其属性会随之改变，但参照平面、预设构件等不会自动更改。

综上所述，当需要建标高标头族时，虽"公制常规标记.rft"与"公制标高标头.rft"均可使用，但使用"公制标高标头.rft"可对后期的建族过程提供较多便利，故还是建议选择"公制标高标头.rft"创建标高标头族。

16."公制剖面标头.rft"

（1）系统参数。该样板中未预设任何族参数，均需自行添加。设置同"公制常规标记.rft"。

（2）预设参照平面。打开 Revit 2018 自带的族样板文件"公制剖面标头.rft"与"公制常规标记.rft"，见图 3-79、图 3-80，其中"公制剖面标头.rft"中有 3 条已经预设好的参照平面。

图 3-79 "公制剖面标头.rft"的视图   图 3-80 "公制常规标记.rft"的视图

（3）"公制剖面标头.rft"与"公制常规标记.rft"的区别。Revit 2018 自带的族样板文件"公制剖面标头.rft"与"公制常规标记.rft"默认设置的族类别不同参照平面以及预设构件不同，除此之外并没有明显的区别，见表 3-20。

表 3-20　　　　　　"公制剖面标头.rft"与"公制常规标记.rft"对比分析

项　目	公制剖面标头.rft	公制常规标记.rft	备　注
族类别	剖面标头	常规模型标记	使用"公制剖面标头.rft"样板创建剖面标头族后，将该族载入项目中时，可自动在项目浏览器中对该族进行正确的分类，方便后期的使用与管理
系统参数	同"公制常规标记.rft"见图 3-81	未设参数，见图 3-82	两样板中均未预设任何族参数，均需自行添加
预设构件	相比"公制常规标记.rft"多了三条线	—	在"公制标高标头.rft"中预设的线为创建公制标高标头时的常用构件
预设参照平面	相比"公制常规标记.rft"多了一条垂直的参照平面	仅有两个用于定义族原点的参照平面	在"公制剖面标头.rft"中预设的参照线帮助制作剖面标头定位
属性	属性见图 3-83	属性见图 3-84	属性相同

图 3-81　"公制剖面标头.rft"预设族类别

图 3-82　"公制常规标记.rft"预设族类别

图 3-83　"公制剖面
标头.rft"属性栏

图 3-84　"公制常规
标记.rft"属性栏

总结：

（1）相较于"公制剖面标头.rft"族样板，在"公制常规标记.rft"族样板中缺少的预设构件、预设参照平面等均可自行添加，但其加大了建族的工作量。

（2）在"公制常规标记.rft"中亦可自定义修改其族类别为"剖面标头"，其属性会随之改变，但预设构件、参照平面等不会自动更改。

综上所述，当需要创建剖面标头族时，"公制常规标记.rft"与"公制剖面标头.rft"均可使用，但使用"公制剖面标头.rft"可对后期的建族过程提供较多便利，故还是建议选择"公制剖面标头.rft"创建剖面标头族。

17. "公制详图索引标头.rft"

（1）系统参数。该样板中除预设"名称"族参数外，未预设其他的族参数，设置基本同"公制常规标记.rft"。

（2）预设参照平面。打开视图，有两条已经预设好的参照平面，见图3-85。它们与"公制常规标记.rft"相同，仅有两个用于定义族原点的参照平面。

（3）"公制详图索引标头.rft"与"公制常规标记.rft"的区别。Revit 2018自带的族样板文件"公制详图索引标头.rft"与"公制常规标记.rft"默认设置的族类别不同，除此之外并没有明显的区别，见表3-21。

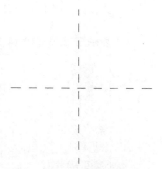

图3-85　"公制详图索引标头.rft"的视图

表3-21　　　　　"公制详图索引标头.rft"与"公制常规标记.rft"对比分析

项　目	公制详图索引标头.rft	公制常规标记.rft	备　注
族类别	详图索引标头	常规模型标记	使用"公制详图索引标头.rft"样板创建详图索引标头族后，将族载入项目中时，可自动在项目浏览器中对该族进行正确的分类，方便后期的使用与管理
系统参数	增加了预设参数"名称"，见图3-86	未设参数，见图3-87	在"公制详图索引标头.rft"中预设的参数为之后的建族工作提供了一些便利
预设参照平面	同"公制常规标记.rft"	仅有两个用于定义族原点的参照平面	"公制详图索引标头.rft"族样板和"公制常规标记.rft"均未预设特殊的参照平面
属性	属性见图3-88	属性见图3-89	属性相同

图3-86　"公制详图索引标头.rft"预设族类别

图3-87　"公制常规标记.rft"预设族类别

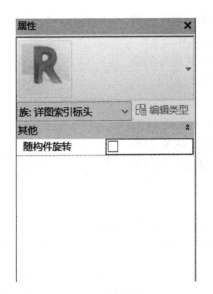

图 3 - 88 　"公制详图索引
标头 . rft"属性栏

图 3 - 89 　"公制常规
标记 . rft"属性栏

总结：

（1）对于创建"详图索引标头"族而言，"公制详图索引标头 . rft"族样板与"公制常规标记 . rft"族样板在使用上并没有明显的区别，如需要参数等均可自行添加。

（2）在"公制常规标记 . rft"中亦可自定义修改其族类别为"详图索引标头"，其属性会随之改变，但参照平面等不会自动更改。

综上所述，当需要创建立面标记族时，"公制常规标记 . rft"与"公制详图索引标头 . rft"均可使用，但使用"公制详图索引标头 . rft"可对后期的建族过程提供较多便利，故还是建议选择"公制详图索引标头 . rft"创建详图索引标头族。

18. "公制轴网标头 . rft"

（1）系统参数。该样板中除预设"名称"族参数外，未预设其他的族参数，设置基本同"公制常规标记 . rft"。

（2）预设参照平面。打开视图，有两条已经预设好的参照平面，见图 3 - 90。它们与"公制常规标记 . rft"相同，仅有两个用于定义族原点的参照平面。

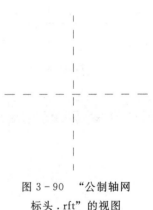

图 3 - 90 　"公制轴网
标头 . rft"的视图

（3）"公制轴网标头 . rft"与"公制常规标记 . rft"的区别。Revit 2018 自带的族样板文件"公制轴网标头 . rft"与"公制常规标记 . rft"默认设置的族类别不同，除此之外并没有明显的区别，见表 3 - 22。

84

表 3 - 22 **"公制轴网标头.rft"与"公制常规标记.rft"对比分析**

项　目	公制轴网标头.rft	公制常规标记.rft	备　注
族类别	轴网标头	常规模型标记	使用"公制轴网标头.rft"样板创建轴网标头族后,将族载入项目中时,可自动在项目浏览器中对该族进行正确的分类,方便后期的使用与管理
系统参数	增加了预设参数"名称",见图 3 - 91	未设参数,见图 3 - 92	在"公制轴网标头.rft"中预设的参数为之后的建族工作提供了一些便利
预设参照平面	同"公制常规标记.rft"	仅有两个用于定义族原点的参照平面	"公制轴网标头.rft"族样板和"公制常规标记.rft"均未预设特殊的参照平面
属性	属性见图 3 - 93	属性见图 3 - 94	属性相同

图 3 - 91　"公制轴网标头.rft"预设族类别

图 3 - 92　"公制常规标记.rft"预设族类别

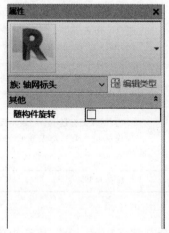

图 3 - 93　"公制轴网标头.rft"属性栏

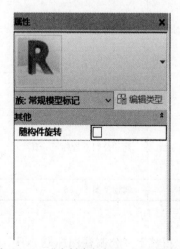

图 3 - 94　"公制常规标记.rft"属性栏

总结：

(1) 对于创建"轴网标头"族而言，"公制轴网标头.rft"族样板与"公制常规标记.rft"族样板在使用上并没有明显的区别，如需要参数等均可自行添加。

(2) 在"公制常规标记.rft"中亦可自定义修改其族类别为"轴网标头"，其属性会随之改变，但参照平面等不会自动更改。

综上所述，当需要创建立面标记族时，"公制常规标记.rft"与"公制轴网标头.rft"均可使用，但使用"公制轴网标头.rft"可对后期的建族过程提供一些便利，故还是建议选择"公制轴网标头.rft"创建公制轴网标头族。

19."公制视图标题.rft"

(1) 系统参数。该样板中预设了"名称"和"立面"两个族参数，未预设其他的族参数，若有其他需要需自行添加，设置基本同"公制常规标记.rft"。

(2) 预设参照平面。打开视图，有两条已经预设好的参照平面，见图3-95。它们与"公制常规标记.rft"相同，仅有两个用于定义族原点的参照平面。

(3) "公制视图标题.rft"与"公制常规标记.rft"的区别。Revit 2018自带的族样板文件"公制视图标题.rft"与"公制常规标记.rft"默认设置的族类别，系统参数略有不同，除此之外并没有明显的区别，见表3-23。

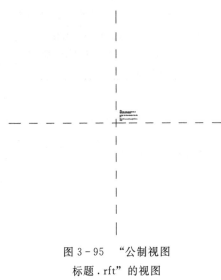

图 3-95　"公制视图标题.rft"的视图

表 3-23　　　　　　"公制视图标题.rft"与"公制常规标记.rft"对比分析

项　目	公制视图标题.rft	公制常规标记.rft	备　注
族类别	视图标题	常规模型标记	使用"公制视图标题.rft"样板创建结视图标题族后，将族载入项目中时，可自动在项目浏览器中对该族进行正确的分类，方便后期的使用与管理
系统参数	增加了"名称""立面"两个参数，见图3-96	未设参数，见图3-97	在"公制视图标题.rft"预设的参数为之后的建族工作提供了一些便利
预设参照平面	同"公制常规标记.rft"	仅有两个用于定义族原点的参照平面	"公制视图标题.rft"族样板和"公制常规标记.rft"均未预设特殊的参照平面
属性	属性见图3-98	属性见图3-99	属性相同

总结：

(1) 相较于"公制视图标题.rft"族样板，在"公制常规标记.rft"族样板中缺少的预设参数等均可自行添加，但其加大了建族的工作量。

图 3-96 "公制视图标题.rft"预设族类别

图 3-97 "公制常规标记.rft"预设族类别

图 3-98 "公制视图标题.rft"属性栏

图 3-99 "公制常规标记.rft"属性栏

（2）在"公制常规标记.rft"中亦可自定义修改其族类别为"视图标题"，其属性会随之改变，但参照平面等不会自动更改。

综上所述，当需要建视图标题族时，虽"公制常规标记.rft"与"公制视图标题.rft"均可使用，但使用"公制视图标题.rft"可对后期的建族过程提供较多便利，故还是建议选择"公制视图标题.rft"创建视图标题族。

20."公制高程点符号.rft"

（1）系统参数。该样板中未预设任何族参数，均需自行添加。设置同"公制常规标记.rft"。

（2）预设参照平面。打开视图，有两条已经预设好的参照平面，见图 3-100。它们与"公制常规标记.rft"相同，

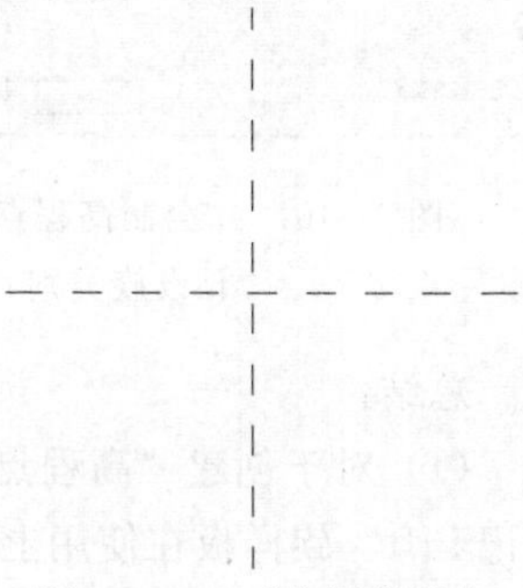

图 3-100 "公制高程点符号.rft"的视图

仅有两个用于定义族原点的参照平面。

（3）"公制高程点符号.rft"与"公制常规标记.rft"的区别。Revit 2018 自带的族样板文件"公制高程点符号.rft"与"公制常规标记.rft"默认设置的族类别不同，除此之外并没有明显的区别，见表 3 - 24。

表 3 - 24　　　　"公制高程点符号.rft"与"公制常规标记.rft"对比分析

项　目	公制高程点符号.rft	公制常规标记.rft	备　注
族类别	高程点符号	常规模型标记	使用"公制高程点符号.rft"样板创建高程点符号族后，将族载入项目中时，可自动在项目浏览器中对该族进行正确的分类，方便后期的使用与管理
系统参数	同"公制常规标记.rft"，见图 3 - 101	未设参数，见图 3 - 102	两样板中均未预设任何族参数，均需自行添加
预设参照平面	同"公制常规标记.rft"	仅有两个用于定义族原点的参照平面	"公制高程点符号.rft"族样板和"公制常规标记.rft"均未预设特殊的参照平面
属性	属性见图 3 - 103	属性见图 3 - 104	两者属性相同

图 3 - 101　"公制高程点符号.rft"
预设族类别

图 3 - 102　"公制常规标记.rft"
预设族类别

总结：

（1）对于创建"高程点符号"族而言，"公制高程点符号.rft"族样板与"公制常规标记.rft"族样板在使用上并没有明显的区别，如需要参数等均可自行添加。

（2）在"公制常规标记.rft"中亦可自定义修改其族类别为"高程点符号"，其属性会随之改变，但参照平面等不会自动更改。

图 3-103 "公制高程点
符号.rft"属性栏

图 3-104 "公制常规
标记.rft"属性栏

综上所述,当需要创建高程点符号族时,"公制常规标记.rft"与"公制高程点符号.rft"均可使用,且在使用上没有明显的区别。

3.4.3 详图项目

Revit 共提供了两个样板用于创建详图项目族。详图项目族是二维族,使用它是为了方便在建筑施工图设计中绘制大样详图。在项目环境中,可将其添加到详图视图或绘图视图中,他们仅在这些视图中才可见。

"详图项目"族的尺寸是不随视图的比例而变化的,如果在项目中需要应用到不同比例的大小的同一详图,建议在创建该族时预设几种常用比例作为族的类型,以方便其在项目中的调用,见表 3-25。

表 3-25 详 图 项 目 的 选 用

族类别	系统自带族样板	样板类型	备　注
详图项目	公制详图构件.rft	独立样板	创建的"详图构件"适用于所有详图项目族
	基于线的公制详图构件.rft		使用两次单击确定起点和终点的方式添加族。主要可以应用该样板创建需要基于"线"的详图项目族,例如鹅卵石、沥青油毡瓦、排水板等

1. "公制详图构件.rft"

使用该样板创建的详图项目族有两种方式添加到项目中:在项目中,单击功能区"注释"→"详图"→"构件"→"详图构件"或"重复详图构件"。"详图构件"适用于所有详图项目族;"重复详图构件"适用于一些具有连续形式的详图项目或符号族。

(1)系统参数。该样板未预设其他的族参数。

（2）预设参考平面。仅有两个用于定义族原点的参照平面，并分别对应前/后立面视图和左/右立面视图。见图 3 - 105。

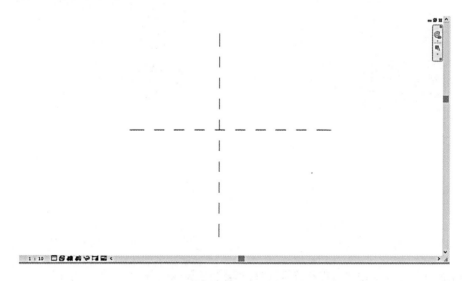

图 3 - 105　公制项目构件的预设参考平面视图

2.　"基于线的公制详图构件.rft"

（1）系统参数。在该样板中，有默认长度为 1200 的约束，除此之外未预设其他的族参数。

（2）预设参考平面。有两个用于定义族原点的参照平面，并分别对应前/后立面视图和左/右立面视图。另外还有一个长度为 1200 的矩形参照线，见图 3 - 106。

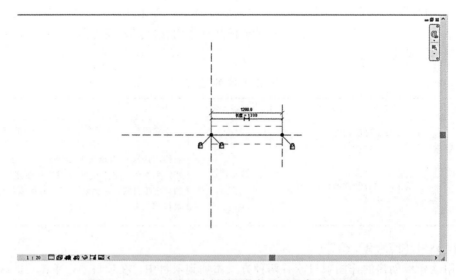

图 3 - 106　基于线的公制详图构件的预设参考平面视图

（3）"公制详图构件.rft"和"基于线的公制详图构件.rft"的区别，见表 3 - 26。

表 3-26 **"公制详图构件.rft"和"基于线的公制详图构件.rft"的对比分析**

项　目	公制详图构件.rft	基于线的公制详图构件.rft	备　注
族类别	详图项目	详图项目	详图项目族是二维族，使用它是为了方便在建筑施工图设计中绘制大样详图。在项目环境中，可将其添加到详图视图或绘图视图中，他们仅在这些视图中才可见　"详图构件"适用于所有详图项目族；"重复详图构件"适用于一些具有连续形式的详图项目或符号族
系统参数	无特殊参数，见图 3-107	在该样板中，有默认长度为 1200 的约束，除此之外未预设其他的族参数，见图 3-108	在基于线的公制详图构件.rft 中，默认长度为 1200，可根据自己需要进行更改和增加参数
预设构件	—	—	详图项目族是二维族，使用它是为了方便在建筑施工图设计中绘制大样详图。所以详图项目族和三维族，例如门、窗、家具等三维族不同，不需要特定的预设构件
预设参照平面	仅有两个用于定义族原点的参照平面	仅有两个用于定义族原点的参照平面　还有一条用于进行约束的参考平面	基于线的公制详图构件.rft 中的参考平面起约束作用，可自己根据自身需要进行更改
特殊视图名称	仅有楼层平面视图的参照标高视图	同公制详图构件.rft	无特殊视图，可自行添加所需视图
属性	无特殊属性，见图 3-109	同公制详图构件.rft，见图 3-110	基于线的详图构件族所具有的特性，是来自"基于线的公制详图构件.rft"族样板文件中的一些特殊设置

图 3-107　"公制详图构件.rft"预设族类别

图 3-108　"基于线的公制详图构件.rft"预设族类别

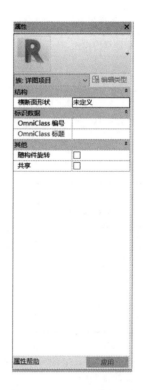

图 3 - 109　"公制详图
构件 . rft"属性栏

图 3 - 110　"基于线的公制
详图构件 rft"属性栏

总结：

"公制详图构件 . rft"和"基于线的公制详图构件 . rft"族样板在使用上并没有明显的区别，如需要参数、预设构件、预设平面等均可自行添加。

假设想在剖面中放置胶合板填充图案，通过选择详图构件的起点和终点，可以放置带有厚度和在二维详图构件中创建的填充样式的详图。

详图构件会被显示为符号形式而不是三维形式。

对于公制详图构件：使用该样板创建的详图项目族有两种方式添加到项目中：在项目中，单击功能区"注释"→"详图"→"构件"→"详图构件"或"重复详图构件"。"详图构件"适用于所有详图项目族；"重复详图构件"适用于一些具有连续形式的详图项目或符号族。

对于基于线的公制详图构件：使用两次单击确定起点和终点的方式添加族。主要可以应用该样板创建需要基于"线"的详图项目族，例如鹅卵石、沥青油毡瓦、排水板等。

3.4.4　轮廓

Revit 共提供了 6 个样板用于创建轮廓族。轮廓族是可用来生成几何图形的二维的闭合形状，可以单独或组合使用。可同时应用于项目环境或标准族编辑器中，见表 3 - 27。

表 3-27   轮 廓 族 类 别 的 选 用

族类别	系统自带族样板	样板类型	备 注
轮廓	公制轮廓.rft	独立样板	"轮廓用途"参数用于确定轮廓族的使用范围,它可确保在项目中使用轮廓族时仅列出相应的可选项,包括:常规、墙饰条、墙基础、分隔缝、封檐带、檐沟、扶手、楼梯前缘、竖梃、楼梯边缘和楼板金属压型板
	公制分区轮廓.rft		
	公制轮廓-分隔条.rft		
	公制轮廓-扶栏.rft		
	公制轮廓-楼梯前缘.rft		
	公制轮廓-竖梃.rft		
	公制轮廓-主体.rft		

1. "公制轮廓.rft"

(1) 系统参数。该样板未预设其他的族参数。

(2) 预设参照平面。打开楼层平面视图,有两条已经预设好的参照平面,见图 3-111。仅有两个用于定义族原点的参照平面,并分别对应前/后立面视图和左/右立面视图。

该族样板提供基于工作平面选项,开启后活动工作平面将成为族的主体,可以使无主体的族成为基于工作面的族。

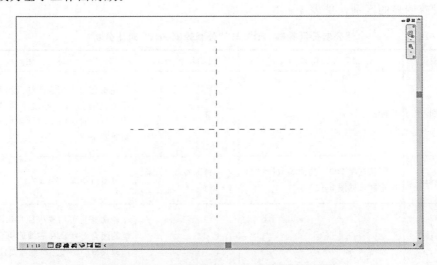

图 3-111   "公制轮廓.rft"的楼层平面视图

2. "公制分区轮廓.rft"

(1) 系统参数。该样板除了宽度数据外,未预设其他的族参数,设置基本同"公制轮廓.rft"。

(2) 预设参照平面。打开楼层平面视图,有四条已经预设好的参照平面,见图 3-112。它们中的两条与"公制轮廓.rft"相同,仅有两个用于定义族原点的参照平面,并分别对应前/后立面视图和左/右立面视图。另外两条参考平面如图。

该族样板提供基于工作平面选项,开启后活动工作平面将成为族的主体,可以使无主体的族成为基于工作面的族。

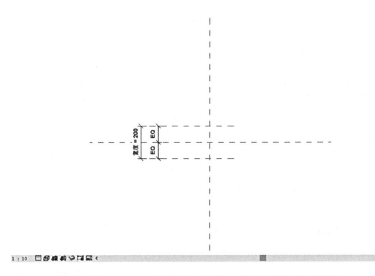

图 3 - 112 "公制分区轮廓.rft"的楼层平面视图

（3）"公制分区轮廓.rft"与"公制轮廓.rft"的区别。Revit 2018 自带的族样板文件"公制分区轮廓.rft"与"公制轮廓.rft"默认设置的族类别相同，属性略有不同，除此之外并没有明显的区别，见表 3 - 28。

表 3 - 28 　　　　　　　　"公制分区轮廓.rft"与"公制轮廓.rft"对比分析

项　　目	公制分区轮廓.rft	公制轮廓.rft	备　　注
族类别	轮廓	轮廓	轮廓族是可用来生成几何图形的二维的闭合形状，可以单独或组合使用。可同时应用于项目环境或标准族编辑器中
系统参数	默认宽度 200，其他参数同"公制轮廓"，见图 3 - 113	无特殊参数，见图 3 - 114	可自行添加所需参数
预设构件	—	—	轮廓族是可用来生成几何图形的二维的闭合形状，和三维族有区别，不像家具或门窗等三维族需要预设构件
预设参照平面	两条参考平面同"公制轮廓.rft"，还有两条平行的参考平面进行标识用途	仅有两个用于定义族原点的参照平面	仅有两个用于定义族原点的参照平面，并分别对应前/后立面视图和左/右立面视图。尺寸标注中的宽度为 200 的两条参考平面可自行改动
特殊视图名称	同"公制轮廓.rft"	仅有楼层平面视图的参照标高视图	无特殊视图，可自行添加所需视图
属性	无特殊属性，属性见图 3 - 115	属性见图 3 - 116	—

图 3-113 "公制轮廓.rft"预设族类别　　图 3-114 "公制轮廓.rft"预设族类别

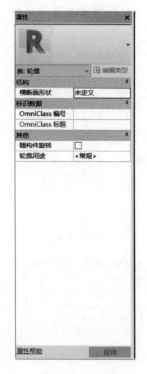

图 3-115 "公制分区轮廓.rft"
属性栏

图 3-116 "公制轮廓.rft"
属性栏

3."公制轮廓-分隔条.rft"

（1）系统参数。该样板未预设其他的族参数，设置基本同"公制轮廓.rft"。但是在属性栏中，轮廓用途为分隔条。

（2）预设参照平面。打开楼层平面视图，有两条已经预设好的参照平面，见图 3-

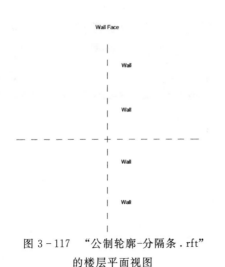

图 3 - 117　"公制轮廓-分隔条 . rft"
的楼层平面视图

117。它们与"公制轮廓 . rft"相同，仅有两个用于定义族原点的参照平面，并分别对应前/后立面视图和左/右立面视图。

该族样板提供基于工作平面选项，开启后活动工作平面将成为族的主体，可以使无主体的族成为基于工作面的族。

（3）"公制轮廓-分隔条 . rft"与"公制轮廓 . rft"的区别。Revit 2018 自带的族样板文件"公制分区轮廓 . rft"与"公制轮廓 . rft"默认设置的族类别相同，属性略有不同，除此之外并没有明显的区别，见表 3 - 29。

表 3 - 29　　　　　　　"公制轮廓-分隔条 . rft"与"公制轮廓 . rft"对比分析

项　目	公制轮廓-分隔条 . rft	公制轮廓 . rft	备　注
族类别	轮廓	轮廓	轮廓族是可用来生成几何图形的二维的闭合形状，可以单独或组合使用。可同时应用于项目环境或标准族编辑器中
系统参数	无特殊预设参数。同公制轮廓 . rft，见图 3 - 118	无特殊预设参数，见图 3 - 119	可自行添加所需参数
预设构件	—	—	轮廓族是可用来生成几何图形的二维的闭合形状，和三维族有区别，不像家具或门窗等三维族需要预设构件
预设参照平面	仅两条参考平面同"公制轮廓 . rft"	仅有两个用于定义族原点的参照平面	仅有两个用于定义族原点的参照平面，并分别对应前/后立面视图和左/右立面视图
特殊视图名称	同"公制轮廓 . rft"	仅有楼层平面视图的参照标高视图	无特殊视图，但可自行添加所需视图
属性	轮廓用途为分隔条，属性见图 3 - 120	轮廓用途为常规，属性见图 3 - 121	轮廓用途不同，可在公制轮廓 . rft 属性栏中将公制轮廓 . rft 的轮廓用途改为分隔条

　4. 公制轮廓-扶栏 . rft

（1）系统参数。该样板未预设其他的族参数，设置基本同"公制轮廓 . rft"。但是在属性栏中，轮廓用途为扶栏。

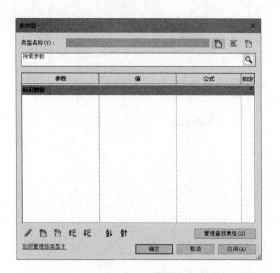

图3-118 "公制轮廓-分隔条.rft"预设族类别

图3-119 "公制轮廓.rft"预设族类别

图3-120 "公制轮廓-分隔条.rft"属性栏   图3-121 "公制轮廓.rft"属性栏

（2）预设参照平面。打开楼层平面视图，有两条已经预设好的参照平面，见图3-122。它们与"公制轮廓.rft"相同，仅有两个用于定义族原点的参照平面，并分别对应前/后立面视图和左/右立面视图。

该族样板提供基于工作平面选项，开启后活动工作平面将成为族的主体，可以使无主体的族成为基于工作面的族。

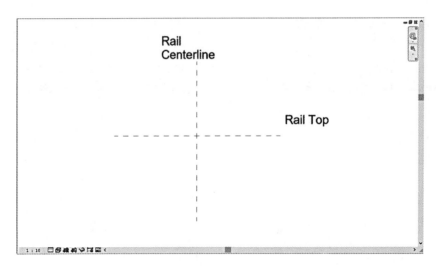

图 3 - 122　"公制轮廓-扶栏. rft"的楼层平面视图

（3）"公制轮廓-扶栏. rft"与"公制轮廓. rft"的区别。

Revit 2018 自带的族样板文件"公制轮廓-扶栏. rft"与"公制轮廓. rft"默认设置的族类别相同，属性略有不同，除此之外并没有明显的区别，见表 3 - 30。

表 3 - 30　　　　　　　　　　"公制轮廓-扶栏. rft"与"公制轮廓. rft"对比分析

项　　目	公制轮廓-扶栏. rft	公制轮廓. rft	备　　注
族类别	轮廓	轮廓	轮廓族是可用来生成几何图形的二维的闭合形状，可以单独或组合使用。可同时应用于项目环境或标准族编辑器中
系统参数	同"公制轮廓. rft"见图 3 - 123	无特殊预设参数。见图 3 - 124	可自行添加所需参数
预设构件	—	—	轮廓族是可用来生成几何图形的二维的闭合形状，和三维族有区别，不像家具或门窗等三维族需要预设构件
预设参照平面	仅两条参考平面同"公制轮廓. rft"	仅有两个用于定义族原点的参照平面	仅有两个用于定义族原点的参照平面，并分别对应前/后立面视图和左/右立面视图
特殊视图名称	同"公制轮廓. rft"	仅有楼层平面视图的参照标高视图	无特殊视图，但可自行添加所需视图
属性	轮廓用途为扶栏，属性见图 3 - 125	轮廓用途为常规，属性见图 3 - 126	轮廓用途不同，可在公制轮廓. rft 属性栏中将公制轮廓. rft 的轮廓用途改为扶栏

5. "公制轮廓-楼梯前缘. rft"

（1）系统参数。该样板未预设其他的族参数，设置基本同"公制轮廓. rft"。但是在属性栏中，轮廓用途为楼梯前缘。

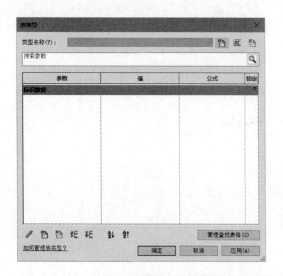

图 3-123 "公制轮廓-扶栏.rft"预设族类别

图 3-124 "公制轮廓.rft"预设族类别

图 3-125 "公制轮廓-扶栏.rft"属性栏

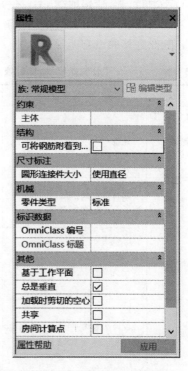

图 3-126 "公制轮廓.rft"属性栏

（2）预设参照平面。打开楼层平面视图，有两条已经预设好的参照平面，见图 3-127。它们与"公制轮廓.rft"相同，仅有两个用于定义族原点的参照平面，并分别对应前/后立面视图和左/右立面视图。

该族样板提供基于工作平面选项，开启后活动工作平面将成为族的主体，可以使无主体的族成为基于工作面的族。

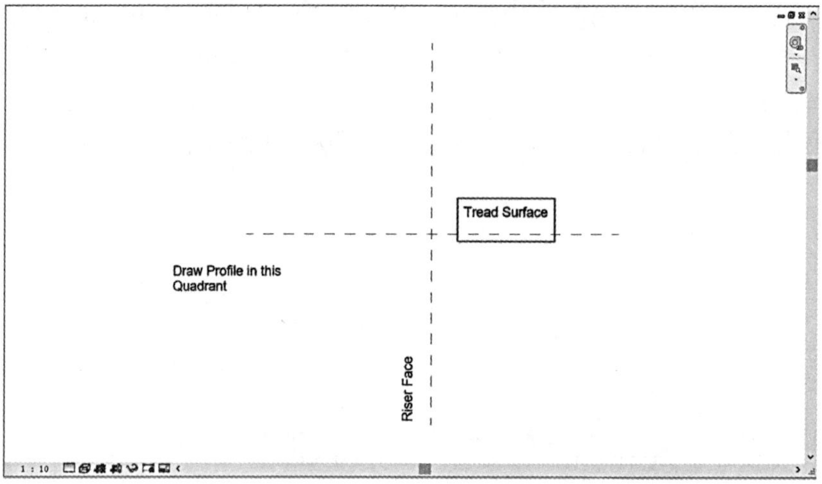

图 3-127　"公制轮廓-楼梯前缘.rft"的楼层平面视图

（3）"公制轮廓-楼梯前缘.rft"与"公制轮廓.rft"的区别。Revit 2018 自带的族样板文件"公制轮廓-楼梯前缘.rft"与"公制轮廓.rft"默认设置的族类别相同，属性略有不同，除此之外并没有明显的区别，见表 3-31。

表 3-31　　　　　"公制轮廓-楼梯前缘.rft"与"公制轮廓.rft"对比分析

项　目	公制轮廓-楼梯前缘.rft	公制轮廓.rft	备　注
族类别	轮廓	轮廓	轮廓族是可用来生成几何图形的二维的闭合形状，可以单独或组合使用。可同时应用于项目环境或标准族编辑器中
系统参数	无特殊预设参数，同公制轮廓.rft，见图 3-128	无特殊预设参数，见图 3-129	可自行添加所需参数
预设构件	—	—	轮廓族是可用来生成几何图形的二维的闭合形状，和三维族有区别，不像家具或门窗等三维族需要预设构件
预设参照平面	仅两条参考平面同"公制轮廓.rft"	仅有两个用于定义族原点的参照平面	仅有两个用于定义族原点的参照平面，并分别对应前/后立面视图和左/右立面视图
特殊视图名称	同"公制轮廓.rft"	仅有楼层平面视图的参照标高视图	无特殊视图，但可自行添加所需视图
属性	轮廓用途为楼梯前缘，属性见图 3-130	轮廓用途为常规，属性见图 3-131	轮廓用途不同，可在公制轮廓.rft 属性栏中将公制轮廓.rft 的轮廓用途改为楼梯前缘

图 3-128 "公制轮廓-楼梯前缘.rft"
预设族类别

图 3-129 "公制轮廓.rft"
预设族类别

图 3-130 "公制轮廓-楼梯
前缘.rft"属性栏

图 3-131 "公制
轮廓.rft"属性栏

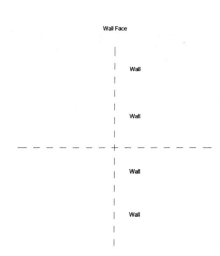

图 3-132 "公制轮廓-竖梃.rft"
的楼层平面视图

6. "公制轮廓-竖梃.rft"

（1）系统参数。该样板未预设其他的族参数，设置基本同"公制轮廓.rft"。但是在属性栏中，轮廓用途为竖梃。

（2）预设参照平面。打开楼层平面视图，有两条已经预设好的参照平面，见图 3-132。它们与"公制轮廓.rft"相同，仅有两个用于定义族原点的参照平面，并分别对应前/后立面视图和左/右立面视图。

该族样板提供基于工作平面选项，开启后活动工作平面将成为族的主体，可以使无主体的族成为基于工作面的族。

（3）"公制轮廓-竖梃.rft"与"公制轮廓.rft"的区别。Revit 2018 自带的族样板文件"公制轮廓-竖梃.rft"与"公制轮廓.rft"默认设置的族类别相同，属性略有不同，除此之外并没有明显的区别，见表 3-32。

表 3-32　　　　　　"公制轮廓-竖梃.rft"与"公制轮廓.rft"对比分析

项　目	公制轮廓-竖梃.rft	公制轮廓.rft	备　注
族类别	轮廓	轮廓	轮廓族是可用来生成几何图形的二维的闭合形状，可以单独或组合使用。可同时应用于项目环境或标准族编辑器中
系统参数	无特殊预设参数，同公制轮廓.rft，见图 3-133	无特殊预设参数，见图 3-134	可自行添加所需参数
预设构件	—	—	轮廓族是可用来生成几何图形的二维的闭合形状，和三维族有区别，不像家具或门窗等三维族需要预设构件
预设参照平面	仅两条参考平面同"公制轮廓.rft"	仅有两个用于定义族原点的参照平面	仅有两个用于定义族原点的参照平面，并分别对应前/后立面视图和左/右立面视图
特殊视图名称	同"公制轮廓.rft"	仅有楼层平面视图的参照标高视图	无特殊视图，但可自行添加所需视图
属性	轮廓用途为竖梃，属性见图 3-135	轮廓用途为常规，属性见图 3-136	轮廓用途不同，可在公制轮廓.rft 属性栏中将公制轮廓.rft 的轮廓用途改为竖梃

7. "公制轮廓-主体.rft"

（1）系统参数。该样板未预设其他的族参数，设置基本同"公制轮廓.rft"。但是在属性栏中，轮廓用途为主体。

图 3-133 "公制轮廓-竖梃.rft"
预设族类别

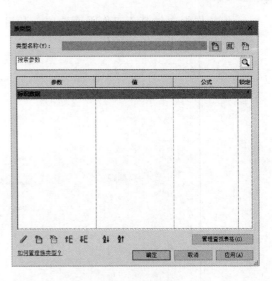

图 3-134 "公制轮廓.rft"
预设族类别

图 3-135 "公制轮廓-竖梃.rft"
属性栏

图 3-136 "公制轮廓.rft"
属性栏

（2）预设参照平面。打开楼层平面视图，有两条已经预设好的参照平面，见图 3-137。它们与"公制轮廓.rft"相同，仅有两个用于定义族原点的参照平面，并分别对应前/后立面视图和左/右立面视图。

该族样板提供基于工作平面选项，开启后活动工作平面将成为族的主体，可以使无主体的族成为基于工作面的族。

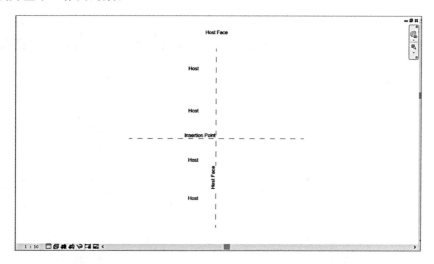

图 3-137 "公制轮廓-主体.rft" 的楼层平面视图

（3）"公制轮廓-主体.rft" 与 "公制轮廓.rft" 的区别。Revit 2018 自带的族样板文件 "公制轮廓-主体.rft" 与 "公制轮廓.rft" 默认设置的族类别不同，并且属性略有不同，除此之外并没有明显的区别，见表 3-33。

表 3-33 "公制轮廓-主体.rft" 与 "公制轮廓.rft" 对比分析

项　　目	公制轮廓-主体.rft	公制轮廓.rft	备　　注
族类别	轮廓	轮廓	轮廓族是可用来生成几何图形的二维的闭合形状，可以单独或组合使用。可同时应用于项目环境或标准族编辑器中
系统参数	无特殊预设参数，同公制轮廓.rft，见图 3-138	无特殊预设参数，见图 3-139	可自行添加所需参数
预设构件	—	—	轮廓族是可用来生成几何图形的二维的闭合形状，和三维族有区别，不像家具或门窗等三维族需要预设构件
预设参照平面	仅两条参考平面同 "公制轮廓.rft"	仅有两个用于定义族原点的参照平面	仅有两个用于定义族原点的参照平面，并分别对应前/后立面视图和左/右立面视图
特殊视图名称	同 "公制轮廓.rft"	仅有楼层平面视图的参照标高视图	无特殊视图，但可自行添加所需视图
属性	同 "公制轮廓.rft"，属性见图 3-140	轮廓用途为常规，属性见图 3-141	—

图 3-138 "公制轮廓-主体.rft"
预设族类别

图 3-139 "公制轮廓.rft"
预设族类别

图 3-140 "公制轮廓-主体.rft"
属性栏

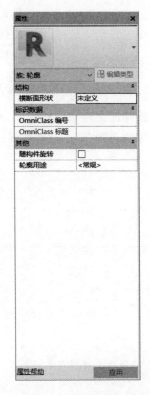

图 3-141 "公制轮廓.rft"
属性栏

3.4.5　场地

Revit 2018 提供了"公制场地"族样板用于创建场地，见表 3－34。

表 3－34　　　　　　　　　　　场地族样板的选用

族类别	系统自带族样板	样板类型	备　注
场地	公制场地.rft	独立样板	创建场地族

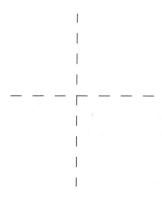

图 3-142　"公制场地.rft"的
楼层平面视图

1."公制场地.rft"

（1）系统参数。该族样板未提供公制场地族的任何参数。

（2）预设参照平面和环境。打开楼层平面视图，有两个预先设定互相垂直的参照平面，见图 3－142。其中，竖向参照平面用于定义公制场地的左右位置，水平参照平面用于定义公制场地的前后位置，它们都是用于确保公制场地加载到项目后，准确定义公制场地的位置。为保证族的后续使用，最好不要随意删减族样板预设参照平面和渲染环境，在创建公制场地时应以此为基准。

（3）"公制场地.rft"与"公制常规模型.rft"。打开 Revit 2018 自带的族样板文件"公制场地.rft"与"公制常规模型.rft"，见图 3-143 和图 3-144。族样板文件"公制场地.rft"与"公制常规模型.rft"系统参数见图 3-145 和图 3-146，属性见图 3-147 和图 3-148。

图 3-143　"公制场地.rft"　　　　　　　图 3-144　"公制常规模型.rft"

总结：

当需要建场地族时，由于"公制常规模型.rft"与"公制场地.rft"在此处差别不大，故"公制常规模型.rft"与"公制场地.rft"均可使用。

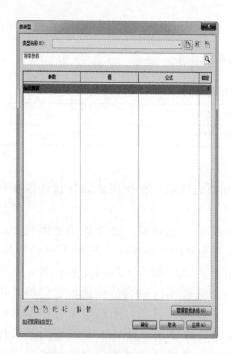

图 3-145 "公制场地.rft"
预设参数

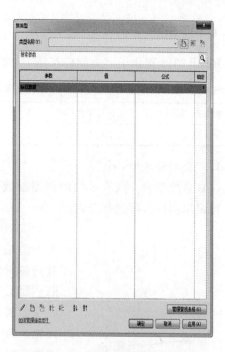

图 3-146 "公制常规模型.rft"
预设参数

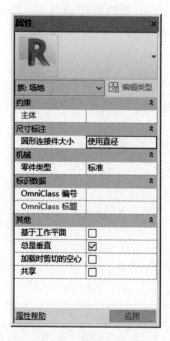

图 3-147 "公制场地.rft"
属性栏

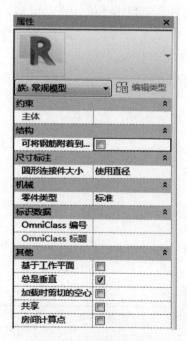

图 3-148 "公制常规模型.rft"
属性栏

3.4.6 停车场

Revit 2018 提供了"公制停车场"族样板用于创建停车场族,见表 3 - 35。

表 3 - 35 公制停车场族样板的选用

族类别	系统自带族样板	样板类型	备 注
停车场	公制停车场.rft	独立样板	创建停车场族

1. "公制停车场.rft"

(1)系统参数。该族样板的类型参数并没有预先给定,在使用该族样板建停车场族时,可根据实际需要进行设定。

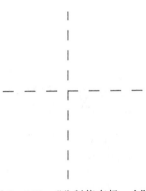

图 3 - 149 "公制停车场.rft"
的楼层平面视图

(2)预设参照平面和环境。打开楼层平面视图,有两个预先设定互相垂直的参照平面,见图 3 - 149。其中,竖向参照平面用于定义公制停车场的左右位置,水平参照平面用于定义公制停车场的前后位置,它们都是用于确保公制停车场加载到项目后,准确定义公制停车场的位置。为保证族的后续使用,最好不要随意删减族样板预设参照平面和渲染环境,在创建公制停车场时应以此为基准。

(3)"公制停车场.rft"与"公制常规模型.rft"的区别。打开 Revit 2018 自带的族样板文件"公制停车场.rft"与"公制常规模型.rft",见图 3 - 150 和图 3 - 151。

图 3 - 150 "公制停车场.rft"   图 3 - 151 "公制常规模型.rft"

表 3 - 36 "公制停车场.rft"与"公制常规模型.rft"对比分析

项 目	公制停车场.rft	公制常规模型.rft	备 注
族类别	停车场	常规模型	使用"公制停车场.rft"样板建停车场族后,将族载入项目中时,可自动在项目浏览器中对该族进行正确的分类,方便后期的使用与管理

项　目	公制停车场.rft	公制常规模型.rft	备　　注
系统参数	增加大量预设参数，见图3-152	见图3-153	在"公制停车场.rft"中预设的大量参数为之后的建族工作提供了不小便利
预设参照平面	仅有两个用于定义族原点的参照平面		两者没有区别
属性	属性见图3-154	增加结构、尺寸标注、零件类型、其他（基于工作平面）等属性见图3-155	虽"公制常规模型.rft"比"公制停车场.rft"多了一些预设属性，但其对于创建停车场族而言并没有实际用途

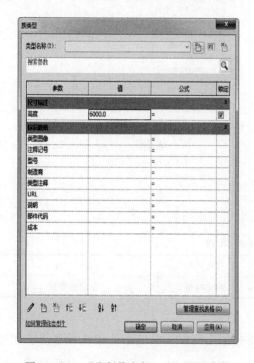
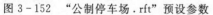
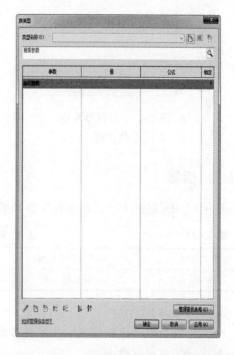

图3-152　"公制停车场.rft"预设参数　　　　图3-153　"公制常规模型.rft"预设参数

总结：

（1）相较于"公制停车场.rft"族样板，在"公制常规模型.rft"族样板中缺少的预设参数可自行添加，但其加大了建族的工作量。

（2）在"公制常规模型.rft"中亦可自定义修改其族类别为"RPC"，其属性会随之改变，但预设构件、参照平面等不会自动更改。

（3）虽"公制常规模型.rft"中也有一些比"公制停车场.rft"中多出的部分，但其对于建停车场族并没有实际作用。

综上所述，当需要建停车场族时，虽"公制常规模型.rft"与"公制停车场.rft"均可使用，但使用"公制停车场.rft"可对后期的建族过程提供较多便利，故还是建议选择"公制停车场.rft"创建停车场族。

图 3-154　"公制停车场.rft"
属性栏

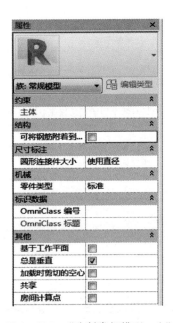

图 3-155　"公制常规模型.rft"
属性栏

3.4.7　植物

Revit 2018 提供了"公制植物"族样板用于创建植物族，见表 3-37。

表 3-37　植物类别的选用

族类别	系统自带族样板	样板类型	备注
植物	公制植物.rft	独立样板	创建植物族

1. "公制植物.rft"

（1）系统参数。该族样板的类型参数并没有预先给定，在使用该族样板建植物族时，可根据实际需要进行设定。

（2）预设参照平面和环境。打开楼层平面视图，有两个预先设定互相垂直的参照平面，见图 3-156。其中，竖向参照平面用于定义公制植物的左右位置，水平参照平面用于定义公制植物的前后位置，它们都是用于确保公制植物加载到项目后，准确定义公制植物的位置。为保证族的后续使用，最好不要随意删减族样板预设参照平面和渲染环境，在创建公制植物时应以此为基准。

（3）"公制植物.rft"与"公制常规模型.rft"的区别。打开 Revit 2018 自带的族样板文件"公制植物.rft"与"公制常规模型.rft"，见图 3-157 和图 3-158。

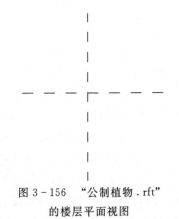

图 3-156　"公制植物.rft"
的楼层平面视图

图 3-157 "公制植物.rft"　　　　　　　　　图 3-158 "公制常规模型.rft"

表 3-38　　　　　　　**"公制植物.rft"与"公制常规模型.rft"对比分析**

项　目	公制植物.rft	公制常规模型.rft	备　注
族类别	植物	常规模型	使用"公制植物.rft"样板建植物族后，将族载入项目中时，可自动在项目浏览器中对该族进行正确的分类，方便后期的使用与管理
系统参数	增加大量预设参数，见图 3-159	见图 3-160	在"公制植物.rft"中预设的大量参数为之后的建族工作提供了不小便利
预设参照平面	仅有两个用于定义族原点的参照平面		两者没有区别
属性	属性见图 3-161	增加结构、尺寸标注、零件类型、其他（基于工作平面）等属性见图 3-162	虽"公制常规模型.rft"比"公制植物.rft"多了一些预设属性，但其对于创建植物族而言并没有实际用途

图 3-159 "公制植物.rft"预设参数

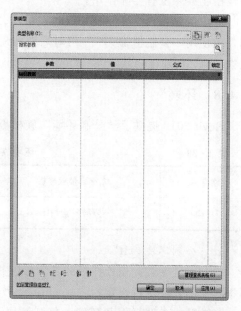

图 3-160 "公制常规模型.rft"预设参数

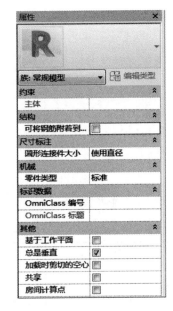

图 3-161　"公制植物.rft"属性栏　　　图 3-162　"公制常规模型.rft"属性栏

总结：

（1）相较于"公制植物.rft"族样板，在"公制常规模型.rft"族样板中缺少的预设参数可自行添加，但其加大了建族的工作量。

（2）在"公制常规模型.rft"中亦可自定义修改其族类别为"RPC"，其属性会随之改变，但预设构件、参照平面等不会自动更改。

（3）虽"公制常规模型.rft"中也有一些比"公制植物.rft"中多出的部分，但其对于建植物族并没有实际作用。

综上所述，当需要建植物族时，虽"公制常规模型.rft"与"公制植物.rft"均可使用，但使用"公制植物.rft"可对后期的建族过程提供较多便利，故还是建议选择"公制植物.rft"创建植物族。

3.4.8　环境

Revit 2018 提供了"公制环境"族样板用于创建环境族，见表 3-39。

表 3-39　　　　　　　　　　　环境族样板的选用

族类别	系统自带族样板	样板类型	备　　注
环境	公制环境.rft	独立样板	创建环境族

1.　"公制环境.rft"

（1）系统参数。该族样板的类型参数并没有预先给定，在使用该族样板建环境族时，可根据实际需要进行设定。

（2）预设参照平面和环境。打开楼层平面视图，有两个预先设定互相垂直的参照平面，见图 3-163。其中，竖向参照平面用于定义公制环境的左右位置，水平参照平面用于定义公制环境的前后位置，它们都是用于确保公制环境加载到项目后，准确定义公制环境的位置。为保证族的后续使用，最好不要随意删减族样板预设参照平面和渲染环境，在创建公制环境时应以此为基准。

（3）"公制环境.rft"与"公制常规模型.rft"的区别。打开 Revit 2018 自带的族样板文件"公制环境.rft"与"公制常规模型.rft"，见图 3-164 和图 3-165。

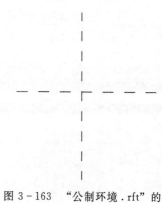

图 3-163 "公制环境.rft"的
楼层平面视图

图 3-164 "公制环境.rft"   图 3-165 "公制常规模型.rft"

表 3-40   "公制环境.rft"与"公制常规模型.rft"对比分析

项 目	公制环境.rft	公制常规模型.rft	备 注
族类别	环境	常规模型	使用"公制环境.rft"样板建环境族后，将族载入项目中时，可自动在项目浏览器中对该族进行正确的分类，方便后期的使用与管理
系统参数	增加大量预设参数，见图 3-166	见图 3-167	在"公制环境.rft"中预设的大量参数为之后的建族工作提供了不小便利
预设参照平面	仅有两个用于定义族原点的参照平面		两者没有区别
属性	属性见图 3-168	增加结构、尺寸标注、零件类型、其他（基于工作平面）等属性见图 3-169	虽"公制常规模型.rft"比"公制环境.rft"多了一些预设属性，但其对于创建环境族而言并没有实际用途

总结：

（1）相较于"公制环境.rft"族样板，在"公制常规模型.rft"族样板中缺少的预设参数可自行添加，但其加大了建族的工作量。

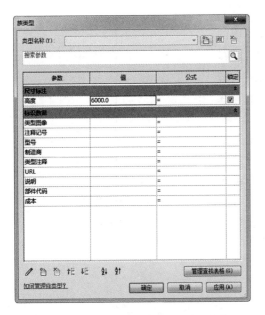
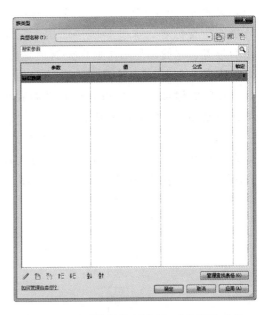

图 3-166 "公制环境.rft"预设参数　　　　　图 3-167 "公制常规模型.rft"预设参数

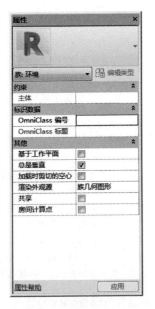
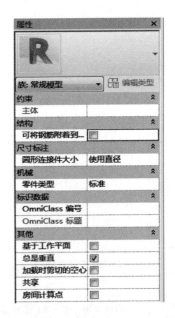

图 3-168 "公制环境.rft"属性栏　　　　图 3-169 "公制常规模型.rft"属性栏

（2）在"公制常规模型.rft"中亦可自定义修改其族类别为"RPC"，其属性会随之改变，但预设构件、参照平面等不会自动更改。

（3）虽"公制常规模型.rft"中也有一些比"公制环境.rft"中多出的部分，但其对于建环境族并没有实际作用。

综上所述，当需要建环境族时，虽"公制常规模型.rft"与"公制环境.rft"均可使用，但使用"公制环境.rft"可对后期的建族过程提供较多便利，故还是建议选择"公制

环境 . rft"创建环境族。

3.4.9 RPC 族

Revit 2018 提供了"公制 RPC"族样板用于创建 RPC 族,也可用于创建植物族等。需要注意的是,在 Revit 2018 中并没有 RPC 族类别,采用"公制 RPC"族样板建族时默认的族类别是环境族类别,也可修改为其他族类别。RPC 族样板的选用见表 3 - 41。

表 3 - 41　　　　　　　RPC 族样板的选用

族类别	系统自带族样板	样板类型	备　注
RPC 族	公制 RPC. rft	独立样板	创建 RPC 族

1. "公制 RPC. rft"

(1) 系统参数。该样板中预设的族参数及简要说明,见表 3 - 42。

表 3 - 42　　　　　　"公制 RPC"预设参数说明

分类	族参数	系统默认值	作　用
尺寸标注	高度	0	定义 RPC 的高度
标识数据	渲染外观	Alex	定义预设构件的颜色、设计、填充图案、纹理或凹凸贴图

公制 RPC 族样板的三维视图,见图 3 - 170。

(2) 预设参照平面和环境。打开楼层平面视图,有两个预先设定互相垂直的参照平面和环境,见图 3 - 171。其中,竖向参照平面用于定义公制 RPC 的左右位置,水平参照平面用于定义公制 RPC 的前后位置,它们都是用于确保公制 RPC 加载到项目后,准确定义公制 RPC 的位置。在渲染视图时,环境同时被渲染,给图像增加真实感。为保证族的后续使用,最好不要随意删减族样板预设参照平面和渲染环境,在创建公制 RPC 时应以此为基准。"公制 RPC. rft"的楼层平面视图如下。

 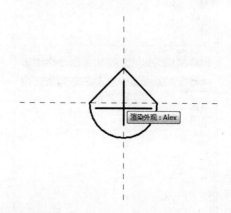

图 3 - 170　"公制 RPC. rft"三维视图　　图 3 - 171　"公制 RPC. rft"的楼层平面视图

(3) "公制 RPC. rft"与"公制常规模型 . rft"的区别。打开 Revit 2018 自带的族样板文件"公制 RPC. rft"与"公制常规模型 . rft",见图 3 - 172 和图 3 - 173。

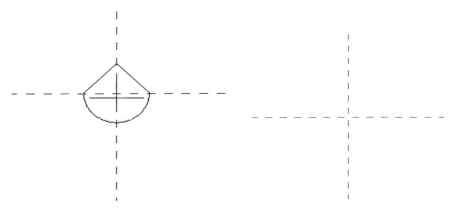

图 3-172　"公制 RPC.rft"　　　　　　图 3-173　"公制常规模型.rft"

表 3-43　　　　　"公制 RPC.rft"与"公制常规模型.rft"对比分析

项　目	公制 RPC.rft	公制常规模型.rft	备　注
族类别	RPC	常规模型	使用"公制 RPC.rft"样板建 RPC 族后，将族载入项目中时，可自动在项目浏览器中对该族进行正确的分类，方便后期的使用与管理
系统参数	增加大量预设参数，见图 3-174	见图 3-175	在"公制 RPC.rft"中预设的大量参数为之后的建族工作提供了不小便利
预设参照平面	两个预先设定互相垂直的参照平面和环境	仅有两个用于定义族原点的参照平面	竖向参照平面用于定义公制 RPC 的左右位置，水平参照平面用于定义公制 RPC 的前后位置，环境增加图像真实感
属性	属性见图 3-176	增加结构、尺寸标注、零件类型、其他（基于工作平面）等属性见图 3-177	虽"公制常规模型.rft"比"公制 RPC.rft"多了一些预设属性，但其对于创建 RPC 族而言并没有实际用途

图 3-174　"公制 RPC.rft"预设参数

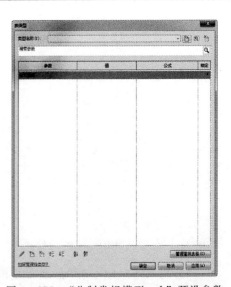

图 3-175　"公制常规模型.rft"预设参数

图 3-176 "公制 RPC. rft"属性栏

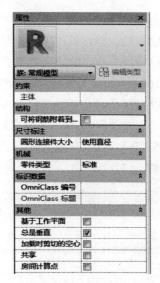

图 3-177 "公制常规模型. rft"属性栏

总结：

（1）相较于"公制 RPC. rft"族样板，在"公制常规模型. rft"族样板中缺少的预设参数、预设构件、预设参照平面等均可自行添加，但其加大了建族的工作量。

（2）虽"公制常规模型. rft"中也有一些比"公制 RPC. rft"中多出的部分，但其对于建 RPC 族并没有实际作用。

综上所述，当需要建 RPC 族时，虽"公制常规模型. rft"与"公制 RPC. rft"均可使用，但使用"公制 RPC. rft"可对后期的建族过程提供较多便利，故还是建议选择"公制 RPC. rft"创建 RPC 族。

3.4.10 常规模型

Revit 2018 共提供了 10 个族样板用于创建各类常规模型，见表 3-44。

表 3-44 "常规模型"族系统自带族样板说明

族类别	系统自带族样板	样板类型	备 注
常规模型	公制常规模型. rft	独立样板	创建常规模型
	基于两个标高的公制常规模型. rft		创建高度随标高变化的常规模型
	基于楼板的公制常规模型. rft	基于楼板的样板	创建基于楼板模型
	基于面的公制常规模型. rft	基于面的样板	创建基于面的模型
	基于墙的公制常规模型. rft	基于墙的样板	创建基于墙的模型
	基于天花板的公制常规模型. rft	基于天花板的样板	创建基于天花板的模型
	基于填充图案的公制常规模型. rft	专用样板	创建基于填充图案的模型
	基于屋顶的公制常规模型. rft	基于屋顶的样板	创建基于屋顶的模型
	基于线的公制常规模型. rft	基于线的样板	创建基于线的模型
	自适应公制常规模型. rft	自适应样板	创建自适应的模型

1. "公制常规模型.rft"

（1）系统参数。该样板中未预设任何族参数，均需自行添加，见图 3-178。

（2）预设构件。由于该"公制常规模型.rft"是制作各种族的独立样板，所以在打开"公制常规模型.rft"后未能看到预设构件，需要自行进行创建。

（3）预设参照平面。打开楼层平面视图，有两条已经预设好的参照平面，参照平面相交处为族原点，见图 3-179。其中横向的参照平面定义中心（前/后），纵向的参照平面定义中心（左/右）。可以在预设好的参照平面进行族的绘制工作，亦可添加新的参照平面进行族的绘制。

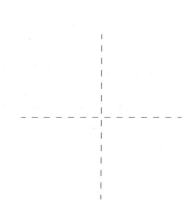

图 3-178　"公制常规模型.rft"
预设参数

图 3-179　"公制常规模型.rft"的
楼层平面视图

（4）预设视图。"公制常规模型.rft"型预设 4 个立面视图：前视图、后视图、左视图、右视图，并且在每个立面视图中都放置一个参照标高方便进行高度的设置，见图 3-180。

（5）属性。单击"创建"面板→"属性"选项卡→属性"按钮，见图 3-181。在弹出的属性面板中显示了常规模型族的约束、结构、尺寸标注、机械、标识数据以及其他属性，其中常规模型在绘制族时默认总是垂直。

单击"创建"面板→"属性"选项卡→"族类别和族参数"按钮，在弹出的面板中可以对族类别进行修改，修改完成后族的类别和参数发生了变化，但参照平面以及创建完成的拉伸等均不会发生变化，见图 3-182。

总结：

（1）"公制常规模型.rft"族样板中没有预设参数、预设构件等设置，可以根据需要自行添加，因此"公制常规模型.rft"族样板可以进行各类族的绘制。

（2）在"公制常规模型.rft"中亦可自定义修改族类别，其属性会随之改变，但预设构件、参照平面等不会自动更改。

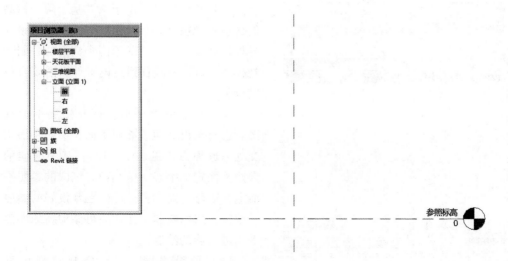

图 3-180 "公制常规模型.rft"的前立面视图

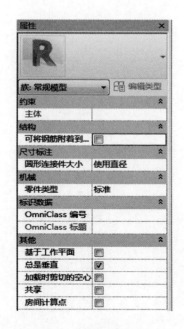

图 3-181 "公制常规模型.rft"
属性栏

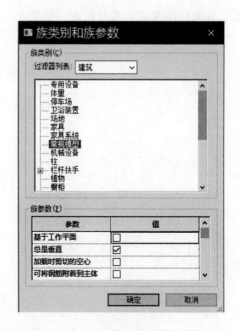

图 3-182 "公制常规模型.rft"的
族参数和族

综上所述,"公制常规模型.rft"但预设参数、预设构件等设置需要自行添加,增加建族工作量;但使用"公制常规模型.rft"可对 Revit 中未曾设置族样板的模型进行创建。

2."基于两个标高的公制常规模型.rft"

(1)系统参数。该样板中未预设任何族参数,均需自行添加,见图 3-183。

图 3-183　"基于两个标高的公制常规
模型.rft"预设参数

（2）预设构件。由于该"基于两个标高
的公制常规模型.rft"是制作各种族的独立
样板，所以在打开"基于两个标高的公制常
规模型.rft"未能看到预设构件，需要自行
进行创建。

（3）预设参照平面。打开楼层平面视
图，已经预设好两条参照平面，参照平面相
交处为族原点，见图 3-184。其中横向的
参照平面定义中心（前/后），纵向的参照平
面定义中心（左/右）。可以在预设好的参照
平面进行族的绘制工作，亦可添加新的参照
平面进行族的绘制。

（4）预设视图。与"公制常规模型
.rft"不同，"基于两个标高的公制常规模
型.rft"的立面视图中有两个参照标高，分

别是低于参照标高和高于参照标高，见图 3-185。

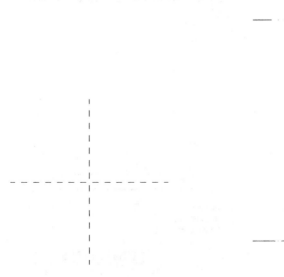

图 3-184　"基于两个标高的公制常规
模型.rft"的楼层平面视图

图 3-185　"基于两个标高的公制常规
模型.rft"的前立面视图

（5）属性。"基于两个标高的公制常规模型.rft"的各类属性参数以及族类别和族参
数与"公制常规模型.rft"均相同，适用于进行各种常规模型的创建。

（6）"公制常规模型.rft"与"基于两个标高的公制常规模型.rft"的区别。打开
Revit 2018 自带的族样板文件"公制常规模型.rft"与"基于两个标高的公制常规模型
.rft"，见图 3-186 和图 3-187。

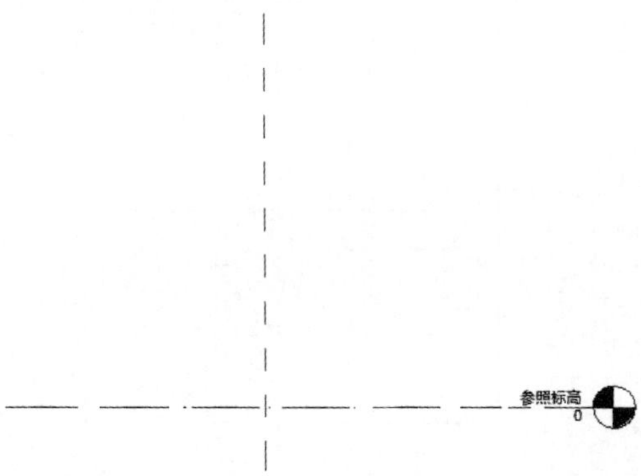

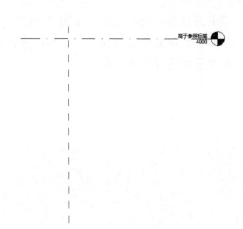

图 3－186　"公制常规模型.rft"的
前立面视图

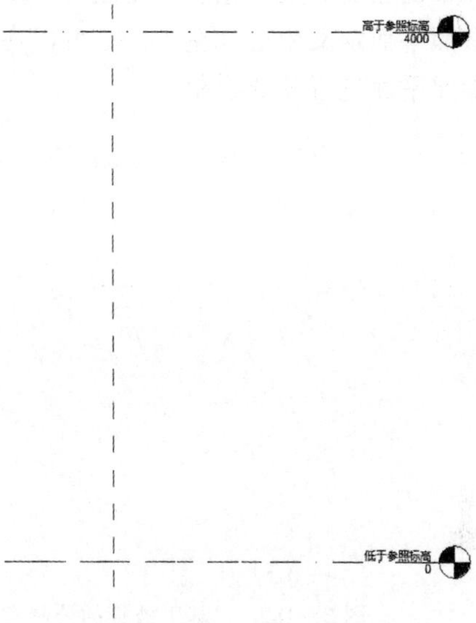

图 3－187　"基于两个标高的公制常规
模型.rft"的前立面视图

总结：

（1）相较于"公制常规模型.rft"族样板，"基于两个标高的公制常规模型.rft"增加一个参照标高，用于对创建的族高度进行控制。

（2）在"基于两个标高的公制常规模型.rft"中亦可自定义修改其族类别，其属性会随之改变，但预设构件、参照平面等不会自动更改。

综上所述，当需要创建族时，虽"公制常规模型.rft"与"基于两个标高的公制常规模型.rft"均可使用，但使用"基于两个标高的公制常规模型.rft"可对后期族的高度进行更好的控制，故还是建议选择"基于两个标高的公制常规模型.rft"对需要进控制高度的族进行创建。

3. "基于楼板的公制常规模型.rft"

（1）系统参数。该样板中未预设任何族参数，均需自行添加，见图 3－188。

（2）预设构件。由于该"基于楼板的公制常规模型.rft"是基于楼板的样板，所以在打开"基于楼板的公制常规模型.rft"后可以看到，族样板文件中已经预设了"楼板"这一主体图元，见图 3－189。

（3）预设参照平面。打开楼层平面视图，在楼板中有两条已经预设好的参照平面，参

图 3－188　"基于楼板的公制常规
模型.rft"预设参数

121

照平面相交处为族原点，见图 3-190。其中横向的参照平面定义中心（前/后），纵向的参照平面定义中心（左/右）。可以在预设好的参照平面进行族的绘制工作，亦可添加新的参照平面进行族的绘制。

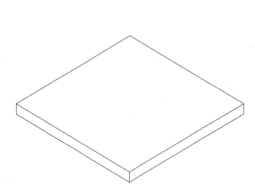

图 3-189　"基于楼板的公制常规模型.rft"的三维视图

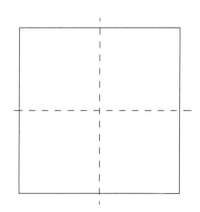

图 3-190　"基于楼板的公制常规模型.rft"的楼层平面视图

（4）预设视图。与"公制常规模型.rft"不同，"基于楼板的公制常规模型.rft"的立面视图中有一个参照标高以及楼板的立面视图，见图 3-191。

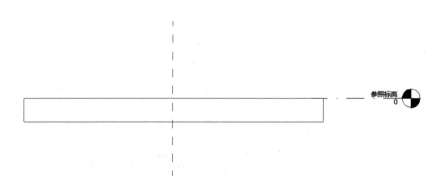

图 3-191　"基于楼板的公制常规模型.rft"的前立面视图

（5）属性。"基于楼板的公制常规模型.rft"的各类属性参数以及族类别和族参数与"公制常规模型.rft"均相同，适用于基于楼板族的创建。

（6）"公制常规模型.rft"与"基于楼板的公制常规模型.rft"的区别。打开 Revit 2018 自带的族样板文件"公制常规模型.rft 与"基于两个标高的公制常规模型.rft"，见图 3-192 和图 3-193。

总结：

（1）相较于"公制常规模型.rft"族样板，"基于楼板的公制常规模型.rft"增加楼板图元，适用于基于楼板族的创建。

（2）"基于楼板的公制常规模型.rft"属于常规模型族，在此族中亦可自定义修改其族类别，其属性会随之改变，但预设构件、参照平面等不会自动更改。

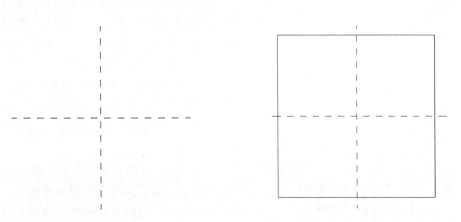

图 3-192 "公制常规模型.rft"的   图 3-193 "基于楼板的公制常规模型.rft"的
楼层平面视图   楼层平面视图

综上所述，当需要创建族时，"基于楼板的公制常规模型.rft"相较于"公制常规模型.rft"更适用于放置在楼板上的族，故还是建议选择"基于楼板的公制常规模型.rft"对需要在楼板上放置的族进行创建。

4. "基于面的公制常规模型.rft"

（1）系统参数。该样板中预设"默认高程"的族参数，见图 3-194。

图 3-194 "基于面的公制常规模型.rft"的族类型视图

（2）预设构件。由于该"基于面的公制常规模型.rft"是基于面的样板，所以在打开"基于面的公制常规模型.rft"后可以看到，族样板文件中已经预设了"平面"这一主体图元，见图 3-195。

（3）预设参照平面。打开楼层平面视图，在面中有两条已经预设好的参照平面，参照平面相交处为族原点，见图 3-196。其中横向的参照平面定义中心（前/后），纵向的参

123

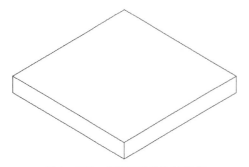

图 3-195　"基于面的公制常规
模型.rft"的三维视图

高程"参数，适用于基于面族的创建。

照平面定义中心（左/右）。可以在预设好的
参照平面进行族的绘制工作，亦可添加新的
参照平面进行族的绘制。

（4）预设视图。与"公制常规模型.rft"
不同，"基于面的公制常规模型.rft"的立面
视图中有一个参照标高以及面的立面视图，
见图 3-197。

（5）属性。"基于面的公制常规模型.rft"
的各类属性参数以及族类别和族参数与"公制
常规模型.rft"均相同，族类型增添了"默认

（6）"公制常规模型.rft"与"基于面的公制常规模型.rft"的区别。打开 Revit 2018
自带的族样板文件"公制常规模型.rft"与"基于面的公制常规模型.rft"，见图 3-198
和图 3-199。

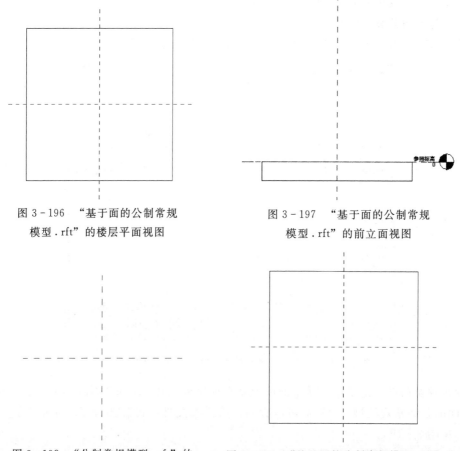

图 3-196　"基于面的公制常规
模型.rft"的楼层平面视图

图 3-197　"基于面的公制常规
模型.rft"的前立面视图

图 3-198　"公制常规模型.rft"的
楼层平面视图

图 3-199　"基于面的公制常规模型.rft"的
楼层平面视图

总结：

(1) 相较于"公制常规模型.rft"族样板，"基于面的公制常规模型.rft"增加面图元，适用于基于面族的创建。

(2) "基于面的公制常规模型.rft"属于常规模型族，在此族中亦可自定义修改其族类别，其属性会随之改变，但预设构件、参照平面等不会自动更改。

综上所述，当需要创建族时，"基于面的公制常规模型.rft"相较于"公制常规模型.rft"更适用于放置在各种面上的族，故还是建议选择"基于面的公制常规模型.rft"对需要在面上放置的族进行创建。

5. "基于墙的公制常规模型.rft"

(1) 系统参数。该样板中未预设任何族参数，均需自行添加，见图3-200。

(2) 预设构件。由于该"基于墙的公制常规模型.rft"是基于墙的样板，所以在打开"基于墙的公制常规模型.rft"后可以看到，族样板文件中已经预设了"墙"这一主体图元，见图3-201。

(3) 预设参照平面。打开楼层平面视图，在墙中有两条已经预设好的参照平面以及文字注释，参照平面相交处为族原点，见图3-202。其中横向的参照平面定义中心（前/

图3-200 "基于墙的公制常规
模型.rft"预设参数

后），纵向的参照平面定义中心（左/右）。可以在预设好的参照平面进行族的绘制工作，亦可添加新的参照平面进行族的绘制。

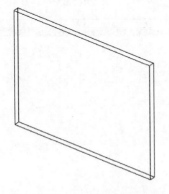

图3-201 "基于墙的公制常规
模型.rft"的三维视图

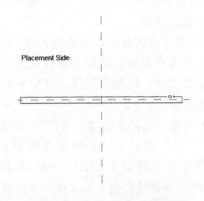

图3-202 "基于墙的公制常规
模型.rft"的楼层平面视图

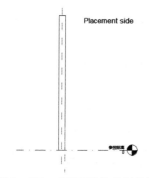

图 3-203　"基于墙的公制常规
模型.rft"的前立面视图

（4）预设视图。与"公制常规模型.rft"不同，"基于墙的公制常规模型.rft"的立面视图中有一个参照标高以及墙的立面视图，见图 3-203。

（5）属性。"基于墙的公制常规模型.rft"的各类属性参数以及族类别和族参数与"公制常规模型.rft"均相同，适用于基于墙族的创建。

（6）"公制常规模型.rft"与"基于墙的公制常规模型.rft"的区别。打开 Revit 2018 自带的族样板文件"公制常规模型.rft 与"基于墙的公制常规模型.rft"，见图 3-204 和图 3-205。

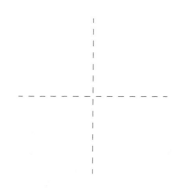

图 3-204　"公制常规模型.rft"的
楼层平面视图

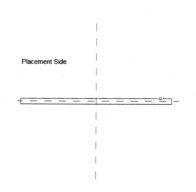

图 3-205　"基于墙的公制常规模型.rft"的
楼层平面视图

总结：

（1）相较于"公制常规模型.rft"族样板，"基于墙的公制常规模型.rft"增加面图元，适用于基于墙族的创建。

（2）"基于墙的公制常规模型.rft"属于常规模型族，在此族中亦可自定义修改其族类别，其属性会随之改变，但预设构件、参照平面等不会自动更改。

综上所述，当需要创建族时，"基于墙的公制常规模型.rft"相较于"公制常规模型.rft"更适用于放置在各种墙上的族，故还是建议选择"基于面的公制常规模型.rft"对需要在墙上放置的族进行创建。

6."基于天花板的公制常规模型.rft"

（1）系统参数。该样板中未预设任何族参数，均需自行添加，见图 3-206。

图 3-206　"基于天花板的公制常规
模型.rft"预设参数

（2）预设构件。由于该"基于天花板的公制常规模型.rft"是基于天花板的样板，所以在打开"基于天花板的公制常规模型.rft"后可以看到，族样板文件中已经预设了"天花板"这一主体图元，见图 3-207。

（3）预设参照平面。打开天花板平面视图，在天花板中有两条已经预设好的参照平面以及文字注释，参照平面相交处为族原点，见图 3-208。其中横向的参照平面定义中心（前/后），纵向的参照平面定义中心（左/右）。可以在预设好的参照平面进行族的绘制工作，亦可添加新的参照平面进行族的绘制。

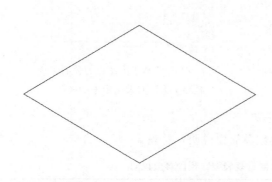

图 3-207 "基于天花板的公制常规
模型.rft"的三维视图

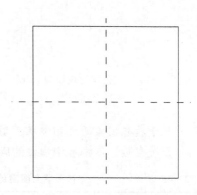

图 3-208 "基于天花板的公制常规
模型.rft"的天花板平面视图

（4）预设视图。与"公制常规模型.rft"不同，"基于墙的公制常规模型.rft"的立面视图增添了基于天花板的参照标高，见图 3-209。

（5）属性。"基于天花板的公制常规模型.rft"的各类属性参数以及族类别和族参数与"公制常规模型.rft"均相同，适用于基于天花板族的创建。

（6）"公制常规模型.rft"与"基于天花板的公制常规模型.rft"的区别。打开 Revit 2018 自带的族样板文件"公制常规模型.rft"与"基于天花板的公制常规模型.rft"，见图 3-210 和图 3-211。

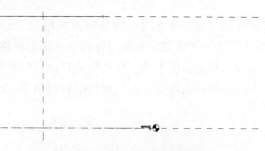

图 3-209 "基于天花板的公制常规
模型.rft"的前立面视图

总结：

（1）相较于"公制常规模型.rft"族样板，"基于天花板的公制常规模型.rft"增加天花板图元，适用于基于天花板族的创建。

（2）"基于天花板的公制常规模型.rft"属于常规模型族，在此族中亦可自定义修改其族类别，其属性会随之改变，但预设构件、参照平面等不会自动更改。

综上所述，当需要创建族时，"基于天花板的公制常规模型.rft"相较于"公制常规模型.rft"更适用于放置在各种天花板上的族，故还是建议选择"基于天花板的公制常规

模型 . rft" 对需要在天花板上放置的族进行创建。

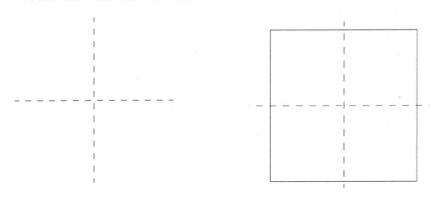

图 3 - 210 "公制常规模型 . rft" 的
楼层平面视图

图 3 - 211 "基于天花板的公制常规
模型 . rft" 的天花板平面视图

7. "基于填充图案的公制常规模型 . rft"

（1）系统参数。该样板中预设的族参数及简要说明，见表 3 - 45。

表 3 - 45 　　　　　　　　　"基于填充图案的公制常规模型"预设参数说明

分类	族参数	系统默认值	作　用
构造类型	功能	—	定义模型的构造参数
材料和装饰	完成	—	定义模型的材料和装饰参数
分析属性	分析构造	—	分析模型的属性参数

（2）预设构件。由于该"基于填充图案的公制常规模型 . rft"是基于矩形的样板，所以在打开"基于填充图案的公制常规模型 . rft"后可以看到，族样板文件中已经预设了"矩形"这一主体图元并采用瓷砖填充图案网格进行划分，见图 3 - 212。

（3）预设参照平面。楼层平面视图已经预设好"矩形"图元，并采用瓷砖填充图案网格进行划分，也可以在属性面板中对网格填充图案进行修改，见图 3 - 213。

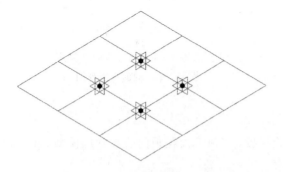

图 3 - 212 "基于填充图案的公制常规
模型 . rft" 的天花板平面视图

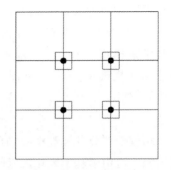

图 3 - 213 "基于填充图案的公制常规
模型 . rft" 的楼层平面视图

（4）预设视图。与"公制常规模型 . rft"不同，"基于填充图案的公制常规模型 . rft"并无立面视图，设置楼层平面以及三维视图。见图 3 - 214。

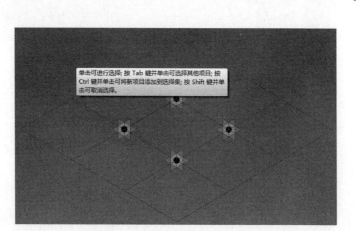

图 3-214 "基于填充图案的公制常规模型.rft"的三维视图

(5) 属性。单击"创建"面板→"属性"选项卡→"属性"按钮,见图 3-215。在弹出的属性面板中显示"基于填充图案的公制常规模型"的约束、结构、尺寸标注、标识数据以及其他属性,此族的族类型为"幕墙嵌板"。

单击"创建"面板→"属性"选项卡→"族类别和族参数"按钮,在弹出的面板中可以对族类别进行修改,修改完成后族的类别和参数发生了变化,但参照平面以及创建完成的拉伸等均不会发生变化,见图 3-216。

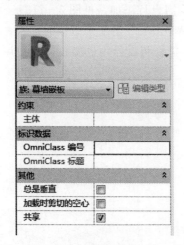

图 3-215 "基于填充图案的公制常规模型.rft"属性栏

图 3-216 "基于填充图案的公制常规模型.rft"的族类别和族参数

(6)"公制常规模型.rft"与"基于填充图案的公制常规模型.rft"的区别。打开 Revit 2018 自带的族样板文件"基于填充图案的公制常规模型.rft"与"公制常规模型.rft",见图 3-217 和图 3-218。

总结:

(1) 相较于"公制常规模型.rft"族样板,"基于填充图案的公制常规模型.rft"族类别不同,可以在模型中对填充图案进行编辑。

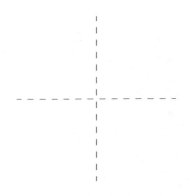

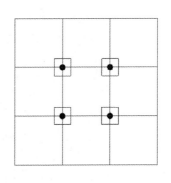

图 3-217　"公制常规模型.rft"的
楼层平面视图

图 3-218　"基于填充图案的公制常规
模型.rft"的楼层平面视图

（2）"基于填充图案的公制常规模型"属于幕墙嵌板族，在此族中亦可自定义修改其族类别，其属性会随之改变，但预设构件、参照平面等不会自动更改。

综上所述，当需要创建族时，"基于填充图案的公制常规模型.rft"相较于"公制常规模型.rft"更适用于对填充图案有要求的族，故还是建议选择"基于填充图案板的公制常规模型.rft"对需要填充图案设置的族进行创建。

8. "基于屋顶的公制常规模型.rft"

（1）系统参数。该样板中未预设任何族参数，均需自行添加，见图 3-219。

（2）预设构件。由于该"基于屋顶的公制常规模型.rft"是基于屋顶的样板，所以在打开"基于屋顶的公制常规模型.rft"后可以看到，族样板文件中已经预设了"屋顶"这一图元，见图 3-220。

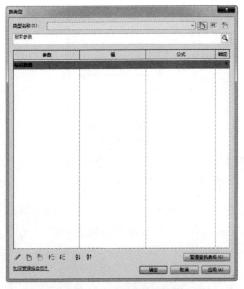

图 3-219　"基于屋顶的公制常规
模型.rft"预设参数

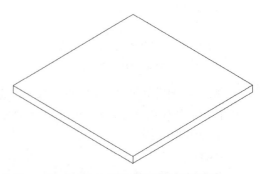

图 3-220　"基于屋顶的公制常规
模型.rft"的三维视图

（3）预设参照平面。打开楼层平面视图，分别有上部参照标高和低于参照标高楼层平面。上部参照标高楼层平面在屋顶中有两条已经预设好的参照平面以及文字注释，参照平面相交处为族原点，见图 3-221。其中横向的参照平面定义中心（前/后），纵向的参照平面定义中心（左/右）。低于参照标高楼层平面有两条已经预设好的参照平面，参照平面相交处为族原点，见图 3-222。其中横向的参照平面定义中心（前/后），纵向的参照平面定义中心（左/右）。可以在预设好的参照平面进行族的绘制工作，亦可添加新的参照平面进行族的绘制。

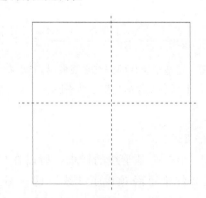

图 3-221 "基于屋顶的公制常规模型.rft"的　　图 3-222 "基于屋顶的公制常规模型.rft"的
上部参照标高楼层平面视图　　　　　　低于参照标高楼层平面视图

（4）预设视图。与"公制常规模型.rft"不同，"基于屋顶的公制常规模型.rft"的立面视图采用了上部参照标高和低于参照标高，见图 3-223。

（5）属性。"基于屋顶的公制常规模型.rft"的各类属性参数以及族类别和族参数与"公制常规模型.rft"均相同，适用于基于屋顶族的创建。

（6）"公制常规模型.rft"与"基于屋顶的公制常规模型.rft"的区别。打开 Revit 2018 自带的族样板文件"公制常规模型.rft 与"基于屋顶的公制常规模型.rft"，见图 3-224 和图 3-225。

总结：

（1）相较于"公制常规模型.rft"族样板，"基于屋顶的公制常规模型.rft"增加上部参照标高楼层平面，方便对基于屋顶的族进行创建。

（2）"基于屋顶的公制常规模型.rft"属于常规模型族，在此族中亦可自定义修改其族类别，其属性会随之改变，但预设构件、参照平面等不会自动更改。

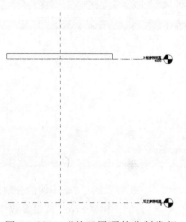

图 3-223 "基于屋顶的公制常规模型.rft"的前立面视图

综上所述，当需要创建族时，"基于屋顶的公制常规模型.rft"相较于"公制常规模型.rft"更适用于放置在各种屋顶的族，故还是建议选择"基于屋顶的公制常规模型.rft"对需要在屋顶上放置的族进行创建。

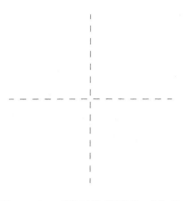

图 3-224　"公制常规模型.rft"的
楼层平面视图

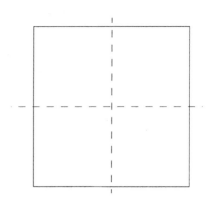

图 3-225　"基于屋顶的公制常规模型.rft"的
上部参照标高楼层平面视图

9. "基于线的公制常规模型.rft"

（1）系统参数。该样板中预设长度参数，见图 3-226。

（2）预设构件。由于该"基于线的公制常规模型.rft"是基于线的样板，所以在打开"基于线的公制常规模型.rft"后可以看到，族样板文件中已经预设了"线"这一图元，见图 3-227。

图 3-226　"基于线的公制常规
模型.rft"预设参数

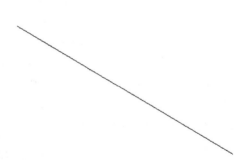

图 3-227　"基于线的公制常规
模型.rft"的三维视图

（3）预设参照平面。打开楼层平面视图，有三条已经预设好的参照平面，中心两条参照平面相交处为族原点，纵向参照平面定义线长度，见图 3-228。其中横向的参照平面定义中心（前/后），纵向的参照平面定义中心（左/右）。可以在预设好的参照平面进行族的绘制工作，亦可添加新的参照平面进行族的绘制。

（4）预设视图。与"公制常规模型.rft"不同，"基于线的公制常规模型.rft"的立面视图增添了纵向的参照平面，见图 3-229。

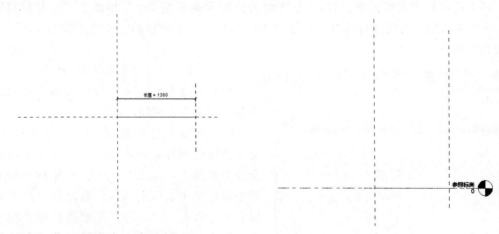

图 3-228　"基于线的公制常规模型.rft"的
楼层平面视图

图 3-229　"基于线的公制常规模型.rft"的
前立面视图

（5）属性。"基于线的公制常规模型.rft"的各类属性参数以及族类别和族参数与"公制常规模型.rft"均相同，适用于基于线对族进行创建。

（6）"公制常规模型.rft"与"基于线的公制常规模型.rft"的区别。打开 Revit 2018 自带的族样板文件"公制常规模型.rft"与"基于线的公制常规模型.rft"，见图 3-230 和图 3-231。

图 3-230　"公制常规模型.rft"的
楼层平面视图

图 3-231　"基于线的公制常规模型.rft"的
楼层平面视图

总结：

（1）相较于"公制常规模型.rft"族样板，"基于线的公制常规模型.rft"增加参照平面方便对线的长度进行控制。

（2）"基于线的公制常规模型.rft"属于常规模型族，在此族中亦可自定义修改其族类别，其属性会随之改变，但预设构件、参照平面等不会自动更改。

133

综上所述，当需要创建族时，"基于线的公制常规模型 . rft"相较于"公制常规模型 . rft"更适用于对线进行修改，故还是建议选择"基于屋顶的公制常规模型 . rft"对需要线的族进行创建。

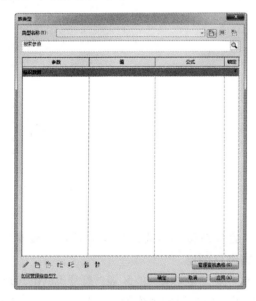

图 3-232　"自适应公制常规
模型 . rft"预设参数

10. "自适应公制常规模型 . rft"

（1）系统参数。该样板中未预设任何族参数，均需自行添加，见图 3-232。

（2）预设参照平面。打开楼层平面视图，有两条已经预设好的参照平面，参照平面相交处为族原点，见图 3-233。其中横向的参照平面定义中心（前/后），纵向的参照平面定义中心（左/右）。可以在预设好的参照平面进行族的绘制工作，亦可添加新的参照平面进行族的绘制。

（3）预设视图。与"公制常规模型 . rft"不同，"自适应公制常规模型 . rft"的三维视图增添了空间上的参照平面与体量族相类似，见图 3-234。

（4）属性。单击"创建"面板→"属性"选项卡→"属性"按钮，见图 3-235。在弹出的属性面板中显示了常规模型族的约束、结构、尺寸标注、机械、标识数据以及其他属性，其中自适应常规模型在绘制族时默认总是共享。

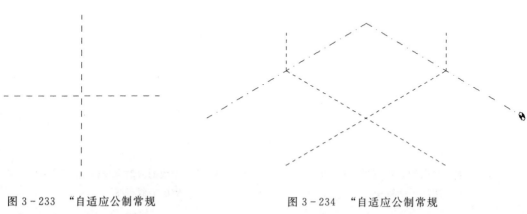

图 3-233　"自适应公制常规
模型 . rft"的楼层平面视图

图 3-234　"自适应公制常规
模型 . rft"的三维视图

（5）"公制常规模型 . rft"与"自适应公制常规模型 . rft"的区别。打开 Revit 2018 自带的族样板文件"公制常规模型 . rft"与"基于线的公制常规模型 . rft"，打开"自适应公制常规模型"的三维视图，见图 3-236。

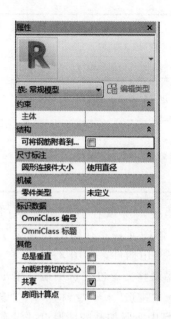

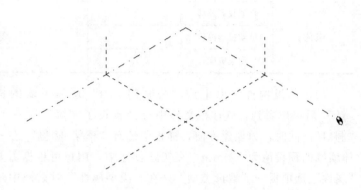

图 3-235 "自适应公制常规
模型.rft"属性栏

图 3-236 "自适应公制常规
模型.rft"的三维视图

总结：

（1）相较于"公制常规模型.rft"族样板，"自适应公制常规模型.rft"在三维视图中增加三维参照平面，可以在三维空间中对族进行更好的创建。

（2）"自适应公制常规模型.rft"属于常规模型族，在此族中亦可自定义修改其族类别，其属性会随之改变，但预设构件、参照平面等不会自动更改。

综上所述，当需要创建族时，"自适应公制常规模型.rft"相较于"公制常规模型.rft"更适用于对在三维视图中对族进行创建，故还是建议选择"自适应公制常规模型.rft"对需要族进行创建。

3.4.11 门

Revit 2018 共提供了 2 个族样板用于创建门族，见表 3-46。

表 3-46 "门"族系统自带族样板说明

族类别	系统自带族样板	样板类型	备 注
门	公制门.rft	基于墙的样板	创建普通门构件
	公制门-幕墙.rft	独立样板	创建用于幕墙的门构件

1. "公制门.rft"

（1）系统参数。该样板中预设的族参数及简要说明，见表 3-47。

表 3 - 47　　　　　　　　　　"公制门"预设参数说明

分类	族参数	系统默认值	作　　用
构造	功能	内部	定义门的功能，"内门"（内部）、"外门"（外部）
	墙闭合	按主体	定义开洞后墙体的面层包络位置
尺寸标注	高度	2000	定义门的基本参数
	宽度	1000	
其他	框架投影外部	25	定义预设构件基本参数
	框架投影内部	25	
	框架宽度	75	

　　（2）预设构件。由于该"公制门.rft"是基于墙的样板，所以在打开"公制门.rft"后可以看到，族样板文件中已经预设了"墙"这一主体图元，并在墙上还预设了"洞口"。同时，为创建方便，样板中还有"框架/竖梃"这一常用构件，见图 3 - 237。主体墙厚的预设值为 150mm，在实际创建中，用户可根据需要调整其厚度。选中墙，单击"属性"选项板→"编辑类型"→在"类型属性"对话框中→"构造"→"结构"→"编辑部件"中修改墙厚度。但在族编辑器中修改的墙厚度对项目中实际加载的墙厚度并没有影响。

　　（3）预设参照平面。打开楼层平面视图，有多条已经预设好的参照平面，见图 3 - 238。其中，用于对洞口宽度进行定义的是参照平面（左、右），用于对墙的内外边界进行定义的是参照平面（内部、外部）。它们都是用于确保加载到项目后，门族与主体墙的准确定位。为保证族的后续使用，最好不要随意删减，在创建门的几何图形时应该通过它们建立与洞口和墙的联系。

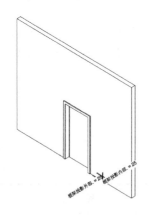

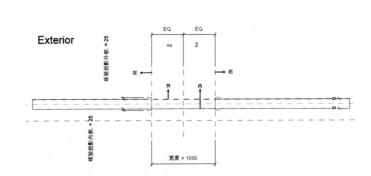

图 3 - 237　"公制门.rft"的　　　　　　图 3 - 238　"公制门.rft"的
　　　　　三维视图　　　　　　　　　　　　　　　楼层平面视图

　　（4）特殊视图。为了更方便地确定门的方向，样板中设置两个立面视图名称："内部"立面视图和"外部"立面视图（其为常规视图中的前视图和后视图），通过内部立面视图和外部视图还可以确定门的尺寸信息，见图 3 - 239～图 3 - 241。

图 3-239 "公制门.rft"的
内部立面视图

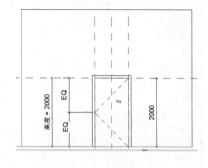

图 3-240 "公制门.rft"的
外部立面视图

（5）设置墙的面层包络。在创建门族时，若想对开洞后墙体的面层包络位置进行定义。可以利用"墙闭合"这一参数。

1）平面视图中，在需要设置墙的面层包络处，建立一个平行于墙体中心线的参照平面。选中该参照平面，见图 3-242。然后单击"属性"选项板→"构造"→勾选参数"墙闭合"，见图 3-243。

2）将该族加载到项目中，选中门族的主体"墙"（默认面层已经添加在墙的结构中），在"属性"选项板中→"编辑类型"→"在插入点包络"的下拉列表中→选择"内部"→单击"确定"，即可完成，见图 3-244。

（6）"公制门.rft"与"公制常规模型.rft"的区别。打开 Revit 2018 自带的族样板文件"公制门.rft"与"公制常规模型.rft"，见图 3-245 和图 3-246。

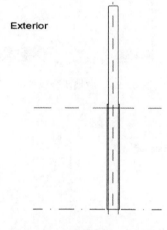

图 3-241 "公制门.rft"的
左立面视图

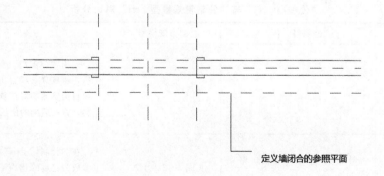

图 3-242 "定义墙闭合参照平面"

图 3-243　"墙闭合属性开启"

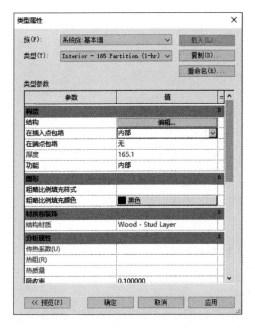

图 3-244　"在插入点包络为内部"

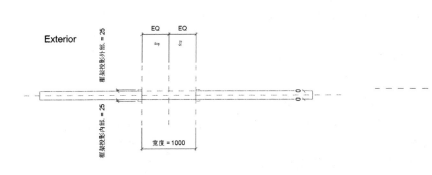

图 3-245　"公制门.rft"

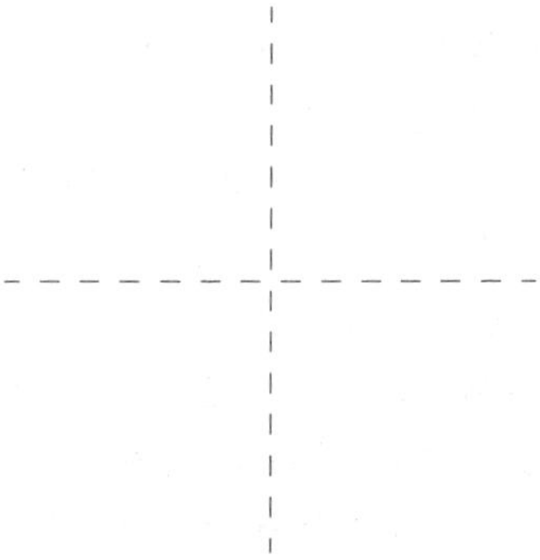

图 3-246　"公制常规
模型.rft"

表 3-48　　　　　"公制门.rft"与"公制常规模型.rft"对比分析

项　目	公制门.rft	公制常规模型.rft	备　注
族类别	门	常规模型	使用"公制门.rft"样板建门族后，将族载入项目中时，可自动在项目浏览器中对该族进行正确的分类，方便后期的使用与管理
系统参数	增加大量预设参数，见图 3-247	见图 3-248	在"公制门.rft"中预设的大量参数为之后的建族工作提供了不小便利

项 目	公制门.rft	公制常规模型.rft	备 注
预设构件	主体：墙、框架	—	在"公制门.rft"中预设的墙与框架均为建门族时的常用构件，并且均可自行更改其尺寸
预设参照平面	除"公制常规模型.rft"已有的参照平面外，另增加四条参照平面（左、右；内、外）	仅有两个用于定义族原点的参照平面	在"公制门.rft"中预设的参照平面（左、右）用于对洞口宽度进行定义，而参照平面（内、外）用于对墙的内外边界进行定义
特殊视图名称	将常规立面视图中的"前、后"视图替换为"内部、外部"视图	仅有常规的"前、后、左、右"四个立面视图	"公制门.rft"新增的"内部、外部"方便确定门的方向
属性	属性见图3-249	增加结构、尺寸标注、零件类型、其他（基于工作平面）等属性见图3-250	虽然"公制常规模型.rft"比"公制门.rft"多了一些预设属性，但其对于建门族而言并没有实际用途

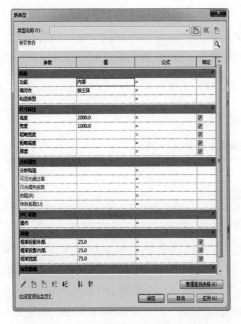

图3-247 "公制门.rft"预设参数

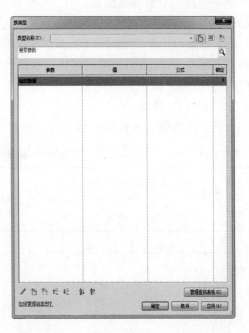

图3-248 "公制常规模型.rft"预设参数

总结：

（1）相较于"公制门.rft"族样板，在"公制常规模型.rft"族样板中缺少的预设参数、预设构件、预设参照平面等均可自行添加，但其加大了建族的工作量。

（2）在"公制常规模型.rft"中亦可自定义修改其族类别为"门"，其属性会随之改变，但预设构件、参照平面等不会自动更改。

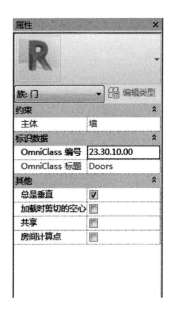

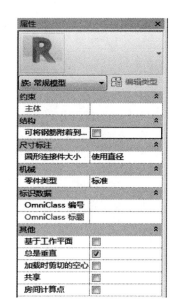

图 3-249　"公制门.rft"属性栏　　　　图 3-250　"公制常规模型.rft"属性栏

（3）虽然"公制常规模型.rft"中也有一些比"公制门.rft"中多出的部分，但其对于建门族并没有实际作用。

综上所述，当需要建门族时，虽"公制常规模型.rft"与"公制门.rft"均可使用，但使用"公制门.rft"可对后期的建族过程提供较多便利，故还是建议选择"公制门.rft"创建门族。

2."公制门-幕墙.rft"

（1）系统参数。该样板中预设的族参数及简要说明，见表 3-49。

表 3-49　　　　　　　　　　　　　"公制门-幕墙"预设参数说明

分类	族参数	系统默认值	作　用
构造	功能	内部	定义公制门-幕墙的功能，"内部幕墙门"（内部）、"外部幕墙门"（外部）

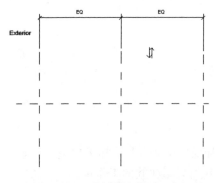

图 3-251　"公制门-幕墙.rft"的
楼层平面视图

（2）预设参照平面。打开楼层平面视图，有四个预先预设定好的参照平面，见图 3-251。其中，竖向参照平面用于定义对公制门-幕墙高度，水平参照平面用于定义公制门-幕墙宽度。它们都是用于确保公制门-幕墙加载到项目后，准确定位公制门-幕墙的位置。为保证族的后续使用，最好不要随意删减族样板预设参照平面，在创建公制门-幕墙时应以此为基准。

（3）特殊视图。为了更方便地确定门的

方向,样板中设置两个立面视图名称:"内部"立面视图和"外部"立面视图(其为常规视图中的前视图和后视图),通过内部立面视图和外部视图还可以确定门的尺寸信息,见图 3-252 和图 3-253。

图 3-252 "公制门-幕墙.rft"的
内部立面视图

图 3-253 "公制门-幕墙.rft"的
外部立面视图

(4)"公制门-幕墙.rft"与"公制常规模型.rft"的区别。打开 Revit 2018 自带的族样板文件"公制门-幕墙.rft"与"公制常规模型.rft",见图 3-254 和图 3-255。

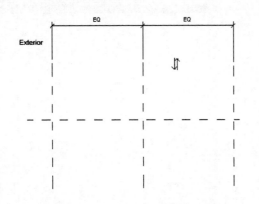

图 3-254 "公制门-幕墙.rft"

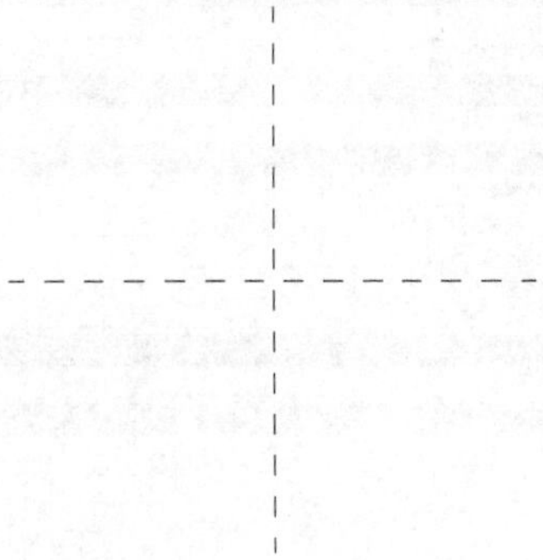

图 3-255 "公制常规模型.rft"

表 3-50   "公制门-幕墙.rft"与"公制常规模型.rft"对比

项 目	公制门-幕墙.rft	公制常规模型.rft	备 注
族类别	门	常规模型	使用"公制门-幕墙.rft"样板建门族后,将族载入项目中时,可自动在项目浏览器中对该族进行正确的分类,方便后期的使用与管理
系统参数	增加大量预设参数,见图 3-256	见图 3-257	在"公制门-幕墙族工作提供了不小便利

141

续表

项　目	公制门-幕墙.rft	公制常规模型.rft	备　注
预设参照平面	除"公制常规模型.rft"已有的参照平面外，另增加两个竖向参照平面	仅有两个用于定义族原点的参照平面	竖向参照平面用于定义对公制门-幕墙高度，水平参照平面用于定义公制门-幕墙宽度
特殊视图名称	将常规立面视图中的"前、后"视图替换为"内部、外部"视图	仅有常规的"前、后、左、右"四个立面视图	"公制门-幕墙.rft"新增的"内部、外部"方便确定门的方向
属性	属性见图3-258	增加结构、尺寸标注、零件类型、其他（基于工作平面）等属性见图3-259	虽"公制常规模型.rft"中预设的大量参数为之后的建.rft"比"公制门-幕墙.rft"多了一些预设属性，但其对于建门族而言并没有实际用途

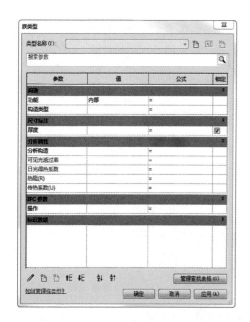

图3-256　"公制门-幕墙.rft"预设参数

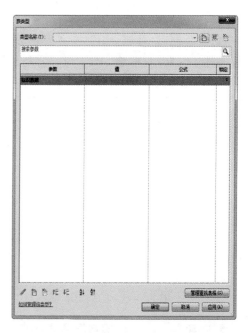

图3-257　"公制常规模型.rft"预设参数

总结：

（1）相较于"公制门-幕墙.rft"族样板，在"公制常规模型.rft"族样板中缺少的预设参数、预设构件、预设参照平面等均可自行添加，但其加大了建族的工作量。

（2）在"公制常规模型.rft"中亦可自定义修改其族类别为"门"，其属性会随之改变，但预设构件、参照平面等不会自动更改。

（3）虽"公制常规模型.rft"比"公制门-幕墙.rft"中多出许多属性参数设置，但其对于创建公制门-幕墙族并没有起到实际作用。

综上所述，当需要建公制门-幕墙族时，虽"公制常规模型.rft"与"公制门-幕墙.rft"

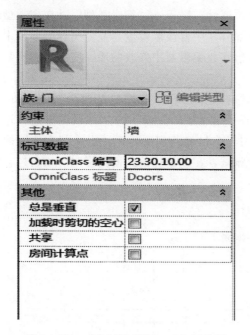

图 3-258 "公制门-幕墙.rft"属性栏

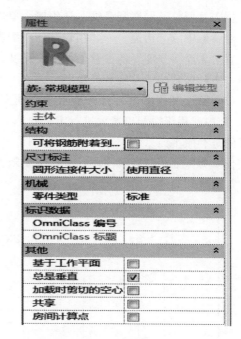

图 3-259 "公制常规模型.rft"属性栏

均可使用,但使用"公制门-幕墙.rft"可对后期的建族过程提供较多便利,故还是建议选择"公制门-幕墙.rft"创建门族。

3.4.12 窗

Revit 2018 共提供了 2 个族样板用于创建公制窗族,见表 3-51。

表 3-51 "公制窗"族系统自带族样板说明

族类别	系统自带族样板	样板类型	备 注
公制窗	公制窗.rft	基于墙的样板	创建基于墙的普通公制窗构件
	带贴面公制窗.rft	基于墙的样板	创建基于墙的普通带贴面公制窗构件
	公制窗-幕墙.rft	独立样板	创建幕墙的公制窗构件

1. "公制窗.rft"

(1) 系统参数。该样板中预设的族参数及简要说明,见表 3-52。

表 3-52 "公制窗"预设参数说明

分类	族参数	系统默认值	作 用
构造	墙闭合	按主体	定义开洞后墙体的面层包络位置
尺寸标注	高度	1500	定义窗的基本参数
	宽度	1000	

(2) 预设构件。由于该"公制窗.rft"是基于墙的样板,所以在打开"公制窗.rft"后可以看到,族样板文件中已经预设了"墙"这一主体图元,并在墙上预设预留"洞口"。见图 3-260。主体墙厚预设值为 200mm,墙高度预设值为 3000mm。在实际创建中,用户

可根据需要调整其厚度和高度。选中墙，单击"属性"面板→"编辑类型"→在"类型属性"对话框中→"构造"→"结构"→"编辑部件"中修改墙厚度。在"属性"面板中通过设置"无连接高度"的参数值修改墙高度。但在族编辑器中修改的墙厚度和高度不影响项目中实际加载的墙厚度和高度。

（3）预设参照平面。打开楼层平面视图，有多条已经预设好的参照平面，见图 3 - 261。其中，用于对洞口宽度进行定义的是参照平面（左、右），用于对墙的内外边界进行定义的是参照平面（内部、外部）。它们都是用于确保加载到项目后，窗族与主体墙的准确定位。为保证族的后续使用，最好不要随意删减，在创建门的几何图形时应该通过它们建立与洞口和墙的联系。

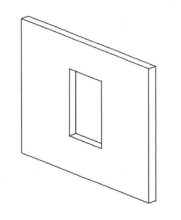

图 3 - 260　"公制窗.rft"的三维视图

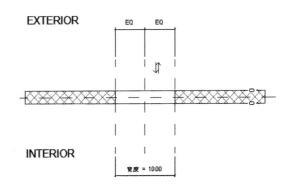

图 3 - 261　"公制窗.rft"的楼层平面视图

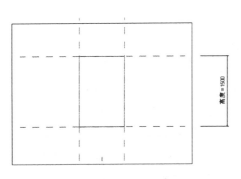

图 3 - 262　"公制窗.rft"的内部立面视图

（4）特殊视图。为了更方便地确定窗的方向，样板中特意设置两个立面视图名称："内部"立面视图和"外部"立面视图（其为常规视图中的前视图和后视图），通过内部立面视图和外部视图还可以确定窗的尺寸信息，见图 3 - 262～图 3 - 264。

（5）设置墙的面层包络。在创建窗族时，若想对开洞后墙体的面层包络位置进行定义。可以利用"墙闭合"这一参数。

1）平面视图中，在需要设置墙的面层包络处，建立一个平行于墙体中心线的参照平面。选中该参照平面，见图 3 - 265。然后单击"属性"选项板→"构造"→勾选参数"墙闭合"，见图 3 - 266。

2）将该族加载到项目中，选中门族的主体"墙"（默认面层已经添加在墙的结构中），在"属性"选项板中→"编辑类型"→"在插入点包络"的下拉列表中→选择"内部"→单击"确定"，即可完成，见图 3 - 267。

（6）"公制窗.rft"与"公制常规模型.rft"的区别。打开 Revit 2018 自带的族样板文件"公制窗.rft"与"公制常规模型.rft"，见图 3 - 268 和图 3 - 269。

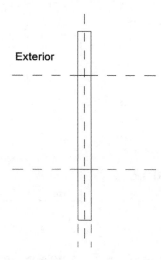

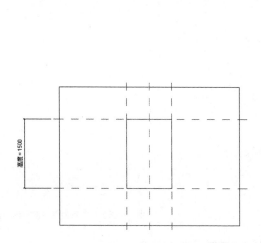

图 3-263 "公制窗.rft"的外部立面视图　　　　图 3-264 "公制窗.rft"的左立面视图

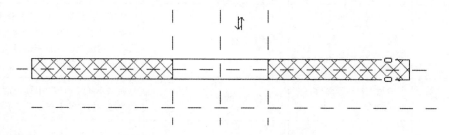

图 3-265 "定义墙闭合参照平面"

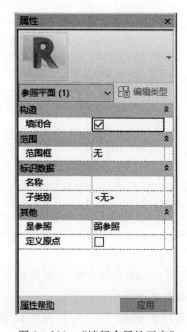

图 3-266 "墙闭合属性开启"

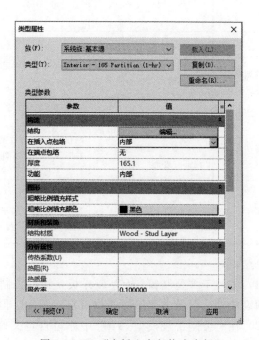

图 3-267 "在插入点包络为内部"

145

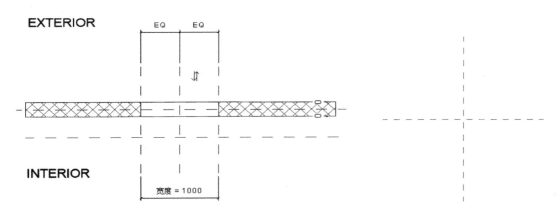

<table>
</table>

图 3-268　"公制窗 . rft"　　　　　　　　图 3-269　"公制常规模型 . rft"

表 3-53　　　　　"公制窗 . rft"与"公制常规模型 . rft"对比分析

项　目	公制窗 . rft	公制常规模型 . rft	备　注
族类别	窗	常规模型	使用"公制窗 . rft"样板建窗族后，将族载入项目中时，可自动在项目浏览器中对该族进行正确的分类，方便后期的使用与管理
系统参数	增加大量预设参数，见图 3-270	见图 3-271	在"公制窗 . rft"中预设的大量参数为之后的建族工作提供了不小便利
预设构件	主体：墙	—	在"公制窗 . rft"中预设的墙与框架均为建窗族时的常用构件，并且均可自行更改其尺寸
预设参照平面	除"公制常规模型 . rft"已有的参照平面外，另增加四条参照平面（左、右；内部、外部）	仅有两个用于定义族原点的参照平面	在"公制窗 . rft"中预设的参照平面（左、右）用于对洞口宽度进行定义，而参照平面（内部、外部）用于对墙的内外边界进行定义
特殊视图名称	将常规立面视图中的"前、后"视图替换为"内部、外部"视图	仅有常规的"前、后、左、右"四个立面视图	"公制窗 . rft"新增的"内部、外部"方便确定窗的方向
属性	属性见图 3-272	增加结构、尺寸标注、零件类型、其他（基于工作平面）等属性见图 3-273	虽然"公制常规模型 . rft"比"公制窗 . rft"多了一些预设属性，但其对于建窗族而言并没有实际用途

总结：

（1）相较于"公制窗 . rft"族样板，在"公制常规模型 . rft"族样板中缺少的预设参数、预设构件、预设参照平面等均可自行添加，但其加大了建族的工作量。

（2）在"公制常规模型 . rft"中亦可自定义修改其族类别为"门"，其属性会随之改变，但预设构件、参照平面等不会自动更改。

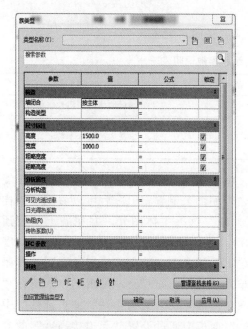

图 3-270 "公制窗.rft"预设参数

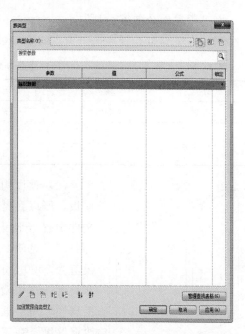

图 3-271 "公制常规模型.rft"预设参数

图 3-272 "公制窗.rft"属性栏

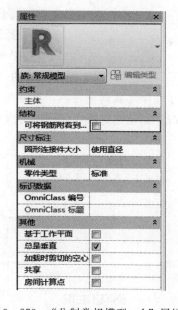

图 3-273 "公制常规模型.rft"属性栏

（3）虽"公制常规模型.rft"中也有一些比"公制窗.rft"中多出的部分，但其对于建窗族并没有实际作用。

综上所述，当需要建窗族时，虽"公制常规模型.rft"与"公制窗.rft"均可使用，但使用"公制窗.rft"可对后期的建族过程提供较多便利，故还是建议选择"公制窗.rft"创建窗族。

2. "带贴面公制窗.rft"

（1）系统参数。该样板中预设的族参数及简要说明，见表3-54。

表 3-54　　　　　　　　　　　　"带贴面公制窗"预设参数说明

分　类	族参数	系统默认值	作　　用
构造	墙闭合	按主体	定义开洞后墙体的面层包络位置
尺寸标注	高度	1500	定义窗的基本参数
	宽度	1000	

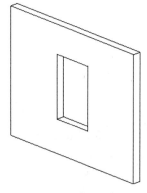

图3-274　"带贴面公制窗.rft"的三维视图

（2）预设构件。由于该"带贴面公制窗.rft"是基于墙的样板，所以在打开"带贴面公制窗.rft"后可以看到，族样板文件中已经预设了"墙"这一主体图元，并在墙上预设预留"洞口"，见图3-274。主体墙厚预设值为200mm，墙高度预设值为3000mm。在实际创建中，用户可根据需要调整其厚度和高度。选中墙，单击"属性"面板→"编辑类型"→在"类型属性"对话框中→"构造"→"结构"→"编辑部件"中修改墙厚度。在"属性"面板中通过设置"无连接高度"的参数值修改墙高度。但在族编辑器中修改的墙厚度和高度不影响项目中实际加载的墙厚度和高度。

（3）预设参照平面。打开楼层平面视图，有多条已经预设好的参照平面，见图3-275。其中，用于对洞口宽度进行定义的是参照平面（左、右），用于对墙的内外边界进行定义的是参照平面（内部、外部）。它们都是用于确保加载到项目后，窗族与主体墙的准确定位。为保证族的后续使用，最好不要随意删减，在创建门的几何图形时应该通过它们建立与洞口和墙的联系。

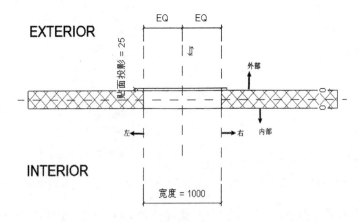

图3-275　"带贴面公制窗.rft"的楼层平面视图

（4）特殊视图。为了更方便地确定窗的方向，样板中特意设置两个立面视图名称："内部"立面视图和"外部"立面视图（其为常规视图中的前视图和后视图）见图3-276和图3-277，通过内部立面视图和外部视图还可以确定窗的尺寸信息，见图3-278。

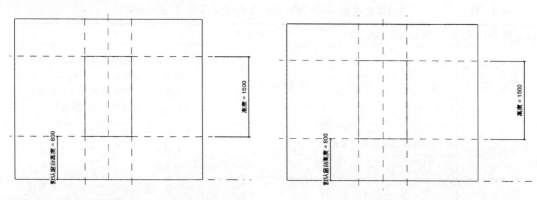

图 3 - 276 "带贴面公制窗.rft"的内部立面视图　　图 3 - 277 "带贴面公制窗.rft"的外部立面视图

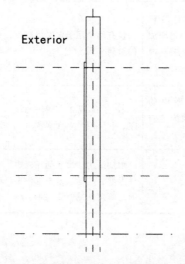

图 3 - 278 "带贴面公制窗.rft"的左立面视图

（5）"带贴面公制窗.rft"与"公制常规模型.rft"的区别。打开 Revit 2018 自带的族样板文件"带贴面公制窗.rft"与"公制常规模型.rft"，见图 3 - 279 和图 3 - 280。

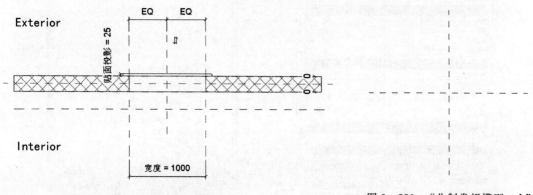

图 3 - 279 "带贴面公制窗.rft"　　　　　　　　图 3 - 280 "公制常规模型.rft"

表 3 – 55 　　　　　　　　"带贴面公制窗.rft"与"公制常规模型.rft"对比分析

项　目	带贴面公制窗.rft	公制常规模型.rft	备　注
族类别	窗	常规模型	使用"带贴面公制窗.rft"样板建窗族后,将族载入项目中时,可自动在项目浏览器中对该族进行正确的分类,方便后期的使用与管理
系统参数	增加大量预设参数,见图3－281	见图3－282	在"带贴面公制窗.rft"中预设的大量参数为之后的建族工作提供了不小便利
预设构件	主体:墙	—	在"带贴面公制窗.rft"中预设的墙与框架均为建窗族时的常用构件,并且均可自行更改其尺寸
预设参照平面	除"公制常规模型.rft"已有的参照平面外,另增加四条参照平面(左、右;内部、外部)	仅有两个用于定义族原点的参照平面	在"带贴面公制窗.rft"中预设的参照平面(左、右)用于对洞口宽度进行定义,而参照平面(内部、外部)用于对墙的内外边界进行定义
特殊视图名称	将常规立面视图中的"前、后"视图替换为"内部、外部"视图	仅有常规的"前、后、左、右"四个立面视图	"带贴面公制窗.rft"新增的"内部、外部"方便确定窗的方向
属性	属性见图3－283	增加结构、尺寸标注、零件类型、其他(基于工作平面)等属性见图3－284	虽"公制常规模型.rft"比"带贴面公制窗.rft"多了一些预设属性,但其对于建窗族而言并没有实际用途

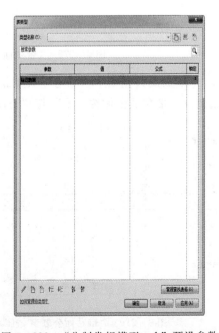

图 3 – 281 　"带贴面公制窗.rft"预设参数 　　　　图 3 – 282 　"公制常规模型.rft"预设参数

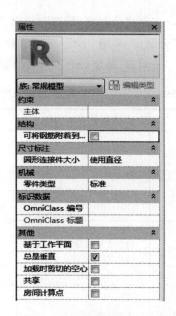

图3-283 "带贴面公制窗.rft"属性栏　　图3-284 "公制常规模型.rft"属性栏

总结：

（1）相较于"带贴面公制窗.rft"族样板，在"公制常规模型.rft"族样板中缺少的预设参数、预设构件、预设参照平面等均可自行添加，但其加大了建族的工作量。

（2）在"公制常规模型.rft"中亦可自定义修改其族类别为"窗"，其属性会随之改变，但预设构件、参照平面等不会自动更改。

（3）虽"公制常规模型.rft"中也有一些比"带贴面公制窗.rft"中多出的部分，但其对于建窗族并没有实际作用。

综上所述，当需要建窗族时，虽"公制常规模型.rft"与"带贴面公制窗.rft"均可使用，但使用"带贴面公制窗.rft"可对后期的建族过程提供较多便利，故还是建议选择"带贴面公制窗.rft"创建窗族。

3. "公制窗-幕墙.rft"

（1）系统参数。该族样板的类型参数并没有预先给定，在使用该族样板建窗族时，可根据实际需要进行设定。

（2）预设参照平面。打开楼层平面视图，有四个预先预设定好的参照平面，见图3-285。其中，竖向参照平面用于定义对公制窗-幕墙高度，水平参照平面用于定义公制窗-幕墙宽度。它们都是用于确保公制窗-幕墙加载到项目后，准确定位公制窗-幕墙的位置。为保证族的后续使用，最好不要随意删减族样板预设

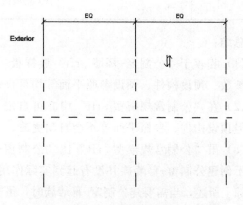

图3-285 "公制窗-幕墙.rft"的
三维视图

151

参照平面，在创建公制窗-幕墙时应以此为基准。

（3）"公制窗-幕墙.rft"与"公制常规模型.rft"的区别。打开 Revit 2018 自带的族样板文件"公制窗-幕墙.rft"与"公制常规模型.rft"，见表 3-56。

表 3-56　　　　　"公制窗-幕墙.rft"与"公制常规模型.rft"对比

项　目	公制窗-幕墙.rft	公制常规模型.rft	备　注
族类别	窗	常规模型	使用"公制窗-幕墙.rft"样板建窗族后，将族载入项目中时，可自动在项目浏览器中对该族进行正确的分类，方便后期的使用与管理
系统参数	增加大量预设参数，见图 3-286	见图 3-287	在"公制窗-幕墙.rft"中预设的大量参数为之后的建族工作提供了不小便利
预设构件	主体：墙	—	在"公制窗-幕墙.rft"中预设的墙与框架均为建窗族时的常用构件，并且均可自行更改其尺寸
预设参照平面	除"公制常规模型.rft"已有的参照平面外，另增加四条参照平面（左、右；内、外）	仅有两个用于定义族原点的参照平面	在"公制窗-幕墙.rft"中预设的参照平面（左、右）用于对洞口宽度进行定义，而参照平面（内、外）用于对墙的内外边界进行定义
特殊视图名称	将常规立面视图中的"前、后"视图替换为"内部、外部"视图	仅有常规的"前、后、左、右"四个立面视图	"公制窗-幕墙.rft"新增的"内部、外部"方便确定窗的方向
属性	见图 3-288	增加结构、尺寸标注、零件类型、其他（基于工作平面）等属性见图 3-289	虽"公制常规模型.rft"比"公制窗-幕墙.rft"多了一些预设属性，但其对于建窗族而言并没有实际用途

总结：

（1）相较于"公制窗-幕墙.rft"族样板，在"公制常规模型.rft"族样板中缺少的预设参数、预设构件、预设参照平面等均可自行添加，但其加大了建族的工作量。

（2）在"公制常规模型.rft"中亦可自定义修改其族类别为"窗"，其属性会随之改变，但预设构件、参照平面等不会自动更改。

（3）虽"公制常规模型.rft"比"公制窗-幕墙.rft"中多出许多属性参数设置，但其对于创建公制窗-幕墙族并没有起到实际作用。

综上所述，当需要建公制窗-幕墙族时，虽"公制常规模型.rft"与"公制窗-幕墙.rft"均可使用，但使用"公制窗-幕墙.rft"可对后期的建族过程提供较多便利，故还是建议选择"公制窗-幕墙.rft"创建窗族。

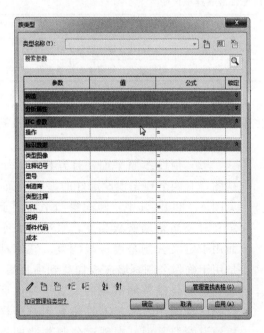

图 3-286 "公制窗-幕墙.rft"预设参数

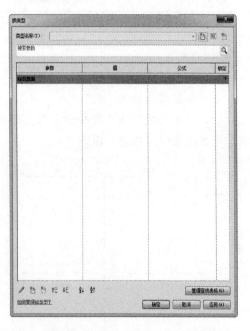

图 3-287 "公制常规模型.rft"预设参数

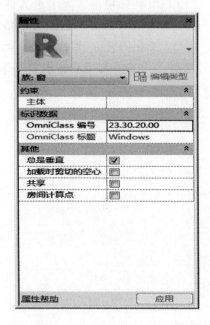

图 3-288 "公制窗-幕墙.rft"属性栏

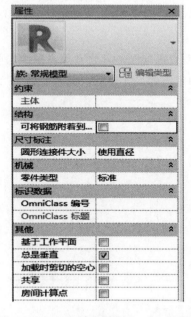

图 3-289 "公制常规模型.rft"属性栏

3.4.13 幕墙嵌板

Revit 2018 共提供了 2 个族样板用于创建公制幕墙嵌板族，见表 3-57。

表 3-57　　　　　　　　　　"公制幕墙嵌板"族系统自带族样板说明

族类别	系统自带族样板	样板类型	备　　注
公制幕墙嵌板	公制幕墙嵌板.rft	基于墙的样板	创建普通公制幕墙嵌板构件
	基于公制幕墙嵌板填充图案.rft	独立样板	创建基于公制幕墙嵌板填充图案构件

1. "公制幕墙嵌板.rft"

（1）系统参数。该族样板的类型参数并没有预先给定，在使用该族样板建幕墙嵌板族时，可根据实际需要进行设定。

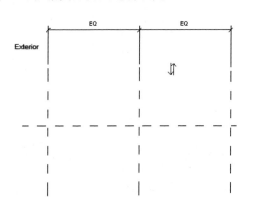

图 3-290　"公制幕墙嵌板.rft"的楼层平面视图

（2）预设参照平面。打开楼层平面视图，有四个预先预设定好的参照平面，见图 3-290。其中，竖向参照平面用于定义对公制幕墙嵌板高度，水平参照平面用于定义公制幕墙嵌板宽度。它们都是用于确保公制幕墙嵌板加载到项目后，准确定位公制幕墙嵌板的位置。为保证族的后续使用，最好不要随意删减族样板预设参照平面，在创建公制幕墙嵌板时应以此为基准。

（3）特殊视图。为了更方便地确定公制幕墙嵌板的方向，样板中特意设置两个立面视图名称："内部"立面视图和"外部"立面视图（其为常规视图中的前视图和后视图），通过内部立面视图和外部视图还可以确定门的尺寸信息，见图 3-291 和图 3-292。

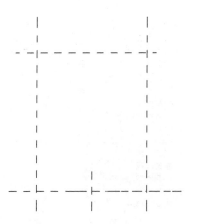

图 3-291　"公制幕墙嵌板.rft"的右立面视图

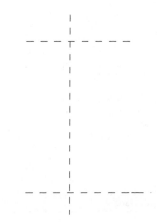

图 3-292　"公制幕墙嵌板.rft"的前立面视图

（4）"公制幕墙嵌板.rft"与"公制常规模型.rft"的区别。打开 Revit 2018 自带的族样板文件"公制幕墙嵌板.rft"与"公制常规模型.rft"，见图 3-293 和图 3-294。

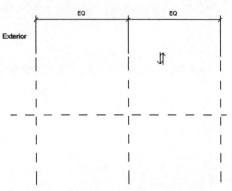

图 3-293 "公制幕墙嵌板.rft"   图 3-294 "公制常规模型.rft"

表 3-58   **"公制幕墙嵌板.rft"与"公制常规模型.rft"对比**

项　目	公制幕墙嵌板.rft	公制常规模型.rft	备　注
族类别	公制幕墙嵌板	常规模型	使用"公制幕墙嵌板.rft"样板建公制幕墙嵌板族后,将族载入项目中时,可自动在项目浏览器中对该族进行正确的分类,方便后期的使用与管理
系统参数	增加大量预设参数,见图3-295	见图3-296	在"公制幕墙嵌板.rft"中预设的大量参数为之后的建族工作提供了不小便利
预设参照平面	除"公制常规模型.rft"已有的参照平面外,另外增加两条竖向参照平面	仅有两个用于定义族原点的参照平面	在"公制幕墙嵌板.rft"中预设的参照平面(左、右)用于对洞口宽度进行定义,而参照平面(内、外)用于对墙的内外边界进行定义
特殊视图名称	将常规立面视图中的"前、后"视图替换为"内部、外部"视图	仅有常规的"前、后、左、右"四个立面视图	"公制幕墙嵌板.rft"新增的"内部、外部"方便确定公制幕墙嵌板的方向
属性	属性见图3-297	增加结构、尺寸标注、零件类型、其他(基于工作平面)等属性见图3-298	虽"公制常规模型.rft"比"公制幕墙嵌板.rft"多了一些预设属性参数,但其对于建公制幕墙嵌板族而言并没有实际用途

总结:

(1) 相较于"公制幕墙嵌板.rft"族样板,在"公制常规模型.rft"族样板中缺少的预设参数、预设构件、预设参照平面等均可自行添加,但其加大了建族的工作量。

(2) 在"公制常规模型.rft"中亦可自定义修改其族类别为"公制幕墙嵌板",其属性会随之改变,但预设构件、参照平面等不会自动更改。

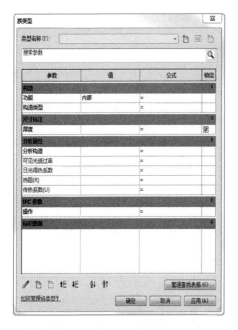

图 3-295 "公制幕墙嵌板 .rft"预设参数

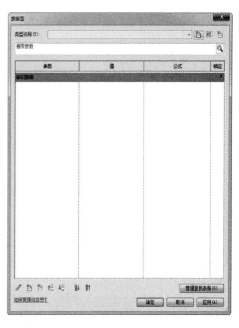

图 3-296 "公制常规模型 .rft"预设参数

图 3-297 "公制幕墙嵌板 .rft"属性栏

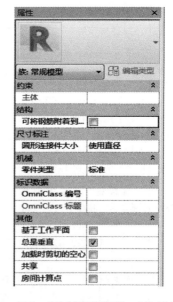

图 3-298 "公制常规模型 .rft"属性栏

（3）虽然"公制常规模型 .rft"比"公制幕墙嵌板 .rft"中多出许多属性参数设置，但其对于创建公制幕墙嵌板族并没有起到实际作用。

综上所述，当需要建公制幕墙嵌板族时，虽"公制常规模型 .rft"与"公制幕墙嵌板 .rft"均可使用，但使用"公制幕墙嵌板 .rft"可对后期的建族过程提供较多便利，故还是建议选择"公制幕墙嵌板 .rft"创建公制幕墙嵌板族。

2. "基于公制幕墙嵌板填充图案.rft"

（1）系统参数。该族样板的类型参数并没有预先给定，在使用该族样板建幕墙嵌板族时，可根据实际需要进行设定。

（2）预设构件。由于该"基于公制幕墙嵌板填充图案.rft"是公制幕墙嵌板的样板，所以在打开"基于公制幕墙嵌板填充图案.rft"后可以看到，族样板文件中预设的"瓷砖填充图案网格"这一主体图元，并在瓷砖填充图案中间部分网格线预设了"参照线"，在中间网格线交点处预设了四个"自适应点"。如图3-299所示，主体瓷砖填充图案网格的水平和垂直间距预设值为3048mm，自适应点在选中时显示放置编号，定向至主体和环系统（xyz）。在实际创建中，用户可根据需要调整其数值。选中砖填充图案网格，在"属性"对话框下的尺寸标注栏里修改瓷砖填充图案网格的水平间距/垂直间距。但在族编辑器中修改瓷砖填充图案网格的水平间距/垂直间距对项目中实际加载的瓷砖填充图案网格的水平间距/垂直间距没有影响。

（3）预设自适应点和参照线。打开楼层平面视图，图3-300有4个自适应点和四条已经预设好的参照线（图3-301）。自适应点用于放置公制幕墙嵌板填充图案时，对其放置顺序进行编号。参照线用于确保基于公制幕墙嵌板填充图案族样板加载到项目后，能够准确嵌入主体瓷砖填充图案网格之中。为保证基于公制幕墙嵌板填充图案族的后续使用，最好不要随意改动自适应点和参照线，在创建幕墙嵌板填充图案时应该通过参照线建立与主体瓷砖填充图案网格的联系。

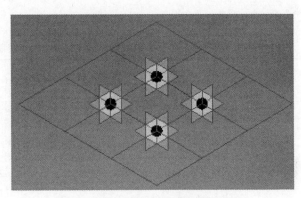

图3-299 "基于公制幕墙嵌板填充图案.rft"的三维视图

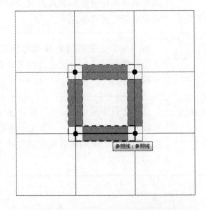

图3-300 "基于公制幕墙嵌板填充图案.rft"的楼层平面视图

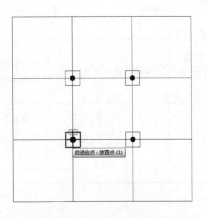

图3-301 "基于公制幕墙嵌板填充图案.rft"的自适应点

（4）"基于公制幕墙嵌板填充图案.rft"与"公制常规模型.rft"的区别。打开 Revit 2018 自带的族样板文件"基于公制幕墙嵌板填充图案.rft"与"公制常规模型.rft"，见图 3-302 和图 3-303。

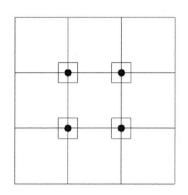

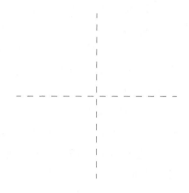

图 3-302 "基于公制幕墙嵌板填充图案.rft"   图 3-303 "公制常规模型.rft"

表 3-59 "基于公制幕墙嵌板填充图案.rft"与"公制常规模型.rft"对比分析

项 目	基于公制幕墙嵌板填充图案.rft	公制常规模型.rft	备 注
族类别	幕墙嵌板	常规模型	使用"基于公制幕墙嵌板填充图案.rft"样板建幕墙嵌板族后，将族载入项目中时，可自动在项目浏览器中对该族进行正确的分类，方便后期的使用与管理
系统参数	增加大量预设参数，见图 3-304	见图 3-305	在"基于公制幕墙嵌板填充图案.rft"中预设的大量参数为之后的建族工作提供了不小便利
预设构件	主体：瓷砖填充图案网格	—	在"基于公制幕墙嵌板填充图案.rft"中预设的瓷砖填充图案网格均为建基于公制幕墙嵌板填充图案族时的常用构件，并且均可自行更改其尺寸
预设参照平面	增设四条参照线	仅有两个用于定义族原点的参照平面	在"基于公制幕墙嵌板填充图案.rft"中预设的参照线用于定位幕墙嵌板图案尺寸和位置
属性	属性见图 3-306	增加结构、尺寸标注、零件类型、其他（基于工作平面）等属性见图 3-307	虽"公制常规模型.rft"比"基于公制幕墙嵌板填充图案.rft"多了一些预设属性，但其对于建幕墙嵌板族而言并没有实际用途

总结：

（1）相较于"基于公制幕墙嵌板填充图案.rft"族样板，在"公制常规模型.rft"族样板中缺少的预设参数、预设构件、预设参照平面等均可自行添加，但其加大了建族的工作量。

图 3-304 "基于公制幕墙嵌板填充
图案.rft"预设参数

图 3-305 "公制常规模型.rft"
预设参数

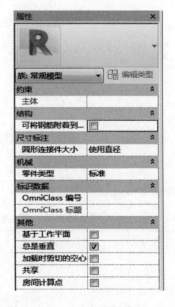

图 3-306 "基于公制幕墙嵌板填充
图案.rft"属性栏

图 3-307 "公制常规模型.rft"
属性栏

（2）在"公制常规模型.rft"中亦可自定义修改其族类别为"幕墙嵌板"，其属性会随之改变，但预设构件、参照线等不会自动更改。

（3）虽"公制常规模型.rft"中有多于"基于公制幕墙嵌板填充图案.rft"的参数设置，但其对于建幕墙嵌板族并没有实际作用。

综上所述，当需要建幕墙嵌板族时，虽"公制常规模型.rft"与"基于公制幕墙嵌板

填充图案 . rft"均可使用，但使用"基于公制幕墙嵌板填充图案 . rft"可对后期的建族过程提供较多便利，故还是建议选择"基于公制幕墙嵌板填充图案 . rft"创建幕墙嵌板族。

3.4.14　家具

Revit 2018 共提供了 2 个族样板用于创建家具族，见表 3 - 60。

表 3 - 60　　　　　　　　　　"家具"族系统自带族样板说明

族类别	系统自带族样板	样板类型	备　　注
家具	公制家具 . rft	独立样板	创建家具单体或不太复杂的家具组合
	公制家具系统 . rft		创建家具组合及其组成构件，多为成套装配的家具

1. "公制家具 . rft"

（1）系统参数。该样板除了标识数据外，未预设其他的族参数，设置基本同"公制常规模型 . rft"。

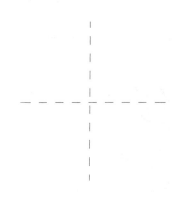

图 3 - 308　"公制家具 . rft"的楼层平面视图

（2）预设参照平面。打开楼层平面视图，有两条已经预设好的参照平面，见图 3 - 308。它们与"公制常规模型 . rft"相同，仅有两个用于定义族原点的参照平面，并分别对应前/后立面视图和左/右立面视图。

该族样板提供基于工作平面选项，开启后活动工作平面将成为族的主体，可以使无主体的族成为基于工作面的族。

（3）"公制家具 . rft"与"公制常规模型 . rft"的区别。Revit 2018 自带的族样板文件"公制家具 . rft"与"公制常规模型 . rft"默认设置的族类别不同，并且属性略有不同，除此之外并没有明显的区别，见表 3 - 61。

表 3 - 61　　　　　　"公制家具 . rft"与"公制常规模型 . rft"对比分析

项　　目	公制家具 . rft	公制常规模型 . rft	备　　注
族类别	家具	常规模型	使用"公制家具 . rft"样板创建家具族后，将族载入项目中时，可自动在项目浏览器中对该族进行正确的分类，方便后期的使用与管理
系统参数	见图 3 - 309	见图 3 - 310	"公制家具 . rft"族样板和"公制常规模型 . rft"均未预设系统参数
预设参照平面	仅有两个用于定义族原点的参照平面	仅有两个用于定义族原点的参照平面	"公制家具 . rft"族样板和"公制常规模型 . rft"均未预设特殊的参照平面
属性	属性见图 3 - 311	增加结构、尺寸标注、零件类型等属性见图 3 - 312	虽"公制常规模型 . rft"比"公制家具 . rft"多了一些预设属性，但其对于创建家具族而言并没有实际用途

图 3-309 "公制家具.rft"预设族类别

图 3-310 "公制常规模型.rft"预设族类别

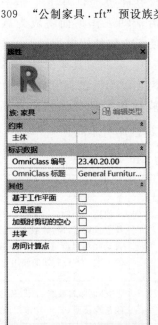

图 3-311 "公制家具.rft"属性栏

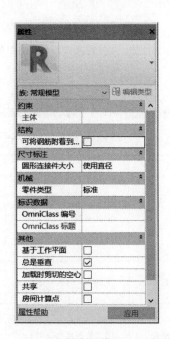

图 3-312 "公制常规模型.rft"属性栏

总结：

（1）对于创建家具族而言，"公制家具.rft"族样板与"公制常规模型.rft"族样板在使用上并没有明显的区别，如需要参数、预设构件、预设平面等均可自行添加。

（2）在"公制常规模型.rft"中亦可自定义修改其族类别为"家具"，其属性会随之改变，但参照平面等不会自动更改。

（3）虽"公制常规模型.rft"中有一些比"公制家具.rft"中多出的部分，但其对于建家具族并没有实际作用。

161

综上所述，当需要创建家具族时，"公制常规模型.rft"与"公制家具.rft"均可使用，但使用"公制家具.rft"可对后期的建族过程提供较多便利，故还是建议选择"公制家具.rft"创建家具族。

2. "公制家具系统.rft"

（1）系统参数。该样板除了标识数据外，未预设其他的族参数，设置基本同"公制家具.rft"与"公制常规模型.rft"。

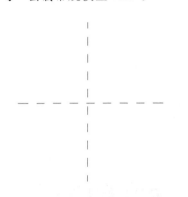

图 3 - 313　　"公制家具系统.rft"的
楼层平面视图

（2）预设参照平面。打开楼层平面视图，有两条已经预设好的参照平面，见图 3 - 313。它们与"公制家具.rft"和"公制常规模型.rft"相同，仅有两个用于定义族原点的参照平面，并分别对应前/后立面视图和左/右立面视图。

该族样板提供基于工作平面选项，开启后活动工作平面将成为族的主体，可以使无主体的族成为基于工作面的族。

（3）"公制家具系统.rft"与"公制常规模型.rft"的区别。Revit 2018 自带的族样板文件"公制家具系统.rft"与"公制常规模型.rft"默认设置的族类别不同，并且属性略有不同。

表 3 - 62　　　　　"公制家具系统.rft"与"公制常规模型.rft"对比分析

项　　目	公制家具系统.rft	公制常规模型.rft	备　　注
族类别	家具系统	常规模型	使用"公制家具系统.rft"样板创建家具族后，将族载入项目中时，可自动在项目浏览器中对该族进行正确的分类，方便后期的使用与管理
系统参数	见图 3 - 314	见图 3 - 315	"公制家具系统.rft"族样板和"公制常规模型.rft"均未预设系统参数
预设参照平面	同"公制常规模型.rft"	仅有两个用于定义族原点的参照平面	"公制家具系统.rft"族样板和"公制常规模型.rft"均未预设特殊的参照平面
属性	属性见图 3 - 316	增加结构属性，见图 3 - 317	虽"公制常规模型.rft"比"公制家具系统.rft"多了一项结构属性，但其对于创建家具族而言并没有实际用途

总结：

（1）对于创建家具族而言，"公制家具系统.rft"族样板、"公制家具.rft"族样板和"公制常规模型.rft"族样板三者在使用上并没有明显的区别，如需要参数、预设构件、

图 3-314 "公制家具系统.rft"预设族类别

图 3-315 "公制常规模型.rft"预设族类别

图 3-316 "公制家具系统.rft"属性栏

图 3-317 "公制常规模型.rft"属性栏

预设平面等均可自行添加。

（2）在"公制常规模型.rft"中亦可自定义修改其族类别为"家具系统"，其属性会随之改变，但参照平面等不会自动更改。

（3）虽"公制常规模型.rft"的属性中有比"公制家具系统.rft"中多出的部分，但其对于建家具族并没有实际作用。

综上所述，当需要创建家具族时，"公制常规模型.rft""公制家具.rft"与"公制家具系统.rft"均可使用，但使用"公制家具系统.rft"可对后期的建族过程提供较多便利，故还是建议选择"公制家具系统.rft"创建家具族。

3.4.15　橱柜

Revit 2018 共提供了 2 个族样板用于创建橱柜族，见表 3 - 63。

表 3 - 63　　　　　　　　　　"橱柜"族系统自带族样板说明

族类别	系统自带族样板	样板类型	备　注
橱柜	公制橱柜.rft	独立样板	创建普通橱柜构件
	基于墙的公制橱柜.rft	基于墙的样板	创建基于墙的橱柜构件

1. "公制橱柜.rft"

（1）系统参数。该样板中预设的族参数及简要说明，见表 3 - 64。

表 3 - 64　　　　　　　　　　"公制橱柜"预设参数说明

分类	族参数	系统默认值	作　用
尺寸标注	深度	600	定义橱柜的基本参数
	高度	900	
	宽度	900	

（2）预设参照平面。打开楼层平面视图，有多条已经预设好的参照平面，见图 3 - 318。其中，用于对橱柜宽度进行定义的是参照平面（左、右），用于对橱柜深度进行定义的是参照平面（前、后）。它们都是用于确保加载到项目后，参数化控制橱柜族的尺寸。打开前立面视图，同样有多条已经预设好的参照平面，见图 3 - 319。其中用于对橱柜高度进行定义的是参照平面（顶部）和参照标高。

该族样板提供基于工作平面选项，开启后活动工作平面将成为族的主体，可以使无主体的族成为基于工作面的族。

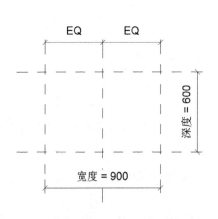

图 3 - 318　"公制橱柜.rft"的楼层平面视图

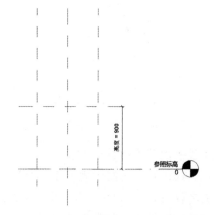

图 3 - 319　"公制橱柜.rft"的前立面视图

（3）"公制橱柜.rft"与"公制常规模型.rft"的区别。打开 Revit 2018 自带的族样板文件"公制橱柜.rft"与"公制常规模型.rft"，见图 3 - 320 和图 3 - 321。

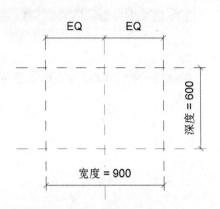

图 3-320 "公制橱柜.rft"　　　　　　　图 3-321 "公制常规模型.rft"

表 3-65　　　　　　　　"公制橱柜.rft"与"公制常规模型.rft"对比分析

项　目	公制橱柜.rft	公制常规模型.rft	备　注
族类别	橱柜	常规模型	使用"公制橱柜.rft"样板建橱柜族后,将族载入项目中时,可自动在项目浏览器中对该族进行正确的分类,方便后期的使用与管理
系统参数	增加了一些预设参数,见图 3-322	见图 3-323	在"公制橱柜.rft"中预设的参数为之后的建族工作提供了便利
预设参照平面	除"公制常规模型.rft"已有的参照平面外,另增加五条参照平面(左、右;前、后;顶部)	仅有两个用于定义族原点的参照平面	在"公制橱柜.rft"中预设的参照平面(左、右)用于对橱柜宽度进行定义,参照平面(前、后)用于对橱柜深度进行定义,参照平面(顶部)与参照标高一起对橱柜高度进行定义
属性	属性见图 3-324	增加结构、尺寸标注、零件类型等属性见图 3-325	虽"公制常规模型.rft"比"公制橱柜.rft"多了一些预设属性,但其对于建橱柜族而言并没有实际用途

总结:

(1) 相较于"公制橱柜.rft"族样板,在"公制常规模型.rft"族样板中缺少的预设参数、预设参照平面等均可自行添加,但其加大了建族的工作量。

(2) 在"公制常规模型.rft"中亦可自定义修改其族类别为"橱柜",其属性会随之改变,但参照平面等不会自动更改。

(3) 虽"公制常规模型.rft"中也有一些比"公制橱柜.rft"中多出的部分,但其对于建橱柜族并没有实际作用。

综上所述,当需要建橱柜族时,"公制常规模型.rft"与"公制橱柜.rft"均可使用,但由于含有一些预设参数与参照平面,使用"公制橱柜.rft"可对建族过程提供一些便利,故还是建议选择"公制橱柜.rft"创建橱柜族。

图 3-322　"公制橱柜.rft"预设参数

图 3-323　"公制常规模型.rft"预设参数

图 3-324　"公制橱柜.rft"属性栏

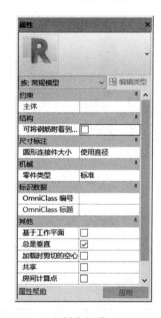

图 3-325　"公制常规模型.rft"属性栏

2."基于墙的公制橱柜.rft"

（1）系统参数。该样板中预设的族参数及简要说明，见表3-66。与"公制橱柜.rft"族样板相同，该族样板同样提供了"深度""宽度"和"高度"3个参数，但它们并不是某尺寸标注的标签，也没有默认值，只是为了便于创建族而预留的参数。

表 3-66　　　　　　　　　　　"基于墙的公制橱柜"预设参数说明

分类	族参数	系统默认值	作　用
尺寸标注	深度	—	定义橱柜的基本参数
	宽度	—	
	高度	—	

（2）预设构件。由于"基于墙的公制橱柜.rft"是基于墙的样板，所以在打开"基于墙的公制橱柜.rft"后可以看到，族样板文件中已经预设了"墙"这一主体图元。主体墙厚的预设值为150mm，在实际创建中，用户可根据需要调整其厚度。选中墙，单击"属性"选项板→"编辑类型"→在"类型属性"对话框中→"构造"→"结构"→"编辑部件"中修改墙厚度。但在族编辑器中修改的墙厚度对项目中实际加载的墙厚度并没有影响，见图3-326。

（3）预设参照平面。打开楼层平面视图，有三条已经预设好的参照平面，见图3-327。它们都是用于确保加载到项目后，橱柜族与主体墙的准确定位。为保证族的后续使用，最好不要随意删减，在创建橱柜的几何图形时应该通过它们建立橱柜与墙的联系。

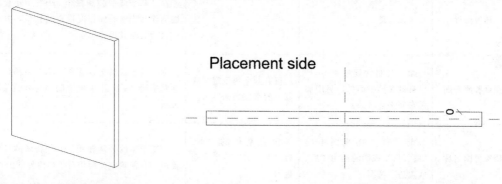

图3-326 "基于墙的公制
橱柜.rft"的三维视图

图3-327 "基于墙的公制橱柜.rft"的
楼层平面视图

（4）特殊视图名称。为了使用户更方便地确定橱柜相对于墙内外的位置，样板中特意设置两个立面视图名称："放置边"立面视图和"后"立面视图（"放置边"立面视图对应常规视图中的后视图，而"后"立面视图则对应常规视图中的前视图，可以通过三维视图中的view cube确认视图对应关系）。

（5）"基于墙的公制橱柜.rft"与"公制常规模型.rft"的区别。打开Revit 2018自带的族样板文件"基于墙的公制橱柜.rft"与"公制常规模型.rft"，见图3-328和图3-329。

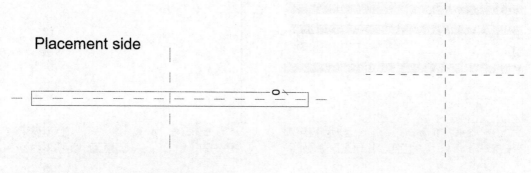

图3-328 "基于墙的公制橱柜.rft"

图3-329 "公制常规模型.rft"

表 3 – 67　　　"基于墙的公制橱柜.rft"与"公制常规模型.rft"对比分析

项　目	基于墙的公制橱柜.rft	公制常规模型.rft	备　注
族类别	橱柜	常规模型	使用"基于墙的公制橱柜.rft"样板建橱柜族后，将族载入项目中时，可自动在项目浏览器中对该族进行正确的分类，方便后期的使用与管理
系统参数	增加了一些预留参数，见图 3 – 330	见图 3 – 331	在"基于墙的公制橱柜.rft"中的预留参数为之后的建族工作提供了便利
预设构件	主体：墙	—	在"基于墙的公制橱柜.rft"中预设的墙为建基于墙的橱柜时需要的构件，并且可自行更改其尺寸
预设参照平面	除"公制常规模型.rft"已有的参照平面外，另增加一参照平面（后）	仅有两个用于定义族原点的参照平面	在"基于墙的公制橱柜.rft"中预设的参照平面（后）用于确定橱柜与墙的关联关系
特殊视图名称	将常规立面视图中的"前、后"视图替换为"后、放置边"视图	仅有常规的"前、后、左、右"四个立面视图	"基于墙的公制橱柜.rft"新增的"放置边"方便确定橱柜相对于墙内外的位置
属性	属性见图 3 – 332	增加结构、尺寸标注、零件类型、其他（基于工作平面）等属性见图 3 – 333	虽"公制常规模型.rft"比"基于墙的公制橱柜.rft"多了一些预设属性，但其对于建橱柜族而言并没有实际用途

图 3 – 330 "基于墙的公制橱柜.rft"预设参数

图 3 – 331 "公制常规模型.rft"预设参数

图 3-332 "基于墙的公制
橱柜 .rft"属性栏

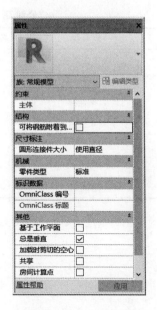

图 3-333 "公制常规
模型 .rft"属性栏

总结：

（1）相较于"基于墙的公制橱柜 .rft"族样板，在"公制常规模型 .rft"族样板中缺少的预设参数、预设构件、预设参照平面等均可自行添加，但其加大了建族的工作量。

（2）在"公制常规模型 .rft"中亦可自定义修改其族类别为"橱柜"，其属性会随之改变，但预设构件、参照平面等不会自动更改。

（3）虽"公制常规模型 .rft"中也有一些比"基于墙的公制橱柜 .rft"中多出的部分，但其对于建橱柜族并没有实际作用。

综上所述，当需要建基于墙的橱柜族时，虽"公制常规模型 .rft"与"基于墙的公制橱柜 .rft"均可使用，但使用"基于墙的公制橱柜 .rft"可对后期的建族过程提供较多便利，故还是建议选择"基于墙的公制橱柜 .rft"创建橱柜族。

3.4.16 卫浴装置

1. "公制卫生器具 .rft"，见表 3-68

表 3-68   卫 浴 族 类 别 的 选 用

族类别	系统自带族样板	样板类型	备 注
卫浴装置	公制卫生器具 .rft	独立样板	创建卫生器具族
	基于墙的公制卫生器具 .rft	基于墙的样板	创建基于墙的公制卫生器具族

（1）系统参数。该样板中预设的族参数及简要说明，见表 3-69。其中，"WFU"即为排水当量"Waste Fixture Unit"；"HWFU"即为热水当量"Hot Water Fixture Unit"；"CWFU"即为冷水当量"Cold Water Fixture Unit"。

表 3 - 69　　　　　　　　　　　　"公制卫生器具"预设参数说明

分类	族参数	系统默认值	作　用
卫浴	通气管连接	☑	定义卫浴装置的基本参数
	废水管连接	☑	
	CW 连接	☑	
	HW 连接	☑	
机械	WFU	—	定义卫浴装置的流量
	HWFU	—	
	CWFU	—	

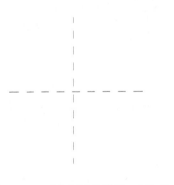

图 3 - 334　"公制卫生器具.rft"的
楼层平面视图

（2）预设参照平面。打开楼层平面视图，有两条已经预设好的参照平面，见图 3 - 334。它们与"公制常规模型.rft"相同，仅有两个用于定义族原点的参照平面，并分别对应前/后立面视图和左/右立面视图。

该族样板提供基于工作平面选项，开启后活动工作平面将成为族的主体，可以使无主体的族成为基于工作面的族。

（3）"公制卫生器具.rft"与"公制常规模型.rft"的区别。打开 Revit 2018 自带的族样板文件"公制卫生器具.rft"与"公制常规模型.rft"，见图 3 - 335 和图 3 - 336。

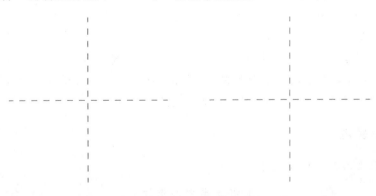

图 3 - 335　"公制卫生器具.rft"　　图 3 - 336　"公制常规模型.rft"

表 3 - 70　　　　　"公制卫生器具.rft"与"公制常规模型.rft"对比分析

项目	公制卫生器具.rft	公制常规模型.rft	备　注
族类别	卫浴装置	常规模型	使用"公制卫生器具.rft"样板建卫浴装置族后，将族载入项目中时，可自动在项目浏览器中对该族进行正确的分类，方便后期的使用与管理

续表

项 目	公制卫生器具.rft	公制常规模型.rft	备 注
系统参数	增加了一些预设参数，见图 3-337	见图 3-338	在"公制卫生器具.rft"中预设的参数为之后的建族工作和族的使用提供了便利
预设参照平面	仅有两个用于定义族原点的参照平面	仅有两个用于定义族原点的参照平面	"公制卫生器具.rft"族样板和"公制常规模型.rft"均未预设特殊的参照平面
属性	属性见图 3-339	增加结构属性见图 3-340	虽"公制常规模型.rft"比"公制卫生器具.rft"多了一项预设属性，但其对于建卫浴装置族而言并没有实际用途

图 3-337 "公制卫生器具.rft"
预设参数

图 3-338 "公制常规模型.rft"
预设参数

总结：

（1）相较于"公制卫生器具.rft"族样板，在"公制常规模型.rft"族样板中缺少的预设参数、预设参照平面等均可自行添加，但其加大了建族的工作量。

（2）在"公制常规模型.rft"中亦可自定义修改其族类别为"卫浴装置"，其属性会随之改变，但参照平面等不会自动更改。

（3）虽"公制常规模型.rft"中也有比"公制卫生器具.rft"中多出的部分，但其对于建卫浴装置族并没有实际作用。

综上所述，当需要建卫浴装置族时，"公制常规模型.rft"与"公制卫生器具.rft"均可使用，但由于含有一些预设参数与参照平面，使用"公制卫生器具.rft"可对建族过程提供一些便利，故还是建议选择"公制卫生器具.rft"创建卫浴装置族。

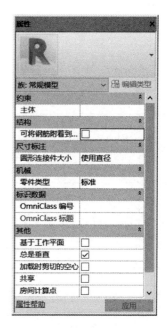

图 3 - 339　"公制卫生器具.rft"属性栏　　　图 3 - 340　"公制常规模型.rft"属性栏

2．"基于墙的公制卫生器具.rft"

（1）系统参数。该样板中预设的族参数与"公制卫生器具.rft"相同，简要说明见表 3 - 71。

表 3 - 71　　　　　　　　　"基于墙的公制卫生器具"预设参数说明

分类	族参数	系统默认值	作　用
卫浴	通气管连接	☑	定义卫浴装置的基本参数
	废水管连接	☑	
	CW 连接	☑	
	HW 连接	☑	
机械	WFU	—	定义卫浴装置的流量
	HWFU	—	
	CWFU	—	

（2）预设构件。由于"基于墙的公制卫生器具.rft"是基于墙的样板，所以在打开"基于墙的公制卫生器具.rft"后可以看到，族样板文件中已经预设了"墙"这一主体图元。主体墙厚的预设值为 150mm，在实际创建中，用户可根据需要调整其厚度。选中墙，单击"属性"选项板→"编辑类型"→在"类型属性"对话框中→"构造"→"结构"→"编辑部件"中修改墙厚度。但在族编辑器中修改的墙厚度对项目中实际加载的墙厚度并没有影响，见图 3 - 341。

（3）预设参照平面。打开楼层平面视图，有三条已经预设好的参照平面，见图 3 - 342。它们都是用于确保加载到项目后，卫浴装置族与主体墙的准确定位。为保证族的后续使用，最好不要随意删减，在创建卫浴装置的几何图形时应该通过它们建立卫浴装置与墙的联系。

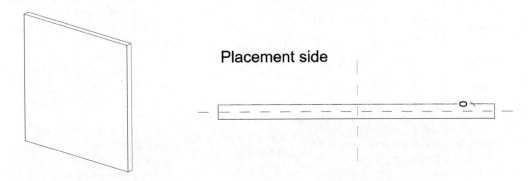

图 3 - 341 "基于墙的公制卫生
器具.rft"的三维视图

图 3 - 342 "基于墙的公制卫生器具.rft"的
楼层平面视图

　　（4）特殊视图名称。为了使用户更方便地确定卫浴装置相对于墙内外的位置，样板中特意设置两个立面视图名称："放置边"立面视图和"后"立面视图（"放置边"立面视图对应常规视图中的后视图，而"后"立面视图则对应常规视图中的前视图，可以通过三维视图中的 view cube 确认视图对应关系）。

　　（5）"基于墙的公制卫生器具.rft"与"公制常规模型.rft"的区别。打开 Revit 2018 自带的族样板文件"基于墙的公制卫生器具.rft"与"公制常规模型.rft"，见图 3 - 343 和图 3 - 344。

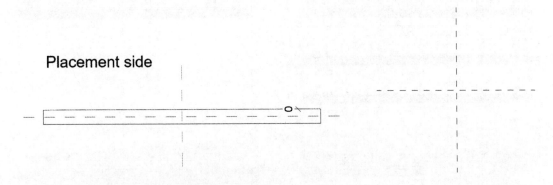

图 3 - 343 "基于墙的公制卫生器具.rft"

图 3 - 344 "公制常规模型.rft"

表 3 - 72 　"基于墙的公制卫生器具.rft"与"公制常规模型.rft"对比分析

项　目	基于墙的公制卫生器具.rft	公制常规模型.rft	备　注
族类别	卫浴装置	常规模型	使用"基于墙的公制卫生器具.rft"样板建卫浴装置族后，将族载入项目中时，可自动在项目浏览器中对该族进行正确的分类，方便后期的使用与管理

续表

项　目	基于墙的公制卫生器具 .rft	公制常规模型 .rft	备　注
系统参数	增加了一些预设参数，见图 3 - 345	见图 3 - 346	在"基于墙的公制卫生器具 .rft"中的预设参数为之后的建族工作提供了便利
预设构件	主体：墙	—	在"基于墙的公制卫生器具 .rft"中预设的墙为建基于墙的卫浴装置时需要的构件，并且可自行更改其尺寸
预设参照平面	除"公制常规模型 .rft"已有的参照平面外，另增加一参照平面（后）	仅有两个用于定义族原点的参照平面	在"基于墙的公制卫生器具 .rft"中预设的参照平面（后）用于确定卫浴装置与墙的关联关系
特殊视图名称	将常规立面视图中的"前、后"视图替换为"后、放置边"视图	仅有常规的"前、后、左、右"四个立面视图	"基于墙的公制卫生器具 .rft"新增的"放置边"方便确定卫浴装置相对于墙内外的位置
属性	属性见图 3 - 347	增加结构、其他（基于工作平面）等属性见图 3 - 348	虽"公制常规模型 .rft"比"基于墙的公制卫生器具 .rft"多了一些预设属性，但其对于建卫浴装置族而言并没有实际用途

图 3 - 345　"基于墙的公制卫生器具 .rft" 预设参数

图 3 - 346　"公制常规模型 .rft" 预设参数

总结：

（1）相较于"基于墙的公制卫生器具 .rft"族样板，在"公制常规模型 .rft"族样板中缺少的预设参数、预设构件、预设参照平面等均可自行添加，但其加大了建族的工作量。

（2）在"公制常规模型 .rft"中亦可自定义修改其族类别为"卫浴装置"，其属性会随之改变，但预设构件、参照平面等不会自动更改。

（3）虽"公制常规模型 .rft"中也有一些比"基于墙的公制卫生器具 .rft"中多出的部分，但其对于建卫浴装置族并没有实际作用。

图 3-347 "基于墙的公制卫生
器具.rft"属性栏

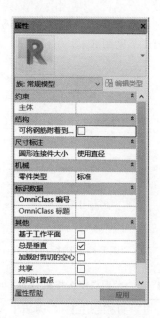

图 3-348 "公制常规模型.rft"
属性栏

综上所述，当需要建基于墙的卫浴装置族时，虽"公制常规模型.rft"与"基于墙的公制卫生器具.rft"均可使用，但使用"基于墙的公制卫生器具.rft"可对后期的建族过程提供较多便利，且一些卫浴装置在使用时往往会贴墙放置，故建议根据卫浴装置的放置需求选择"基于墙的公制卫生器具.rft"或"公制卫生器具.rft"创建卫浴装置族。

3.4.17 钢筋

Revit 2018 共提供了 2 个族样板用于创建钢筋族，见表 3-73。

表 3-73 "钢筋"族系统自带族样板说明

族类别	系统自带族样板	样板类型	备 注
钢筋	钢筋接头样板-CHN.rft	专用样板	创建钢筋接头构件
	钢筋形状样板-CHN.rft		用于规定钢筋的形状

1. "钢筋接头样板-CHN.rft"

（1）系统参数。该族样板的类型参数并没有预先给定，在使用该族样板建钢筋族时，可根据实际需要进行设定。

（2）预设参照平面。打开楼层平面视图，有两个预先设定互相垂直的参照平面，见图 3-349。其中，水平参照平面用于定义钢筋接头的前后位置，竖直参照平面用于定义钢筋接头的左右位置。它们都是用于确保族样板加载到项目后，准确定义钢筋接头的位置。为保证族的后续使用，最好不要随意删减，在创建钢筋接头时应以此为基准。

（3）"钢筋接头样板-CHN.rft"与"公制常规模型

图 3-349 "钢筋接头样板-
CHN.rft"的楼层平面视图

.rft”的区别。打开 Revit 2018 自带的族样板文件“钢筋接头样板 - CHN. rft”与“公制常规模型 . rft”，见图 3 - 350 和图 3 - 351。

图 3 - 350　"钢筋接头样板 - CHN. rft"　　　　　图 3 - 351　"公制常规模型 . rft"

表 3 - 74　　　"钢筋接头样板 - CHN. rft"与"公制常规模型 . rft"对比分析

项　目	钢筋接头样板 - CHN. rft	公制常规模型 . rft	备　注
族类别	结构钢筋接头	常规模型	使用"钢筋接头样板 - CHN. rft"样板建钢筋族后，将族载入项目中时，可自动在项目浏览器中对该族进行正确的分类，方便后期的使用与管理
系统参数	增加大量预设参数，但没有预设值，见图 3 - 352	见图 3 - 353	在"钢筋接头样板 - CHN. rft"中预设的参数为之后的建族工作提供了不小便利
预设参照平面	仅有两个用于定义族原点的参照平面		两者没有区别
属性	属性见图 3 - 354	增加结构、尺寸标注、零件类型、其他（基于工作平面）等属性见图 3 - 355	虽"公制常规模型 . rft"比"钢筋接头样板 - CHN. rft"多了一些预设属性，但其对于建钢筋族而言并没有实际用途

总结：

（1）相较于"钢筋接头样板 - CHN. rft"族样板，在"公制常规模型 . rft"族样板中缺少的预设参数可自行添加，但其加大了建族的工作量。

（2）在"公制常规模型 . rft"中亦可自定义修改其族类别为"结构钢筋接头"，其属性会随之改变，但预设构件、参照平面不会自动更改。

（3）虽"公制常规模型 . rft"中也有一些比"钢筋接头样板 - CHN. rft"中多出的部分，但其对于建钢筋族并没有实际作用。

综上所述，当需要建钢筋族时，虽"公制常规模型 . rft"与"钢筋接头样板 - CHN. rft"均可使用，但使用"钢筋接头样板 - CHN. rft"可对后期的建族过程提供较多便利，故还是建议选择"钢筋接头样板 - CHN. rft"创建钢筋族。

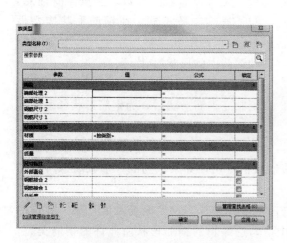

图 3-352 "钢筋接头样板-CHN. rft"预设参数

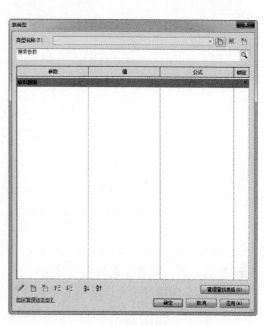

图 3-353 "公制常规模型 . rft"预设参数

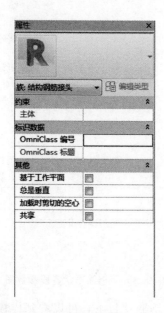

图 3-354 "钢筋接头样板-CHN. rft"
属性栏

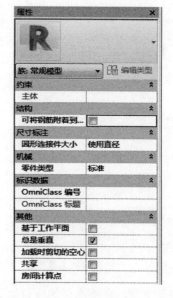

图 3-355 "公制常规模型 . rft"
属性栏

2. "钢筋形状样板-CHN. rft"

由于该样板的特殊性,下面以一个实例来介绍该样板的设置和使用。

(1) 样板预设。单击选项卡"创建"→"族编辑器"→"多平面",进入平面视图。单击绘制面板中的钢筋按钮进入钢筋形状绘制状态,拖动鼠标,在绘制区域绘制图 3-356 所示形状。

177

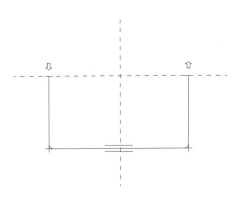

图 3 - 356　"钢筋形状样板 - CHN. rft"

（2）参数说明。该样板中默认预设了多个共享参数，见图 3 - 357。用户在创建钢筋形状时，仅需从已有的参数选择即可，无须添加新的参数。这里需要注意，与普通族参数不同，在钢筋形状族文件中，"钢筋形状参数"中的尺寸参数不驱动钢筋中的形状尺寸。

继续上面的例子来说明参数的应用：绘制完钢筋形状后，为钢筋形状各段标注参数，见图 3 - 358。

1）检查钢筋形状状态。如果钢筋的"形状状态"按钮处于高亮状态，则表示钢筋形状不可用，如果钢筋的"形状状态"按钮处于灰色状态，则表示钢筋状态可用。

2）设置钢筋形状允许的钢筋类别。单击选项卡"创建"→"钢筋类型"→"允许的钢筋类型"。在"允许的钢筋类型"对话框中，勾选编辑的钢筋形状所允许的钢筋类型，见图 3 - 359。

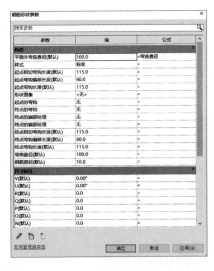

图 3 - 357　"钢筋形状参数"

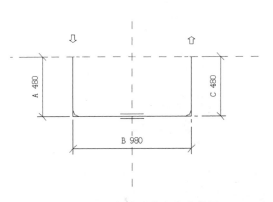

图 3 - 358　钢筋形状各段参数图

3）钢筋类型。在族文件的项目浏览器中的结构钢筋项目下，可以看到样板文件已经为用户设置了多种钢筋类型，见图 3 - 360。

如果在钢筋类型中找不到需要的类型，可双击任一类型，弹出"类型属性"对话框，见图 3 - 361 本实例中选择添加 22T 钢筋，单击"复制"，命名为 22T，将相应的尺寸设为 22T 的参数值。

4）钢筋弯钩。该样板文件在"项目浏览器"中预设了几种常见的钢筋弯钩，见图 3 - 362。双击任一弯钩名称，跳出"类型属性"对话框，用户可根据需要添加新的弯钩类型，设置相应的类型参数。

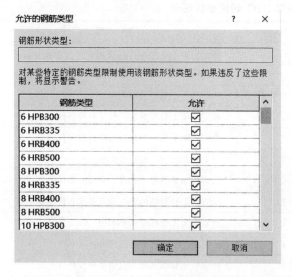

图 3 - 359　允许的钢筋类型

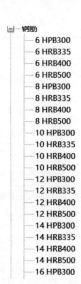

图 3 - 360　已设置的钢筋类型

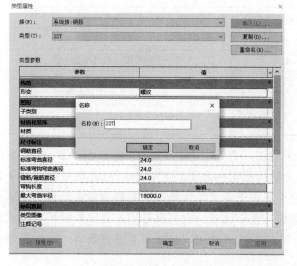

图 3 - 361　"钢筋形状样板 - CHN. rft"预设参数

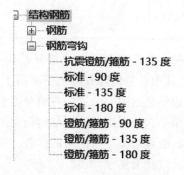

图 3 - 362　"钢筋弯钩类型"

3.4.18　结构桁架

Revit 2018 共提供了"公制结构桁架 . rft"族样板用于创建结构桁架族，见表 3 - 75。

表 3 - 75　　　　　　　　　　　　结构桁架族自带族样板说明

族类别	系统自带族样板	样板类型	备　注
结构桁架	公制结构桁架 . rft	专用样板	创建结构桁架构件

1. "公制结构桁架 . rft"

（1）系统参数。该样板中预设的族参数及简要说明，见表 3 - 76。

179

表 3 - 76　　　　　　　　　　**"公制结构桁架.rft"预设参数说明**

分类	族参数	系统默认值	作　用
上弦杆	分析垂直投影	梁中心	指定桁架上弦杆各分析线的位置。选择"自动监测"已使分析模型遵循与梁相同的规则
	结构框架类型	设置框架类型	指定桁架上弦杆的族和类型
	起点约束释放	铰支	指定桁架上弦杆的起点约束释放条件
	终点约束释放	铰支	指定桁架上弦杆的终点约束释放条件
竖向腹杆	结构框架类型	设置框架类型	指定桁架竖腹杆的族和类型
	起点约束释放	铰支	指定桁架竖腹杆的起点约束释放条件
	终点约束释放	铰支	指定桁架竖腹杆的终点约束释放条件
斜腹杆	结构框架类型	设置框架类型	指定桁架上弦杆的族和类型
	起点约束释放	铰支	指定桁架斜腹杆的起点约束释放条件
	终点约束释放	铰支	指定桁架斜腹杆的终点约束释放条件
下弦杆	分析垂直投影	梁中心	指定桁架下弦杆各分析线的位置。选择"自动监测"已使分析模型遵循与梁相同的规则
	结构框架类型	设置框架类型	指定桁架下弦杆的族和类型
	起点约束释放	铰支	指定桁架下弦杆的起点约束释放条件
	终点约束释放	铰支	指定桁架下弦杆的终点约束释放条件
构造	腹杆方向	垂直	指定桁架腹杆的方向为"竖直"
尺寸标注	桁架长度（默认）	25000	定义桁架的基本参数
	桁架高度（默认）	3000	

（2）预设参照平面。打开结构平面视图，有多条已经预设好的参照平面，见图 3 - 363。其中，左侧竖直参照平面用于定义结构桁架的左侧位置，中间竖直参照平面用于定义结构桁架的中心位置，右侧竖直参照平面用于定义结构桁架的右侧位置；上侧、下侧水平参照平面分别用于定义结构桁架的顶部与底部位置。它们都是用于确保族样板加载到项目后，准确定义结构桁架的位置。为保证族的后续使用，最好不要随意删减，在创建结构桁架时以此为基准。

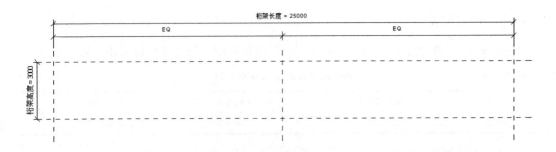

图 3 - 363　"公制结构桁架.rft"的结构平面视图

（3）"公制结构桁架.rft"与"公制常规模型.rft"的区别。打开 Revit 2018 自带的族样板文件"公制结构桁架.rft"与"公制常规模型.rft"，见图 3-364 和图 3-365。

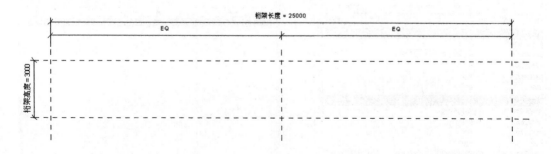

图 3-364　"公制结构桁架.rft"

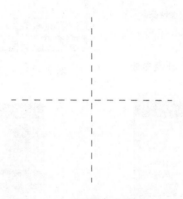

图 3-365　"公制常规模型.rft"

表 3-77　　　　　　**"公制结构桁架.rft"与"公制常规模型.rft"对比分析**

项　目	公制结构桁架.rft	公制常规模型.rft	备　注
族类别	结构桁架	常规模型	使用"公制结构桁架.rft"样板建结构桁架族后，将族载入项目中时，可自动在项目浏览器中对该族进行正确的分类，方便后期的使用与管理
系统参数	增加大量预设参数，见图 3-366	见图 3-367	在"公制结构桁架.rft"中预设的大量参数为之后的建族工作提供了不小便利
预设参照平面	除"公制常规模型.rft"已有的参照平面外，另增加两条竖直参照平面与一条水平参照平面	仅有两个用于定义族原点的参照平面	在"公制结构桁架.rft"中预设的左、右侧竖直参照平面用于对桁架的左右位置进行定义，而底部水平参照平面用于对桁架的底部边界进行定义
属性	属性见图 3-368	增加结构、尺寸标注、零件类型、其他（基于工作平面）等属性见图 3-369	虽然"公制常规模型.rft"比"公制结构桁架.rft"多了一些预设属性，但其对于建结构桁架族而言并没有实际用途

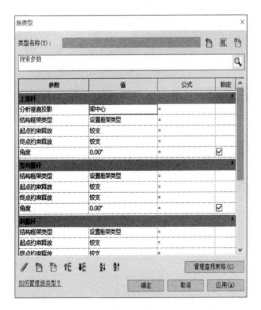

图 3-366　"公制结构桁架.rft"预设参数

图 3-367　"公制常规模型.rft"预设参数

图 3-368　"公制结构桁架.rft"
属性栏

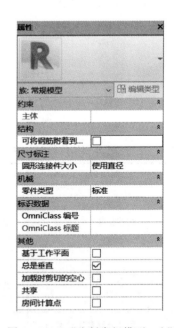

图 3-369　"公制常规模型.rft"
属性栏

总结：

（1）相较于"公制结构桁架.rft"族样板，在"公制常规模型.rft"族样板中缺少的预设参数、预设参照平面均可自行添加，但其加大了建族的工作量。

（2）在"公制常规模型.rft"中亦可自定义修改其族类别为"结构桁架"，其属性会随之改变，但预设构件、参照平面不会自动更改。

（3）虽"公制常规模型.rft"中也有一些比"公制结构桁架.rft"中多出的部分，但其对于建结构桁架族并没有实际作用。

综上所述，当需要建结构桁架族时，虽"公制常规模型.rft"与"公制结构桁架.rft"均可使用，但使用"公制结构桁架.rft"可对后期的建族过程提供较多便利，故还是建议选择"公制结构桁架.rft"创建结构桁架族。

3.4.19 结构基础

Revit 2018 共提供了"公制结构基础.rft"族样板用于创建结构基础族，见表 3-78。

表 3-78 结构基础族自带族样板说明

族类别	系统自带族样板	样板类型	备 注
结构基础	公制结构基础.rft	专用样板	创建结构基础构件

1. "公制结构基础.rft"

（1）系统参数。该族样板的类型参数并没有预先给定，在使用该族样板建公制结构基础族时，可根据实际需要进行设定。

（2）预设参照平面。打开楼层平面视图，有两个预先预设定好的参照平面，见图 3-370。其中，竖直参照平面用于定义对公制结构基础的左右位置，水平参照平面用于定义公制结构基础的前后位置。它们都是用于确保族样板加载到项目后，准确定位公制结构基础的位置。为保证族的后续使用，最好不要随意删减族样板预设参照平面，在创建结构基础时应以此为基准。

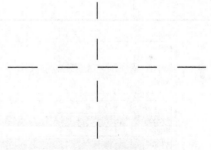

图 3-370 "公制结构基础.rft"的楼层平面视图

（3）"公制结构基础.rft"与"公制常规模型.rft"的区别。打开 Revit 2018 自带的族样板文件"公制结构基础.rft"与"公制常规模型.rft"，见图 3-371 和图 3-372。

图 3-371 "公制结构基础.rft"　　　　图 3-372 "公制常规模型.rft"

表 3-79   "公制结构基础.rft"与"公制常规模型.rft"对比

项　目	公制结构基础.rft	公制常规模型.rft	备　注
族类别	结构基础	常规模型	使用"公制结构基础.rft"样板建结构基础族后,将族载入项目中时,可自动在项目浏览器中对该族进行正确的分类,方便后期的使用与管理
系统参数	增加大量预设参数,但没有预设值,见图 3-373	见图 3-374	在"公制结构基础.rft"中预设的大量参数为之后的建族工作提供了不小便利
预设参照平面	仅有两个用于定义族原点的参照平面		竖直参照平面用于定义对公制结构基础的左右位置,水平参照平面用于定义公制结构基础的前后位置
属性	属性见图 3-375	增加结构、尺寸标注、零件类型、其他(基于工作平面)等属性见图 3-376	虽然"公制常规模型.rft"比"公制结构基础.rft"多了一些预设属性,但其对于建结构基础族而言并没有实际用途

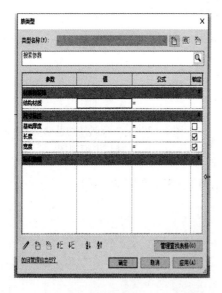

图 3-373 "公制结构基础.rft"预设参数

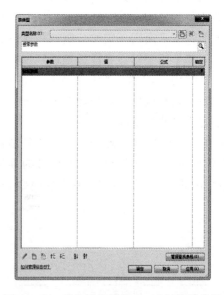

图 3-374 "公制常规模型.rft"预设参数

总结:

(1) 相较于"公制结构基础.rft"族样板,在"公制常规模型.rft"族样板中缺少的预设参数可自行添加,但其加大了建族的工作量。

(2) 在"公制常规模型.rft"中亦可自定义修改其族类别为"结构基础",其属性会随之改变,但预设构件、参照平面等不会自动更改。

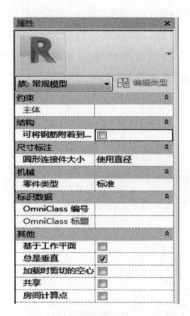

图 3-375　"公制结构基础.rft"属性栏　　图 3-376　"公制常规模型.rft"属性栏

（3）虽"公制常规模型.rft"比"公制结构基础.rft"中多出许多属性参数设置，但其对于创建公制结构基础族并没有起到实际作用。

综上所述，当需要建结构基础族时，虽"公制常规模型.rft"与"公制结构基础.rft"均可使用，但使用"公制结构基础.rft"可对后期的建族过程提供较多便利，故还是建议选择"公制结构基础.rft"创建结构基础族。

3.4.20　结构加强板

Revit 2018 共提供了 2 个族样板用于创建"结构加强板"族，见表 3-80。

表 3-80　　　　　　　"结构加强板"族系统自带族样板说明

族类别	系统自带族样板	样板类型	备　注
结构加强板	公制结构加强板.rft	专用样板	创建普通结构加强板构件
	基于线的公制结构加强板.rft	专用样板	创建用于幕墙的结构加强板构件

1."公制结构加强板.rft"

（1）系统参数。该族样板的类型参数并没有预先给定，在使用该族样板建公制结构加强板族时，可根据实际需要进行设定。

（2）预设参照平面。打开楼层平面视图，有两个预先预设定好的参照平面，见图 3-377。其中，竖直参照平面用于定义公制结构加强板的左右位置，水平参照平面用于定义公制结构加强板的前后位置。它们都是用于确保公族样板加载到

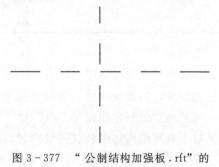

图 3-377　"公制结构加强板.rft"的
楼层平面视图

项目后，准确定位公制结构加强板的位置。为保证族的后续使用，最好不要随意删减族样板预设参照平面，在创建公制结构加强板时应以此为基准。

（3）"公制结构加强板.rft"与"公制常规模型.rft"的区别。打开 Revit 2018 自带的族样板文件"公制结构加强板.rft"与"公制常规模型.rft"，见图 3 - 378 和图 3 - 379。

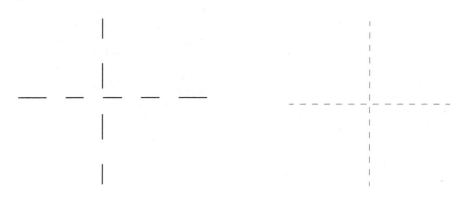

图 3 - 378　"公制结构加强板.rft"　　　　　　　图 3 - 379　"公制常规模型.rft"

表 3 - 81　　　　　　　　"公制结构加强板.rft"与"公制常规模型.rft"对比

项　目	公制结构加强板.rft	公制常规模型.rft	备　注
族类别	结构加强板	常规模型	使用"公制结构加强板.rft"样板建结构加强板族后，将族载入项目时，可自动在项目浏览器中对该族进行正确的分类，方便后期的使用与管理
系统参数	见图 3 - 380	见图 3 - 381	两者没有区别
预设参照平面	仅有两个用于定义族原点的参照平面		竖向参照平面用于定义对公制结构加强板的左右位置，水平参照平面用于定义公制结构加强板的前后位置
属性	属性见图 3 - 382	增加结构、尺寸标注、零件类型、其他（基于工作平面）等属性见图 3 - 383	虽然"公制常规模型.rft"比"公制结构加强板.rft"多了一些预设属性，但其对于建结构加强板族而言并没有实际用途

总结：

（1）在"公制常规模型.rft"中亦可自定义修改其族类别为"结构加强板"，其属性会随之改变，但预设构件、参照平面等不会自动更改。

（2）虽"公制常规模型.rft"比"公制结构加强板.rft"中多出许多属性参数设置，但其对于创建结构加强板族并没有起到实际作用。

综上所述，当需要建结构基础族时，虽"公制常规模型.rft"与"公制结构加强板.rft"均可使用，但使用"公制结构加强板.rft"可对后期的建族过程提供较多便利，

图 3-380 "公制结构加强板.rft"
预设参数

图 3-381 "公制常规模型.rft"
预设参数

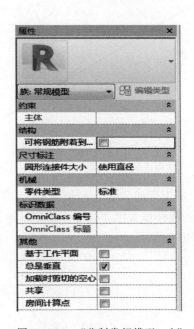

图 3-382 "公制结构加强板.rft"
属性栏

图 3-383 "公制常规模型.rft"
属性栏

故还是建议选择"公制结构加强版.rft"创建结构加强板族。

2. "基于线的公制结构加强板.rft"

(1) 系统参数。该样板中预设的族参数及简要说明，见表 3-82。

表 3-82   "基于线的公制结构加强板 . rft" 预设参数说明

分类	族参数	系统默认值	作　用
约束	长度	1200	约束结构加强板长度

（2）预设构件。由于该"基于线的公制结构加强板 . rft"创建的是基于线的结构加强板，所以在打开"基于线的公制结构加强板 . rft"后可以看到，族样板文件中已经预设了"线"这一图元，见图 3-384。线长度的预设值为 1200mm，在实际创建中，用户可根据需要调整其长度。选中线，单击"属性"选项板→"编辑类型"→在"类型属性"对话框中→"构造"→"结构"→"编辑部件"中修改线长度。但在族编辑器中修改的线长度对项目中实际加载的线长度并没有影响。

（3）预设参照平面。打开楼层平面视图，有三个预设的参照平面，见图 3-385。其中，竖直参照平面用于定义结构加强板的左侧位置，左侧水平参照平面用于定义结构加强板的前后位置，右侧水平参照平面为弱参照。它们都是用于确保加载到项目后，准确定位结构加强板的尺寸和位置信息。为保证族的后续使用，最好不要随意删减参照平面，在创建结构加强板时应该通过它们建立与线的联系。

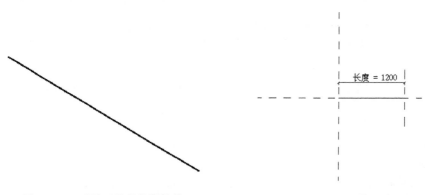

图 3-384　"基于线的公制结构
加强板 . rft" 的三维视图

图 3-385　"基于线的公制结构
加强板 . rft" 的楼层平面视图

（4）"基于线的公制结构加强板 . rft"与"公制常规模型 . rft"的区别。打开 Revit 2018 自带的族样板文件"基于线的公制结构加强板 . rft"与"公制常规模型 . rft"，见图 3-386 和图 3-387。

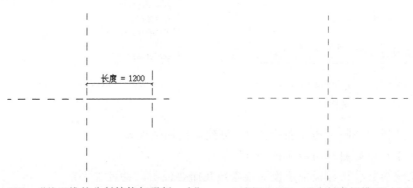

图 3-386　"基于线的公制结构加强板 . rft"

图 3-387　"公制常规模型 . rft"

表 3-83　　"基于线的公制结构加强板.rft"与"公制常规模型.rft"对比分析

项　目	基于线的公制结构加强板.rft	公制常规模型.rft	备　注
族类别	结构加强板	常规模型	使用"基于线的公制结构加强板.rft"样板建结构加强板族后，将族载入项目中时，可自动在项目浏览器中对该族进行正确的分类，方便后期的使用与管理
系统参数	增加预设参数，见图 3-388	见图 3-389	在"基于线的公制结构加强板.rft"中预设的大量参数为之后的建族工作提供了不小便利
预设构件	线	—	在"基于线的公制结构加强板.rft"中预设的线在建结构加强板族时提供便利，并且可自行更改其尺寸
预设参照平面	除"公制常规模型.rft"已有的参照平面外，另增设一弱参照平面	仅有两个用于定义族原点的参照平面	竖直参照平面用于定义结构加强板的左侧位置，左侧水平参照平面用于定义结构加强板的前后位置，右侧水平参照平面为弱参照
属性	属性见图 3-390	增加结构、尺寸标注、零件类型、其他（基于工作平面）等属性见图 3-391	虽"公制常规模型.rft"比"基于线的公制结构加强板.rft"多了一些预设属性，但其对于建结构加强板族而言并没有实际用途

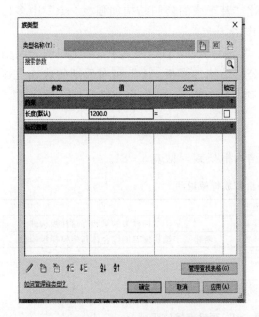

图 3-388　"基于线的公制结构
加强板.rft"预设参数

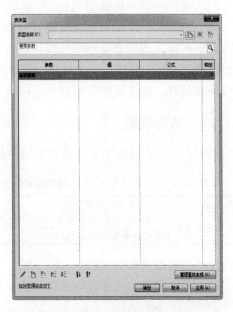

图 3-389　"公制常规模型.rft"
预设参数

图 3-390　"基于线的公制结构
加强板.rft"属性栏

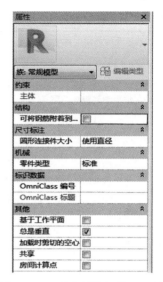

图 3-391　"公制常规模型.rft"
属性栏

总结：

（1）相较于"基于线的公制结构加强板.rft"族样板，在"公制常规模型.rft"族样板中缺少的预设参数、预设构件、预设参照平面等均可自行添加，但其加大了建族的工作量。

（2）在"公制常规模型.rft"中亦可自定义修改其族类别为"结构加强板"，其属性会随之改变，但预设构件、参照平面等不会自动更改。

（3）虽"公制常规模型.rft"中也有一些比"基于线的公制结构加强板.rft"中多出的部分，但其对于建结构加强板族并没有实际作用。

综上所述，当需要建结构加强板族时，虽"公制常规模型.rft"与"基于线的公制结构加强板.rft"均可使用，但使用"基于线的公制结构加强板.rft"可对后期的建族过程提供较多便利，故还是建议选择"基于线的公制结构加强板.rft"创建结构加强板族。

3.4.21　结构框架

Revit 2018 共提供了 2 个族样板用于创建结构框架族，见表 3-84。

表 3-84　　　　　　　　　"结构框架"族系统自带族样板说明

族类别	系统自带族样板	样板类型	备　　注
结构框架	公制结构框架-梁和支撑.rft	专用样板	创建基于结构框架的梁和支撑样板构件
	公制结构框架-综合体和桁架.rft	专用样板	创建基于结构框架的综合体和桁架样板构件

1."公制结构框架-梁和支撑.rft"

（1）系统参数。该样板中预设的族参数及简要说明，见表 3-85。

表 3-85　　　　　　　"公制结构框架-梁和支撑.rft"预设参数说明

分类	族参数	系统默认值	作　　用
尺寸标注	长度	3000	定义结构框架-梁和支撑的基本参数

（2）预设构件。由于该"公制结构框架-梁和支撑 .rft"是基于结构框架的样板，所以在打开"公制结构框架-梁和支撑 .rft"后可以看到，族样板文件中已经预设了"结构框架"这一主体图元，见图 3-392。主体结构框架的拉伸起点为－1250，拉伸终点为1250。在实际创建中，用户可根据需要调整结构框架的拉伸长度。选中结构框架，单击"属性"选项板→"编辑类型"→在"类型属性"对话框中→"构造"→"结构"→"编辑部件"中修改结构框架的拉伸长度。但在族编辑器中修改的结构框架的拉伸长度对项目中实际加载的结构框架的拉伸长度并没有影响。

（3）预设参照平面。打开楼层平面视图，有 8 个预设参照平面，见图 3-393。其中，7 个竖向参照平面用于定义对梁和支撑的左右位置，一个水平参照平面用于定义梁和支撑的前后位置。它们都是用于确保梁和支撑加载到项目后，准确定位梁和支撑的位置。为保证族的后续使用，最好不要随意删减族样板预设参照平面，在创建公制结构框架-梁和支撑时应以此为基准。

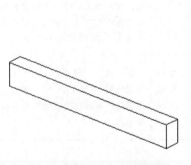

图 3-392　"公制结构框架-梁和支撑 .rft"的三维视图

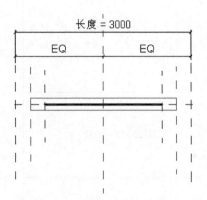

图 3-393　"公制结构框架-梁和支撑 .rft"的平面视图

（4）"公制结构框架-梁和支撑 .rft"与"公制常规模型 .rft"的区别。打开 Revit 2018 自带的族样板文件"公制结构框架-梁和支撑 .rft"与"公制常规模型 .rft"，见图 3-394 和图 3-395。

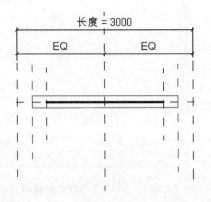

图 3-394　"公制结构框架-梁和支撑 .rft"

图 3-395　"公制常规模型 .rft"

表 3 - 86   "公制结构框架-梁和支撑 . rft"与"公制常规模型 . rft"对比分析

项　目	公制结构框架-梁和支撑 . rft	公制常规模型 . rft	备　注
族类别	结构框架	常规模型	使用"公制结构框架-梁和支撑 . rft"样板建族后，将族载入项目中时，可自动在项目浏览器中对该族进行正确的分类，方便后期的使用与管理
系统参数	增加预设参数，见图 3 - 396	见图 3 - 397	在"公制结构框架-梁和支撑 . rft"中预设的参数为之后的建族工作提供了方便
预设构件	预设了"结构框架"这一主体图元	—	在"公制结构框架-梁和支撑 . rft"中预设的构件在建结构框架族时提供便利，并且可自行更改其尺寸
预设参照平面	除"公制常规模型 . rft"已有的参照平面外，另增加 6 个参照平面	仅有两个用于定义族原点的参照平面	在"公制结构框架-梁和支撑 . rft"中预设的结构框架用于定位梁和支撑，竖向参照平面用于对梁和支撑左右位置进行定义，横向参照平面用于对梁和支撑的前后进行定义
属性	属性见图 3 - 398	增加结构、尺寸标注、零件类型、其他（基于工作平面）等属性见图 3 - 399	虽"公制常规模型 . rft"比"公制结构框架-梁和支撑 . rft"多了一些预设属性，但其对于建族而言并没有实际用途

图 3 - 396　"公制结构框架-梁和支撑 . rft"预设参数

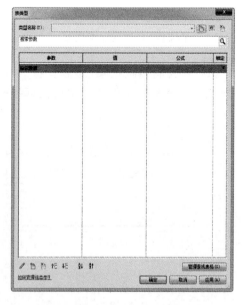

图 3 - 397　"公制常规模型 . rft"预设参数

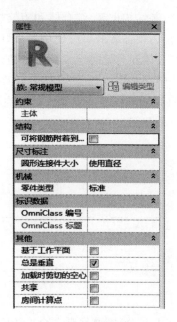

图 3-398 "公制结构框架-梁
和支撑.rft"属性栏

图 3-399 "公制常规模型.rft"
属性栏

总结：

（1）相较于"公制结构框架-梁和支撑.rft"族样板，在"公制常规模型.rft"族样板中缺少的预设参数、预设构件、预设参照平面等均可自行添加，但其加大了建族的工作量。

（2）在"公制常规模型.rft"中亦可自定义修改其族类别为"结构框架"，其属性会随之改变，但预设构件、参照平面等不会自动更改。

（3）虽"公制常规模型.rft"中也有一些比"公制结构框架-梁和支撑.rft"中多出的部分，但其对于建结构框架族并没有实际作用。

综上所述，当需要建梁和支撑的结构框架族时，虽"公制常规模型.rft"与"公制结构框架-梁和支撑.rft"均可使用，但使用"公制结构框架-梁和支撑.rft"可对后期的建族过程提供较多便利，故还是建议选择"公制结构框架-梁和支撑.rft"创建梁和支撑的结构框架族。

2."公制结构框架-综合体和桁架.rft"

（1）系统参数。该族样板的类型参数并没有预先给定，在使用该族样板建结构框架族时，可根据实际需要进行设定。

（2）预设参照平面。打开楼层平面视图，有两个预先预设定好的参照平面，见图3-400。其中，竖直参照平面用于定义对公制结构框架-综合体和桁架左右位置，水平参照平面用于定义公制结构框架-综合体和桁架前后位置。它们都是

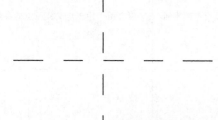

图 3-400 "公制结构框架-综合体
和桁架.rft"的楼层平面视图

193

用于确保公制结构框架-综合体和桁架加载到项目后，准确定位公制结构框架-综合体和桁架的位置。为保证族的后续使用，最好不要随意删减族样板预设参照平面，在创建公制结构框架-综合体和桁架时应以此为基准。

（3）"公制结构框架-综合体和桁架.rft"与"公制常规模型.rft"的区别：打开 Revit 2018 自带的族样板文件"公制结构框架-综合体和桁架.rft"与"公制常规模型.rft"，见图 3-401 和图 3-402。

图 3-401　"公制结构框架-综合体和桁架.rft"　　　　图 3-402　"公制常规模型.rft"

表 3-87　　"公制结构框架-综合体和桁架.rft"与"公制常规模型.rft"对比

项　目	公制结构框架-综合体 和桁架.rft	公制常规模型.rft	备　注
族类别	结构框架	常规模型	使用"公制结构框架-综合体和桁架.rft"样板建结构框架族后，将族载入项目中时，可自动在项目浏览器中对该族进行正确的分类，方便后期的使用与管理
系统参数	增加大量预设参数，但没有预设值，见图 3-403	见图 3-404	在"公制结构框架-综合体和桁架"族工作提供了不小便利
预设参照平面	仅有两个用于定义族原点的参照平面		竖向参照平面用于定义对公制结构框架-综合体和桁架的左右位置，水平参照平面用于定义公制结构框架-综合体和桁架的前后位置
属性	属性见图 3-405	增加结构、尺寸标注、零件类型、其他（基于工作平面）等属性见图 3-406	虽"公制常规模型.rft"比"公制结构框架-综合体和桁架.rft"多了一些预设属性，但其对于建结构框架族而言并没有实际用途

图 3-403 "公制结构框架-综合体
和桁架.rft"预设参数

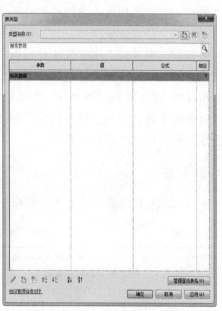

图 3-404 "公制常规模型.rft"
预设参数

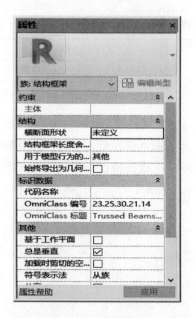

图 3-405 "公制结构框架-综合体
和桁架.rft"属性栏

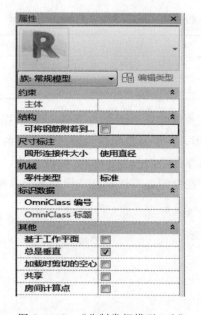

图 3-406 "公制常规模型.rft"
属性栏

总结:

(1) 相较于"公制结构框架-综合体和桁架.rft"族样板,在"公制常规模型.rft"族样板中缺少的预设参数、预设构件等均可自行添加,但其加大了建族的工作量。

(2) 在"公制常规模型.rft"中亦可自定义修改其族类别为"结构框架",其属性会随之改变，但预设构件、参照平面等不会自动更改。

（3）虽"公制常规模型.rft"比"公制结构框架-综合体和桁架.rft"中多出许多属性参数设置，但其对于创建公制结构框架-综合体和桁架族并没有起到实际作用。

综上所述，当需要建综合体和桁架的结构框架族时，虽"公制常规模型.rft"与"公制结构框架-综合体和桁架.rft"均可使用，但使用"公制结构框架-综合体和桁架.rft"可对后期的建族过程提供较多便利，故还是建议选择"公制结构框架-综合体和桁架.rft"创建综合体和桁架的结构框架族。

3.4.22　柱

Revit 2018 共提供了 2 个族样板用于创建柱族，见表 3-88。

表 3-88　　　　　　　　　　"柱"族系统自带族样板说明

族类别	系统自带族样板	样板类型	备　注
结构柱	公制结构柱.rft	专用样板	创建结构柱构件
柱	公制柱.rft	专用样板	创建柱构件

1."公制结构柱.rft"

（1）系统参数。该样板中预设的族参数及简要说明，见表 3-89。

表 3-89　　　　　　　　　　"公制结构柱.rft"预设参数说明

分类	族参数	系统默认值	作　　用
其他	深度	500	定义结构柱的截面深度
	宽度		定义结构柱的截面宽度

（2）预设参照平面。打开楼层平面视图，有多条已经预设好的参照平面，见图 3-407。其中，用于对结构柱深度进行定义的是参照平面（前、后），用于对结构柱宽度进行定义的是参照平面（左、右）。除此之外，该样板最主要的特点是其预设的两个参照标高。打开前立面视图，有两条已经预设好的参照标高，见图 3-408。"高于参照标高"和"低

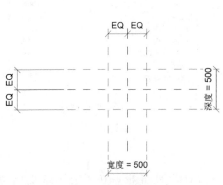

图 3-407　"公制结构柱.rft"的
楼层平面视图

图 3-408　"公制结构柱.rft"的
前立面视图

于参照标高"用于对结构柱的顶面和底面进行定义,使结构柱在载入项目之后,可以正确地定位其顶部和底部所在的标高。要注意的是,在结构柱的模型绘制完成后,需要将柱的顶面和底面分别与对应的标高锁定,否则在载入项目后无法正确地参数化定位或修改其顶面与底面标高。

(3)特殊视图名称。由于该样板中存在特殊的标高,故其设置了"低于参照标高"楼层平面视图。但用于定义结构柱顶面的"高于参照标高"是没有对应的楼层平面视图的。

(4)"公制结构柱.rft"与"公制常规模型.rft"的区别。打开 Revit 2018 自带的族样板文件"公制结构柱.rft"与"公制常规模型.rft",分别进入楼层平面视图与前立面视图,见图 3-409 和图 3-410。

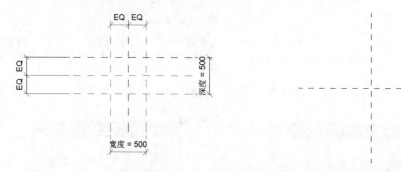

图 3-409 "公制结构柱.rft"　　　图 3-410 "公制常规模型楼层平面视图.rft"

表 3-90　　　　　　　"公制结构柱.rft"与"公制常规模型.rft"对比分析

项　目	公制结构柱.rft	公制常规模型.rft	备　注
族类别	结构柱	常规模型	使用"公制结构柱.rft"样板建柱族后,将族载入项目中时,可自动在项目浏览器中对该族进行正确的分类,方便后期的使用与管理
系统参数	增加部分预设参数,见图 3-411	见图 3-412	在"公制结构柱.rft"中预设的参数为之后的建族工作提供了便利
预设参照平面	在两条中心参照平面的基础上,增加四条参照平面(前、后;左、右);且在立面视图中存在"高于参照标高"和"低于参照标高"两条参照标高	仅有两个用于定义族原点的参照平面	在"公制结构柱.rft"中预设的参照平面(前、后;左、右)用于对结构柱截面尺寸进行定义;而"高于参照标高"和"低于参照标高"两条参照标高分别用于对结构柱顶面和底面的位置进行定义
特殊视图名称	将常规楼层平面视图中的"参照标高"视图替换为"低于参照标高"视图	为常规的"参照标高"楼层平面视图	"公制结构柱.rft"中的"低于参照标高"对应了其特殊的参照标高,但对于结构柱的创建并没有实际用途
属性	增加 4 条结构属性(横断面形状、用于模型行为的材质、始终导出为几何图形和平面中的梁缩进),属性见图 3-413	增加结构(可将钢筋附着到主体)、尺寸标注、零件类型、其他(基于工作平面)等属性见图 3-414	虽"公制常规模型.rft"有一些比"公制结构柱.rft"多出的预设属性,但其对于建柱族而言并没有实际用途。合理设置"公制结构柱.rft"增设的 4 条结构属性可以更好地满足柱族的使用需求

图 3-411　"公制结构柱.rft"预设参数

图 3-412　"公制常规模型.rft"预设参数

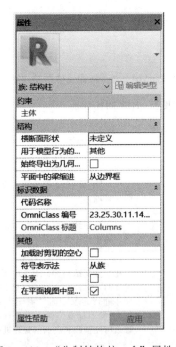

图 3-413　"公制结构柱.rft"属性栏

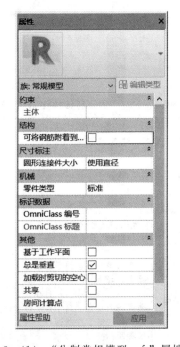

图 3-414　"公制常规模型.rft"属性栏

总结：

（1）相较于"公制结构柱.rft"族样板，在"公制常规模型.rft"族样板中缺少的预设参数、预设参照平面和标高等均可自行添加，但其加大了建族的工作量。

（2）在"公制常规模型.rft"中亦可自定义修改其族类别为"结构柱"，其属性会随之改变，但参照平面和标高等不会自动更改。

（3）虽"公制常规模型.rft"中也有一些比"公制结构柱.rft"中多出的部分，但其对于建柱族并没有实际作用。

（4）为了使结构柱在实际使用时可以正确定位其顶部和底部标高，需要在创建完结构柱的几何形体后，将顶面和底面锁定到对应的预设标高上。

综上所述，当需要建结构柱时，虽"公制常规模型.rft"与"公制结构柱.rft"均可使用，但使用"公制结构柱.rft"可对后期的建族过程提供较多便利，故还是建议选择"公制结构柱.rft"创建结构柱。

2."公制柱.rft"

（1）系统参数。该样板中预设的族参数及简要说明，见表3-91。

表3-91 "公制柱"预设参数说明

分类	族参数	系统默认值	作 用
其他	深度	600	定义柱的截面深度
	宽度		定义柱的截面宽度

（2）预设参照平面。打开楼层平面视图，有多条已经预设好的参照平面，见图3-415。其中，用于对柱深度进行定义的是参照平面（前、后），用于对柱宽度进行定义的是参照平面（左、右）。除此之外，该样板最主要的特点是其预设的两个参照标高。打开前立面视图，有两条已经预设好的参照标高，见图3-416。"高于参照标高"和"低于参照标高"用于对柱的顶面和底面进行定义，使柱在载入项目之后，可以正确地定位其顶部和底部所在的标高。要注意的是，在柱的模型绘制完成后，需要将柱的顶面和底面分别与对应的标高锁定，否则在载入项目后无法正确地参数化定位或修改其顶面与底面标高。

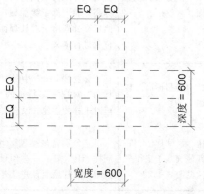

图3-415 "公制柱.rft"的楼层平面视图

图3-416 "公制柱.rft"的前立面视图

（3）特殊视图名称。由于该样板中存在特殊的标高，故其设置了"低于参照标高"楼层平面视图。但用于定义柱顶面的"高于参照标高"是没有对应的楼层平面视图的。

（4）"公制柱.rft"与"公制常规模型.rft"的区别。打开Revit 2018自带的族样板文件"公制柱.rft"与"公制常规模型.rft"，分别进入楼层平面视图与前立面视图，见图3-417和图3-418。

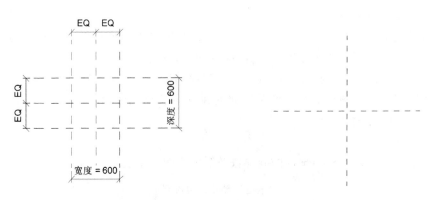

图 3-417　"公制柱的楼层平面视图.rft"　　图 3-418　"公制常规模型楼层平面视图.rft"

表 3-92　　　　　　　"公制柱.rft"与"公制常规模型.rft"对比分析

项　目	公制柱.rft	公制常规模型.rft	备　注
族类别	柱	常规模型	使用"公制柱.rft"样板建柱族后，将族载入项目中时，可自动在项目浏览器中对该族进行正确的分类，方便后期的使用与管理
系统参数	增加部分预设参数，见图 3-419	见图 3-420	在"公制柱.rft"中预设的参数为之后的建族工作提供了便利
预设参照平面	在两条中心参照平面的基础上，增加四条参照平面（前、后；左、右）；且在立面视图中存在"高于参照标高"和"低于参照标高"两条参照标高	仅有两个用于定义族原点的参照平面	在"公制柱.rft"中预设的参照平面（前、后；左、右）用于对柱截面尺寸进行定义；而"高于参照标高"和"低于参照标高"两条参照标高分别用于对柱顶面和底面的位置进行定义
特殊视图名称	将常规楼层平面视图中的"参照标高"视图替换为"低于参照标高"视图	为常规的"参照标高"楼层平面视图	"公制柱.rft"中的"低于参照标高"对应了其特殊的参照标高，但对于柱的创建并没有实际用途
属性	属性见图 3-421	增加结构、尺寸标注、零件类型、其他（基于工作平面）等属性见图 3-422	虽"公制常规模型.rft"比"公制柱.rft"多了一些预设属性，但其对于建柱族而言并没有实际用途

总结：

（1）相较于"公制柱.rft"族样板，在"公制常规模型.rft"族样板中缺少的预设参数、预设参照平面和标高等均可自行添加，但其加大了建族的工作量。

（2）在"公制常规模型.rft"中亦可自定义修改其族类别为"柱"，其属性会随之改变，但参照平面和标高等不会自动更改。

（3）虽"公制常规模型.rft"中也有一些比"公制柱.rft"中多出的部分，但其对于建柱族并没有实际作用。

图 3-419 "公制柱.rft"预设参数

图 3-420 "公制常规模型.rft"预设参数

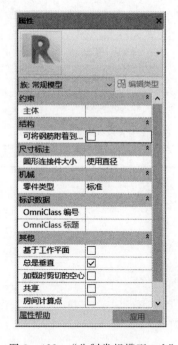

图 3-421 "公制柱.rft"
属性栏

图 3-422 "公制常规模型.rft"
属性栏

（4）为了使柱在实际使用时可以正确定位其顶部和底部标高，需要在创建完柱的几何形体后，将顶面和底面锁定到对应的预设标高上。

综上所述，当需要柱时，虽"公制常规模型.rft"与"公制柱.rft"均可使用，但使用"公制柱.rft"可对后期的建族过程提供较多便利，故还是建议选择"公制柱.rft"创建柱。

3.4.23　栏杆

Revit 2018 共提供了 3 个族样板用于创建栏杆族，见表 3－93。

表 3－93　　　　　　　　　"栏杆"族系统自带族样板说明

族类别	系统自带族样板	样板类型	备　　注
栏杆扶手-栏杆	公制栏杆-嵌板.rft	专用样板	创建栏杆的嵌板
	公制栏杆-支柱.rft	专用样板	创建栏杆支柱
	公制栏杆.rft	专用样板	创建栏杆的垂直杆件

1. "公制栏杆-嵌板.rft"

（1）系统参数。该样板中预设的族参数及简要说明，见表 3－94。

表 3－94　　　　　　　　　"公制栏杆-嵌板"预设参数说明

分类	族参数	系统默认值	作　　用
构造	支柱	□	定义栏杆是否为支柱
尺寸标注	顶交角（默认）	0°	保证项目中自适应栏杆主体坡度
	坡度角（默认）	32.47°	定义栏杆的坡度
	底交角（默认）	0°	保证项目中自适应栏杆主体坡度
	栏杆高度（默认）	750	定义栏杆的高度
其他	宽度	600	定义栏杆的宽度

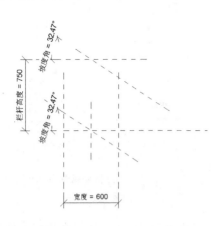

图 3－423　"公制栏杆-嵌板.rft"的
右立面视图

（2）预设参照平面。打开右立面视图有多条已经预设好的参照平面，除了用于定义原点的参照平面，还有"前""后"与"顶部"3 条水平或竖直参照平面，以及"顶交角"和"底交角"两条斜参照平面，见图 3－423。其中"顶交角""底交角"可以调整角度且分别对应有同名的系统参数，用以与楼梯或坡道栏杆的倾斜角度相映射，将栏杆族载入到项目中时保证斜参照平面的夹角会匹配栏杆主体，角度发生变化时，栏杆会随之正确更新。创建族时建议一般不要修改其值。

（3）"公制栏杆-嵌板.rft"与"公制常规模型.rft"的区别。打开 Revit 2018 自带的族样板文件"公制栏杆-嵌板.rft"与"公制常规模型.rft"，进入右立面视图见图 3－424 和图 3－425。

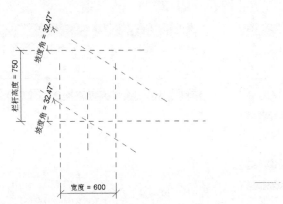

图 3-424 "公制栏杆-嵌板.rft"

图 3-425 "公制常规模型.rft"

表 3-95 "公制栏杆-嵌板.rft"与"公制常规模型.rft"对比分析

项 目	公制栏杆-嵌板.rft	公制常规模型.rft	备 注
族类别	栏杆扶手-栏杆	常规模型	使用"公制栏杆-嵌板.rft"样板建栏杆族后,将族载入项目中时,可自动在项目浏览器中对该族进行正确的分类,方便后期的使用与管理
系统参数	增加一些预设参数,见图3-426	见图3-427	在"公制栏杆-嵌板.rft"中预设的为之后的建族工作提供了不小便利
预设参照平面	除"公制常规模型.rft"已有的参照平面外,另增加5条参照平面(前、后、顶部、顶交角和底交角)	仅有两个用于定义族原点的参照平面	在"公制栏杆-嵌板.rft"中预设的参照平面分别用于定义相应的预设参数
属性	属性见图3-428	增加结构、尺寸标注、零件类型、其他(房间计算点和房间计算点)等属性见图3-429	虽"公制常规模型.rft"比"公制栏杆-嵌板.rft"多了一些预设属性,但其对于建栏杆族而言并没有实际用途

总结:

(1)相较于"公制栏杆-嵌板.rft"族样板,在"公制常规模型.rft"族样板中缺少的预设参数、预设参照平面等均可自行添加,但较复杂,自行添加会加大建族的工作量。

(2)在"公制常规模型.rft"中无法直接将族类别修改为"栏杆扶手-栏杆"。

(3)虽"公制常规模型.rft"中也有一些比"公制栏杆-嵌板.rft"中多出的部分,但其对于建栏杆族并没有实际作用。

综上所述,当需要建栏杆族时,由于族类别的特殊性,建议一般选择"公制栏杆-嵌板.rft"创建栏杆嵌板。

203

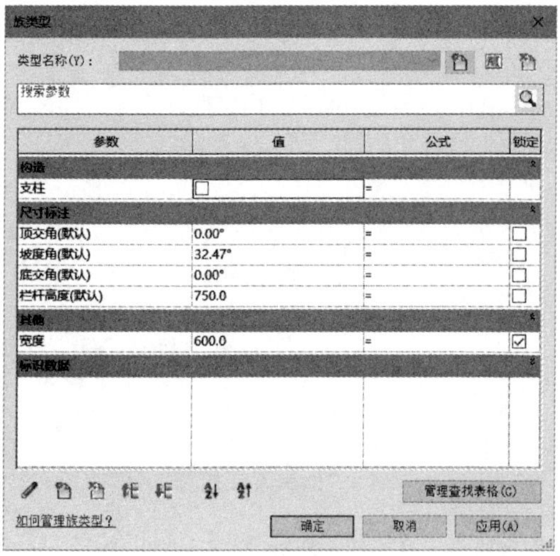

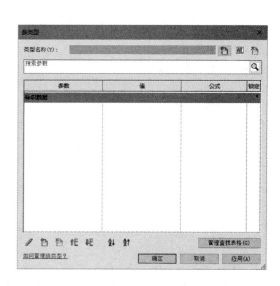

图 3 - 426　"公制栏杆-嵌板 . rft"
预设参数

图 3 - 427　"公制常规模型 . rft"
预设参数

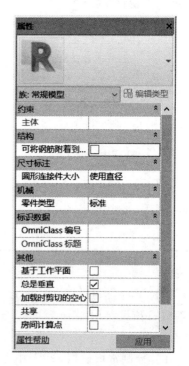

图 3 - 428　"公制栏杆-嵌板 . rft"
属性栏

图 3 - 429　"公制常规模型 . rft"
属性栏

2. "公制栏杆-支柱 . rft"

（1）系统参数。该样板中预设的族参数及简要说明，见表 3 - 96。

表 3-96　　　　　　　　　　　　　　"公制栏杆-支柱"预设参数说明

分类	族参数	系统默认值	作　　用
构造	支柱	□	定义栏杆是否为支柱
尺寸标注	顶交角（默认）	0°	保证项目中自适应栏杆主体坡度
	坡度角（默认）	0°	定义栏杆的坡度
	底交角（默认）	0°	保证项目中自适应栏杆主体坡度
	栏杆高度（默认）	750	定义栏杆的高度

（2）预设参照平面。打开右立面视图有多条已经预设好的参照平面，除了用于定义原点的参照平面，还有"顶部"和"支柱顶部"两条水平参照平面，见图 3-430。

（3）"公制栏杆-支柱.rft"与"公制常规模型.rft"的区别。打开 Revit 2018 自带的族样板文件"公制栏杆-支柱.rft"与"公制常规模型.rft"，进入右立面视图见图 3-431 和图 3-432。

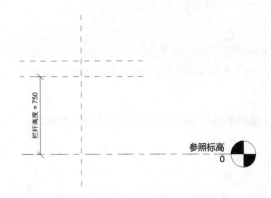

图 3-430　"公制栏杆-支柱.rft"的右立面视图

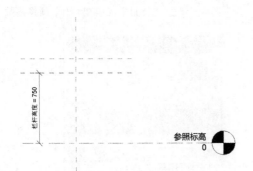

图 3-431　"公制栏杆-支柱.rft"

图 3-432　"公制常规模型.rft"

表 3-97　　　　　　　　"公制栏杆-支柱.rft"与"公制常规模型.rft"对比分析

项　目	公制栏杆-支柱.rft	公制常规模型.rft	备　注
族类别	栏杆扶手-栏杆	常规模型	使用"公制栏杆-支柱.rft"样板建栏杆族后，将族载入项目中时，可自动在项目浏览器中对该族进行正确的分类，方便后期的使用与管理
系统参数	增加一些预设参数，见图 3-433	见图 3-434	在"公制栏杆-支柱.rft"中预设的为之后的建族工作提供了不小便利
预设参照平面	除"公制常规模型.rft"已有的参照平面外，另增加两条参照平面（顶部、支柱顶部）	仅有两个用于定义族原点的参照平面	在"公制栏杆-支柱.rft"中增设的参照平面分别用于定义栏杆顶部与支柱顶部

续表

项　目	公制栏杆-支柱.rft	公制常规模型.rft	备　注
属性	属性见图 3-435	增加结构、尺寸标注、零件类型、其他（房间计算点和房间计算点）等属性见图 3-436	虽"公制常规模型.rft"比"公制栏杆-支柱.rft"多了一些预设属性，但其对于建栏杆族而言并没有实际用途

图 3-433　"公制栏杆-支柱.rft"预设参数

图 3-434　"公制常规模型.rft"预设参数

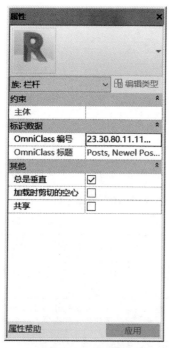

图 3-435　"公制栏杆-
支柱.rft"属性栏

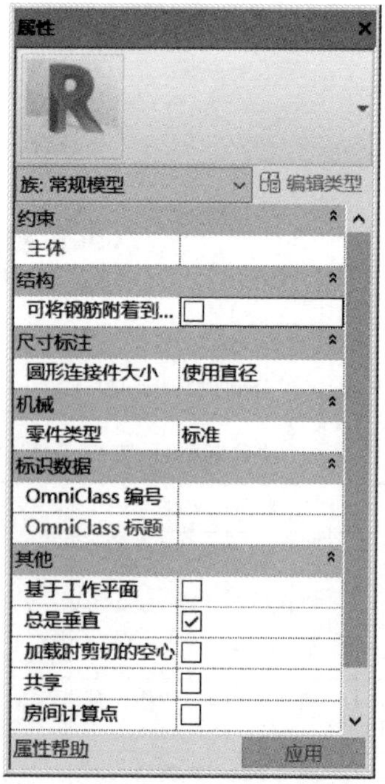

图 3-436　"公制常规
模型.rft"属性栏

总结：

（1）相较于"公制栏杆-支柱.rft"族样板，在"公制常规模型.rft"族样板中缺少的预设参数、预设参照平面等均可自行添加，但会加大建族的工作量。

（2）在"公制常规模型.rft"中无法直接将族类别修改为"栏杆扶手-栏杆"。

（3）虽"公制常规模型.rft"中也有一些比"公制栏杆-支柱.rft"中多出的部分，但其对于建栏杆族并没有实际作用。

综上所述，当需要建栏杆族时，由于族类别的特殊性，建议选择"公制栏杆-支柱.rft"创建栏杆支柱。

3."公制栏杆.rft"

（1）系统参数。该样板中预设的族参数及简要说明，见表3-98。

表3-98   "公制栏杆"预设参数说明

分类	族参数	系统默认值	作 用
构造	支柱	□	定义栏杆是否为支柱
尺寸标注	顶交角（默认）	32.47°	保证项目中自适应栏杆主体坡度
	坡度角（默认）	0°	定义栏杆的坡度
	底交角（默认）	32.47°	保证项目中自适应栏杆主体坡度
	栏杆高度（默认）	750	定义栏杆的高度

（2）预设参照平面。打开右立面视图有多条已经预设好的参照平面，除了用于定义原点的参照平面，还有一条水平参照平面"顶部"，以及"顶交角"和"底交角"两条斜参照平面，见图3-437。其中"顶交角""底交角"可以调整角度且分别对应有同名的系统参数，用以与楼梯或坡道栏杆的倾斜角度相映射，将栏杆族载入到项目中时保证斜参照平面的夹角会匹配

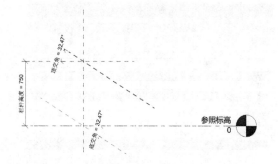

图3-437   "公制栏杆.rft"的右立面视图

栏杆主体，角度发生变化时，栏杆会随之正确更新。创建族时建议一般不要修改其值。

（3）"公制栏杆.rft"与"公制常规模型.rft"的区别。打开Revit 2018自带的族样板文件"公制栏杆.rft"与"公制常规模型.rft"，进入右立面视图见图3-438和图3-439。

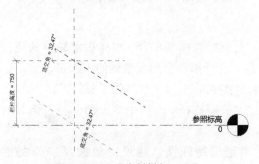

图3-438   "公制栏杆.rft"

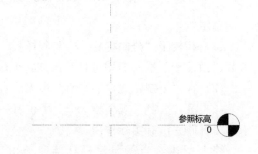

图3-439   "公制常规模型.rft"

表 3 - 99　　　　　　　　"公制栏杆.rft"与"公制常规模型.rft"对比分析

项　目	公制栏杆.rft	公制常规模型.rft	备　注
族类别	栏杆扶手-栏杆	常规模型	使用"公制栏杆.rft"样板建栏杆族后,将族载入项目中时,可自动在项目浏览器中对该族进行正确的分类,方便后期的使用与管理
系统参数	增加一些预设参数,见图3-440	见图3-441	在"公制栏杆.rft"中预设的为之后的建族工作提供了不小便利
预设参照平面	除"公制常规模型.rft"已有的参照平面外,另增加三条参照平面(顶部、顶交角和底交角)	仅有两个用于定义族原点的参照平面	在"公制栏杆.rft"中预设的参照平面分别用于定义相应的预设参数
属性	属性见图3-442	增加结构、尺寸标注、零件类型、其他(房间计算点和房间计算点)等属性见图3-443	虽"公制常规模型.rft"比"公制栏杆.rft"多了一些预设属性,但其对于建栏杆族而言并没有实际用途

图 3-440　"公制栏杆.rft"预设参数

图 3-441　"公制常规模型.rft"预设参数

总结:

(1) 相较于"公制栏杆.rft"族样板,在"公制常规模型.rft"族样板中缺少的预设参数、预设参照平面等均可自行添加,但较复杂,自行添加会加大建族的工作量。

(2) 在"公制常规模型.rft"中无法直接将族类别修改为"栏杆扶手-栏杆"。

(3) 虽"公制常规模型.rft"中也有一些比"公制栏杆.rft"中多出的部分,但其对于建栏杆族并没有实际作用。

综上所述,当需要建栏杆族时,由于族类别的特殊性,建议一般选择"公制栏杆.rft"创建栏杆。

图 3-442 "公制栏杆.rft"
属性栏

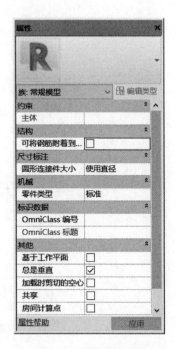

图 3-443 "公制常规模型.rft"
属性栏

3.4.24 扶手

Revit 2018 共提供了 2 个族样板用于创建扶手族,见表 3-100。

表 3-100 "扶手"族系统自带族样板说明

族类别	系统自带族样板	样板类型	备 注
栏杆扶手-支座	公制扶手支撑.rft	专用样板	创建扶手支座
栏杆扶手-终端	公制扶手终端.rft	专用样板	创建扶手终端

1. "公制扶手支撑.rft"

(1) 系统参数。该样板中预设的族参数及简要说明,见表 3-101。

表 3-101 "公制扶手支撑"预设参数说明

分类	族参数	系统默认值	作 用
约束	手间隙(默认)	75	定义扶手的把手间隙
构造	高度	75	定义扶手的高度

(2) 预设参照平面。打开右立面视图有多条已经预设好的参照平面,除了用于定义原点的参照平面,还有"把手间隙"和"高度"两条参照平面,见图 3-444。其中,"把手

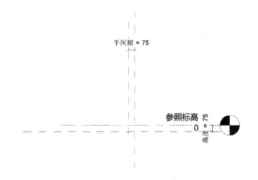

图 3-444　"公制扶手支撑.rft"的右立面视图

间隙"参照平面用于定义扶手的把手间隙，与参数"把手间隙"对应；而"高度"参照平面用于定义扶手的高度，与参数"高度"对应。

（3）"公制扶手支撑.rft"与"公制常规模型.rft"的区别。打开 Revit 2018 自带的族样板文件"公制扶手支撑.rft"与"公制常规模型.rft"，进入右立面视图见图 3-445 和图 3-446。

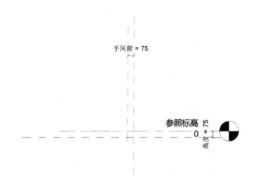

图 3-445　"公制扶手支撑.rft"

图 3-446　"公制常规模型.rft"

表 3-102　　**"公制扶手支撑.rft"与"公制常规模型.rft"对比分析**

项　目	公制扶手支撑.rft	公制常规模型.rft	备　注
族类别	栏杆扶手-支座	常规模型	使用"公制扶手支撑.rft"样板建扶手族后，将族载入项目中时，可自动在项目浏览器中对该族进行正确的分类，方便后期的使用与管理
系统参数	增加一些预设参数，见图 3-447	见图 3-448	在"公制扶手支撑.rft"中预设的为之后的建族工作提供了不小便利
预设参照平面	除"公制常规模型.rft"已有的参照平面外，另增加四条参照平面（把手间隙、高度）	仅有两个用于定义族原点的参照平面	在"公制扶手支撑.rft"中预设"把手间隙"参照平面用于定义扶手的把手间隙，与参数"手间隙"对应；"高度"参照平面用于定义扶手的高度，与参数"高度"对应
属性	属性见图 3-449	增加结构、尺寸标注、零件类型、其他（房间计算点）等属性见图 3-450	虽"公制常规模型.rft"比"公制扶手支撑.rft"多了一些预设属性，但其对于建扶手族而言并没有实际用途

图 3-447 "公制扶手支撑.rft"预设参数

图 3-448 "公制常规模型.rft"预设参数

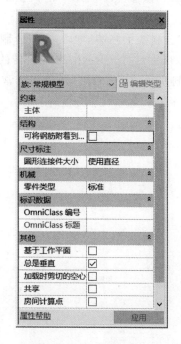

图 3-449 "公制扶手
支撑.rft"属性栏

图 3-450 "公制常规
模型.rft"属性栏

总结：

（1）相较于"公制扶手支撑.rft"族样板，在"公制常规模型.rft"族样板中缺少的预设参数、预设参照平面等均可自行添加，但其加大了建族的工作量。

（2）在"公制常规模型.rft"中亦可自定义修改其族类别为"栏杆扶手-支座"，其属性会随之改变，但参照平面不会自动更改。

（3）虽"公制常规模型.rft"中也有一些比"公制扶手支撑.rft"中多出的部分，但其对于建扶手族并没有实际作用。

综上所述，当需要建扶手族时，虽"公制常规模型.rft"与"公制扶手支撑.rft"均可使用，但使用"公制扶手支撑.rft"可对后期的建族过程提供较多便利，故还是建议选择"公制扶手支撑.rft"创建扶手族。

2."公制扶手终端.rft"

（1）系统参数。该样板中预设的族参数及简要说明，见表3-103。

表 3-103　　　　　　　　　"公制扶手终端"预设参数说明

分类	族参数	系统默认值	作　用
约束	延伸长度	75	定义扶手终端的延伸长度

（2）预设参照平面。打开楼层平面视图有多条已经预设好的参照平面，除了用于定义原点的参照平面，还增设了一条未命名参照平面，见图3-451。该参照平面用于定义扶手终端的延伸长度。

（3）"公制扶手终端.rft"与"公制常规模型.rft"的区别。打开Revit 2018自带的族样板文件"公制扶手终端.rft"与"公制常规模型.rft"，进入右立面视图见图3-452和图3-453。

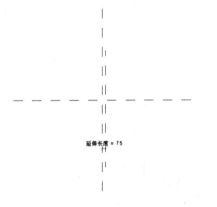

图 3-451　"公制扶手终端.rft"的平面视图

图 3-452　"公制扶手终端.rft"　　　　图 3-453　"公制常规模型.rft"

表 3-104　　　　　"公制扶手终端.rft"与"公制常规模型.rft"对比分析

项　目	公制扶手终端.rft	公制常规模型.rft	备　注
族类别	栏杆扶手-终端	常规模型	使用"公制扶手终端.rft"样板建扶手族后，将族载入项目中时，可自动在项目浏览器中对该族进行正确的分类，方便后期的使用与管理

续表

项　目	公制扶手终端.rft	公制常规模型.rft	备　注
系统参数	增加一些预设参数,见图3-454	见图3-455	在"公制扶手终端.rft"中预设的为之后的建族工作提供了便利
预设参照平面	除"公制常规模型.rft"已有的参照平面外,另增加一条未命名的参照平面	仅有两个用于定义族原点的参照平面	在"公制扶手终端.rft"中增设的一条参照平面用于定义扶手终端的延伸长度
属性	属性见图3-456	增加结构、尺寸标注、零件类型、其他(房间计算点)等属性见图3-457	虽"公制常规模型.rft"比"公制扶手终端.rft"多了一些预设属性,但其对于建扶手族而言并没有实际用途

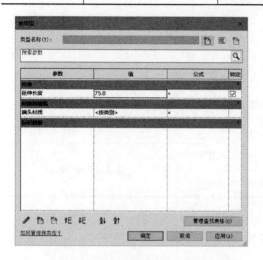

图3-454 "公制扶手终端.rft"预设参数

图3-455 "公制常规模型.rft"预设参数

图3-456 "公制扶手终端.rft"属性栏

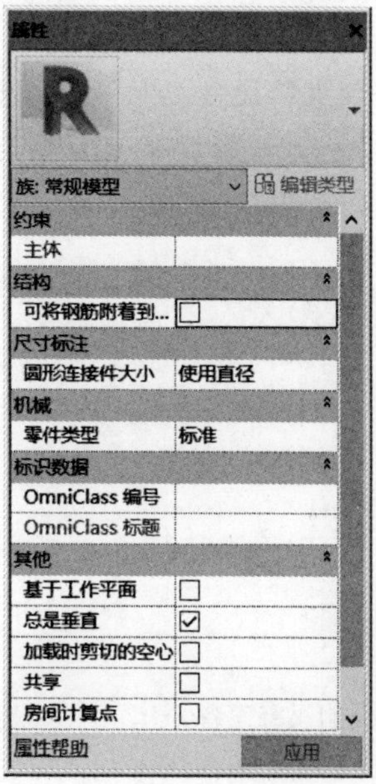

图3-457 "公制常规模型.rft"属性栏

总结：

（1）相较于"公制扶手终端.rft"族样板，在"公制常规模型.rft"族样板中缺少的预设参数、预设参照平面等均可自行添加，但其加大了建族的工作量。

（2）在"公制常规模型.rft"中亦可自定义修改其族类别为"栏杆扶手-终端"，其属性会随之改变，但参照平面不会自动更改。

（3）虽"公制常规模型.rft"中也有一些比"公制扶手终端.rft"中多出的部分，但其对于建扶手族并没有实际作用。

综上所述，当需要建扶手族时，虽"公制常规模型.rft"与"公制扶手终端.rft"均可使用，但使用"公制扶手终端.rft"可对后期的建族过程提供较多便利，故还是建议选择"公制扶手终端.rft"创建扶手族。

3.4.25　火警设备

Revit 2018 共提供了 2 个族样板用于创建火警设备族，见表 3-105。

表 3-105　　　　　　　　　　"火警设备.rft"族系统自带族样板说明

族类别	系统自带族样板	样板类型	备　注
火警设备	公制火警设备.rft	专用样板	创建火警设备构件
	公制火警设备主体.rft	专用样板	

1．"公制火警设备.rft"

（1）系统参数。该族样板文件并未设置相关预设参数，只有固有的"标识数据"参数。

（2）预设参照平面。打开楼层平面视图，发现仅有两个用于定义族原点的参照平面，见图 3-458。为保证族的后续使用，最好不要随意删减。

（3）"公制火警设备.rft"与"公制常规模型.rft"的区别。打开 Revit 2018 自带的族样板文件"公制火警设备.rft"与"公制常规模型.rft"，发现两者是一样的，见图 3-459 和图 3-460。

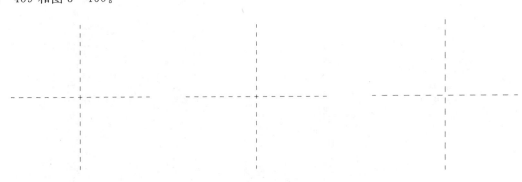

图 3-458　"公制火警设备.rft"　　　图 3-459　"公制火警　　　　图 3-460　"公制常规
　　　　的楼层平面视图　　　　　　　　　设备.rft"　　　　　　　　　模型.rft"

表 3 - 106 "公制火警设备 . rft" 与 "公制常规模型 . rft" 对比分析

项　目	公制火警设备 . rft	公制常规模型 . rft	备　注
族类别	火警设备	常规模型	使用"公制火警设备 . rft"样板建火警设备族后,将族载入项目中时,可自动在项目浏览器中对该族进行正确的分类,方便后期的使用与管理
系统参数	见图 3 - 461	见图 3 - 462	"公制火警设备 . rft"与"公制常规模型 . rft"一样,并未增添其他系统参数
预设参照平面	仅有两个用于定义族原点的参照平面	仅有两个用于定义族原点的参照平面	"公制火警设备 . rft"与"公制常规模型 . rft"一样,并未增添其他参照平面
特殊视图名称	仅有常规的"前、后、左、右"四个立面视图	仅有常规的"前、后、左、右"四个立面视图	"公制火警设备 . rft"与"公制常规模型 . rft"一样,并未增添其他特殊视图
属性	增加电气工程、标识数据等属性见图 3 - 463	增加结构等属性见图 3 - 464	"公制火警设备 . rft"与"公制常规模型 . rft"相比而言专门设置了火警设备族相关的属性

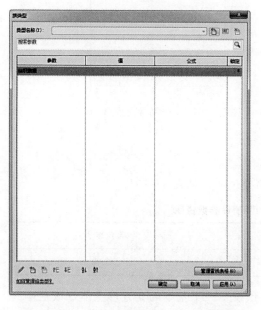

图 3 - 461 "公制火警设备 . rft"预设参数

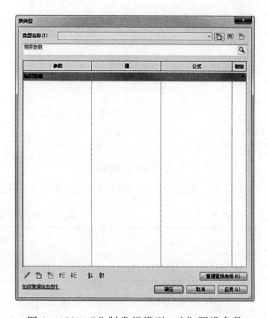

图 3 - 462 "公制常规模型 . rft"预设参数

总结:

大体上,"公制火警设备 . rft"与"公制常规模型 . rft"主要在属性等方面有所不同。当需要建火警设备族时,虽"公制常规模型 . rft"与"公制火警设备 . rft"均可使用,但使用"公制火警设备 . rft"可对后期的建族过程提供较多便利,故还是建议选择"公制火警设备 . rft"创建火警设备族。

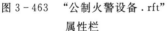

图 3-463　"公制火警设备.rft"
属性栏

图 3-464　"公制常规模型.rft"
属性栏

2."公制火警设备主体.rft"

(1)系统参数。该样板中预设的族参数及简要说明,见表 3-107。

表 3-107　　　　　　　"公制火警设备主体.rft"预设参数说明

分　类	族参数	系统默认值
约束	默认高程	1200

(2)预设构件。"公制火警设备主体.rft"预设了一个基本的立方形主体,该主体的建成使用了"拉伸"命令,用户可在此基础上根据自己的需求进行相关的编辑,见图 3-465。

(3)预设参照平面。打开楼层平面视图,发现有两条已经预设好的参照平面,用来定义预设构件的尺寸,见图 3-466。为保证族的后续使用,最好不要随意删减。

(4)"公制火警设备主体.rft"与"公制常规模型.rft"的区别。打开 Revit 2018 自带的族样板文件"公制火警设备主体.rft"与"公制常规模型.rft",见图 3-467 和图 3-468。

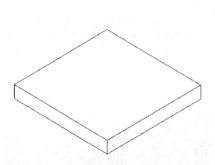

图 3－465 "公制火警设备主体.rft"的
三维视图

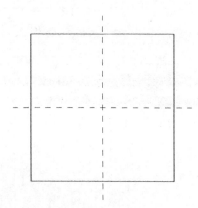

图 3－466 "公制火警设备主体.rft"的
楼层平面视图

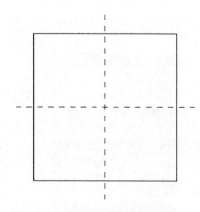

图 3－467 "公制火警设备主体.rft"

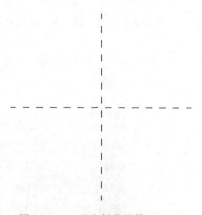

图 3－468 "公制常规模型.rft"

表 3－108 "公制火警设备主体.rft"与"公制常规模型.rft"对比分析

项　目	公制火警设备主体.rft	公制常规模型.rft	备　注
族类别	火警设备	常规模型	使用"公制火警设备主体.rft"样板建火警设备族后,将族载入项目中时,可自动在项目浏览器中对该族进行正确的分类,方便后期的使用与管理
系统参数	增加默认高程参数,见图 3－469	见图 3－470	在"公制火警设备主体.rft"中预设的参数为之后的建族工作提供了不小便利
预设构件	一个立方形主体	—	在"公制火警设备主体.rft"中预设的立方形主体为建火警设备族时的基础构件,用户可自行更改其尺寸
预设参照平面	仅有两个用于定义族原点的参照平面	仅有两个用于定义族原点的参照平面	"公制火警设备主体.rft"与"公制常规模型.rft"一样,并未增添其他参照平面
特殊视图名称	仅有常规的"前、后、左、右"四个立面视图	仅有常规的"前、后、左、右"四个立面视图	"公制火警设备主体.rft"与"公制常规模型.rft"一样,并未增添其他特殊视图
属性	增加约束、电气工程、标识数据等属性见图 3－471	增加结构等属性见图 3－472	"公制火警设备主体.rft"与"公制常规模型.rft"相比而言专门设置了火警设备族相关的属性

217

图 3 - 469 "公制火警设备主体.rft"预设参数

图 3 - 470 "公制常规模型.rft"预设参数

图 3 - 471 "公制火警设备
主体.rft"属性栏

图 3 - 472 "公制常规
模型.rft"属性栏

总结：

（1）相较于"公制火警设备主体.rft"族样板，在"公制常规模型.rft"族样板中缺少的预设参数、预设构件等均可自行添加，但其加大了建族的工作量。

（2）在"公制常规模型.rft"中亦可自定义修改其族类别为"火警设备"，其属性会随之改变，但预设构件等不会自动更改。

综上所述，当需要建火警设备族时，虽"公制常规模型.rft"与"公制火警设备主体.rft"均可使用，但使用"公制火警设备主体.rft"可对后期的建族过程提供较多便利，故还是建议选择"公制火警设备主体.rft"创建火警设备族。

3.4.26 电话设备

Revit 2018 共提供了 2 个族样板用于创建电话设备族，见表 3-109。

表 3-109　　　　　　　　"电话设备"族系统自带族样板说明

族类别	系统自带族样板	样板类型	备　注
电话设备	公制电话设备.rft	专用样板	创建电话设备构件
	公制电话设备主体.rft	专用样板	

1. "公制电话设备.rft"

（1）系统参数。该族样板文件并未设置相关预设参数。

（2）预设参照平面。打开楼层平面视图，发现已有两条已经预设好的参照平面，见图 3-473。为保证族的后续使用，最好不要随意删减。

（3）"公制电话设备.rft"与"公制常规模型.rft"的区别。打开 Revit 2018 自带的族样板文件"公制电话设备.rft"与"公制常规模型.rft"，发现两者是一样的，见图 3-474 和图 3-475。

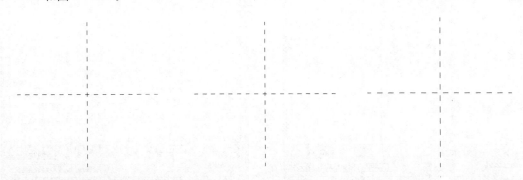

图 3-473　"公制电话设备.rft"　　图 3-474　"公制电话　　图 3-475　"公制常规
的楼层平面视图　　　　　　设备.rft"　　　　　　模型.rft"

表 3-110　　　　　"公制电话设备.rft"与"公制常规模型.rft"对比分析

项　目	公制电话设备.rft	公制常规模型.rft	备　注
族类别	电话设备	常规模型	使用"公制电话设备.rft"样板建电话设备族后，将族载入项目中时，可自动在项目浏览器中对该族进行正确的分类，方便后期的使用与管理

续表

项　目	公制电话设备 . rft	公制常规模型 . rft	备　注
系统参数	见图 3 - 476	见图 3 - 477	"公制电话设备 . rft"与"公制常规模型 . rft"一样,并未增添其他系统参数
预设构件	—	—	"公制电话设备 . rft"与"公制常规模型 . rft"一样,并未增添相关预设构件
预设参照平面	仅有两个用于定义族原点的参照平面	仅有两个用于定义族原点的参照平面	"公制电话设备 . rft"与"公制常规模型 . rft"一样,并未增添其他参照平面
特殊视图名称	仅有常规的"前、后、左、右"四个立面视图	仅有常规的"前、后、左、右"四个立面视图	"公制电话设备 . rft"与"公制常规模型 . rft"一样,并未增添其他特殊视图
属性	增加电气工程、标识数据等属性见图 3 - 478	增加结构等属性见图 3 - 479	"公制电话设备 . rft"与"公制常规模型 . rft"相比而言专门设置了电话设备族相关的属性

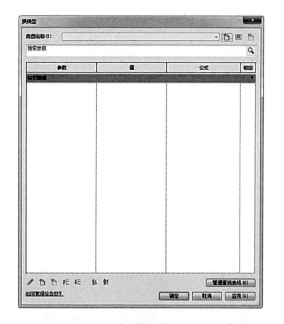
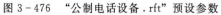

图 3 - 476　"公制电话设备 . rft"预设参数

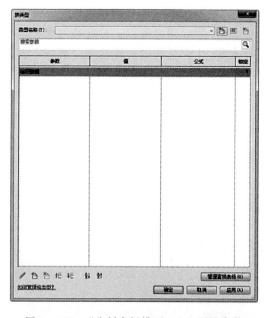

图 3 - 477　"公制常规模型 . rft"预设参数

总结:

大体上,"公制电话设备 . rft"与"公制常规模型 . rft"主要在属性方面有所不同。当需要建电话设备族时,虽"公制常规模型 . rft"与"公制电话设备 . rft"均可使用,但使用"公制电话设备 . rft"可对后期的建族过程提供较多便利,故还是建议选择"公制电话设备 . rft"创建电话设备族。

2. "公制电话设备主体 . rft"

(1) 系统参数。该样板中预设的族参数及简要说明,见表 3 - 111。

图 3-478 "公制电话
设备.rft"属性栏

图 3-479 "公制常规
模型.rft"属性栏

表 3-111 "公制电话设备主体.rft"预设参数说明

分类	族参数	系统默认值
约束	默认高程	1200

（2）预设构件。"公制电话设备主体.rft"预设了一个基本的立方形主体，该主体的建成使用了"拉伸"命令，用户可在此基础上根据自己的需求进行相关的编辑，见图 3-480。

（3）预设参照平面。打开楼层平面视图，发现两条已经预设好的参照平面，用来定义拉伸构件的尺寸，见图 3-481。为保证族的后续使用，最好不要随意删减。

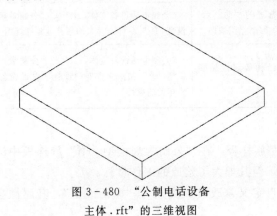

图 3-480 "公制电话设备
主体.rft"的三维视图

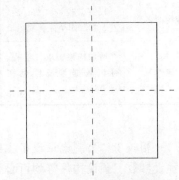

图 3-481 "公制电话设备
主体.rft"的楼层平面视图

（4）"公制电话设备主体.rft"与"公制常规模型.rft"的区别。打开 Revit 2018 自带的族样板文件"公制电话设备主体.rft"与"公制常规模型.rft"，见图 3-482 和图 3-483。

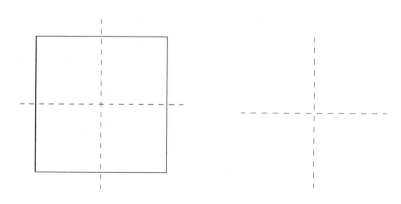

图 3-482　"公制电话设备主体.rft"　　　图 3-483　"公制常规模型.rft"

表 3-112　　　　"公制电话设备主体.rft"与"公制常规模型.rft"对比分析

项　目	公制电话设备主体.rft	公制常规模型.rft	备　注
族类别	电话设备	常规模型	使用"公制电话设备主体.rft"样板建电话设备族后，将族载入项目中时，可自动在项目浏览器中对该族进行正确的分类，方便后期的使用与管理
系统参数	增加默认高程参数，见图 3-484	见图 3-485	在"公制电话设备主体.rft"中预设的参数为之后的建族工作提供了不小便利
预设构件	一个立方形主体	—	在"公制电话设备主体.rft"中预设的立方形主体为建电话设备族时的基础构件，用户可自行更改其尺寸
预设参照平面	仅有两个用于定义族原点的参照平面	仅有两个用于定义族原点的参照平面	"公制电话设备主体.rft"与"公制常规模型.rft"一样，并未增添其他参照平面
特殊视图名称	仅有常规的"前、后、左、右"四个立面视图	仅有常规的"前、后、左、右"四个立面视图	"公制电话设备主体.rft"与"公制常规模型.rft"一样，并未增添其他特殊视图
属性	增加约束、电气工程、标识数据等属性见图 3-486	增加结构等属性见图 3-487	"公制电话设备主体.rft"与"公制常规模型.rft"相比而言专门设置了电话设备族相关的属性

总结：

（1）相较于"公制电话设备主体.rft"族样板，在"公制常规模型.rft"族样板中缺少的预设参数、预设构件等均可自行添加，但其加大了建族的工作量。

（2）在"公制常规模型.rft"中亦可自定义修改其族类别为"电话设备"，其属性会随之改变，但预设构件等不会自动更改。

图 3－484　"公制电话设备主体.rft"预设参数

图 3－485　"公制常规模型.rft"预设参数

图 3－486　"公制电话设备主体.rft"属性栏　　　图 3－487　"公制常规模型.rft"属性栏

综上所述，当需要建电话设备族时，虽"公制常规模型.rft"与"公制电话设备主体.rft"均可使用，但使用"公制电话设备主体.rft"可对后期的建族过程提供较多便利，故还是建议选择"公制电话设备主体.rft"创建电话设备族。

3.4.27　电气设备

Revit 2018 共提供了 1 个族样板用于创建电气设备族，见表 3－113。

表 3-113　　　　　　　　　　"电气设备"族系统自带族样板说明

族类别	系统自带族样板	样板类型	备　注
电气设备	公制电气设备.rft	独立样板	创建电气设备构件

1. "公制电气设备.rft"

（1）系统参数。该样板设置了许多族参数，但并未规定其系统默认值，见图 3-488。

（2）预设参照平面。打开楼层平面视图，发现已有两条已经预设好的参照平面，见图 3-489。为保证族的后续使用，最好不要随意删减。

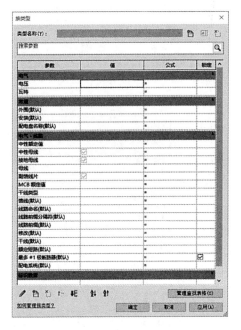

图 3-488　"公制电气设备.rft"预设参数　　图 3-489　"公制电气设备.rft"的楼层平面视图

（3）"公制电气设备.rft"与"公制常规模型.rft"的区别。打开 Revit 2018 自带的族样板文件"公制电气设备.rft"与"公制常规模型.rft"，发现两者是一样的，见图 3-490 和图 3-491。

图 3-490　"公制电气设备.rft"　　　　　图 3-491　"公制常规模型.rft"

表 3-114　"公制电气设备.rft"与"公制常规模型.rft"对比分析

项　目	公制电气设备.rft	公制常规模型.rft	备　注
族类别	电气设备	常规模型	使用"公制电气设备.rft"样板建电气设备族后,将族载入项目中时,可自动在项目浏览器中对该族进行正确的分类,方便后期的使用与管理
系统参数	设置了多个预设参数,见图 3-492	见图 3-493	在"公制电气设备.rft"中预设的大量参数为之后的建族工作提供了不小便利
预设构件	—	—	"公制电气设备.rft"与"公制常规模型.rft"一样,并未增添相关预设构件
预设参照平面	仅有两个用于定义族原点的参照平面	仅有两个用于定义族原点的参照平面	"公制电气设备.rft"与"公制常规模型.rft"一样,并未增添其他参照平面
特殊视图名称	仅有常规的"前、后、左、右"四个立面视图	仅有常规的"前、后、左、右"四个立面视图	"公制电气设备.rft"与"公制常规模型.rft"一样,并未增添其他特殊视图
属性	增加电气工程(配电盘配置)、机械、标识数据等属性见图 3-494	增加结构等属性见图 3-495	"公制电气设备.rft"与"公制常规模型.rft"相比而言专门设置了电气设备族相关的属性

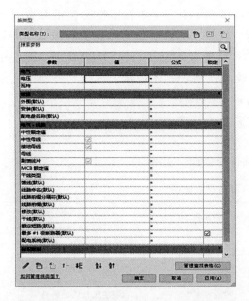

图 3-492　"公制电气设备.rft"预设参数

图 3-493　"公制常规模型.rft"预设参数

图 3-494 "公制电气设备.rft"属性栏

图 3-495 "公制常规模型.rft"属性栏

总结：

大体上，"公制电气设备.rft"与"公制常规模型.rft"主要在属性和预设参数方面有所不同，"公制电气设备.rft"在这两方面专门设置了与电气设备族相关的内容。当需要建电气设备族时，虽"公制常规模型.rft"与"公制电气设备.rft"均可使用，但使用"公制电气设备.rft"可对后期的建族过程提供较多便利，故还是建议选择"公制电气设备.rft"创建电气设备族。

3.4.28 风管管件

Revit 2018 共提供了 4 个族样板用于创建风管管件族，见表 3-115。

表 3-115 "风管管件"族系统自带族样板说明

族类别	系统自带族样板	样板类型	备 注
风管管件	公制风管 T 形三通.rft	独立样板	创建风管 T 形三通构件
	公制风管过渡件.rft	独立样板	创建风管过渡件构件
	公制风管四通.rft	独立样板	创建风管四通构件
	公制风管弯头.rft	独立样板	创建风管弯头构件

1. "公制风管 T 形三通 . rft"

（1）系统参数。该样板中预设的族参数及简要说明，见表 3-116。

表 3-116 "公制风管 T 形三通 . rft"预设参数说明

分类	族参数	系统默认值	公式	作 用
尺寸标注	肩部（默认）	25.0mm	—	定义风管 T 形三通的基本参数
	长度 3a（默认）	150.0mm	—	
	长度 3（默认）	175.0mm	＝长度 3a＋肩部	
	长度 1a（默认）	150.0mm	—	
	长度 1（默认）	175.0mm	＝长度 1a＋肩部	
机械	内衬厚度（默认）	0mm	—	
	隔热层厚度（默认）	0mm	—	

（2）预设构件。打开"公制风管 T 形三通 . rft"后可以看到，族样板文件在参照平面的基础上建立了三条模型线，形成 T 形形状，以此作为"公制风管 T 形三通 . rft"的雏形，见图 3-496。用户可在此基础上根据需求进行相关的编辑。

（3）预设参照平面。打开楼层平面视图，有 5 条已经预设好的参照平面，其"是参照"属性皆为非参照，见图 3-497。其中，用于对"长度 1"进行定义的是参照平面（左、右），用于对"长度 3"进行定义的是参照平面（前、后）。它们都是用于设置"公制风管 T 形三通 . rft"尺寸方面的相关参数。为保证族的后续使用，最好不要随意删减。

图 3-496 "公制风管 T 形三通 . rft"的
三维视图

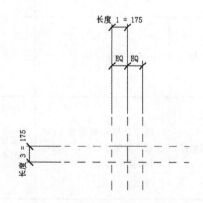

图 3-497 "公制风管 T 形三通 . rft"的
楼层平面视图

"公制风管 T 形三通 . rft"与"公制常规模型 . rft"的区别。打开 Revit 2018 自带的族样板文件"公制风管 T 形三通 . rft"与"公制常规模型 . rft"，见图 3-498 和图 3-499。

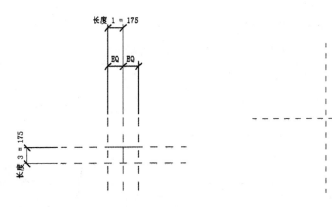

　　图 3-498　　"公制风管 T 形三通 . rft"　　　　图 3-499　　"公制常规模型 . rft"

表 3-117　　　"公制风管 T 形三通 . rft"与"公制常规模型 . rft"对比分析

项　　目	公制风管 T 形三通 . rft	公制常规模型 . rft	备　　注
族类别	风管管件	常规模型	使用"公制风管 T 形三通 . rft"样板建风管管件族后,将族载入项目中时,可自动在项目浏览器中对该族进行正确的分类,方便后期的使用与管理
系统参数	增加大量预设参数,见图 3-500	见图 3-501	在"公制风管 T 形三通 . rft"中预设的大量参数为之后的建族工作提供了不小便利
预设构件	3 条模型线	—	在"公制风管 T 形三通 . rft"中预设的模型线构建了风管 T 形三通构件的雏形,为之后的建族工作提供了便利
预设参照平面	除"公制常规模型 . rft"已有的参照平面外,另增加 3 个参照平面	仅有两个用于定义族原点的参照平面	在"公制风管 T 形三通 . rft"中预设的参照平面(左、右)用于对"长度 1"进行定义,而参照平面(前、后)用于对"长度 3"进行定义,其"是参照"属性皆为非参照
特殊视图名称	仅有常规的"前、后、左、右"4 个立面视图	仅有常规的"前、后、左、右"4 个立面视图	"公制风管 T 形三通 . rft"与"公制常规模型 . rft"一样,并未增添其他特殊视图
属性	增加机械、标识数据等属性,见图 3-502	增加结构、机械(零件类型)、其他(基于工作平面)等属性见图 3-503	"公制风管 T 形三通 . rft"与"公制常规模型 . rft"相比而言专门设置了风管管件族相关的属性

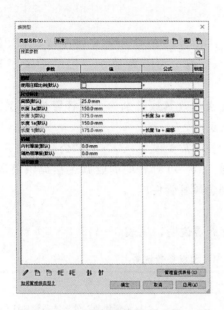

图 3－500 "公制风管 T 形三通．rft"
预设参数

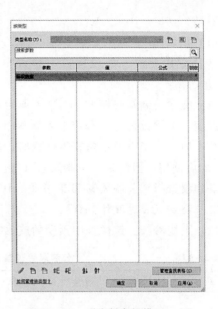

图 3－501 "公制常规模型．rft"
预设参数

图 3－502 "公制风管 T 形三通．rft"
属性栏

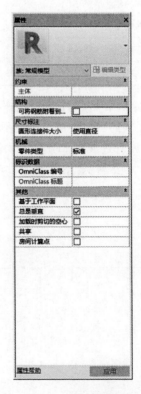

图 3－503 "公制常规模型．rft"
属性栏

总结：

（1）相较于"公制风管 T 形三通 .rft"族样板，在"公制常规模型 .rft"族样板中缺少的预设参数、预设构件、预设参照平面等均可自行添加，但其加大了建族的工作量。

（2）在"公制常规模型 .rft"中亦可自定义修改其族类别为"风管管件"，其属性会随之改变，但预设构件、参照平面等不会自动更改。

综上所述，当需要建风管管件族时，虽"公制常规模型 .rft"与"公制风管 T 形三通 .rft"均可使用，但使用"公制风管 T 形三通 .rft"可对后期的建族过程提供较多便利，故还是建议选择"公制风管 T 形三通 .rft"创建风管管件族。

2."公制风管过渡件 .rft"

（1）系统参数。该样板中预设的族参数及简要说明，见表 3－118。

表 3－118　　　　　　　　"公制风管过渡件 .rft"预设参数说明

分类	族参数	系统默认值/mm	作　用
图形	使用注释比例（默认）	—	指定管件和附件将按照管件注释尺寸参数指定的尺寸进行绘制
尺寸标注	偏移高度（默认）	300	定义风管过渡件的基本参数
	偏移宽度（默认）	300	
机械	内衬厚度（默认）	0	
	隔热层厚度（默认）	0	

（2）预设参照平面。打开楼层平面视图，有多条已经预设好的参照平面，见图 3－504。为保证族的后续使用，最好不要随意删减。

（3）"公制风管过渡件 .rft"与"公制常规模型 .rft"的区别。打开 Revit 2018 自带的族样板文件"公制风管过渡件 .rft"与"公制常规模型 .rft"，见图 3－505 和图 3－506。

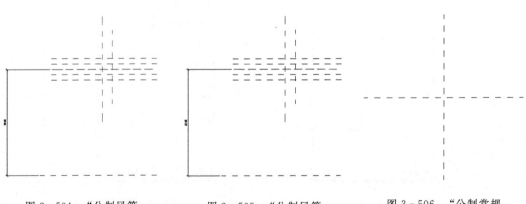

图 3－504　"公制风管过渡件 .rft"的楼层平面视图　　　图 3－505　"公制风管过渡件 .rft"　　　图 3－506　"公制常规模型 .rft"

表 3 – 119　　　　　　"公制风管过渡件.rft"与"公制常规模型.rft"对比分析

项　目	公制风管过渡件.rft	公制常规模型.rft	备　注
族类别	风管管件	常规模型	使用"公制风管过渡件.rft"样板建风管管件族后，将族载入项目中时，可自动在项目浏览器中对该族进行正确的分类，方便后期的使用与管理
系统参数	增加一些预设参数，见图 3 – 507	见图 3 – 508	在"公制风管过渡件.rft"中预设的一些参数为之后的建族工作提供了不小便利
预设构件	—	—	"公制风管过渡件.rft"与"公制常规模型.rft"一样，并未增添相关预设构件
预设参照平面	除"公制常规模型.rft"已有的参照平面外，另增加 6 条参照平面	仅有两个用于定义族原点的参照平面	"公制风管过渡件.rft"中预设的这些参照平面为之后要建的族尺寸边界进行定义
特殊视图名称	仅有常规的"前、后、左、右"四个立面视图	仅有常规的"前、后、左、右"四个立面视图	"公制风管过渡件.rft"与"公制常规模型.rft"一样，并未增添其他特殊视图
属性	增加机械（零件类型）、标识数据等属性见图 3 – 509	增加结构、机械（零件类型）、其他（基于工作平面）等属性见图 3 – 510	"公制风管过渡件.rft"与"公制常规模型.rft"相比而言专门设置了风管管件族相关的属性

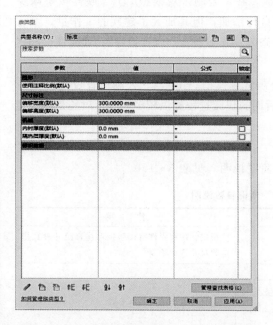

图 3 – 507　"公制风管过渡件.rft"预设参数

图 3 – 508　"公制常规模型.rft"预设参数

图 3 - 509　"公制风管
过渡件 . rft"属性栏

图 3 - 510　"公制常规
模型 . rft"属性栏

总结：

（1）相较于"公制风管过渡件 . rft"族样板，在"公制常规模型 . rft"族样板中缺少的预设参数、预设构件、预设参照平面等均可自行添加，但其加大了建族的工作量。

（2）在"公制常规模型 . rft"中亦可自定义修改其族类别为"风管管件"，其属性会随之改变，但预设构件、参照平面等不会自动更改。

综上所述，当需要建风管管件族时，虽"公制常规模型 . rft"与"公制风管过渡件 . rft"均可使用，但使用"公制风管过渡件 . rft"可对后期的建族过程提供较多便利，故还是建议选择"公制风管过渡件 . rft"创建风管管件族。

3．"公制风管四通 . rft"

（1）系统参数。该样板中预设的族参数及简要说明，见表 3 - 120。

表 3 - 120　　　　　　　　　　"公制风管四通 . rft"预设参数说明

分类	族参数	系统默认值/mm	作　用
图形	使用注释比例（默认）	—	指定管件和附件将按照管件注释尺寸参数指定的尺寸进行绘制
尺寸标注	肩部（默认）	75	定义风管四通的基本参数
	长度 3（默认）	225	
	长度 1（默认）	225	
机械	内衬厚度（默认）	0	
	隔热层厚度（默认）	0	

（2）预设构件。打开"公制风管四通.rft"后可以看到，族样板文件在参照平面的基础上建立了4条参照线，以此作为"公制风管四通.rft"的雏形，见图3-511。用户可在此基础上根据自己的需求进行相关的编辑。

（3）预设参照平面。打开楼层平面视图，有6个已经预设好的参照平面，其中，除了参照平面（左、右）和参照平面（前、后）的"是参照"属性分别为"中心（左/右）"和"中心（前/后）"，其余参照平面的"是参照"属性为"弱参照"。见图3-512。其中，用于对"长度1"进行定义的是竖向的3个参照平面，用于对"长度3"进行定义的是横向的3个参照平面。它们都是用于设置"公制风管四通.rft"尺寸方面的相关参数。为保证族的后续使用，最好不要随意删减。

图3-511 "公制风管四通.rft"的
三维视图

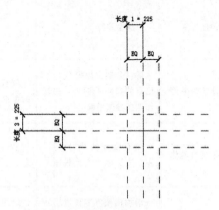

图3-512 "公制风管四通.rft"的
楼层平面视图

（4）"公制风管四通.rft"与"公制常规模型.rft"的区别。打开Revit 2018自带的族样板文件"公制风管四通.rft"与"公制常规模型.rft"，见图3-513和图3-514。

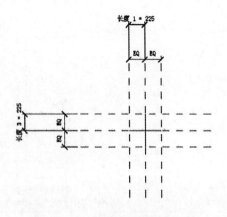

图3-513 "公制风管四通.rft"

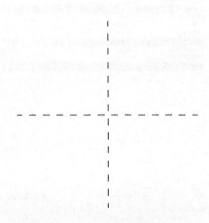

图3-514 "公制常规模型.rft"

表 3-121　　　　　　 "公制风管四通.rft"与 "公制常规模型.rft"对比分析

项　　目	公制风管四通.rft	公制常规模型.rft	备　　注
族类别	风管管件	常规模型	使用 "公制风管四通.rft"样板建风管管件族后,将族载入项目中时,可自动在项目浏览器中对该族进行正确的分类,方便后期的使用与管理
系统参数	增加一些预设参数,见图 3-515	见图 3-516	在 "公制风管四通.rft"中预设的一些参数为之后的建族工作提供了不小便利
预设构件	4 条参照线	—	在 "公制风管四通.rft"中预设的参照线构建了风管四通构件的雏形,为之后的建族工作提供了便利
预设参照平面	除 "公制常规模型.rft"已有的参照平面外,另增加四条参照平面	仅有两个用于定义族原点的参照平面	"公制风管四通.rft"中预设的这些参照平面为之后要建的族尺寸边界进行定义
特殊视图名称	仅有常规的 "前、后、左、右"四个立面视图	仅有常规的 "前、后、左、右"四个立面视图	"公制风管四通.rft"与 "公制常规模型.rft"一样,并未增添其他特殊视图
属性	增加机械(零件类型)、标识数据等属性见图 3-517	增加结构、机械(零件类型)、其他(基于工作平面)等属性见图 3-518	"公制风管四通.rft"与 "公制常规模型.rft"相比而言专门设置了风管管件族相关的属性

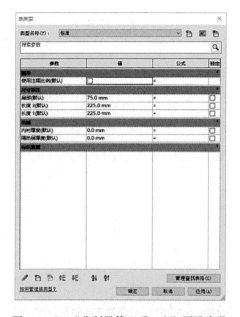

图 3-515　 "公制风管四通.rft"预设参数

图 3-516　 "公制常规模型.rft"预设参数

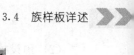

图 3-517 "公制风管四通.rft"属性栏

图 3-518 "公制常规模型.rft"属性栏

总结：

（1）相较于"公制风管四通.rft"族样板，在"公制常规模型.rft"族样板中缺少的预设参数、预设构件、预设参照平面等均可自行添加，但其加大了建族的工作量。

（2）在"公制常规模型.rft"中亦可自定义修改其族类别为"风管管件"，其属性会随之改变，但预设构件、参照平面等不会自动更改。

综上所述，当需要建风管管件族时，虽"公制常规模型.rft"与"公制风管四通.rft"均可使用，但使用"公制风管四通.rft"可对后期的建族过程提供较多便利，故还是建议选择"公制风管四通.rft"创建风管管件族。

4. "公制风管弯头.rft"

（1）系统参数。该样板中预设的族参数及简要说明，见表3-122。

表 3-122　　　　　　　　"公制风管弯头.rft"预设参数说明

分类	族参数	系统默认值	公　式	作　用
图形	使用注释比例（默认）	—	—	指定管件和附件将按照管件注释尺寸参数指定的尺寸进行绘制
尺寸标注	中心半径（默认）	450mm	—	定义风管弯头的基本参数
	角度（默认）	45°	—	
	长度1（默认）	186.4mm	＝中心半径×tan（角度/2）	
机械	内衬厚度（默认）	0mm	—	
	隔热层厚度（默认）	0mm	—	

（2）预设构件。打开"公制风管弯头.rft"后可以看到，族样板文件在参照平面的基础上建立了五条参照线，以此作为"公制风管弯头.rft"的雏形，见图 3-519。用户可在此基础上根据自己的需求进行相关的编辑。

（3）预设参照平面。打开该族样板楼层平面视图，可以看到该族样板已经预设了 4个参照平面，同时有 4 个已预设好的参数，见图 3-520。读者可以根据自己的需求，创建不同角度的风管弯头。值得注意的是：长度 1 是根据角度变化而自动变化，其作用是弯头连接两端风管时，保证两端风管与弯头保持相切，中心半径指风管弯头距离旋转中心的距离；同时 4 个参照平面都已锁定，无法解锁，其"是参照"属性都设置为非参照。在族类型参数中如果设计者无须在风管内设置隔热层，则可以删除内衬厚度和隔热层厚度。

图 3-519　"公制风管弯头.rft"的
三维视图

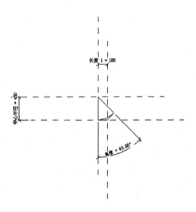

图 3-520　"公制风管弯头.rft"的
楼层平面视图

"公制风管弯头.rft"与"公制常规模型.rft"的区别。打开 Revit 2018 自带的族样板文件"公制风管弯头.rft"与"公制常规模型.rft"，见图 3-521 和图 3-522。

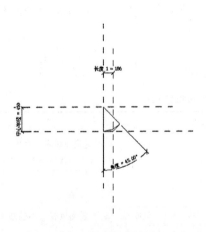

图 3-521　"公制风管弯头.rft"

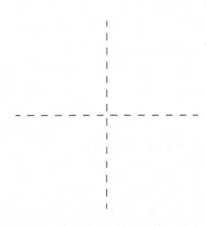

图 3-522　"公制常规模型.rft"

表 3 – 123 公制风管弯头.rft" 与 "公制常规模型.rft" 对比分析

项　目	公制风管弯头.rft	公制常规模型.rft	备　注
族类别	风管管件	常规模型	使用"公制风管弯头.rft"样板建风管管件族后,将族载入项目中时,可自动在项目浏览器中对该族进行正确的分类,方便后期的使用与管理
系统参数	增加一些预设参数,见图 3 – 523	见图 3 – 524	在"公制风管弯头.rft"中预设的一些参数为之后的建族工作提供了不小便利
预设构件	5 条参照线	—	在"公制风管弯头.rft"中预设的参照线为之后的建族工作提供了便利
预设参照平面	除"公制常规模型.rft"已有的参照平面外,另增加两条参照平面。	仅有两个用于定义族原点的参照平面	"公制风管弯头.rft"中预设的这些参照平面为之后要建的族尺寸边界进行定义
特殊视图名称	仅有常规的"前、后、左、右"四个立面视图	仅有常规的"前、后、左、右"四个立面视图	"公制风管弯头.rft"与"公制常规模型.rft"一样,并未增添其他特殊视图
属性	增加机械（零件类型）、标识数据等属性见图 3 – 525	增加结构、机械（零件类型）、其他（基于工作平面）等属性见图 3 – 526	"公制风管弯头.rft"与"公制常规模型.rft"相比而言专门设置了风管管件族相关的属性

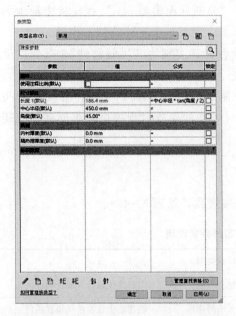

图 3 – 523　"公制风管弯头.rft"预设参数

图 3 – 524　"公制常规模型.rft"预设参数

图 3-525   "公制风管
弯头.rft"属性栏

图 3-526   "公制常规
模型.rft"属性栏

总结：

（1）相较于"公制风管弯头.rft"族样板，在"公制常规模型.rft"族样板中缺少的预设参数、预设构件、预设参照平面等均可自行添加，但其加大了建族的工作量。

（2）在"公制常规模型.rft"中亦可自定义修改其族类别为"风管管件"，其属性会随之改变，但预设构件、参照平面等不会自动更改。

综上所述，当需要建风管管件族时，虽"公制常规模型.rft"与"公制风管弯头.rft"均可使用，但使用"公制风管弯头.rft"可对后期的建族过程提供较多便利，故还是建议选择"公制风管弯头.rft"创建风管管件族。

3.4.29   电气装置

Revit 2018 共提供了 3 个族样板用于创建电气装置族，见表 3-124。

表 3-124 　　　　　　　　"电气装置.rft"族系统自带族样板说明

族类别	系统自带族样板	样板类型	备　　注
电气装置	公制电气装置.rft	独立样板	创建普通电气装置构件
	基于墙的公制电气装置.rft	基于墙的样板	创建基于墙的电气装置构件
	基于天花板的公制电气装置.rft	基于天花板的样板	创建基于天花板的电气装置构件

1. "公制电气装置.rft"

（1）系统参数。该族样板文件并未设置相关预设参数。

（2）预设参照平面。打开楼层平面视图，发现已有两条已经预设好的参照平面，见图 3-527。为保证族的后续使用，最好不要随意删减。

（3）"公制电气装置.rft"与"公制常规模型.rft"的区别。打开 Revit 2018 自带的族样板文件"公制电气装置.rft"与"公制常规模型.rft"，发现两者是一样的，见图 3-528 和图 3-529。

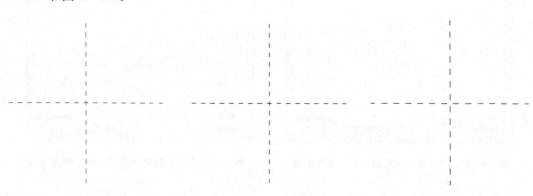

图 3-527 "公制电气装置.rft"的楼层平面视图   图 3-528 "公制电气装置.rft"   图 3-529 "公制常规模型.rft"

表 3-125   "公制电气装置.rft"与"公制常规模型.rft"对比分析

项　目	公制电气装置.rft	公制常规模型.rft	备　注
族类别	电气装置	常规模型	使用"公制电气装置.rft"样板建电气装置族后，将族载入项目中时，可自动在项目浏览器中对该族进行正确的分类，方便后期的使用与管理
系统参数	见图 3-530	见图 3-531	"公制电气装置.rft"与"公制常规模型.rft"一样，并未增添其他系统参数
预设构件	—	—	"公制电气装置.rft"与"公制常规模型.rft"一样，并未增添相关预设构件
预设参照平面	仅有两个用于定义族原点的参照平面	仅有两个用于定义族原点的参照平面	"公制电气装置.rft"与"公制常规模型.rft"一样，并未增添其他参照平面
特殊视图名称	仅有常规的"前、后、左、右"四个立面视图	仅有常规的"前、后、左、右"四个立面视图	"公制电气装置.rft"与"公制常规模型.rft"一样，并未增添其他特殊视图
属性	增加电气工程、标识数据等属性见图 3-532	增加结构等属性见图 3-533	"公制电气装置.rft"与"公制常规模型.rft"相比而言专门设置了电气装置族相关的属性

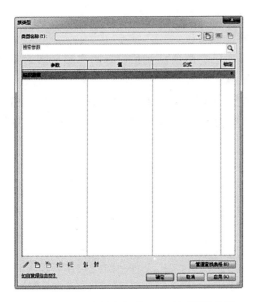
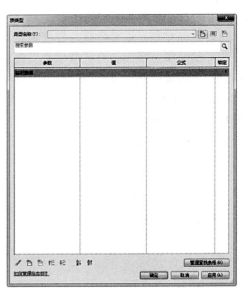

图 3-530　"公制电气装置.rft"预设参数　　　　图 3-531　"公制常规模型.rft"预设参数

图 3-532　"公制电气装置.rft"
属性栏

图 3-533　"公制常规模型.rft"
属性栏

总结：

大体上，"公制电气装置.rft"与"公制常规模型.rft"主要在属性方面有所不同。当需要建电气装置族时，虽"公制常规模型.rft"与"公制电气装置.rft"均可使用，但使用"公制电气装置.rft"可对后期的建族过程提供较多便利，故还是建议选择"公制电气装置.rft"创建火警设备族。

2. "基于墙的公制电气装置.rft"

（1）系统参数。该族样板文件并未设置相关预设参数。

（2）预设构件。由于该"基于墙的公制电气装置.rft"是基于墙的样板，所以在打开"基于墙的公制电气装置.rft"后可以看到，族样板文件中已经预设了"墙"这一主体图元，见图 3-534。主体墙长的预设值为 4000mm，在实际创建中，用户可根据需要调整。

（3）预设参照平面。打开楼层平面视图，发现已有两条已经预设好的参照平面，见图 3-535。其中横向的未命名参照平面的"是参照"属性为"非参照"。为保证族的后续使用，最好不要随意删减。

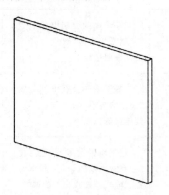

图 3-534 "基于墙的公制电气
装置.rft"的三维视图

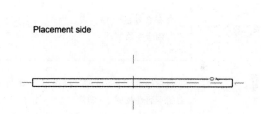

图 3-535 "基于墙的公制电气
装置.rft"的楼层平面视图

（4）"基于墙的公制电气装置.rft"与"公制常规模型.rft"的区别。打开 Revit 2018 自带的族样板文件"基于墙的公制电气装置.rft"与"公制常规模型.rft"，见图 3-536 和图 3-537。

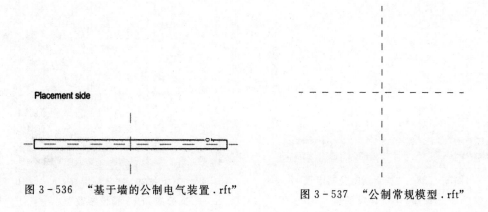

图 3-536 "基于墙的公制电气装置.rft"

图 3-537 "公制常规模型.rft"

表 3 - 126　　"基于墙的公制电气装置 . rft" 与 "公制常规模型 . rft" 对比分析

项　目	基于墙的公制电气装置 . rft	公制常规模型 . rft	备　注
族类别	电气装置	常规模型	使用 "基于墙的公制电气装置 . rft" 样板建电气装置族后，将族载入项目中时，可自动在项目浏览器中对该族进行正确的分类，方便后期的使用与管理
系统参数	见图 3 - 538	见图 3 - 539	"基于墙的公制电气装置 . rft" 与 "公制常规模型 . rft" 一样，并未增添其他系统参数
预设构件	墙	—	在 "基于墙的公制电气装置 . rft" 中预设的墙为建基于墙的公制电气装置时的常用构件，并且均可自行更改其尺寸
预设参照平面	仅有两个用于定义族原点的参照平面	仅有两个用于定义族原点的参照平面	"基于墙的公制电气装置 . rft" 与 "公制常规模型 . rft" 一样，并未增添其他参照平面
特殊视图名称	仅有常规的 "前、后、左、右" 四个立面视图	仅有常规的 "前、后、左、右" 四个立面视图	"基于墙的公制电气装置 . rft" 与 "公制常规模型 . rft" 一样，并未增添其他特殊视图
属性	增加约束、电气工程、标识数据等属性见图 3 - 540	增加结构等属性见图 3 - 541	"基于墙的公制电气装置 . rft" 与 "公制常规模型 . rft" 相比而言专门设置了电气装置族相关的属性

图 3 - 538　"基于墙的公制电气
装置 . rft" 预设参数

图 3 - 539　"公制常规
模型 . rft" 预设参数

图 3-540 "基于墙的公制电气
装置.rft"属性栏

图 3-541 "公制常规
模型.rft"属性栏

总结：

大体上，"基于墙的公制电气装置.rft"与"公制常规模型.rft"主要在属性以及预设构件方面有所不同。当需要建电气装置族时，虽"公制常规模型.rft"与"基于墙的公制电气装置.rft"均可使用，但使用"基于墙的公制电气装置.rft"可对后期的建族过程提供较多便利，故还是建议选择"基于墙的公制电气装置.rft"创建电气装置族。

3. "基于天花板的公制电气装置.rft"

(1) 系统参数。该族样板文件并未设置相关预设参数。

(2) 预设构件。由于该"基于天花板的公制电气装置.rft"是基于天花板的样板，所以在打开"基于天花板的公制电气装置.rft"后可以看到，族样板文件中已经预设了"天花板"这一主体图元，见图 3-542。基本天花板为正方形，边长的预设值为 3048mm，在实际创建中，用户可根据需要调整。

(3) 预设参照平面。打开天花板平面视图，发现仅有两个用于定义族原点的参照平面，见图 3-543。

(4) "基于天花板的公制电气装置.rft"与"公制常规模型.rft"的区别。打开 Revit 2018 自带的族样板文件"基于天花板的公制电气装置.rft"与"公制常规模型.rft"，见图 3-544 和图 3-545。

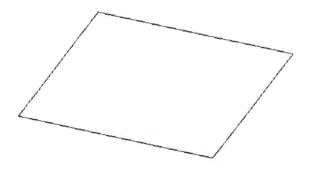

图 3-542 "基于天花板的公制电气装置.rft"的
三维视图

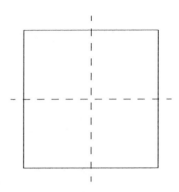

图 3-543 "基于天花板的公制电气
装置.rft"的天花板平面视图

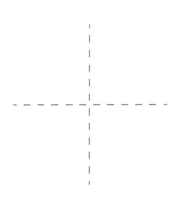

图 3-544 "基于天花板的公制电气装置.rft"

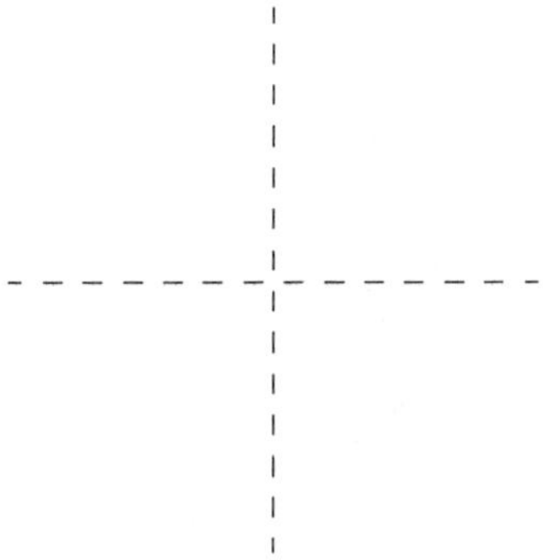

图 3-545 "公制常规模型.rft"

表 3-127 "基于天花板的公制电气装置.rft"与"公制常规模型.rft"对比分析

项 目	基于天花板的公制 电气装置.rft	公制常规模型.rft	备 注
族类别	电气装置	常规模型	使用"基于天花板的公制电气装置.rft"样板建电气装置族后,将族载入项目中时,可自动在项目浏览器中对该族进行正确的分类,方便后期的使用与管理
系统参数	见图 3-546	见图 3-547	"基于天花板的公制电气装置.rft"与"公制常规模型.rft"一样,并未增添其他系统参数
预设构件	天花板	—	在"基于天花板的公制电气装置.rft"中预设的天花板为建电气装置族时的常用构件,并且可自行更改其尺寸
预设参照平面	仅有两个用于定义族原点的参照平面	仅有两个用于定义族原点的参照平面	"基于天花板的公制电气装置.rft"与"公制常规模型.rft"一样,并未增添其他参照平面
特殊视图名称	仅有常规的"前、后、左、右"四个立面视图	仅有常规的"前、后、左、右"四个立面视图	"基于天花板的公制电气装置.rft"与"公制常规模型.rft"一样,并未增添其他特殊视图
属性	增加约束、电气工程、标识数据等属性见图 3-548	增加结构等属性见图 3-549	"基于天花板的公制电气装置.rft"与"公制常规模型.rft"相比而言专门设置了电气装置族相关的属性

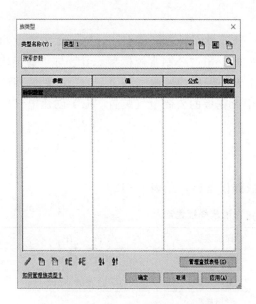

图 3-546 "基于天花板的公制电气
装置.rft"预设参数

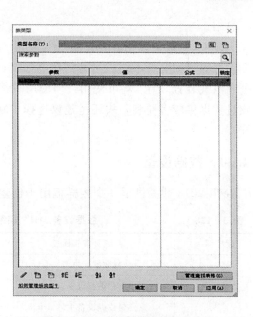

图 3-547 "公制常规模型.rft"
预设参数

图 3-548 "基于天花板的公制
电气装置.rft"属性栏

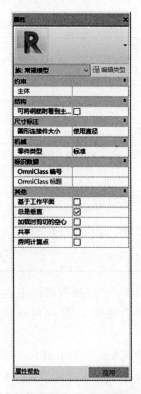

图 3-549 "公制常规
模型.rft"属性栏

总结：

大体上，"基于天花板的公制电气装置.rft"与"公制常规模型.rft"主要在属性和预设构件等方面有所不同。当需要建电气装置族时，虽"公制常规模型.rft"与"基于墙的公制电气装置.rft"均可使用，但使用"基于天花板的公制电气装置.rft"可对后期的建族过程提供较多便利，故还是建议选择"基于天花板的公制电气装置.rft"创建电气装置族。

3.4.30　数据设备

Revit 2018 共提供了 3 个族样板用于创建数据设备族，见表 3－128。

表 3－128　　　　　　　　　　　"数据设备.rft"族系统自带族样板说明

族类别	系统自带族样板	样板类型	备　　注
数据设备	公制数据配电盘.rft	专用样板	创建普通门构件
	公制数据设备.rft	专用样板	创建用于幕墙的门构件
	公制数据设备主体.rft	专用样板	—

1. "公制数据配电盘.rft"

（1）系统参数。该样板中预设的族参数及简要说明，见表 3－129。

表 3－129　　　　　　　　　　　"公制数据配电盘.rft"预设参数说明

分类	族参数	系统默认值
约束	默认高程	1200
电气	电压	—
	瓦特	—
常规	外围（默认）	—
	安装（默认）	—
	配电盘名称（默认）	—
电气-线路	线路命名（默认）	—
	线路前缀分隔符（默认）	—
	线路前缀（默认）	—
	修改（默认）	—

（2）预设构件。"公制数据配电盘.rft"预设了一个基本的立方形主体，该主体的建成使用了"拉伸"命令，用户可在此基础上根据自己的需求进行相关的编辑，见图 3－550。

（3）预设参照平面。打开楼层平面视图，发现仅有两个用于定义族原点的参照平面，用来定义预设构件的尺寸，见图 3－551。为保证族的后续使用，最好不要随意删减。

（4）"公制数据配电盘.rft"与"公制常规模型.rft"的区别。打开 Revit 2018 自带的族样板文件"公制数据配电盘.rft"与"公制常规模型.rft"，见图 3－552 和图 3－553。

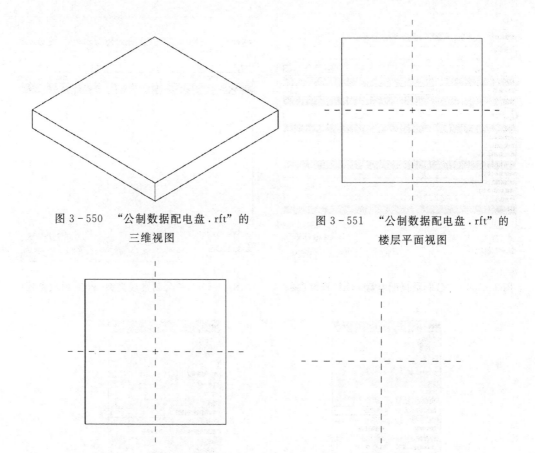

图 3 - 550　"公制数据配电盘.rft"的　　　　图 3 - 551　"公制数据配电盘.rft"的
　　　　　　三维视图　　　　　　　　　　　　　　　　楼层平面视图

图 3 - 552　"公制数据配电盘.rft"　　　　图 3 - 553　"公制常规模型.rft"

表 3 - 130　　　　"公制数据配电盘.rft"与"公制常规模型.rft"对比分析

项　目	公制数据配电盘.rft	公制常规模型.rft	备　注
族类别	数据设备	常规模型	使用"公制数据配电盘.rft"样板建数据设备族后，将族载入项目中时，可自动在项目浏览器中对该族进行正确的分类，方便后期的使用与管理
系统参数	增加默认高程等参数，见图 3 - 554	见图 3 - 555	在"公制数据配电盘.rft"中预设的大量参数为之后的建族工作提供了不小便利
预设构件	一个立方形主体	—	在"公制数据配电盘.rft"中预设的立方形主体为建数据设备族时的基础构件，用户可自行更改其尺寸
预设参照平面	仅有两个用于定义族原点的参照平面	仅有两个用于定义族原点的参照平面	"公制数据配电盘.rft"与"公制常规模型.rft"一样，并未增添其他参照平面
特殊视图名称	仅有常规的"前、后、左、右"四个立面视图	仅有常规的"前、后、左、右"四个立面视图	"公制数据配电盘.rft"与"公制常规模型.rft"一样，并未增添其他特殊视图
属性	增加约束、机械、标识数据等属性见图 3 - 556	增加结构等属性见图 3 - 557	"公制数据配电盘.rft"与"公制常规模型.rft"相比而言专门设置了数据设备族相关的属性

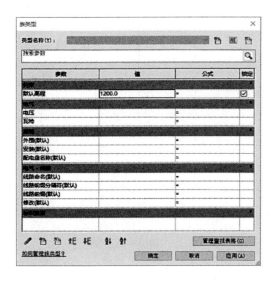

图 3-554　"公制数据配电盘.rft"预设参数

图 3-555　"公制常规模型.rft"预设参数

图 3-556　"公制数据
配电盘.rft"属性栏

图 3-557　"公制常规
模型.rft"属性栏

总结：

（1）相较于"公制数据配电盘.rft"族样板，在"公制常规模型.rft"族样板中缺少的预设参数、预设构件等均可自行添加，但其加大了建族的工作量。

（2）在"公制常规模型.rft"中亦可自定义修改其族类别为"数据设备"，其属性会随之改变，但预设构件等不会自动更改。

综上所述，当需要建数据设备族时，虽"公制常规模型.rft"与"公制数据配电盘.rft"均可使用，但使用"公制数据配电盘.rft"可对后期的建族过程提供较多便利，故还是建议选择"公制数据配电盘.rft"创建数据设备族。

2."公制数据设备.rft"

（1）系统参数。该族样板文件并未设置相关预设参数。

（2）预设参照平面。打开楼层平面视图，发现仅有两个用于定义族原点的参照平面，见图3-558。为保证族的后续使用，最好不要随意删减。

（3）"公制数据设备.rft"与"公制常规模型.rft"的区别。打开 Revit 2018 自带的族样板文件"公制数据设备.rft"与"公制常规模型.rft"，发现两者是一样的，见图3-559 和图3-560。

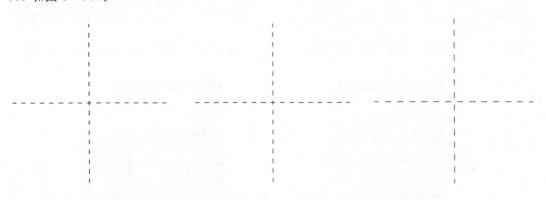

图3-558 "公制数据设备.rft"　　　图3-559 "公制数据　　　图3-560 "公制常规
　的楼层平面视图　　　　　　　　　　设备.rft"　　　　　　　　模型.rft"

表 3-131　　　　　"公制数据设备.rft"与"公制常规模型.rft"对比分析

项　目	公制数据设备.rft	公制常规模型.rft	备　注
族类别	数据设备	常规模型	使用"公制数据设备.rft"样板建数据设备族后，将族载入项目中时，可自动在项目浏览器中对该族进行正确的分类，方便后期的使用与管理
系统参数	见图3-561	见图3-562	"公制数据设备.rft"与"公制常规模型.rft"一样，并未增添其他系统参数
预设构件	—	—	"公制数据设备.rft"与"公制常规模型.rft"一样，并未增添相关预设构件
预设参照平面	仅有两个用于定义族原点的参照平面	仅有两个用于定义族原点的参照平面	"公制数据设备.rft"与"公制常规模型.rft"一样，并未增添其他参照平面
特殊视图名称	仅有常规的"前、后、左、右"四个立面视图	仅有常规的"前、后、左、右"四个立面视图	"公制数据设备.rft"与"公制常规模型.rft"一样，并未增添其他特殊视图
属性	增加电气工程、标识数据等属性见图3-563	增加结构等属性见图3-564	"公制数据设备.rft"与"公制常规模型.rft"相比而言专门设置了数据设备族相关的属性

图 3-561 "公制数据设备.rft"预设参数

图 3-562 "公制常规模型.rft"预设参数

图 3-563 "公制数据
设备.rft"属性栏

图 3-564 "公制常规
模型.rft"属性栏

总结：

大体上，"公制数据设备.rft"与"公制常规模型.rft"主要在属性方面有所不同。当需要建数据设备族时，虽"公制常规模型.rft"与"公制数据设备.rft"均可使用，但使用"公制数据设备.rft"可对后期的建族过程提供较多便利,故还是建议选择"公制数据设备.rft"创建数据设备族。

3. "公制数据设备主体.rft"

(1)系统参数。该样板中预设的族参数及简要说明,见表3-132。

表3-132   "公制数据设备主体.rft"预设参数说明

分类	族参数	系统默认值
约束	默认高程	1200

(2)预设构件。"公制数据设备主体.rft"预设了一个基本的立方形主体,该主体的建成使用了"拉伸"命令,用户可在此基础上根据自己的需求进行相关的编辑,见图3-565。

(3)预设参照平面。打开楼层平面视图,发现仅有两个用于定义族原点的参照平面,用来定义预设构件的尺寸,见图3-566。为保证族的后续使用,最好不要随意删减。

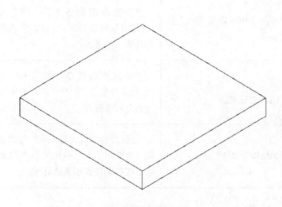

图3-565 "公制数据设备主体.rft"的
三维视图

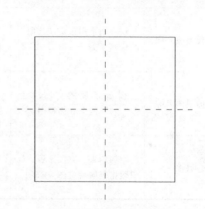

图3-566 "公制数据设备主体.rft"的
楼层平面视图

(4)"公制数据设备主体.rft"与"公制常规模型.rft"的区别。打开Revit 2018自带的族样板文件"公制数据设备主体.rft"与"公制常规模型.rft",见图3-567和图3-568。

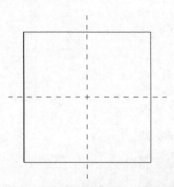

图3-567 "公制数据设备主体.rft"

图3-568 "公制常规模型.rft"

表 3-133　"公制数据设备主体.rft"与"公制常规模型.rft"对比分析

项　目	公制数据设备主体.rft	公制常规模型.rft	备　注
族类别	数据设备	常规模型	使用"公制数据设备主体.rft"样板建数据设备族后，将族载入项目中时，可自动在项目浏览器中对该族进行正确的分类，方便后期的使用与管理
系统参数	增加默认高程参数，见图3-569	见图3-570	在"公制数据设备主体.rft"中预设的参数为之后的建族工作提供了不小便利
预设构件	一个立方形主体	—	在"公制数据设备主体.rft"中预设的立方形主体为建数据设备族时的基础构件，用户可自行更改其尺寸
预设参照平面	仅有两个用于定义族原点的参照平面	仅有两个用于定义族原点的参照平面	"公制数据设备主体.rft"与"公制常规模型.rft"一样，并未增添其他参照平面
特殊视图名称	仅有常规的"前、后、左、右"四个立面视图	仅有常规的"前、后、左、右"四个立面视图	"公制数据设备主体.rft"与"公制常规模型.rft"一样，并未增添其他特殊视图
属性	增加约束、电气工程、标识数据等属性见图3-571	增加结构等属性见图3-572	"公制数据设备主体.rft"与"公制常规模型.rft"相比而言专门设置了数据设备族相关的属性

图3-569　"公制数据设备主体.rft"预设参数

图3-570　"公制常规模型.rft"预设参数

图 3-571 "公制数据设备
主体.rft"属性栏

图 3-572 "公制常规模型.rft"
属性栏

总结：

（1）相较于"公制数据设备主体.rft"族样板，在"公制常规模型.rft"族样板中缺少的预设参数、预设构件等均可自行添加，但其加大了建族的工作量。

（2）在"公制常规模型.rft"中亦可自定义修改其族类别为"数据设备"，其属性会随之改变，但预设构件等不会自动更改。

综上所述，当需要建数据设备族时，虽"公制常规模型.rft"与"公制数据设备.rft"均可使用，但使用"公制数据设备主体.rft"可对后期的建族过程提供较多便利，故还是建议选择"公制数据设备主体.rft"创建数据设备族。

3.4.31 专用设备

Revit 2018 共提供了 2 个族样板用于创建专用设备族，见表 3-134。

表 3-134   "专用设备"族系统自带族样板说明

族类别	系统自带族样板	样板类型	备　注
专用设备	公制专用设备.rft	独立样板	创建专用设备样板构件
	基于墙的公制专用设备.rft	基于墙的样板	创建基于墙的公制专用设备

1. "公制专用设备.rft"

（1）系统参数。该样板中并没有预设的族参数，需要自行创建。

253

（2）预设参照平面。打开楼层平面视图，有两条已经预设好的参照平面，见图 3 - 573。

图 3 - 573 "公制专用设备 . rft"的楼层平面视图

表 3 - 135 "公制专用设备 . rft"与"公制常规模型 . rft"对比分析

项 目	公制专用设备 . rft	公制常规模型 . rft	备 注
族类别	公制专用设备	常规模型	
系统参数	—	—	族参数需要自行创建
预设参照平面	仅有两个用于定义族原点的参照平面	仅有两个用于定义族原点的参照平面	
属性	见图 3 - 574	增加结构（基于工作平面）属性见图 3 - 575	虽"公制常规模型 . rft"比"公制专用设备 . rft"多了一个预设属性，但其对于建专用设备族而言并没有实际用途

图 3 - 574 "公制专用设备 . rft"
属性栏

图 3 - 575 "公制常规模型 . rft"
属性栏

总结：

（1）"公制专用设备 . rft"族样板，和"公制常规模型 . rft"族样板中都没有预设参数，需自行添加。

（2）在"公制常规模型 . rft"中亦可自定义修改其族类别为"专用设备"，其属性会随之改变。

（3）虽"公制常规模型.rft"中也有一些比"公制专用设备.rft"中多出的部分，但其对于建专用设备族并没有实际作用。

综上所述，当需要建专用设备族时，虽"公制常规模型.rft"与"公制专用设备.rft"均可使用，但使用"公制专用设备.rft"可对后期的建族过程提供较多便利，故还是建议选择"公制专用设备.rft"创建专用设备族。

2."基于墙的公制专用设备.rft"

（1）系统参数。该样板中并没有预设的族参数，需要自行创建。

（2）预设构件。由于该"基于墙的公制专用设备.rft"是基于墙的样板，所以在打开"基于墙的公制专用设备.rft"后可以看到，族样板文件中已经预设了"墙"这一主体图元，见图3-576。主体墙厚的预设值为150mm，在实际创建中，用户可根据需要调整其厚度。选中墙，单击"属性"选项板→"编辑类型"→在"类型属性"对话框中→"构造"→"结构"→"编辑部件"中修改墙厚度。但在族编辑器中修改的墙厚度对项目中实际加载的墙厚度并没有影响。

（3）预设参照平面。打开楼层平面视图，有多条已经预设好的参照平面，见图3-577。

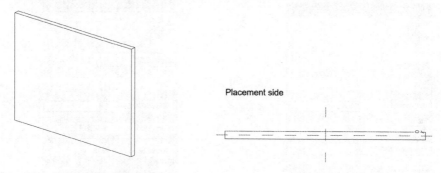

图3-576 "基于墙的公制专用
设备.rft"的三维视图

图3-577 "基于墙的公制专用设备.rft"的
楼层平面视图

（4）特殊视图名称。为了使用者更方便地确定设备放置的位置，样板中特意设置一个"放置边"的立面视图。

（5）"基于墙的公制专用设备.rft"与"公制常规模型.rft"的区别。打开Revit 2018自带的族样板文件"基于墙的公制专用设备.rft"与"公制常规模型.rft"，见图3-578和图3-579。

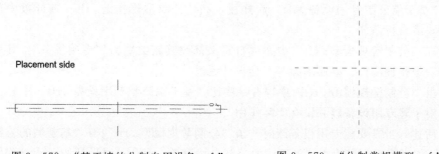

图3-578 "基于墙的公制专用设备.rft"　　图3-579 "公制常规模型.rft"

表 3 - 136　　　"基于墙的公制专用设备 . rft" 与 "公制常规模型 . rft" 对比分析

项　　目	基于墙的公制专用设备 . rft	公制常规模型 . rft	备　　注
族类别	专用设备	常规模型	
系统参数	—	—	族参数需要自行创建
预设构件	主体：墙	—	在 "基于墙的公制专用设备 . rft" 中预设的墙构件可自行更改其尺寸
预设参照平面	除 "公制常规模型 . rft" 已有的参照平面外，另增加一条参照平面（后）	仅有两个用于定义族原点的参照平面	在 "基于墙的公制专用设备 . rft" 中预设的参照平面（后）和放置边一起定位构件的位置
特殊视图名称	将常规立面视图中的 "前" 视图替换为 "放置边" 视图	仅有常规的 "前、后、左、右" 四个立面视图	"基于墙的公制专用设备 . rft" 新增的 "放置边" 方便更好确定构件的位置
属性	属性见图 3 - 580	增加结构（基于工作平面）属性见图 3 - 581	虽 "公制常规模型 . rft" 比 "基于墙的公制专用设备 . rft" 多了一些预设属性，但其对于建专用设备族而言并没有实际用途

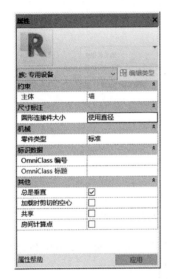

图 3 - 580　"基于墙的公制专用
设备 . rft" 属性栏

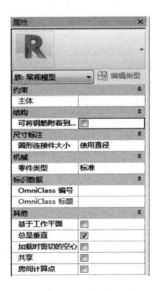

图 3 - 581　"公制常规
模型 . rft" 属性栏

总结：

（1）"基于墙公制专用设备 . rft" 族样板，和 "公制常规模型 . rft" 族样板中都没有预设参数，需自行添加。

（2）在 "公制常规模型 . rft" 中亦可自定义修改其族类别为 "专用设备"，其属性会随之改变，但预设构件、参照平面等不会自动更改。

（3）虽 "公制常规模型 . rft" 中也有一些比 "基于墙公制专用设备 . rft" 中多出的部分，但其对于建专用设备族并没有实际作用。

综上所述，当需要建专用设备族时，虽 "公制常规模型 . rft" 与 "基于墙的公制专用设备 . rft" 均可使用，但使用 "基于墙的公制专用设备 . rft" 可对后期的建族过程提供较多便利，故还是建议选择"基于墙的公制专用设备.rft"创建专用设备族。

3.4.32 机械设备

Revit 2018 共提供了 3 个族样板用于创建机械设备族，见表 3-137。

表 3-137　　　　　"机械设备"族系统自带族样板说明

族类别	系统自带族样板	样板类型	备　注
机械设备	公制机械设备.rft	独立样板	创建普通机械设备
	基于墙的公制机械设备.rft	基于墙的样板	创建基于墙的机械设备
	基于天花板的公制机械设备.rft	基于天花板的样板	创建基于天花板的机械设备

1. "公制机械设备.rft"

（1）系统参数。该样板中并没有预设的族参数，需要自行创建。

（2）预设参照平面。打开楼层平面视图，有两条已经预设好的参照平面，见图 3-582。

（3）"公制机械设备.rft"与"公制常规模型.rft"的区别。打开 Revit 2018 自带的族样板文件"公制机械设备.rft"与"公制常规模型.rft"，楼层平面视图均为预设好的两条参照平面。见图 3-583。

图 3-582　"公制机械设备.rft"的楼层平面视图

图 3-583　"公制常规模型.rft"

表 3-138　　　"公制机械设备.rft"与"公制常规模型.rft"对比分析

项　目	公制机械设备.rft	公制常规模型.rft	备　注
族类别	机械设备	常规模型	使用"公制机械设备.rft"样板建机械设备族后，将族载入项目中时，可自动在项目浏览器中对该族进行正确的分类，方便后期的使用与管理
系统参数	—	—	族参数需要自行创建
预设参照平面	仅有两个用于定义族原点的参照平面	仅有两个用于定义族原点的参照平面	

257

项　目	公制机械设备.rft	公制常规模型.rft	备　注
属性	属性见图 3－584	增加结构类型（基于工作平面）属性见图 3－585	虽"公制常规模型.rft"比"公制机械设备.rft"多了一些预设属性，但其对于建机械设备族而言并没有实际用途

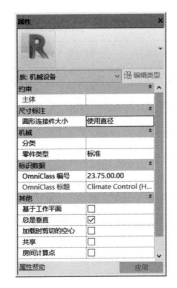

图 3－584　"公制机械设备.rft"属性栏

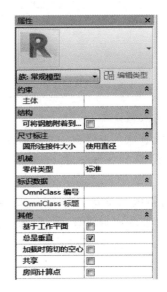

图 3－585　"公制常规模型.rft"属性栏

总结：

（1）"公制机械设备.rft"族样板和"公制常规模型.rft"族样板中都没有预设参数，需自行添加。

（2）在"公制常规模型.rft"中亦可自定义修改其族类别为"机械设备"，其属性会随之改变，但预设构件、参照平面等不会自动更改。

（3）虽"公制常规模型.rft"中也有一些比"公制机械设备.rft"中多出的部分，但其对于建机械设备族并没有实际作用。

综上所述，当需要建机械设备族时，虽"公制常规模型.rft"与"公制专用设备.rft"均可使用，但使用"公制专用设备.rft"可对后期的建族过程提供较多便利，故还是建议选择"公制机械设备.rft"创建机械设备族。

2."基于墙的公制机械设备.rft"

（1）系统参数。该样板中并没有预设的族参数，需要自行创建。

（2）预设构件。由于该"基于墙的公制机械设备.rft"是基于墙的样板，所以在打开"基于墙的公制机械设备.rft"后可以看到，族样板文件中已经预设了"墙"这一主体图元，见图 3－586。主体墙厚的预设值为 150mm，在实际创建中，用户可根据需要调整其厚度。选中墙，单击"属性"选项板→"编辑类型"→在"类型属性"对话框中→"构造"→"结构"→"编辑部件"中修改墙厚度。但在族编辑器中修改的墙厚度对项目中实际加载的墙厚度并没有影响。

（3）预设参照平面。打开楼层平面视图，有多条已经预设好的参照平面，见图3-587。

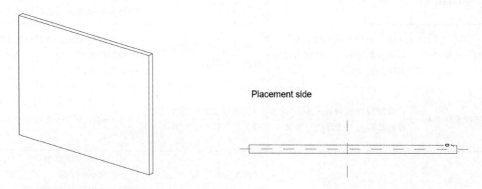

| 图3-586 "基于墙的公制机械设备.rft"的三维视图 | 图3-587 "基于墙的公制机械设备.rft"的楼层平面视图 |

（4）特殊视图名称。为了使用者更方便地确定设备放置的位置，样板中特意设置一个"放置边"的立面视图。

（5）"基于墙的公制机械设备.rft"与"公制常规模型.rft"的区别。打开Revit 2018自带的族样板文件"基于墙的公制机械设备.rft"与"公制常规模型.rft"，见图3-588和图3-589。

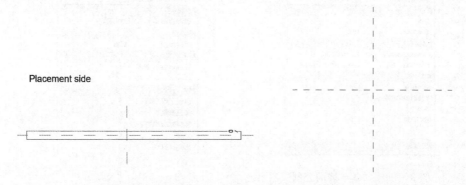

图3-588 "基于墙的公制机械设备.rft"　　　图3-589 "公制常规模型.rft"

表3-139　　"基于墙的公制机械设备.rft"与"公制常规模型.rft"对比分析

项　目	基于墙的公制机械设备.rft	公制常规模型.rft	备　注
族类别	机械设备	常规模型	使用"基于墙的公制机械设备.rft"样板建机械设备族后，将族载入项目中时，可自动在项目浏览器中对该族进行正确的分类，方便后期的使用与管理
系统参数	—	—	族参数需要自行创建

项　　目	基于墙的公制机械设备.rft	公制常规模型.rft	备　　注
预设构件	主体：墙	—	在"基于墙的公制机械设备.rft"中预设的墙构件可自行更改其尺寸
预设参照平面	除"公制常规模型.rft"已有的参照平面外，另增加一条参照平面（后）	仅有两个用于定义族原点的参照平面	在"基于墙的公制机械设备.rft"中预设的参照平面（后）和放置边一起定位构件的位置
特殊视图名称	将常规立面视图中的"前"视图替换为"放置边"视图	仅有常规的"前、后、左、右"四个立面视图	"基于墙的公制机械设备.rft"新增的"放置边"方便更好确定构件的位置
属性	属性见图3-590	增加结构（基于工作平面）属性见图3-591	虽"公制常规模型.rft"比"基于墙的公制机械设备.rft"多了一些预设属性，但其对于建机械设备族而言并没有实际用途

图3-590　"基于墙的公制
机械设备.rft"属性栏

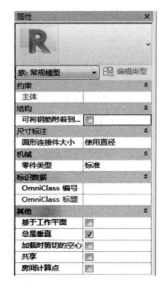

图3-591　"公制常规
模型.rft"属性栏

总结：

（1）"基于墙的公制机械设备.rft"族样板，和"公制常规模型.rft"族样板中都没有预设参数，需自行添加。

（2）在"公制常规模型.rft"中亦可自定义修改其族类别为"机械设备"，其属性会随之改变，但预设构件、参照平面等不会自动更改。

（3）虽"公制常规模型.rft"中也有一些比"基于墙的公制机械设备.rft"中多出的部分，但其对于建机械设备族并没有实际作用。

综上所述，当需要建机械设备族时，虽"公制常规模型.rft"与"基于墙公制机械设备.rft"均可使用，但使用"基于墙的公制机械设备.rft"可对后期的建族过程提供较多便利，故还是建议选择"基于墙的公制机械设备.rft"创建机械设备族。

3. "基于天花板的公制机械设备.rft"

（1）系统参数。该样板中并没有预设的族参数，需要自行创建。

（2）预设参照平面。打开楼层平面视图，有两条已经预设好的参照平面，见图3-592。

（3）"基于天花板的公制机械设备.rft"与"公制常规模型.rft"的区别。打开Revit 2018自带的族样板文件"基于天花板的公制机械设备.rft"与"公制常规模型.rft"楼层平面视图均为预设好的两条参照平面，见图3-593。

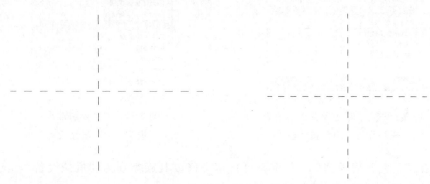

图3-592 "基于天花板的公制机械
设备.rft"的楼层平面视图

图3-593 "基于天花板的公制
机械设备.rft"

表3-140 "基于天花板的公制机械设备.rft"与"公制常规模型.rft"对比分析

项　目	基于天花板的公制 机械设备.rft	公制常规模型.rft	备　注
族类别	机械设备	常规模型	使用"基于天花板的公制机械设备.rft"样板建机械设备族后，将族载入项目中时，可自动在项目浏览器中对该族进行正确的分类，方便后期的使用与管理
系统参数	—	—	该样板中并没有预设的族参数，需要读者自行创建
预设参照平面	仅有两个用于定义族原点的参照平面	仅有两个用于定义族原点的参照平面	—
属性	属性见图3-594	增加结构（基于工作平面）属性见图3-595	虽"公制常规模型.rft"比"基于天花板的公制机械设备.rft"多了一些预设属性，但其对于建机械设备族而言并没有实际用途

总结：

（1）"基于天花板的公制机械设备.rft"族样板，和"公制常规模型.rft"族样板中都没有预设参数，需自行添加。

图 3-594　"基于天花板的公制
机械设备.rft"属性栏

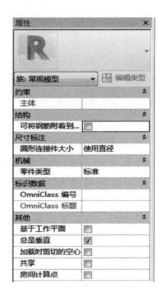

图 3-595　"公制常规
模型.rft"属性栏

（2）在"公制常规模型.rft"中亦可自定义修改其族类别为"机械设备"，其属性会随之改变，但预设构件、参照平面等不会自动更改。

（3）虽"公制常规模型.rft"中也有一些比"基于天花板的公制机械设备.rft"中多出的部分，但其对于建机械设备族并没有实际作用。

综上所述，当需要建机械设备族时，虽"公制常规模型.rft"与"基于天花板的公制机械设备.rft"均可使用，但使用"基于天花板的公制机械设备.rft"可对后期的建族过程提供较多便利，故还是建议选择"基于天花板的公制机械设备.rft"创建机械设备族。

3.4.33　照明设备

Revit 2018 共提供了 9 个族样板用于创建照明设备族，见表 3-141。

表 3-141　　　　　　　　　　　"照明设备"族系统自带族样板说明

族类别	系统自带族样板	样板类型	备　　注
照明设备	公制照明设备.rft	独立样板	创建普通照明设备
	公制聚光照明设备.rft		
	公制线性照明设备.rft		
	基于墙的公制照明设备.rft	基于墙的样板	创建基于墙的照明设备
	基于墙的公制聚光照明设备.rft		
	基于墙的公制线性照明设备.rft		
	基于天花板的公制照明设备.rft	基于天花板的样板	创建基于天花板的照明设备
	基于天花板的公制聚光照明设备.rft		
	基于天花板的公制线性照明设备.rft		

1. "公制照明设备.rft"

(1) 系统参数。该样板中预设的族参数及简要说明,见表3-142。

表 3-142　　　　　　　　　　　"公制照明设备"预设参数说明

分类	族参数	系统默认值	作用
尺寸标注	光源符号标尺	690.9	定义设备的基本参数
光域	光损失系数	1	在 Revit 中,光域是用于创建真实照明设备族的参数。可用于特定照明设备的光域取决于其光源定义。它们包含诸如"光损失系数""初始亮度"和"初始颜色控制"等参数
	初始亮度	1380.00lm	
	初始颜色	3000k	
	暗显光线色温偏移	<无>	
	颜色过滤器	白色	

(2) 预设构件。通常,每个照明设备族都有一个光源,见图3-596,对于每个光源,可以指定灯光图元的形状(点、线、矩形或圆形)和光线分布(球形、半球形、聚光灯或光域网)。此外,还可以定义光域特性,如"光损失系数""初始亮度"和"初始颜色控制"。在项目中,可以调整每个光源的位置和亮度来获得所需的照明效果。可在"光源定义"中编辑。

(3) 预设参照平面。打开楼层平面视图,有两条已经预设好的参照平面,见图3-597。

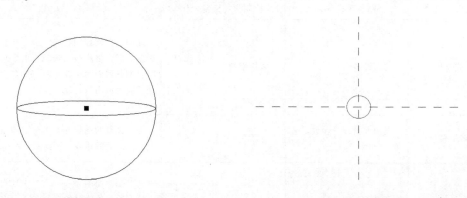

图 3-596　"公制照明设备.rft"的
三维视图

图 3-597　"公制照明设备.rft"的
楼层平面视图

(4) 编辑光源。"属性"选项板→"光域"→"光源定义"→编辑。在跳出的"光源定义"对话框中,可根据光源形状和光线分布定义光源。根据形状发光提供了四种不同的分布方式,分别是点、线、矩形和圆形。光线分布提供了4种不同的分布方式,分别是球形、半球形、聚光灯以及光域网。而"公制照明设备.rft"默认将"点"作为根据形状发光,"球形"作为形状分布,见图3-598。可在"光源定义"中自行更改符合要求的可用参数。

（5）"公制照明设备.rft"与"公制常规模型.rft"的区别。打开 Revit 2018 自带的族样板文件"公制照明设备.rft"与"公制常规模型.rft"，见图 3-599 和图 3-600。

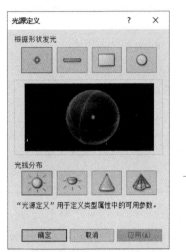

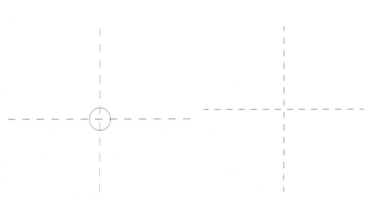

图 3-598　"光源定义"　　　　图 3-599　"公制照明　　　　图 3-600　"公制常规
　　　　　　　　　　　　　　　　　设备.rft"　　　　　　　　　　模型.rft"

表 3-143　　　　　"公制照明设备.rft"与"公制常规模型.rft"对比分析

项　　目	公制照明设备.rft	公制常规模型.rft	备　　注
族类别	照明设备	常规模型	使用"公制照明设备.rft"样板建照明设备族后，将族载入项目中时，可自动在项目浏览器中对该族进行正确的分类，方便后期的使用与管理
系统参数	增加大量预设参数，见图 3-601	见图 3-602	在"公制照明设备.rft"中预设的大量参数为之后的建族工作提供了不小便利
预设构件	光源	—	在"公制照明设备.rft"中预设的光源为建照明设备族时的常用构件，并且均可自行更改其参数
预设参照平面	光源高程、光源轴（L/R）和光源轴（F/B）	仅有两个用于定义族原点的参照平面	在"公制照明设备.rft"中预设的光源轴（L/R）、光源轴（F/B）、光源高程对光源的位置进行定义
属性	属性见图 3-603	增加结构（基于工作平面）属性见图 3-604	虽"公制常规模型.rft"比"公制照明设备.rft"多了一些预设属性，但其对于建照明设备族而言并没有实际用途

264

图 3-601 "公制照明设备.rft"预设参数

图 3-602 "公制常规模型.rft"预设参数

图 3-603 "公制照明设备.rft"属性栏

图 3-604 "公制常规模型.rft"属性栏

总结：

（1）相较于"公制照明设备.rft"族样板，在"公制常规模型.rft"族样板中缺少的预设参数、预设构件等均可自行添加，但其加大了建族的工作量。

（2）在"公制常规模型.rft"中亦可自定义修改其族类别为"照明设备"，其属性会随之改变，但预设构件、参照平面等不会自动更改。

（3）虽"公制常规模型.rft"中也有一些比"公制照明设备.rft"中多出的部分，但其对于建照明设备族并没有实际作用。

综上所述，当需要建照明设备族时，虽"公制常规模型.rft"与"公制照明设备

".rft"均可使用,但使用"公制照明设备.rft"可对后期的建族过程提供较多便利,故还是建议选择"公制照明设备.rft"创建照明设备族。

2."公制聚光照明设备.rft"

(1)系统参数。该样板中预设的族参数及简要说明,见表3-144。

表 3-144　　　　　　　　　　"公制聚光照明设备"预设参数说明

分类	族参数	系统默认值	作　用
尺寸标注	光源符号长度	3048.0	定义设备的基本参数
光域	聚光灯光束角	30.00°	在 Revit 中,光域是用于创建真实照明设备族的参数。可用于特定照明设备的光域取决于其光源定义。它们包含诸如"光损失系数""初始亮度"和"初始颜色控制"等参数
	聚光灯光场角	90.00°	
	倾斜角	90.00°	
	光损失系数	1	
	初始亮度	1800.00lm	
	初始颜色	3000k	
	暗线光线色温偏移	＜无＞	
	颜色过滤器	白色	

(2)预设构件。在"公制聚光照明设备.rft"三维视图中,族样板文件中已经预设了"光源"这一主体图元,见图3-605。其中默认参数聚光灯光场角为90.00°,聚光灯光束角为30.00°,倾斜角为90.00°,选中光源,可以在"属性"选项板→"光域"→"光源定义"对话框中根据"形状发光"和"光线分布"来定义光源。

(3)预设参照平面。打开楼层平面视图,有多条已经预设好的参照平面,竖直方向为光源轴(L/R),水平方向为倾斜平面(F/B)见图3-606。

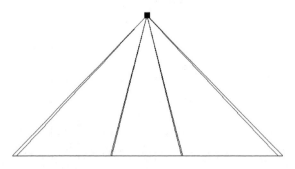

图 3-605　"公制聚光照明设备.rft"的
三维视图

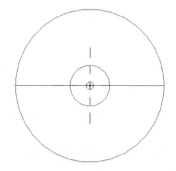

图 3-606　"公制聚光照明设备.rft"的
楼层平面视图

(4)编辑光源。"属性"选项板→"光域"→"光源定义"→编辑。在跳出的"光源定义"对话框中,可根据光源形状和光线分布定义光源。根据形状发光提供了4种不同的分布方式,分别是点、线、矩形和圆形。光线分布提供了4种不同的分布方式,分别是球形、半球形、聚光灯以及光域网。而"公制聚光照明设备.rft"默认将"点"作为根据形状发光,"聚光灯"作为形状分布,见图3-607。读者可在"光源定义"中自行更改符合要求的可用参数。

（5）"公制聚光照明设备.rft"与"公制常规模型.rft"的区别。打开 Revit 2018 自带的族样板文件"公制聚光照明设备.rft"与"公制常规模型.rft"，见图 3 - 608 和图 3 - 609。

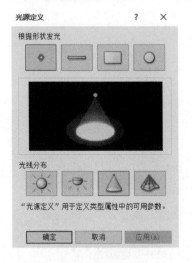

图 3 - 607 "光源定义"

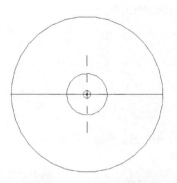

图 3 - 608 "公制聚光
照明设备.rft"

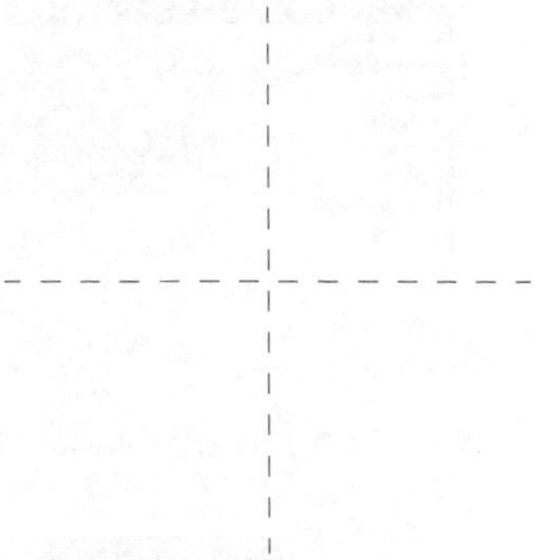

图 3 - 609 "公制常规
模型.rft"

表 3 - 145 "公制聚光照明设备.rft"与"公制常规模型.rft"对比分析

项 目	公制聚光照明设备.rft	公制常规模型.rft	备 注
族类别	照明设备	常规模型	使用"公制聚光照明设备.rft"样板建照明设备族后，将族载入项目中时，可自动在项目浏览器中对该族进行正确的分类，方便后期的使用与管理
系统参数	增加大量预设参数，见图 3 - 610	见图 3 - 611	在"公制聚光照明设备.rft"中预设的大量参数为之后的建族工作提供了不小便利
预设构件	光源	—	在"公制聚光照明设备.rft"中预设的光源为建照明设备族时的常用构件，并且均可自行更改其参数
预设参照平面	光源高程、光源轴（L/R）和光源轴（F/B）	仅有两个用于定义族原点的参照平面	在"公制聚光照明设备.rft"中预设的光源轴（L/R）、光源轴（F/B）、光源高程对光源的位置进行定义
属性	属性见图 3 - 612	增加结构（基于工作平面）属性见图 3 - 613	虽"公制常规模型.rft"比"公制聚光照明设备.rft"多了一些预设属性，但其对于建照明设备族而言并没有实际用途

图 3 - 610　"公制聚光照明设备 . rft"预设参数　　图 3 - 611　"公制常规模型 . rft"预设参数

图 3 - 612　"公制聚光照明　　　　　　图 3 - 613　"公制常规
设备 . rft"属性栏　　　　　　　　　模型 . rft"属性栏

总结：

（1）相较于"公制聚光照明设备 . rft"族样板，在"公制常规模型 . rft"族样板中缺少的预设参数、预设构件等均可自行添加，但其加大了建族的工作量。

（2）在"公制常规模型 . rft"中亦可自定义修改其族类别为"照明设备"，其属性会随之改变，但预设构件、参照平面等不会自动更改。

（3）虽"公制常规模型 . rft"中也有一些比"公制聚光照明设备 . rft"中多出的部分，但其对于建照明设备族并没有实际作用。

综上所述，当需要建照明设备族时，虽"公制常规模型.rft"与"公制聚光照明设备.rft"均可使用，但使用"公制聚光照明设备.rft"可对后期的建族过程提供较多便利，故还是建议选择"公制聚光照明设备.rft"创建照明设备族。

3."公制线性照明设备.rft"

（1）系统参数。该样板中预设的族参数及简要说明，见表 3-146。

表 3-146   "公制线性照明设备"预设参数说明

分类	族参数	系统默认值	作 用
尺寸标注	光源符号尺寸	609.6	定义设备的基本参数
光域	光损失系数	1	在 Revit 中，光域是用于创建真实照明设备族的参数。可用于特定照明设备的光域取决于其光源定义。它们包含诸如"光损失系数""初始亮度"和"初始颜色控制"等参数
	初始亮度	2400.00lm	
	初始颜色	3000k	
	暗线光线色温偏移	＜无＞	
	颜色过滤器	白色	
	沿着线长度发光	609.6	

（2）预设构件。打开"公制线性照明设备.rft"后可以看到，族样板文件中已经预设了"光源"这一主体图元，见图 3-614。其中光源符号尺寸为默认参数值，在"属性"选项板→"光域"→"光源定义"对话框中根据"形状发光"和"光线分布"来定义光源。

（3）预设参照平面。打开楼层平面视图，有两条已经预设好的参照平面，见图 3-615。

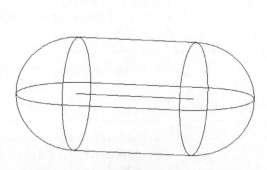

图 3-614   "公制线性照明设备.rft"的
三维视图

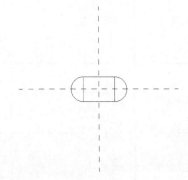

图 3-615   "公制线性照明设备.rft"的
楼层平面视图

（4）编辑光源。"属性"选项板→"光域"→"光源定义"→编辑。在跳出的"光源定义"对话框中，可根据光源形状和光线分布定义光源。根据形状发光提供了四种不同的分布方式，分别是点、线、矩形和圆形。光线分布提供了四种不同的分布方式，分别是球形、半球形、聚光灯以及光域网。而"公制线性照明设备.rft"默认将"线"作为根据形状发光，"球形"作为形状分布，见图 3-616。可在"光源定义"中自行更改符合要求的可用参数。

（5）"公制线性照明设备.rft"与"公制常规模型.rft"的区别。打开 Revit 2018 自带的族样板文件"公制线性照明设备.rft"与"公制常规模型.rft"，见图 3-617 和图 3-618。

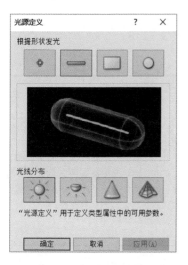

图 3-616　"光源定义"

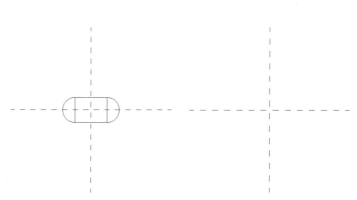

图 3-617　"公制线性
照明设备.rft"

图 3-618　"公制常规
模型.rft"

表 3-147　　　"公制线性照明设备.rft"与"公制常规模型.rft"对比分析

项　目	公制线性照明设备.rft	公制常规模型.rft	备　注
族类别	照明设备	常规模型	使用"公制线性照明设备.rft"样板建照明设备族后，将族载入项目中时，可自动在项目浏览器中对该族进行正确的分类，方便后期的使用与管理
系统参数	增加大量预设参数，见图 3-619	见图 3-620	在"公制线性照明设备.rft"中预设的大量参数为之后的建族工作提供了不小便利
预设构件	光源	—	在"公制线性照明设备.rft"中预设的光源为建照明设备族时的常用构件，并且均可自行更改其参数
预设参照平面	光源轴（L/R）、光源轴（F/B）和光源高程	仅有两个用于定义族原点的参照平面	在"公制线性照明设备.rft"中预设的光源轴（L/R）、光源轴（F/B）、光源高程对光源的位置进行定义
属性	属性见图 3-621	增加结构（基于工作平面）属性见图 3-622	虽"公制常规模型.rft"比"公制线性照明设备.rft"多了一些预设属性，但其对于建照明设备族而言并没有实际用途

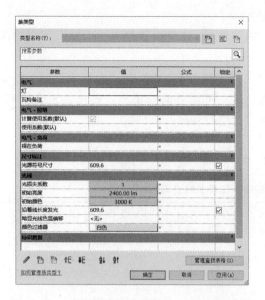

图 3-619 "公制线性照明设备.rft"预设参数　　图 3-620 "公制常规模型.rft"预设参数

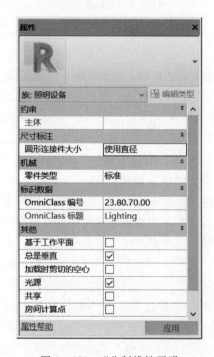
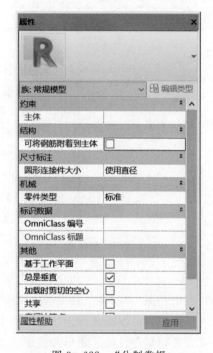

图 3-621 "公制线性照明
设备.rft"属性栏

图 3-622 "公制常规
模型.rft"属性栏

总结：

（1）相较于"公制线性照明设备.rft"族样板，在"公制常规模型.rft"族样板中缺少的预设参数、预设构件、预设参照平面等均可自行添加，但其加大了建族的工作量。

（2）在"公制常规模型.rft"中亦可自定义修改其族类别为"照明设备"，其属性会随之改变，但预设构件、参照平面等不会自动更改。

（3）虽"公制常规模型.rft"中也有一些比"公制线性照明设备.rft"中多出的部分，但其对于建照明设备族并没有实际作用。

综上所述，当需要建照明设备族时，虽"公制常规模型.rft"与"公制线性照明设备.rft"均可使用，但使用"公制线性照明设备.rft"可对后期的建族过程提供较多便利，故还是建议选择"公制线性照明设备.rft"创建照明设备族。

4."基于墙的公制照明设备.rft"

（1）系统参数。该样板中预设的族参数及简要说明，见表3-148。

表 3-148 "基于墙的公制照明设备"预设参数说明

分类	族参数	系统默认值	作 用
尺寸标注	光源符号尺寸	690.6	定义设备的基本参数
光域	光损失系数	1	在 Revit 中，光域是用于创建真实照明设备族的参数。可用于特定照明设备的光域取决于其光源定义。它们包含诸如"光损失系数""初始亮度"和"初始颜色控制"等参数
	初始亮度	1380.00lm	
	初始颜色	3000k	
	暗显光线色温偏移	＜无＞	
	颜色过滤器	白色	

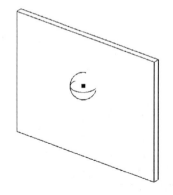

图 3-623 "基于墙的公制照明设备.rft"的三维视图

（2）预设构件。由于该"基于墙的公制照明设备.rft"是基于墙的样板，所以在打开"基于墙的公制照明设备.rft"后可以看到，族样板文件中已经预设了"墙"和"光源"两个图元，见图 3-623。主体墙厚的预设值为 150mm，在实际创建中，用户可根据需要调整其厚度。选中墙，单击"属性"选项板→"编辑类型"→在"类型属性"对话框中→"构造"→"结构"→"编辑部件"中修改墙厚度。但在族编辑器中修改的墙厚度对项目中实际加载的墙厚度并没有影响。

（3）预设参照平面。打开楼层平面视图，有多条已经预设好的参照平面，见图 3-624。其中光源轴（F/R）在"放置边"视图一侧，对构件的位置进行定位。

（4）编辑光源。"属性"选项板→"光域"→"光源定义"→编辑。在跳出的"光源定义"对话框中，可根据光源形状和光线分布定义光源。根据形状发光提供了 4 种不同的分布方式，分别是点、线、矩形和圆形。光线分布提供了 4 种不同的分布方式，分别是球形、半球形、聚光灯以及光域网。而"基于墙的公制照明设备.rft"默认将"点"作为根据形状发光，"球形"作为形状分布，见图 3-625。可在"光源定义"中自行更改符合要求的可用参数。

（5）"基于墙的公制照明设备.rft"与"公制常规模型.rft"的区别。打开 Revit 2018 自带的族样板文件"基于墙的公制照明设备.rft"与"公制常规模型.rft"，见图 3-626 和图 3-627。

Placement side

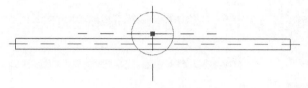

图 3-624 "基于墙的公制照明设备.rft"的
楼层平面视图

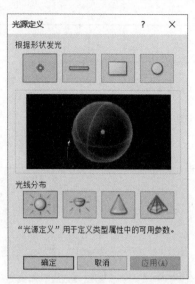

图 3-625 "光源定义"参数定义

Placement side

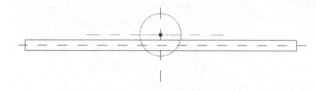

图 3-626 "基于墙的公制照明设备.rft"

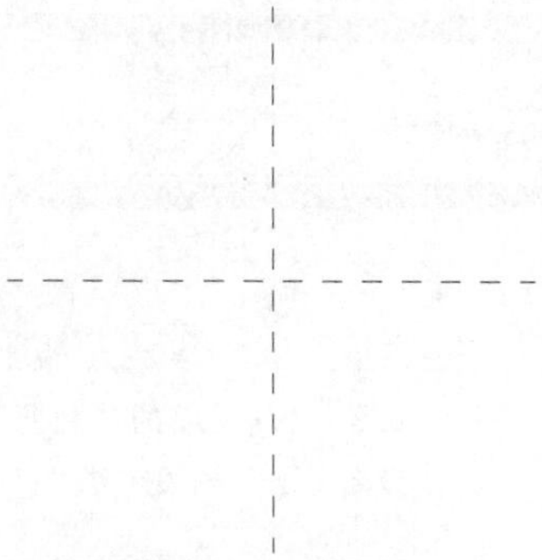

图 3-627 "公制常规模型.rft"

表 3-149 "基于墙的公制照明设备.rft"与"公制常规模型.rft"对比分析

项 目	基于墙的公制 照明设备.rft	公制常规模型.rft	备 注
族类别	照明设备	常规模型	使用"基于墙的公制照明设备.rft"样板建照明设备族后,将族载入项目中时,可自动在项目浏览器中对该族进行正确的分类,方便后期的使用与管理
系统参数	增加大量预设参数,见图 3-628	见图 3-629	在"基于墙的公制照明设备.rft"中预设的大量参数为之后的建族工作提供了不小便利
预设构件	墙、光源	—	在"基于墙的公制照明设备.rft"中预设的"光源"和"墙体"均为建照明设备族时的常用构件,并且均可自行更改其参数

续表

项　目	基于墙的公制 照明设备.rft	公制常规模型.rft	备　注
预设参照平面	光源高程、光源轴 （L/R）和光源轴（F/B）	仅有两个用于定义族原 点的参照平面	在"基于墙的公制照明设备.rft"中预 设的光源轴（L/R）、光源轴（F/B）、光 源高程对光源的位置进行定义
属性	属性见图3-630	增加结构（基于工作平 面）属性见图3-631	虽"基于墙的公制照明设备.rft"比"公 制常规模型.rft"多了一些预设属性，但其 对于建照明设备族而言并没有实际用途

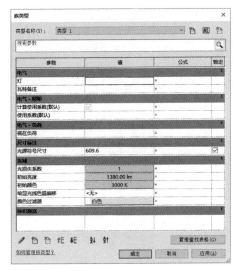

图3-628　"基于墙的公制照明
设备.rft"预设参数

图3-629　"公制常规
模型.rft"预设参数

图3-630　"基于墙的公制照明设备.rft"属性栏

图3-631　"公制常规模型.rft"属性栏

总结：

（1）相较于"基于墙的公制照明设备.rft"族样板，在"公制常规模型.rft"族样板中缺少的预设参数、预设构件等均可自行添加，但其加大了建族的工作量。

（2）在"公制常规模型.rft"中亦可自定义修改其族类别为"照明设备"，其属性会随之改变，但预设构件、参照平面等不会自动更改。

（3）虽"公制常规模型.rft"中也有一些比"基于墙的公制照明设备.rft"中多出的部分，但其对于建照明设备族并没有实际作用。

综上所述，当需要建照明设备族时，虽"公制常规模型.rft"与"基于墙的公制照明设备.rft"均可使用，但使用"基于墙的公制照明设备.rft"可对后期的建族过程提供较多便利，故还是建议选择"基于墙的公制照明设备.rft"创建照明设备族。

5. "基于墙的公制聚光照明设备.rft"

（1）系统参数。该样板中预设的族参数及简要说明，见表3-150。

表3-150　　　　　　　　　"基于墙的公制聚光照明设备"预设参数说明

分类	族参数	系统默认值	作　用
尺寸标注	光源符号长度	3048.0	定义设备的基本参数
光域	聚光灯光束角	30.00°	在Revit中，光域是用于创建真实照明设备族的参数。可用于特定照明设备的光域取决于其光源定义。它们包含诸如"光损失系数""初始亮度"和"初始颜色控制"等参数
	聚光灯光场角	90.00°	
	倾斜角	90.00°	
	光损失系数	1	
	初始亮度	1380.00lm	
	初始颜色	3000k	
	暗线光线色温偏移	＜无＞	
	颜色过滤器	白色	

（2）预设构件。由于该"基于墙的公制聚光照明设备.rft"是基于墙的样板，所以在打开"基于墙的公制聚光照明设备.rft"后可以看到，族样板文件中已经预设了"墙"和"光源"两个图元，见图3-632。主体墙厚的预设值为150mm，在实际创建中，用户可根据需要调整其厚度。选中墙，单击"属性"选项板→"编辑类型"→在"类型属性"对话框中→"构造"→"结构"→"编辑部件"中修改墙厚度。但在族编辑器中修改的墙厚度对项目中实际加载的墙厚度并没有影响。

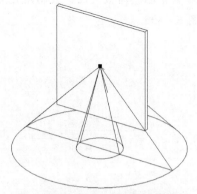

图3-632　"基于墙的公制聚光
照明设备.rft"的三维视图

（3）预设参照平面。打开楼层平面视图，有两条已经预设好的参照平面，见图3-633，其中"光源高程"参照平面确定光源的高度，它们都是用于确保加载到项目后，照明设备族与

275

主体墙的准确定位。为保证族的后续使用，最好不要随意删减。

（4）特殊视图。为了使用者更方便地确定光源的位置和方向，样板中特意设置了"放置边"立面视图。

（5）编辑光源。"属性"选项板→"光域"→"光源定义"→编辑。在跳出的"光源定义"对话框中，可根据光源形状和光线分布定义光源。根据形状发光提供了 4 种不同的分布方式，分别是点、线、矩形和圆形。光线分布提供了 4 种不同的分布方式，分别是球形、半球形、聚光灯以及光域网。而"基于墙的公制聚光照明设备.rft"默认将"点"作为根据形状发光，"聚光灯"作为形状分布，见图 3 - 634。可在"光源定义"中自行更改符合要求的可用参数。

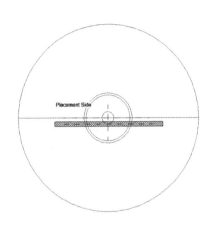

图 3 - 633 "基于墙的公制聚光照明
设备.rft"的楼层平面视图

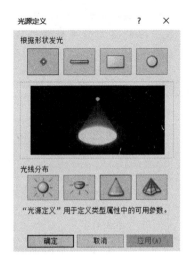

图 3 - 634 "光源定义"

（6）"基于墙的公制聚光照明设备.rft"与"公制常规模型.rft"的区别。打开 Revit 2018 自带的族样板文件"公制聚光照明设备.rft"与"公制常规模型.rft"，见图 3 - 635 和图 3 - 636。

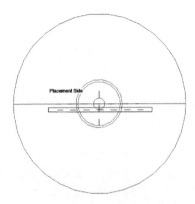

图 3 - 635 "基于墙的公制聚光照明设备.rft"

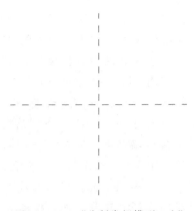

图 3 - 636 "公制常规模型.rft"

表 3 - 151　"基于墙的公制聚光照明设备 . rft"与"公制常规模型 . rft"对比分析

项　目	基于墙的公制聚光照明设备.rft	公制常规模型.rft	备　注
族类别	照明设备	常规模型	使用"基于墙的公制聚光照明设备.rft"样板建照明设备族后，将族载入项目中时，可自动在项目浏览器中对该族进行正确的分类，方便后期的使用与管理
系统参数	增加大量预设参数，见图 3 - 637	见图 3 - 638	在"基于墙的公制聚光照明设备.rft"中预设的大量参数为之后的建族工作提供了不小便利
预设构件	墙体、光源	—	在"公制聚光照明设备.rft"中预设的光源为建照明设备族时的常用构件，并且均可自行更改其参数
预设参照平面	光源高程、光源轴（L/R）和光源轴（F/B）	仅有两个用于定义族原点的参照平面	在"基于墙的公制聚光照明设备.rft"中预设的光源轴（L/R）、光源轴（F/B）、光源高程对光源的位置进行定义
特殊视图名称	将常规立面视图中的"前"视图替换为"放置边"视图	仅有常规的"前、后、左、右"四个立面视图	"基于墙的公制聚光照明设备.rft"新增的"放置边"视图方便确定光源的位置和方向
属性	属性见图 3 - 639	增加结构（基于工作平面）属性见图 3 - 640	虽"公制常规模型.rft"比"基于墙的公制聚光照明设备.rft"多了一些预设属性，但其对于建照明设备族而言并没有实际用途

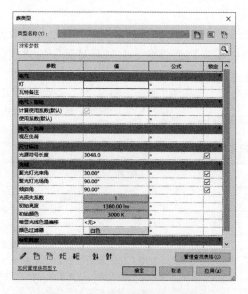

图 3 - 637　"基于墙的公制聚光照明设备 . rft"预设参数

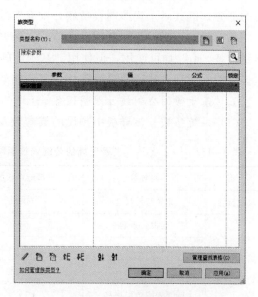

图 3 - 638　"公制常规模型 . rft"预设参数

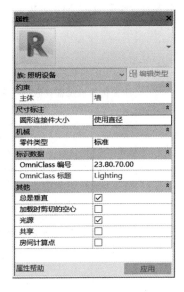

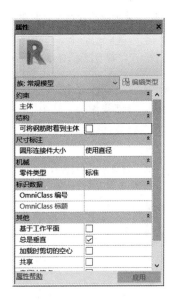

图 3-639 "基于墙的公制聚光
照明设备.rft"属性栏

图 3-640 "公制常规
模型.rft"属性栏

总结：

（1）相较于"基于墙的公制聚光照明设备.rft"族样板，在"公制常规模型.rft"族样板中缺少的预设参数、预设构件等均可自行添加，但其加大了建族的工作量。

（2）在"公制常规模型.rft"中亦可自定义修改其族类别为"照明设备"，其属性会随之改变，但预设构件、参照平面等不会自动更改。

（3）虽"公制常规模型.rft"中也有一些比"基于墙的公制聚光照明设备.rft"中多出的部分，但其对于建照明设备族并没有实际作用。

综上所述，当需要建照明设备族时，虽"公制常规模型.rft"与"基于墙的公制聚光照明设备.rft"均可使用，但使用"基于墙的公制聚光照明设备.rft"可对后期的建族过程提供较多便利，故还是建议选择"基于墙的公制聚光照明设备.rft"创建照明设备族。

6. "基于墙的公制线性照明设备.rft"

（1）系统参数。该样板中预设的族参数及简要说明，见表3-152。

表 3-152　　　　　　　"基于墙的公制线性照明设备"预设参数说明

分类	族参数	系统默认值	作　用
尺寸标注	光源符号尺寸	609.6	定义设备的基本参数
光域	光损失系数	1	在 Revit 中，光域是用于创建真实照明设备族的参数。可用于特定照明设备的光域取决于其光源定义。它们包含诸如"光损失系数""初始亮度"和"初始颜色控制"等参数
	初始亮度	2400.00lm	
	初始颜色	3000k	
	暗线光线色温偏移	<无>	
	颜色过滤器	白色	

（2）预设构件。由于该"基于墙的公制线性照明设备.rft"是基于墙的样板，所以在打开"基于墙的公制聚光照明设备.rft"后可以看到，族样板文件中已经预设了"墙"和"光源"两个图元，见图3-641。主体墙厚的预设值为150mm，在实际创建中，用户可根据需要调整其厚度。选中墙，单击"属性"选项板→"编辑类型"→在"类型属性"对话框中→"构造"→"结构"→"编辑部件"中修改墙厚度。但在族编辑器中修改的墙厚度对项目中实际加载的墙厚度并没有影响。

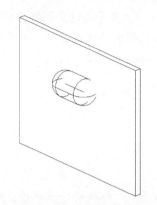

图3-641 "基于墙的公制线性照明设备.rft"的三维视图

（3）预设参照平面。打开楼层平面视图，有多条已经预设好的参照平面，见图3-642。其中，光源轴（F/B）、光源轴（L/R）和光源高程都是用于确保该族加载到项目后，照明设备族与主体墙的定位更准确。

（4）特殊视图名称。为了使用者更方便地确定光源的方向，样板中特意设置两个立面视图名称："放置边"立面视图和"背面"立面视图。

（5）编辑光源。"属性"选项板→"光域"→"光源定义"→编辑。在跳出的"光源定义"对话框中，可根据光源形状和光线分布定义光源。根据形状发光提供了4种不同的分布方式，分别是点、线、矩形和圆形。光线分布提供了4种不同的分布方式，分别是球形、半球形、聚光灯以及光域网。而"基于墙的公制线性照明设备.rft"默认将"线"作为根据形状发光，"球形"作为形状分布，见图3-643。可在"光源定义"中自行更改符合要求的可用参数。

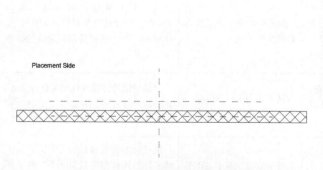

图3-642 "基于墙的公制线性照明设备.rft"的楼层平面视图

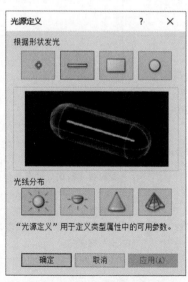

图3-643 "光源定义"

（6）"基于墙的公制线性照明设备 . rft"与"公制常规模型 . rft"的区别。打开 Revit 2018 自带的族样板文件"基于墙的公制线性照明设备 . rft"与"公制常规模型 . rft"，见图 3 - 644 和图 3 - 645。

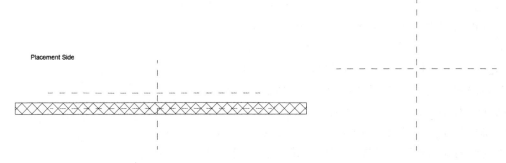

图 3 - 644　"基于墙的公制线性照明设备 . rft"　　　图 3 - 645　"公制常规模型 . rft"

表 3 - 153　"基于墙的公制线性照明设备 . rft"与"公制常规模型 . rft"对比分析

项　目	基于墙的公制线性照明设备 . rft	公制常规模型 . rft	备　注
族类别	照明设备	常规模型	使用"基于墙的公制线性照明设备 . rft"样板建照明设备族后，将族载入项目中时，可自动在项目浏览器中对该族进行正确的分类，方便后期的使用与管理
系统参数	增加大量预设参数，见图 3 - 646	见图 3 - 647	在"基于墙的公制线性照明设备 . rft"中预设的大量参数为之后的建族工作提供了不小便利
预设构件	墙、光源	—	在"基于墙的公制线性照明设备 . rft"中预设的墙与框架均为建照明设备族时的常用构件，并且均可自行更改其尺寸
预设参照平面	除"公制常规模型 . rft"已有的参照平面外，另增加三条参照平面［光源轴（L/R）、光源轴（F/B）、光源高程］	仅有两个用于定义族原点的参照平面	在"基于墙的公制线性照明设备 . rft"中预设的光源轴（L/R）、光源轴（F/B）、光源高程对光源的位置进行定义
特殊视图名称	将常规立面视图中的"前、后"视图替换为"放置边、背面"视图	仅有常规的"前、后、左、右"四个立面视图	"基于墙的公制线性照明设备 . rft"新增的"放置边、背面"方便确定光源的方向
属性	属性见图 3 - 648	增加结构（基于工作平面）等属性见图 3 - 649	虽"公制常规模型 . rft"比"基于墙的公制线性照明设备 . rft"多了一些预设属性，但其对于建照明设备族而言并没有实际用途

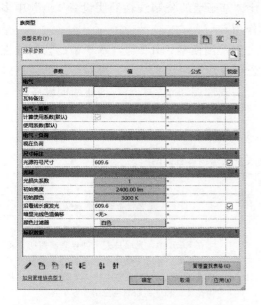

图 3-646 "基于墙的公制线性照明设备.rft"
预设参数

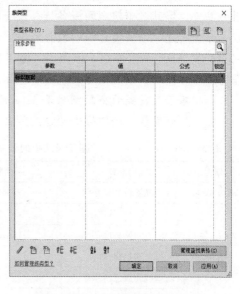

图 3-647 "公制常规模型.rft"
预设参数

图 3-648 "基于墙的公制线性
照明设备.rft"属性栏

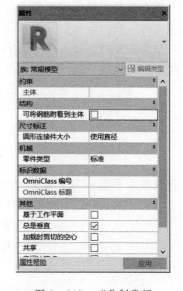

图 3-649 "公制常规
模型.rft"属性栏

总结：

（1）相较于"基于墙的公制线性照明设备.rft"族样板，在"公制常规模型.rft"族样板中缺少的预设参数、预设构件、预设参照平面等均可自行添加，但其加大了建族的工作量。

（2）在"公制常规模型.rft"中亦可自定义修改其族类别为"照明设备"，其属性会随之改变，但预设构件、参照平面等不会自动更改。

（3）虽"公制常规模型.rft"中也有一些比"基于墙的公制线性照明设备.rft"中多出的部分，但其对于建照明设备族并没有实际作用。

综上所述，当需要建照明设备族时，虽"公制常规模型.rft"与"基于墙的公制线性照明设备.rft"均可使用，但使用"基于墙的公制线性照明设备.rft"可对后期的建族过程提供较多便利，故还是建议选择"基于墙的公制线性照明设备.rft"创建照明设备族。

7. "基于天花板的公制照明设备.rft"

（1）系统参数。该样板中预设的族参数及简要说明，见表 3-154。

表 3-154　　　　　　　　"基于天花板的公制照明设备"预设参数说明

分类	族参数	系统默认值	作　用
尺寸标注	光源符号尺寸	609.6	定义设备的基本参数
光域	光损失系数	1	在 Revit 中，光域是用于创建真实照明设备族的参数。可用于特定照明设备的光域取决于其光源定义。它们包含诸如"光损失系数""初始亮度"和"初始颜色控制"等参数
	初始亮度	1380.00lm	
	初始颜色	3000k	
	暗线光线色温偏移	＜无＞	
	颜色过滤器	白色	

（2）预设构件。由于该"基于天花板的公制照明设备.rft"是基于天花板的样板，所以在打开"基于天花板的公制照明设备.rft"后可以看到，族样板文件中已经预设了"天花板"和"光源"两个图元，见图 3-650。天花板自标高的高度偏移 4000，在实际创建中，用户可根据需要调整其高度。选中天花板，单击"属性"选项板→"约束"→"自标高的高度偏移"对话框中修改天花板高度。

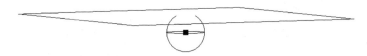

图 3-650　"基于天花板的公制照明设备.rft"的三维视图

（3）预设参照平面。打开楼层平面视图，有多条已经预设好的参照平面，见图 3-651。其中，光源轴（F/B）、光源轴（L/R）和光源高程都是用于确保该族加载到项目后，照明设备族与天花板的定位更准确。

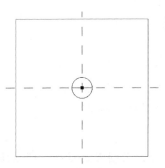

图 3-651　"基于天花板的公制
照明设备.rft"的
天花板平面视图

（4）编辑光源。"属性"选项板→"光域"→"光源定义"→编辑。在跳出的"光源定义"对话框中，可根据光源形状和光线分布定义光源。根据形状发光提供了 4 种不同的分布方式，分别是点、线、矩形和圆形。光线分布提供了 4 种不同的分布方式，分别是球形、半球形、聚光灯以及光域网。而"基于天花板的公制照明设备.rft"默认将"点"作为根据形状发光，"球形"作为形状分布，见图 3-652。可在"光源定义"中自行更改符合要求的可用参数。

（5）"基于天花板的公制照明设备.rft"与"公制常规模型.rft"的区别。打开 Revit 2018 自带的族样板文件"基于天花板的公制照明设备.rft"与"公制常规模型.rft"，在楼层平面视图下均见图 3-653。

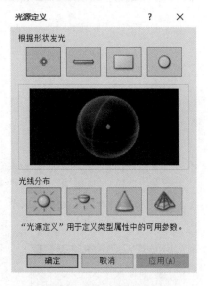

图 3-652 "光源定义"　　　　　　　图 3-653 "基于天花板的公制照明设备.rft"

表 3-155 "基于天花板的公制照明设备.rft"与"公制常规模型.rft"对比分析

项　目	基于天花板的公制 照明设备.rft	公制常规模型.rft	备　注
族类别	照明设备	常规模型	使用"基于天花板的公制照明设备.rft"样板建照明设备族后，将族载入项目中时，可自动在项目浏览器中对该族进行正确的分类，方便后期的使用与管理
系统参数	增加大量预设参数，见图 3-654	见图 3-655	在"基于天花板的公制照明设备.rft"中预设的大量参数为之后的建族工作提供了不小便利
预设构件	天花板、光源	—	在"基于天花板的公制照明设备.rft"中预设的天花板与光源均为建照明设备族时的常用构件，并且均可自行更改其参数
预设参照平面	除"公制常规模型.rft"已有的参照平面外，另增加 3 条参照平面［光源轴（L/R）、光源轴（F/B）、光源高程］	仅有两个用于定义族原点的参照平面	在"基于天花板的公制照明设备.rft"中预设的光源轴（L/R）、光源轴（F/B）、光源高程对光源的位置进行定义
属性	属性见图 3-656	增加结构（基于工作平面）等属性见图 3-657	虽"公制常规模型.rft"比"基于天花板的公制照明设备.rft"多了一些预设属性，但其对于建照明设备族而言并没有实际用途

283

图 3-654　"基于天花板的公制
照明设备 . rft"预设参数

图 3-655　"公制常规模型 . rft"
预设参数

图 3-656　"基于天花板的公制
照明设备 . rft"属性栏

图 3-657　"公制常规
模型 . rft"属性栏

总结：

（1）相较于"基于天花板的公制照明设备 . rft"族样板，在"公制常规模型 . rft"族样板中缺少的预设参数、预设构件、预设参照平面等均可自行添加，但其加大了建族的工作量。

（2）在"公制常规模型 . rft"中亦可自定义修改其族类别为"照明设备"，其属性会随之改变，但预设构件、参照平面等不会自动更改。

（3）虽"公制常规模型 . rft"中也有一些比"基于天花板的公制照明设备 . rft"中多

出的部分，但其对于建照明设备族并没有实际作用。

综上所述，当需要建照明设备族时，虽"公制常规模型.rft"与"基于天花板的公制照明设备.rft"均可使用，但使用"基于天花板的公制照明设备.rft"可对后期的建族过程提供较多便利，故还是建议选择"基于天花板的公制照明设备.rft"创建照明备族。

8. "基于天花板的公制聚光照明设备.rft"

（1）系统参数。该样板中预设的族参数及简要说明，见表3-156。

表3-156 "基于天花板的公制聚光照明设备"预设参数说明

分类	族参数	系统默认值	作用
尺寸标注	光源符号长度	3048.0	定义设备的基本参数
光域	聚光灯光束角	30.00°	在Revit中，光域是用于创建真实照明设备族的参数。可用于特定照明设备的光域取决于其光源定义。它们包含诸如"光损失系数""初始亮度"和"初始颜色控制"等参数
	聚光灯光场角	90.00°	
	倾斜角	90.00°	
	光损失系数	1	
	初始亮度	1800.00lm	
	初始颜色	3000k	
	暗线光线色温偏移	＜无＞	
	颜色过滤器	白色	

（2）预设构件。由于该"基于天花板的公制聚光照明设备.rft"是基于天花板的样板，所以在打开"基于天花板的公制照明设备.rft"后可以看到，族样板文件中已经预设了"天花板"和"光源"两个图元，见图3-658。天花板自标高的高度偏移4000，在实际创建中，用户可根据需要调整其高度。选中天花板，单击"属性"选项板→"约束"→"目标高的高度偏移"对话框中修改天花板高度。

（3）预设参照平面。打开楼层平面视图，有多条已经预设好的参照平面，见图3-659。其中，光源轴（F/B）、光源轴（L/R）和光源高程都是用于确保该族加载到项目后，照明设备族与天花板的定位更准确。

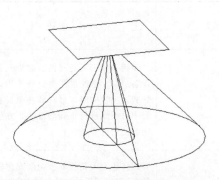

图3-658 "基于天花板的公制聚光
照明设备.rft"的三维视图

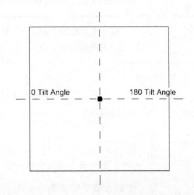

图3-659 "基于天花板的公制聚光
照明设备.rft"的天花板平面视图

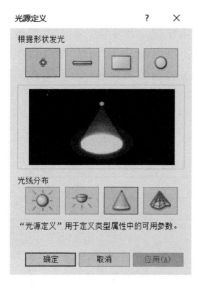

图 3-660　"光源定义"

（4）编辑光源。"属性"选项板→"光域"→"光源定义"→编辑。在跳出的"光源定义"对话框中，可根据光源形状和光线分布定义光源。根据形状发光提供了 4 种不同的分布方式，分别是点、线、矩形和圆形。光线分布提供了 4 种不同的分布方式，分别是球形、半球形、聚光灯以及光域网。而"基于天花板的公制照明设备 .rft"默认将"点"作为根据形状发光，"聚光灯"作为形状分布，见图 3-660。可在"光源定义"中自行更改符合要求的可用参数。

（5）"基于天花板的公制聚光照明设备 .rft"与"公制常规模型 .rft"的区别。打开 Revit 2018 自带的族样板文件"基于天花板的公制聚光照明设备 .rft"与"公制常规模型 .rft"，在楼层平面视图下均见图 3-661 和图 3-662。

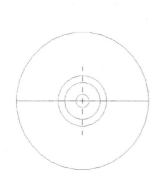

图 3-661　"基于天花板的公制聚光
照明设备 .rft"

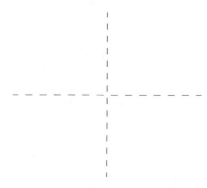

图 3-662　"公制常规模型 .rft"

表 3-157　"基于天花板的公制聚光照明设备 .rft"与"公制常规模型 .rft"对比分析

项　目	基于天花板的公制聚光照明设备 .rft	公制常规型 .rft	备　注
族类别	照明设备	常规模型	使用"基于天花板的公制聚光照明设备 .rft"样板建照明设备族后，将族载入项目中时，可自动在项目浏览器中对该族进行正确的分类，方便后期的使用与管理
系统参数	增加大量预设参数，见图 3-663	见图 3-664	在"基于天花板的公制聚光照明设备 .rft"中预设的大量参数为之后的建族工作提供了不小便利

项　目	基于天花板的公制聚光照明设备.rft	公制常规型.rft	备　注
预设构件	天花板、光源	—	在"基于天花板的公制聚光照明设备.rft"中预设的天花板与光源均为建照明设备族时的常用构件，并且均可自行更改其参数
预设参照平面	除"公制常规模型.rft"已有的参照平面外，另增加3条参照平面［光源轴（L/R）、光源轴（F/B）、光源高程］	仅有两个用于定义族原点的参照平面	在"基于天花板的公制聚光照明设备.rft"中预设的光源轴（L/R）、光源轴（F/B）、光源高程对光源的位置进行定义
属性	属性见图3-665	增加结构（基于工作平面）等属性见图3-666	虽"公制常规模型.rft"比"基于天花板的公制聚光照明设备.rft"多了一些预设属性，但其对于建照明设备族而言并没有实际用途

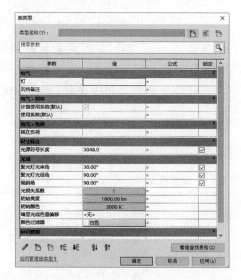

图3-663　"基于天花板的公制聚光
照明设备.rft"预设参数

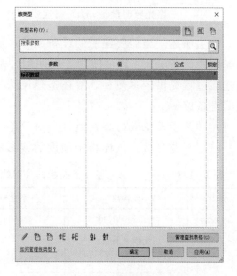

图3-664　"公制常规模型.rft"
预设参数

总结：

（1）相较于"基于天花板的公制聚光照明设备.rft"族样板，在"公制常规模型.rft"族样板中缺少的预设参数、预设构件、预设参照平面等均可自行添加，但其加大了建族的工作量。

（2）在"公制常规模型.rft"中亦可自定义修改其族类别为"照明设备"，其属性会随之改变，但预设构件、参照平面等不会自动更改。

（3）虽"公制常规模型.rft"中也有一些比"基于天花板的公制聚光照明设备.rft"中多出的部分，但其对于建照明设备族并没有实际作用。

图 3-665　"基于天花板的公制
聚光照明设备.rft"属性栏

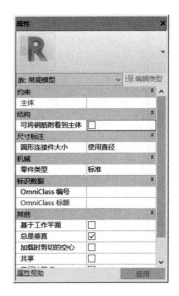

图 3-666　"公制常规
模型.rft"属性栏

　　综上所述，当需要建照明设备族时，虽"公制常规模型.rft"与"基于天花板的公制聚光照明设备.rft"均可使用，但使用"基于天花板的公制聚光照明设备.rft"可对后期的建族过程提供较多便利，故还是建议选择"基于天花板的公制聚光照明设备.rft"创建照明设备族。

　　9. "基于天花板的公制线性照明设备.rft"

　　（1）系统参数。该样板中预设的族参数及简要说明，见表 3-158。

表 3-158　　　　　"基于天花板的公制线性照明设备"预设参数说明

分类	族参数	系统默认值	作用
尺寸标注	光源符号尺寸	609.60	定义设备的基本参数
光域	光损失系数	1	在 Revit 中，光域是用于创建真实照明设备族的参数。可用于特定照明设备的光域取决于其光源定义。它们包含诸如"光损失系数""初始亮度"和"初始颜色控制"等参数
	初始亮度	2400.00lm	
	初始颜色	3000k	
	沿着线长度发光	609.60	
	暗线光线色温偏移	＜无＞	
	颜色过滤器	白色	

　　（2）预设构件。由于该"基于天花板的公制线性照明设备.rft"是基于天花板的样板，所以在打开"基于天花板的公制线性照明设备.rft"后可以看到，族样板文件中已经预设了"天花板"和"光源"两个图元，见图 3-667。天花板自标高的高度偏移 4000，在实际创建中，用户可根据需要调整其高度。选中天花板，单击

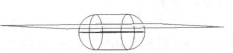

图 3-667　"基于天花板的公制线性
照明设备.rft"的三维视图

"属性"选项板→"约束"→"自标高的高度偏移"对话框中修改天花板高度。

（3）预设参照平面。打开天花板平面视图，有多条已经预设好的参照平面，见图 3-668。其中，光源轴（F/B）、光源轴（L/R）和光源高程都是用于确保该族加载到项目后，照明设备族与天花板的定位更准确。

（4）编辑光源。"属性"选项板→"光域"→"光源定义"→编辑。在跳出的"光源定义"对话框中，可根据光源形状和光线分布定义光源。根据形状发光提供了 4 种不同的分布方式，分别是点、线、矩形和圆形。光线分布提供了 4 种不同的分布方式，分别是球形、半球形、聚光灯以及光域网。而"基于天花板的公制线性照明设备.rft"默认将"线"作为根据形状发光，"球形"作为形状分布，见图 3-669。可在"光源定义"中自行更改符合要求的可用参数。

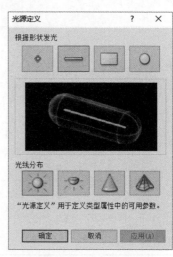

图 3-669　"光源定义"

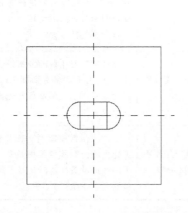

图 3-668　"基于天花板的公制线性照明设备.rft"的天花板平面视图

（5）"基于天花板的公制线性照明设备.rft"与"公制常规模型.rft"的区别。打开 Revit 2018 自带的族样板文件"基于天花板的公制聚光照明设备.rft"与"公制常规模型.rft"，在平面视图下均见图 3-670 和图 3-671。

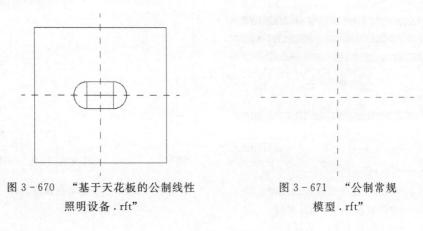

图 3-670　"基于天花板的公制线性照明设备.rft"

图 3-671　"公制常规模型.rft"

表 3 - 159　　　　　　　"基于天花板的公制线性照明设备 . rft" 与
"公制常规模型 . rft" 对比分析

项　目	基于天花板的公制线性 照明设备 . rft	公制常规型 . rft	备　注
族类别	照明设备	常规模型	使用"基于天花板的公制线性照明设备 . rft"样板建照明设备族后，将族载入项目中时，可自动在项目浏览器中对该族进行正确的分类，方便后期的使用与管理
系统参数	增加大量预设参数，见图3 - 672	见图 3 - 673	在"基于天花板的公制线性照明设备 . rft"中预设的大量参数为之后的建族工作提供了不小便利
预设构件	天花板、光源	—	在"基于天花板的公制线性照明设备 . rft"中预设的天花板与光源均为建照明设备族时的常用构件，并且均可自行更改其参数
预设参照平面	除"公制常规模型 . rft"已有的参照平面外，另增加3条参照平面［光源轴（L/R）、光源轴（F/B）、光源高程］	仅有两个用于定义族原点的参照平面	在"基于天花板的公制线性照明设备 . rft"中预设的光源轴（L/R）、光源轴（F/B）、光源高程对光源的位置进行定义
属性	属性见图 3 - 674	增加结构（基于工作平面）等属性见图 3 - 675	虽"公制常规模型 . rft"比"基于天花板的公制线性照明设备 . rft"多了一些预设属性，但其对于建照明设备族而言并没有实际用途

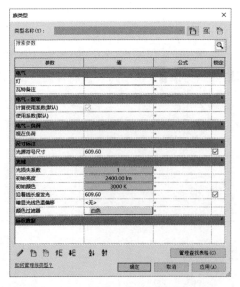

图 3 - 672　"基于天花板的公制线性
照明设备 . rft"预设参数

图 3 - 673　"公制常规模型 . rft"
预设参数

图 3-674 "基于天花板的公制线性
照明设备.rft"属性栏

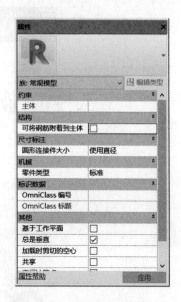

图 3-675 "公制常规模型.rft"
属性栏

总结：

（1）相较于"基于天花板的公制线性照明设备.rft"族样板，在"公制常规模型.rft"族样板中缺少的预设参数、预设构件、预设参照平面等均可自行添加，但其加大了建族的工作量。

（2）在"公制常规模型.rft"中亦可自定义修改其族类别为"照明设备"，其属性会随之改变，但预设构件、参照平面等不会自动更改。

（3）虽"公制常规模型.rft"中也有一些比"基于天花板的公制线性照明设备.rft"中多出的部分，但其对于建照明设备族并没有实际作用。

综上所述，当需要建照明设备族时，虽"公制常规模型.rft"与"基于天花板的公制线性照明设备.rft"均可使用，但使用"基于天花板的公制线性照明设备.rft"可对后期的建族过程提供较多便利，故还是建议选择"基于天花板的公制线性照明设备.rft"创建照明设备族。

第4章

二 维 族 的 创 建

本 章 导 读

  Revit 2018 中也可以创建许多二维族，这些二维族可以单独使用，也可以作为嵌套族载入三维族中使用，关于嵌套族的相关概念将在本章第 4.1 节。注释族、轮廓族、标题栏族、详图构件族是 Revit 中常用的二维族，都有其各自的族样板。关于二维族的族样板，已在第 3 章进行介绍，本章第 4.2 节～第 4.5 节将介绍二维族的具体创建方法。

  专有名词解释见图 4-1。

图 4-1　专有名词解释

4.1　嵌套族的基本概念

  族的嵌套是指在一个族文件中载入一个或多个族，并且对相应参数进行关联从而创建一个新的族的过程。其中，被载入的族称为嵌套族，原有的族称为主体族。例如，在橱柜族中载入玻璃窗族，创建带玻璃窗的橱柜族，玻璃窗族就是嵌套族，而原有的橱柜族就是主体族。

  嵌套族具有自身的几何与属性性质，其几何与属性性质是否能在项目中表达，取决于是否"共享"。如果嵌套族是共享的，则可以独立选择、标记嵌套族和将其添加到明细表；如果嵌套族不共享，则主体族和嵌套族创建的构件作为一个整体单元，不能在项目中单独选择（编辑）嵌套族对其进行标记，也不能将其录入明细表。

292

4.1.1 族的嵌套过程

（1）新建一个长方体族与圆柱体族，分别把它们作为主体族与嵌套族，见图4-2。

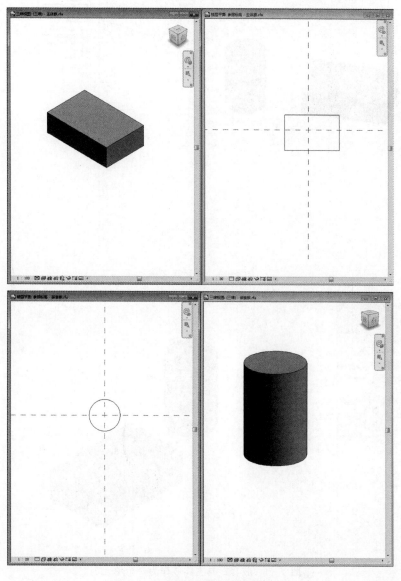

图4-2 新建长方体族和圆柱体族

（2）将嵌套族（圆柱体）载入到主体族（长方体）中，可以在主体族文件项目浏览器中看到嵌套族文件，见图4-3。

（3）将载入嵌套族后的主体族（这时将是一个新族）载入到项目文件中，可以看到嵌套族（圆柱体）与主体族（长方体）作为一个单元被选择，见图4-4。

（4）如果想要在项目文件中，单独选择嵌套族（圆柱体），则需要在嵌套族载入到主体族前，勾选"共享"选项，见图4-5。

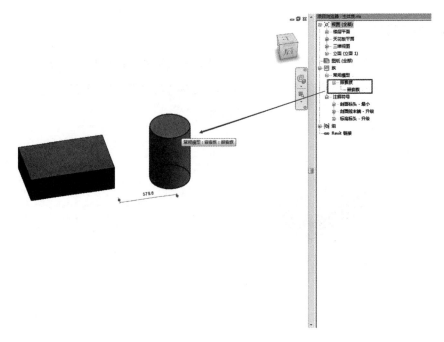

图 4 - 3　嵌套族文件

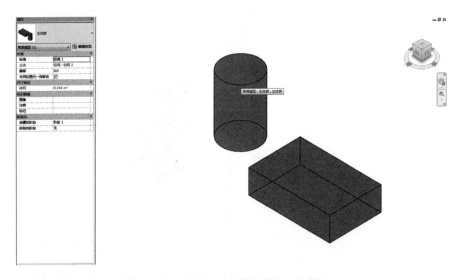

图 4 - 4　嵌套族与主体族作为一个单元

4.1.2　嵌套族参数关联

（1）首先在嵌套族中创建一个"嵌套族材质"实例参数，参数值为"混凝土"，见图 4 - 6。

载入到主体族后，在族类型参数中，无法看到嵌套族的相关参数，见图 4 - 7。

（2）选择载入后的嵌套族，在属性面板中选择关联族参数，新建一个族参数并进行关联，见图 4 - 8。

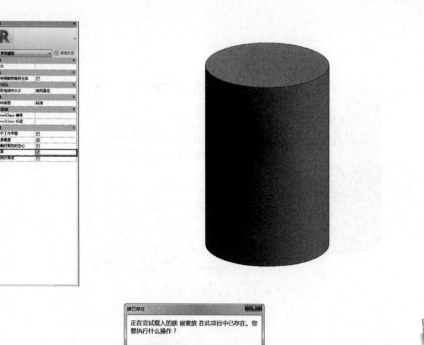

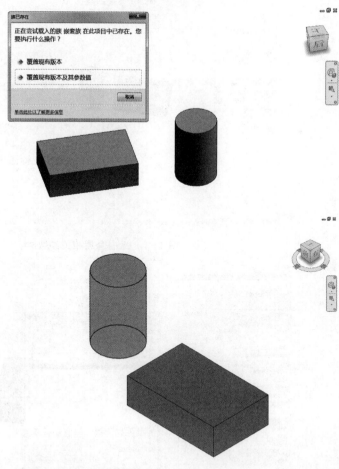

图 4-5 单独选择

图 4 - 6 创建参数

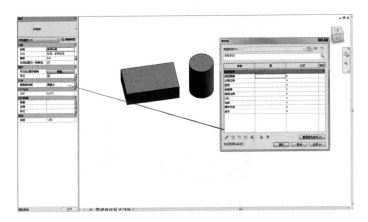

图 4 - 7 无嵌套族相关参数

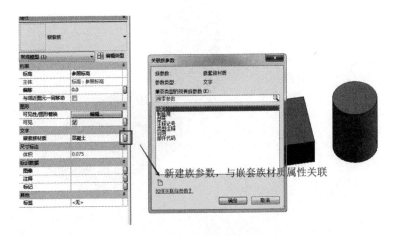

图 4 - 8 关联族参数

可以看到，在主体族的族类型面板中，将出现"嵌套族材质"参数，且其值为"混凝土"，见图 4-9。

图 4-9 出现嵌套族参数

4.2 注释族的创建

4.2.1 创建标记类族

标记类，主要专注于 3D 族的参数注释；所有的注释族均可加入文字标签；所有的文字标签内容，均是对应的族类别标记。

所以，制作标记类族，要优先定义族所对应的类别，这样才可以正确读取 Revit 自己定义出的不同参数。

举例，矩形风管的标记族和圆形水管的标记族；可以看到在设置构件参数标签的时候，对于矩形风管会存在"底部高程""顶部高程"这样的参数；然而，圆形水管却存在"开始偏移""端点偏移"等参数；标记参数的选择会因为模型类别的不同而不同；如果某个标记参数不能满足标注需求，往往会利用"共享参数"。

示例：共享参数标记族的制作。

（1）新建一个族文件，族样板文件选择"公制常规模型.rft"，见图 4-10。

图 4-10 新建族文件

（2）点击创建选项卡中形状面板的拉伸命令，再点击"修改｜创建拉伸"选项卡中绘制面板的圆形命令，绘制一个半径为 1000mm 的圆形，其他参数保持默认，完成拉伸模型的绘制，见图 4-11。

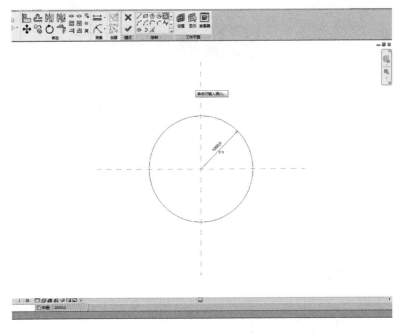

图 4-11　创建拉伸模型

（3）创建模型族共享参数。

1）点击"管理"选项卡中设置面板的共享参数命令，在弹出的"编辑共享参数"对话框中点击"创建"按钮，找一个适合的路径存放共享参数相关的文本文件，命名为"共享参数.txt"，见图 4-12。

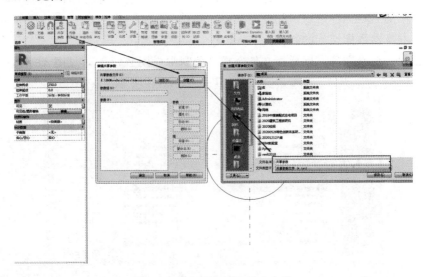

图 4-12　创建模型族共享参数

2）首先需要新建参数组，点击组部分的新建按钮，输入组名称为"实例标记"见图4－13。

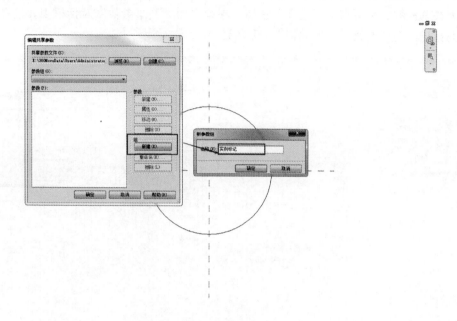

图 4－13　新建参数组

3）接着需要新建参数，点击参数部分的新建按钮，输入参数名称为"实例标记"，规程选择"公共"，参数类型选择"文字"，见图4－14。

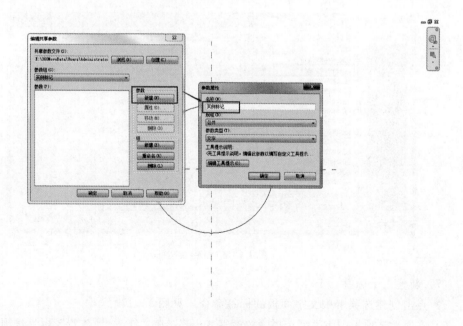

图 4－14　新建参数

（4）关联共享参数。点击"创建"选项卡中属性面板的"族类型"按钮，然后在族类型对话框中点击参数部分的添加按钮。在弹出的"参数属性"对话框中，先将参数类型切换为共享参数，然后点击"选择"按钮。在弹出的"共享参数"对话框中，选择参数组为实例标记，选择参数"实例标记"，见图 4-15。

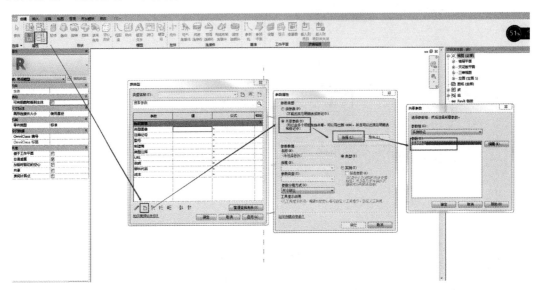

图 4-15　关联共享参数

（5）保存族文件，命名为"模型族"。

（6）新建一个族文件，族样板文件选择"公制常规标记.rft"，见图 4-16。

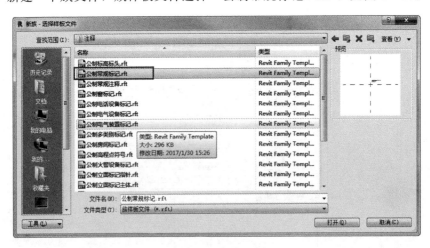

图 4-16　新建族文件

（7）新建一个标签。

1）点击创建选项卡中文字面板的标签命令，见图 4-17。

2）在属性选项板中将类型选择为"标签 3mm"，在"修改 ｜ 放置"标签选项卡中将格式选择为"居中对齐"和"正中"，最后在绘制面板中单击空白位置放置标签，见图 4-18。

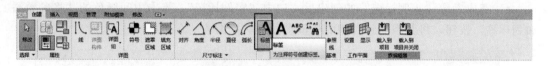

图 4-17　"标签"命令

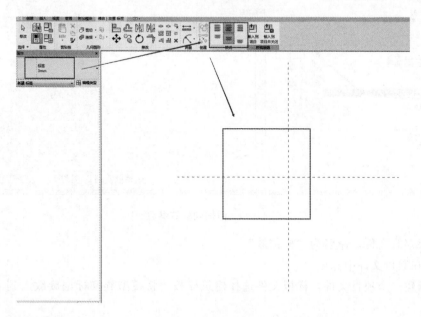

图 4-18　放置标签

3）在弹出的编辑标签对话框中，首先点击类别参数部分的新建参数按钮，然后在弹出的参数属性对话框中，点击"共享参数"的选择按钮，最后在弹出的"共享参数"对话框中选择参数组为"实例标记"，选择参数为"实例标记"。点击确定完成标签的放置，见图 4-19。

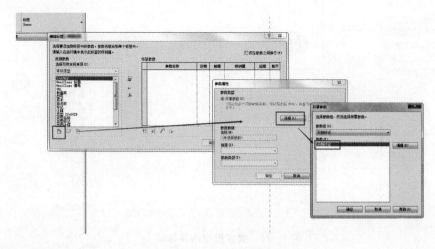

图 4-19　选择实例标记

4）完成参数"实例标记"的创建后，选中"实例标记"，点击中间绿色的"将参数添加到标签"按钮，将其添加到右侧的标签参数中，见图4-20。

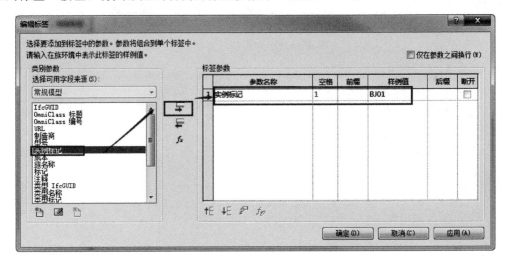

图4-20 添加到标签参数

5）保存族文件，命名为"标记族"。

（8）在项目文件中标记。

1）新建一个项目文件，样板文件选择建筑样板，将模型族和标记族载入到当前的族文件中。

2）放置7个模型族，并且它们实例标记的数值依次为BJ01、BJ02、BJ03、BJ04、BJ05、BJ06、BJ07，见图4-21。

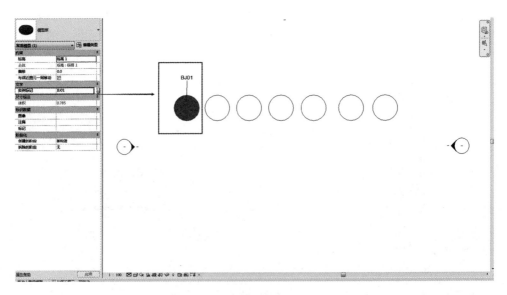

图4-21 放置模型族并标记

3）点击注释选项卡中标记面板的全部标记命令，在弹出的标记所有未标记的对象对话框中找到常规模型，将其相关的标记切换为标记族，见图4-22。点击应用按钮后关闭对话框。

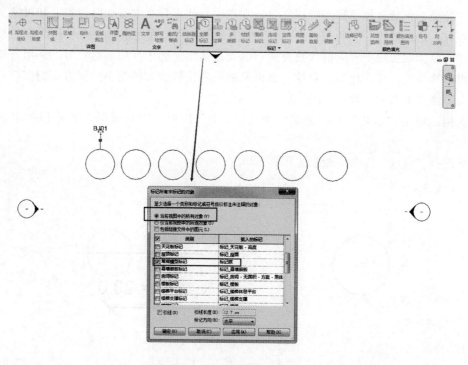

图4-22 切换为标记族

4）最终的结果是软件将一次性标记当前视图中所有未标记的常规模型，见图4-23。

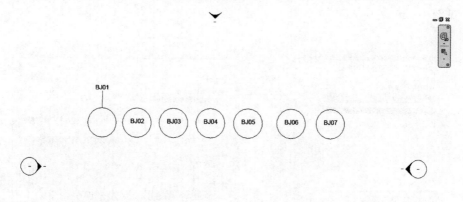

图4-23 效果展示

4.2.2 创建常规注释

注释类，包括常规注释和视图参照。常规注释并不存在专有参数设置，却可定义新的共享参数。然而值得一提的是，在 Revit 中的视图参照，这类族站在符号和注释的交界线上，它既要读取视图中对应的参数设置，也要表达出正确的视图表达符号。利用常规注释族做出的符号族，存在比例注释性，会依照视图的比例放大和缩小。所以在制作符号的时候，需要注意参数的设置。

实例：单击"新建"→"公制常规注释.rft"样板，绘制圆形，并进行锁定，见图4-24。

再选择"直线"工具，绘制见图4-25。

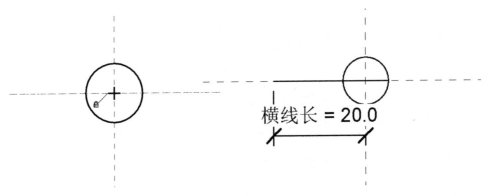

图 4-24 绘制圆形并锁定   图 4-25 选择"直线"工具

单击"标签"按钮，添加"详图编号"标签，"参数类型"改为"文字"，样例值改为"1"，见图4-26。

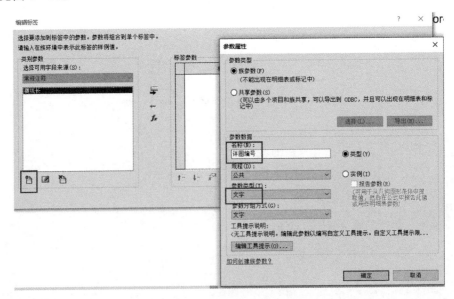

图 4-26（一） 新建标签

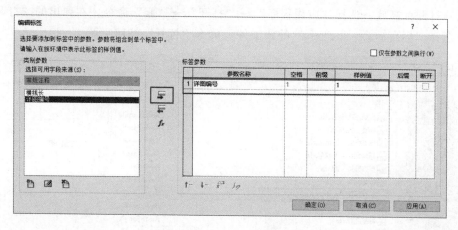

图 4-26（二）　新建标签

选择已绘制的详图编号，单击"编辑类型"，更改参数，见图 4-27。
完成效果展示见图 4-28。

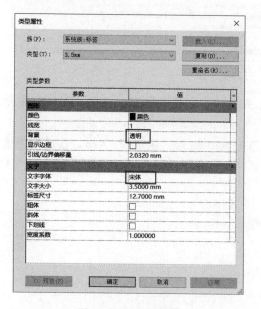

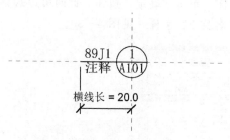

图 4-27　更改参数

图 4-28　效果展示

4.2.3　创建符号族

符号类，第一类是 Revit 中很多二维表达信息，比如标高和轴网，它都需要一种特殊的符号——比如标高标头和轴网标头，这些均属于符号类别；第二类是图形表达时单独制作的族，比如楼板的跨方向符号、视图的打断线等。

由于 Revit 中的标高标头族是各专业通用的，在做项目中常常会遇到建筑与结构专业的标高系统在一个项目文件中，为了方便作图，会把建筑与结构两个专业的标高区分开。接下来介绍如何修改 Revit 的自带族，然后另存为设计中所需要的自建族。

（1）打开标高族。选择"应用程序"→"打开"→"族"命令，在弹出的"打开"对话框中选择"标高标头＿下．rfa"的族文件，单击"打开"按钮见图4－29。

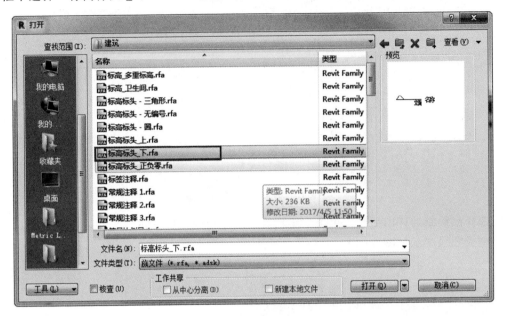

图4－29　打开族文件

（2）调整标签。选择屏幕操作区标高标头中的"名称"文字，在属性对话框中单击"编辑"按钮。

（3）在弹出的"编辑标签"对话框中，在前缀中输入"建筑："字样，在后缀中输入F字样，单击"确定"按钮，此时可以观察到，屏幕操作区的标高标头的文字变为"天花板：名称F"字样，见图4－30。

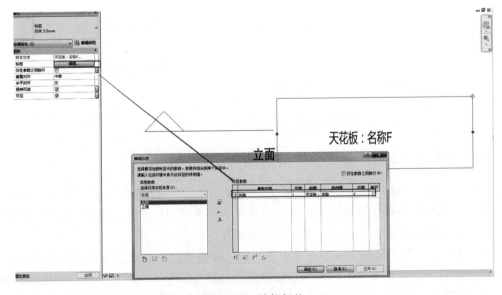

图4－30　编辑标签

（4）另存为天花板标高族。选择"应用程序"→"另存为"→"族"命令，在弹出的"另存为"对话框中将已经调整好的标高标头文件另存为"天花板标高".rfa族文件，单击"保存"按钮，见图4-31。

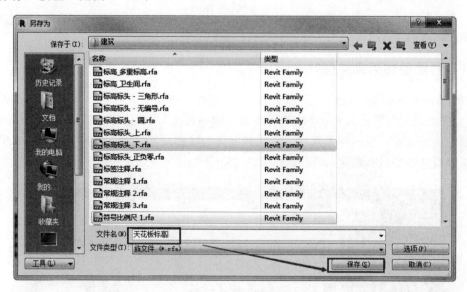

图4-31 另存文件

4.3 轮廓族的创建

轮廓族是一类特殊的族，原因在于——轮廓族的族样板是平面2D绘制方式，但是它的主要存在感却是在Revit项目模型中用来形成模型实体。

新建一个"公制轮廓"族，可以看到族样板中不存在任何三维方向上的绘制，所有操作都在平面上完成。点击"族类别"的设置按钮，可以看到类别中只存在一个类别——轮廓。

但是，轮廓族有一个很重要的族参数设置——轮廓用途，Revit中，轮廓用途存在很多很多种，具体如下：

（1）分割缝。

（2）竖梃。

（3）墙饰条。

（4）封檐带。

（5）条形基础。

（6）栏杆扶手。

（7）楼板边缘。

（8）楼板金属压型板。

（9）楼梯前缘。

（10）楼梯支撑。

（11）楼梯踏板。

（12）楼梯踢面。

（13）檐沟常规。

实例：檐沟族、幕墙竖梃族。

要求：参照 4.1.1。

4.3.1　创建楼梯前缘轮廓族

打开 Revit 族样板，点击"公制轮廓-楼梯前缘"样板，先修改文件名为"楼梯前缘轮廓"，更改最大备份数为 1，将族类别改为"楼梯前缘"，创建绘制所需的参照平面并更改参照平面的间距。通过样条曲线、直线和圆弧为楼梯前缘创建一些"造型"（如果是特殊的造型没有必要做参数化），见图 4-32～图 4-35。

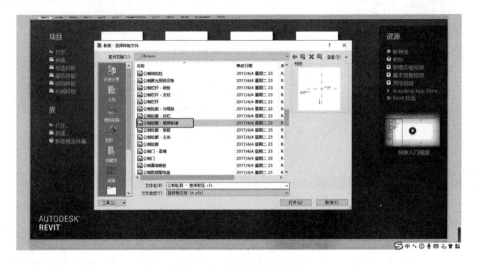

图 4-32　选择族样板文件

图 4-33　另存文件

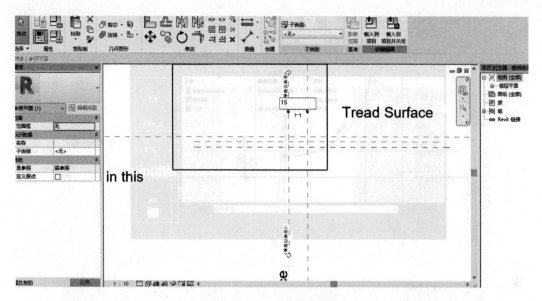

图 4-34　绘制参照平面

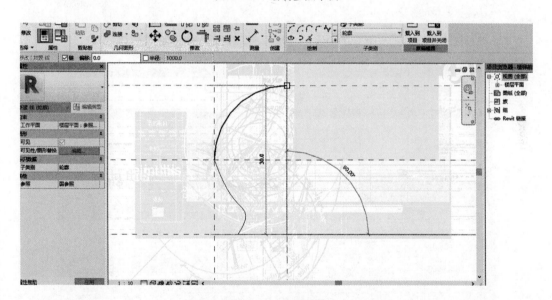

图 4-35　绘制轮廓

绘制好的楼梯前缘轮廓族载入到项目中，在项目浏览器中的族中找到刚才所绘制的轮廓，选中楼梯编辑"梯段"，修改楼梯前缘长度并且更改楼梯前缘轮廓见图 4-36，设置楼梯踏板材质见图 4-37（楼梯前缘材质会跟随楼梯踏板材质变化）。最终效果见图 4-38。

4.3.2　创建幕墙竖梃族

放样的插入点位于垂直、水平参照线的交点，主体的位置位于第二、第三象限，轮廓草图绘制的位置一般位于第一、第四象限。

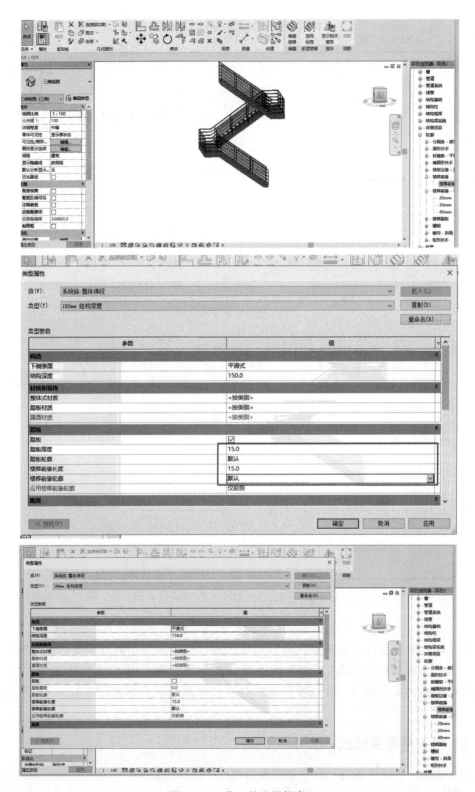

图 4 - 36　载入并选择轮廓

图 4 - 37 设置踏板材质

图 4 - 38 最终效果展示

单击"新建"→"公制轮廓.rft"族样板。单击"族类别和族参数"对话框,将"轮廓用途"改为"墙饰条",见图 4 - 39。

绘制如图 4 - 40 所示的参照平面,并进行相应的尺寸标注。

绘制如图 4 - 41 所示的墙饰条。

图 4-39 修改轮廓用途

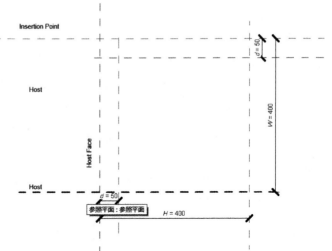

图 4-40 参照平面与尺寸标注

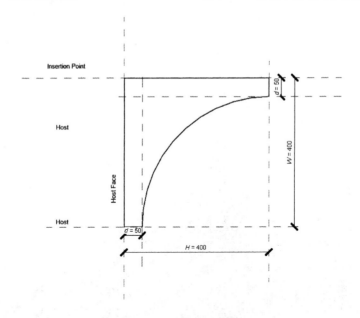

图 4-41 绘制墙饰条

4.4 标题栏（图框）族的创建

利用 Revit 出图，目前阶段对于 Revit 出图的特征，简单说就是：新建图纸，选择图框，插入视图，形成一张图纸；所以，视图和图纸之间最大的区别就是套上一个图框。

Revit 中提供的专门的一套族类别名为标题栏，它的族类别就被归类为"图框"。创建这类族初期的时候，做族界面里就是默认的图框尺寸大小；界面中能插入的组参照只有参照线。

随后，添加线、填充、文字、标签、图片、修订版次明细表等信息，嵌套"详图项目"或"常规注释"等相关族，即可完善一套图框族的制作。

单击"新建"→选择"标题栏"→选择"A3"族样板。绘制见图 4-42 的标题栏。

选择"标签"和"文字"选项卡，绘制见图 4-43。

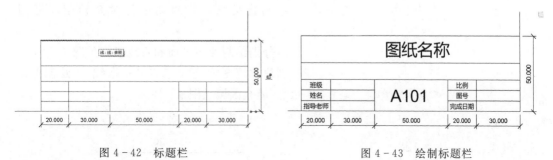

图 4-42 标题栏　　　　　　　　　　图 4-43 绘制标题栏

4.5 详图构件族的创建

详图项目，是一类常见的 2D 可载入族；它的特色在于平面绘制，可参数变化，通常不带比例注释性，不受项目视图比例调整而被放大缩小。通常，详图项目被应用于楼层平面、立面、剖面、详图视图或者绘图视图等视图环境下；不可以在图纸界面中插入。

和详图项目有关的族样板主要有两类：普通详图项目和基于线的详图项目，这类族的一些常见用法如下。

4.5.1 利用详图项目绘制专业节点详图

在用 Revit 搭建模型的时候，经常会提及一个 LOD 模型等级的概念。这个概念现在不展开去讲，然而在利用 Revit 制作专业节点详图（特别是建筑 & 结构专业）的时候，习惯于使用 CAD 的读者往往会拿出一套套的图集，然后以外参的形式链接进 Revit 模型中，推进详图的出图工作。但是如果某一天，完全利用 Revit 软件来制作专业详图，并要求不带入 CAD 外参的时候，如何做出合理的 Revit 详图视图呢？此时，详图项目类的可载入族，搭配 Revit 提供的填充区域、详图线、注释记号等功能，便可逐步完善基于 Revit 制作而成的一套套专业详图文件。

4.5.2 利用嵌套族表达机电专业族图例

在机电专业的图纸绘制过程中，通常会要求表达适当的图例效果；针对机电专业中的单线图的图例，大都会选择带有注释比例的常规注释功能来嵌套图例；然而对于双线图来说，通常会利用详图项目来嵌套专业图例。

以风管阀件为例，风量调节阀、防火阀等在平面出图时，通常都是用来直观挂在风管双线图上绘制的，那么假定 300 宽的风管，自然希望阀件也是 300 的宽度，也要有正确的平面图例表达，证明它就是对应的风量调节阀或者防火阀；此时，在制作这些风管阀件族的时候，可以直接在族中的平面视图上嵌套进一个对应图例效果的详图项目族，随后进行正确的参数映射，即可在项目中表达出期望的视图表达形式。

单击"新建"，选择"公制详图项目.rft"族样板。绘制距"参照平面中心前/后"120 的参照平面，见图 4-44。

绘制直线段，并两端进行对其锁定，见图 4-45。

再分别绘制参照平面和直线段，见图 4-46。

创建"填充区域"，选择"拾取线"，绘制见图 4-47。填充区域见图 4-48。

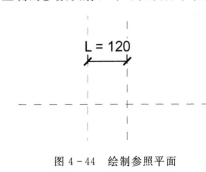

图 4-44　绘制参照平面

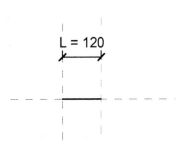

图 4-45　绘制并锁定直线段

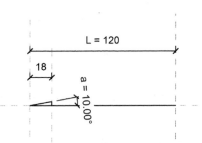

图 4-46　绘制参照平面和直线段

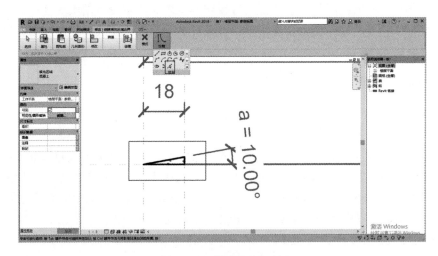

图 4-47　创建填充区域

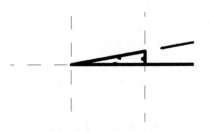

图 4-48　填充区域

若填充区域非实心，可"编辑类型"，见图 4-49；完成效果展示见图 4-50。

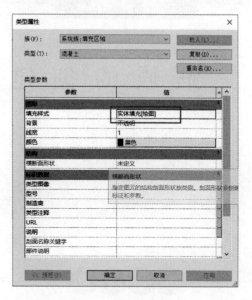

图 4-49 编辑类型

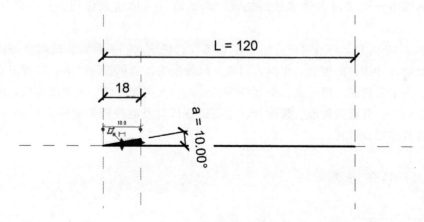

图 4-50 完成效果展示

第5章

三 维 族 的 创 建

本 章 导 读

前面各章节介绍了很多创建族的知识，本章将以具体实例详细介绍三维族的创建过程。

本章共 24 节内容，每节对应介绍了停车场族、场地族、家具族、机械设备族、栏杆扶手族、植物环境族、橱柜族、窗族、门族、风管弯头族、风管附件族、风管末端族、幕墙嵌板族、卫浴装置族、喷头族、护理呼叫设备族、火灾警铃族、照明设备族、电气装置族、电气设备族、管道附件族、管件族、通信设备族以及电缆桥架配件族共 24 种不同类型三维族的具体创建过程。

5.1　停车场族

5.1.1　目标分解

本例目标创建一个参数化三维停车位族，其几何参数信息、几何形体分析以及创建后的平面视图如下。

（1）几何参数信息详述。

在该"停车场 .rft"族样板中只包含了两条用于定位族的初始参照平面且没有任何初始参数，故本例所有的几何信息均需自行添加。其几何信息分为需采用参数化方式添加的几何信息与采用固定值添加的几何信息，见表 5 - 1。

（2）几何形体详述。

该停车位由共 5 个部分构成：2 个高度较小的立方体停车位区域，2 个横截面为梯形的柱状车轮定位器，1 个三角形片状车头导向标。

（3）停车位平面、立面及三维视图。

平面、立面及三维视图展示见图 5-1～图 5-4。

表 5-1   **几 何 信 息 表**

类 型	参数名称		值	备 注
可参数化的几何信息	停车位宽度		2200	参数化控制，可根据实际情况自行修改
	停车位长度		5000	
	车宽		1600	
	车长		4400	
	两侧距离		300	
固定值的几何信息	车轮定位器	梯形截面	$a_{上底}=120$	固定值，可根据实际情况自行赋值
			$b_{下底}=200$	
			$h=80$	
		柱状体长	$l=600$	
	车头导向标	等腰三角形	$a_{底边}=600$	
			$h=600$	
		厚度	$d=5$	

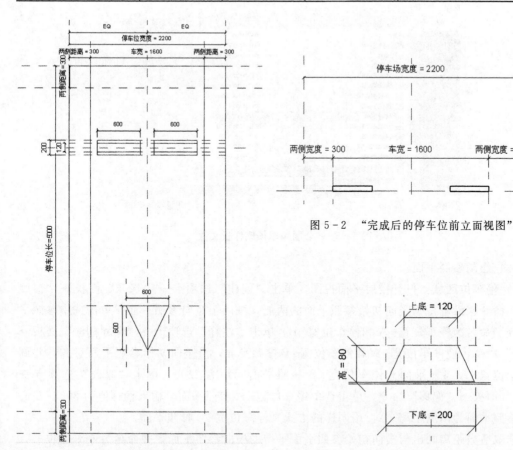

图 5-1 "完成后的停车位平面视图"

图 5-2 "完成后的停车位前立面视图"

图 5-3 "完成后的停车位右立面视图"

5.1.2　创建思路

（1）选择族样板。

在 Revit 2018 的自带族样板库中，选择"公制停车场.rft"。

（2）创建停车位几何形体。

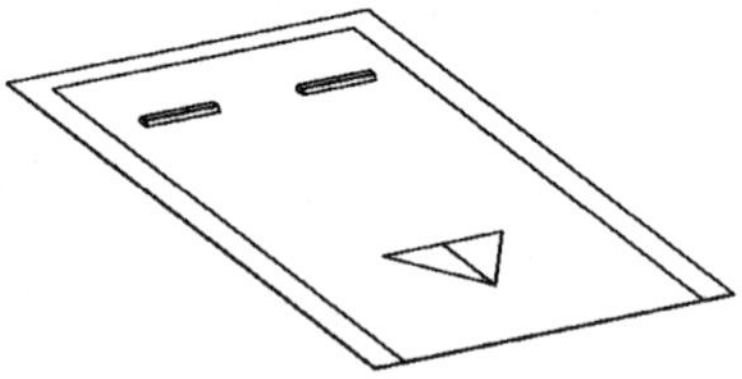

图 5-4　"完成后的停车位三维视图"

1）在楼层平面视图中，绘制多条参照平面并进行锁定，以完成停车位尺寸、车辆尺寸以及两侧宽度的参数化控制。

2）对于不需要进行参数化驱动的车轮定位器和片状车头导向标，直接绘制即可。

3）该模型由立方体、横截面为梯形的柱状体及三角形片状体三类几何形体组成，其几何轮廓均不会沿拉伸方向进行变化，故对其采用"拉伸"命令进行模型创建。

5.1.3　创建步骤

（1）选择族样板文件。

打开"公制停车场.rft"族样板，见图 5-5。

图 5-5　"公制停车场族样板文件"

（2）绘制参照平面。

1）停车位区域。打开楼层平面视图，单击"创建"选项卡→"基准"面板→"参照平面"命令，沿平行于竖向初始参照平面的两侧，画两个竖向参照平面，单击选中参照平面，分别命名为停车位宽-A 和停车位宽-B。单击"注释"选项卡→"尺寸标注"面板→"对齐"命令，使停车位宽-A 和停车位宽-B 参照平面，沿竖向初始参照平面对齐，并调整停车位宽-A 参照平面和停车位宽-B 参照平面间距为 2200。单击"修改"选项卡→"修改"面板→"偏移"命令，单击选中停车位宽-A 参照平面，输入偏移值为 300，并命名此参照平面为两侧距离-A，用同样的方式画停车位宽-B 参照平面。

选取适当距离画出与横向初始参照平面平行的横向参照平面，并命名为停车位长-A，使用"偏移"命令分别画出与停车位长-A 参照平面相距 300 的两侧距离-C、相距 4700

的两侧距离-D、相距 5000 的停车位长-B。

2）车头导向标区域。距两侧距离-C 参照平面 1000、1600 处画三角形参照平面-A，三角形参照平面-B，距两侧距离-A 参照平面 500 处画三角形参照平面-C，1.1m 处画三角形参照平面-C，见图 5-6。

3）车轮定位器区域。打开右立面视图，在距离停车位长-A 参照平面 1000 处画出竖向中心参照平面，以竖向参照平面为基准，画出其他梯形参照平面，绘制完成见图 5-7 和图 5-8。

以停车位宽度为例，对尺寸标注加以说明。

单击停车位宽度参考平面，显示停车位宽度临时尺寸标注，单击临时尺寸转换符号，将临时尺寸标注转换为永久尺寸标注，单击停车位宽度永久尺寸标注，进入"修改/尺寸标注"选项卡，在标签尺寸标注面板，单击创建参数按钮，在弹出的类型属性窗口中编辑名称为"停车位宽度"，点击"确定"，完成停车位宽度的尺寸标注，见图 5-9 和图 5-10。

切换到楼层平面视图，对停车位的长度及车辆的长度的参照平面进行绘制，绘制的结果见图 5-11。

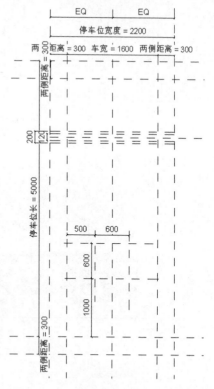

图 5-6 "绘制完成后的平面视图"

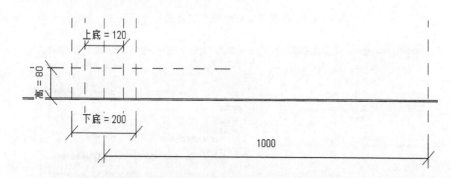

图 5-7 "绘制完成后的右立面视图"

（3）绘制模型。

1）打开楼层平面视图，单击"创建"选项卡→"形状"面板→"拉伸"命令，此时进入草图编辑模式，单击"绘制"面板中的"矩形"命令，沿停车位宽-A 参照平面与停车位长-A 参照平面交点作为矩形拉伸起点，停车位宽-B 参照平面与停车位长-B 参照平面交点作为矩形拉伸终点。同样方法绘制以两侧距离-A 参照平面与两侧距离-C 参照平面交点为拉伸起点，两侧距离-B 参照平面与两侧距离-D 参照平面交点作为拉伸终点的矩形。将小锁锁上使之分别与参照平面关联，完成停车位场地的绘制，见图 5-12。

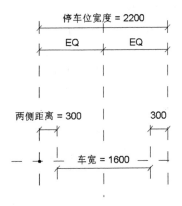

图 5-8　"绘制完成后的前视图"

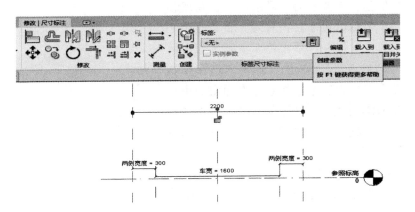

图 5-9　"绘制完成后的车位宽度的尺寸标注"

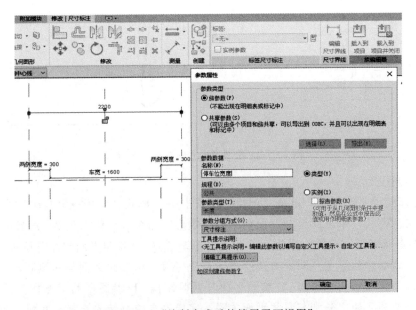

图 5-10　"绘制完成后的楼层平面视图"

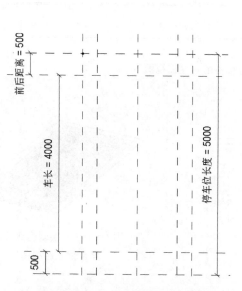

图 5-11 "绘制完成后的楼层平面视图"

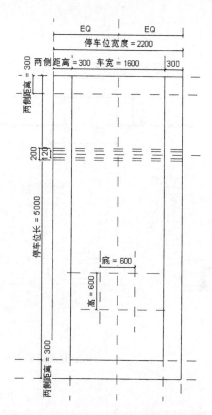

图 5-12 "绘制完成后的停车位场地"

2) 单击"创建"选项卡→"形状"面板→"拉伸"命令，在草图编辑模式下，单击"绘制"面板→"线"命令，沿三角形参照平面绘制底为 600，高为 600 的等腰三角形。完成绘制后，单击"模式"面板的完成命令，完成车头导向标的绘制，见图 5-13。

3) 打开右立面视图：单击"创建"选项卡→"形状"面板→"拉伸"命令，进入草图编辑模式，单击"绘制"面板→"线"命令，绘制上底为 120，下底为 200，高为 80 的梯形轮廓线，完成绘制后，单击"模式"面板的完成命令。并修改右侧属性对话框中的拉伸起点为 100，终点为 700，单击应用按钮，完成右侧车轮定位器的绘制。将视图转至楼层

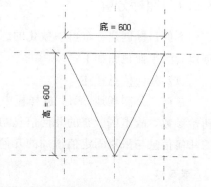

图 5-13 "绘制完成后的车头导向标"

平面视图，单击"修改"选项卡→"修改"面板→"镜像-拾取轴"命令，单击选中初始的竖向参照平面，完成左侧车轮定位器的绘制见图 5-14 和图 5-15。

5.1.4 最终效果展示

完成绘制后，三维视图见图 5-16。

321

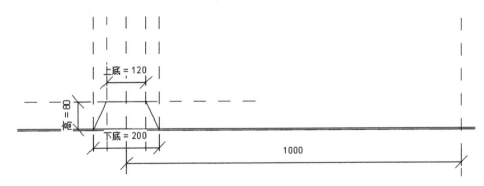

图 5－14　"车轮定位器的右立面视图"

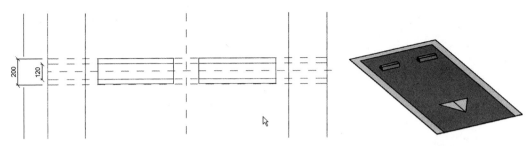

图 5－15　"绘制完成后的车轮定位器"

图 5－16　"绘制完成后的
停车位三维视图"

5.2　场地族

5.2.1　目标分解

本例目标创建一个可参数化的三维 8 泳道游泳池族,其几何形体信息、数据信息以及创建后的平面视图如下:

(1) 几何信息详述。

在该"公制场地.rft"族样板中只包含了两个用于定位的初始参照平面且没有任何初始参数,故本例所有的几何信息均需自行添加。其几何信息分为需采用参数化方式添加的几何信息与采用固定值添加的几何信息,见表 5－2。

表 5－2 　　　　　　　　　　　　　　　几 何 信 息 表

类　　型	几何信息	值	备　　注
可参数化的几何信息	游泳池宽度	21000	参数化控制,可根据实际情况自行修改
	游泳池长度	45000	
	边缘宽度	500	
	边道宽度	3000	
	出发岸台	5000	
	泳池壁厚度	50	
固定值的几何信息	泳池深度	2200	固定值,可根据实际情况自行赋值

（2）几何形体详述。

该游泳池共由 4 部分构成，完成后的平面、右立面和三维视图见图 5-17～图 5-19，立方体游泳池区域、7 道长条状泳道标志、矩形出发岸台、矩形边道区域。

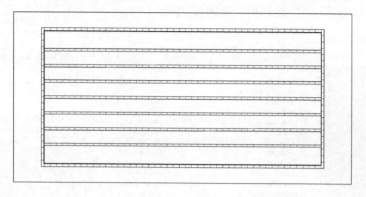

图 5-17　"完成后的游泳池楼层平面视图"

图 5-18　"完成后的游泳池楼层右立面视图"

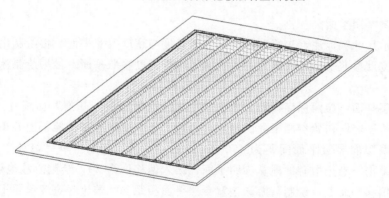

图 5-19　"完成后的游泳池楼层三维视图"

5.2.2　创建思路

（1）选择族样板。

在 Revit 2018 的自带族样板库中，选择"公制场地.rft"。

（2）创建游泳池几何形体。

在楼层平面视图中，绘制多条参照平面并进行锁定，以完成宽为 21m、长为 45m 的游泳池、宽为 5m 的出发岸台，宽为 0.5m 的泳池边缘、宽为 3m 的泳池边道、厚度为 0.05m 的泳池壁的参数化控制。

对于不需要进行参数化驱动的泳池深度（深度为 1.8m）直接绘制即可。

该模型由立方体游泳池区域、7 道长条状泳道标志、矩形出发岸台、矩形边道区域 4 部分组成，其几何轮廓均不会沿拉伸方向进行变化，故对其采用"拉伸"命令进行模型创建。

5.2.3　创建步骤

（1）选择族样板。

打开"公制场地.rft"族样板，见图 5-20。

图 5-20　"公制场地族样板文件"

（2）绘制参照平面。

按照图示尺寸和标注，先绘制泳池场地的长度与宽度参照平面，再绘制出发台岸参照平面、边道宽度参照平面以及泳池一周的面砖边缘宽度参照平面，最后绘制泳道标志参照平面。

打开楼层平面：参照标高视图，单击"建筑"选项卡→"基准"面板→"参照平面"命令，沿平行于竖向初始参照平面的两侧，画两个竖向用泳池宽参照平面，单击选中参照平面，设置两竖向参照平面间距为 45000。单击"修改"选项卡→"修改"面板→"偏移"命令，单击分别选中游泳池宽参照平面，输入偏移值为 50，绘制游泳池壁参照平面，再次使用"偏移"命令，绘制与游泳池宽参照平面相距 500 的边缘宽度参照平面。

沿平行于横向初始参照平面的两侧，画两个横向游泳池长参照平面，单击选中参照平面，调整参照平面间距为 21000，使用"偏移"命令分别画出与游泳池长-参照平面相距 50 的游泳池壁参照平面、相距 500 的边缘宽度参照平面，相距 3000 的边道宽度参照平面，见图 5-21。

在泳池长度方向的两参照平面之间绘制七条水平方向泳道标志参照平面，单击"注释"选项卡→"尺寸标注"面板→"对齐"命令，依次选中泳池长度、泳池标志参照平面，使泳道标志均分对齐。

以边道尺寸为例，对尺寸标注加以说明：单击边道宽度尺寸参考平面，显示边道宽度临时尺寸标注，单击临时尺寸转换符号，将临时尺寸标注转换为永久尺寸标注，单击边道宽度永久尺寸标注，进入"修改/尺寸标注"选项卡，在"标签尺寸标注"面板，单击"创建参数"按钮，在弹出的类型属性窗口中编辑名称为"边道宽度"，点击"确定"，完成边道宽度的尺寸标注，见图 5-22～图 5-24。

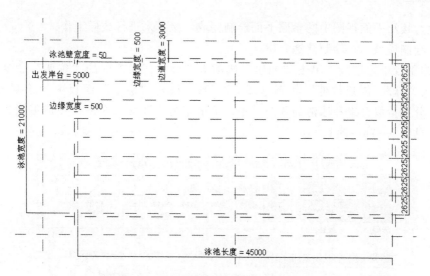

图 5-21 "在楼层平面上绘制完成参照平面"

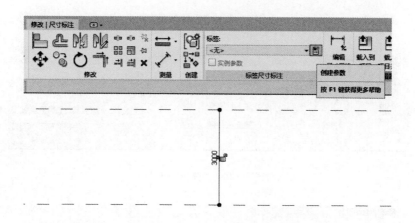

图 5-22 "泳池深度绘制"

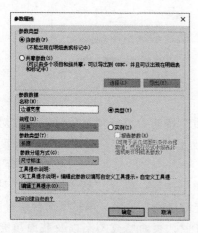

图 5-23 "边道宽度设置"

图 5-24 "泳池边道宽度以及泳池壁厚度"

至此，楼层平面视图中的参照平面绘制完成，接下来进行放样工作。

（3）绘制模型——绘制泳池台岸。

1）绘制台岸边迹线。单击"创建"选项卡"形状"面板中的"拉伸"命令（图 5 - 25），进入"修改/创建拉伸"状态（图 5 - 59），设置"绘制"面板中的绘制的方式为"矩形"，分别拾取台岸和泳池的两个对角，单击"模式"面板中的"完成编辑模式"，绘制完成，见图 5 - 25～图 5 - 28。

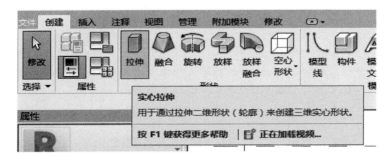

图 5 - 25　"选择拉伸"

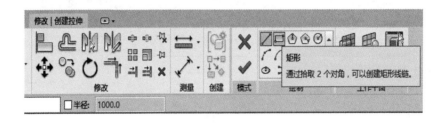

图 5 - 26　"选择矩形"

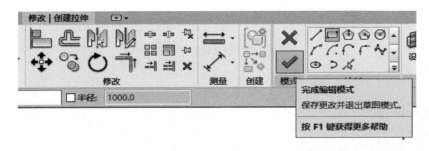

图 5 - 27　"完成编辑模式"

2）设置台岸高度。单击"属性"面板中的"材质"按钮，打开"材质浏览器"对话框，输入拉伸起点（此处假设为 0），拉伸终点（此处假设为 500），单击应用，高度为 500 的台案设置完成。

3）设置台岸材质。单击"属性"面板中的"材质"按钮，打开"材质浏览器"对话框，单击"材质"选项卡右下角"新建材质/复制选定的材质"按钮，编辑所需台岸材质。单击"材质"右侧的"图形"选项卡，设置台岸的着色、表面填充图案以及截面填充图案，见图 5 - 29。

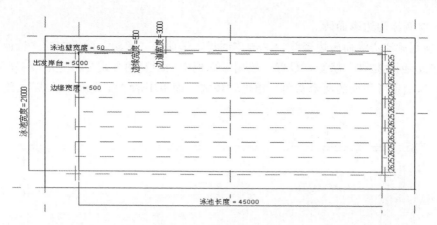

图 5-28 "台岸的绘制"

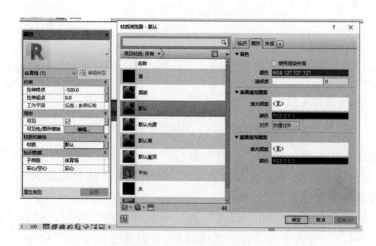

图 5-29 "颜色填充"

4）设置台岸可见性。单击"属性"面板中的"材质"按钮，打开"族图元可见性设置"对话框，对三维以及视图中的显示详细程度进行相关设置，见图5-30。

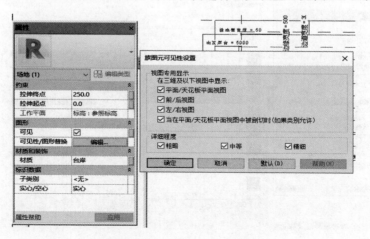

图 5-30 "族图元可见性设置"

（4）绘制泳池边缘面砖。

1）绘制泳池边缘面砖边迹线。单击"创建"选项卡"形状"面板中的"拉伸"命令，进入"修改/创建拉伸"状态，设置"绘制"面板中的绘制的方式为"矩形"，分别拾取泳池边缘和泳池参考平面的两个对角，单击"模式"面板中的"完成编辑模式"，绘制完成，见图5-31。

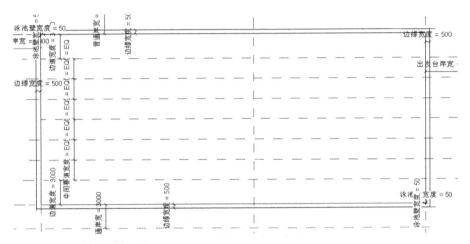

图5-31 "边缘的绘制"

2）设置泳池边缘高度。单击"属性"面板中的"材质"按钮，打开"材质浏览器"对话框，输入拉伸起点（此处假设为-2150），拉伸终点（此处假设为50），单击应用，厚度为2250的泳池边缘设置完成。

3）设置泳池边缘材质。单击"属性"面板中的"材质"按钮，打开"材质浏览器"对话框，单击"材质"选项卡右下角"新建材质/复制选定的材质"按钮，编辑所需泳池边缘材质。单击"材质"右侧的"图形"选项卡，设置泳池边缘的着色、表面填充图案以及截面填充图案，见图5-32。

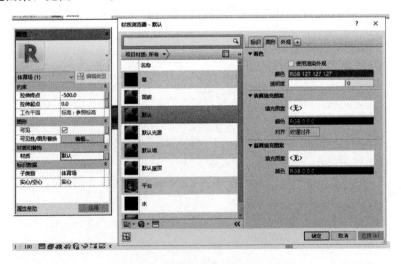

图5-32 "材质选择"

4）设置泳池边缘可见性。单击"属性"面板中的"材质"按钮，打开"族图元可见性设置"对话框，对三维以及视图中的显示详细程度进行相关设置。

（5）绘制泳池四周墙壁。

1）绘制泳池四周墙壁边迹线。单击"创建"选项卡"形状"面板中的"拉伸"命令，进入"修改/创建拉伸"状态（图5-33），设置"绘制"面板中的绘制的方式为"矩形"，分别拾取四周墙壁和泳池参考平面的两个对角，单击"模式"面板中的"完成编辑模式"，绘制完成，见图5-33。

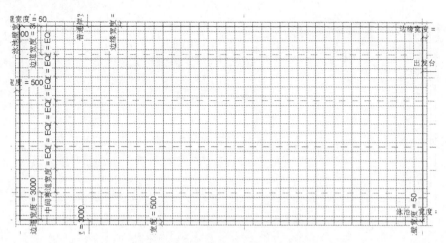

图5-33 "泳池四周墙壁的绘制"

2）设置泳池四周墙壁厚度。单击"属性"面板中的"材质"按钮，打开"材质浏览器"对话框，输入拉伸起点（此处假设为0），拉伸终点（此处假设为50），单击应用，厚度为50的泳池边缘设置完成。

3）设置泳池四周墙壁材质。单击"属性"面板中的"材质"按钮，打开"材质浏览器"对话框，单击"材质"选项卡右下角"新建材质/复制选定的材质"按钮，编辑所需泳池边缘材质。单击"材质"右侧的"图形"选项卡，设置泳池四周墙壁的着色、表面填充图案以及截面填充图案，见图5-34。

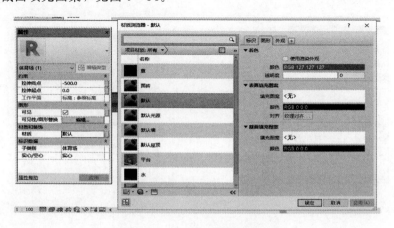

图5-34 "泳池边缘材质选择"

2）设置泳池四周墙壁可见性。单击"属性"面板中的"材质"按钮，打开"族图元可见性设置"对话框，对三维以及视图中的显示详细程度进行相关设置。

（6）绘制泳池边缘面砖。

1）绘制泳池边缘面砖边迹线。单击"创建"选项卡"形状"面板中的"拉伸"命令（图 5-35），进入"修改/创建拉伸"状态，设置"绘制"面板中的绘制的方式为"矩形"，分别拾取泳池边缘和泳池参考平面的两个对角，单击"模式"面板中的"完成编辑模式"，绘制完成，见图 5-35。

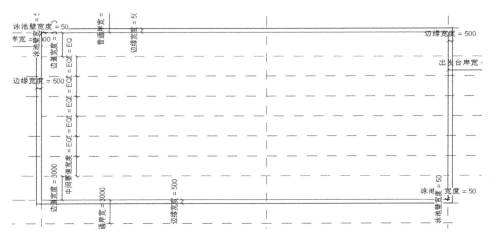

图 5-35　"边缘的绘制"

2）设置泳池边缘厚度。单击"属性"面板中的"材质"按钮，打开"材质浏览器"对话框，输入拉伸起点（此处假设为 0），拉伸终点（此处假设为 50），单击应用，厚度为 50 的泳池边缘设置完成。

3）设置泳池边缘材质。单击"属性"面板中的"材质"按钮，打开"材质浏览器"对话框，单击"材质"选项卡右下角"新建材质/复制选定的材质"按钮，编辑所需泳池边缘材质。单击"材质"右侧的"图形"选项卡，设置泳池边缘的着色、表面填充图案以及截面填充图案，见图 5-36。

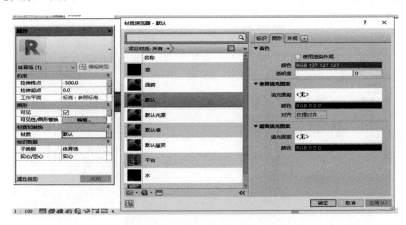

图 5-36　"泳池边缘材质选择"

4）设置泳池边缘可见性。单击"属性"面板中的"材质"按钮，打开"族图元可见性设置"对话框，对三维以及视图中的显示详细程度进行相关设置。

　　（7）绘制泳池底。

　　1）绘制泳池底边迹线。单击"创建"选项卡"形状"面板中的"拉伸"命令，进入"修改/创建拉伸"状态（图5-37），设置"绘制"面板中的绘制的方式为"矩形"，分别拾取泳池底和泳池参考平面的两个对角，单击"模式"面板中的"完成编辑模式"，绘制完成，见图5-37。

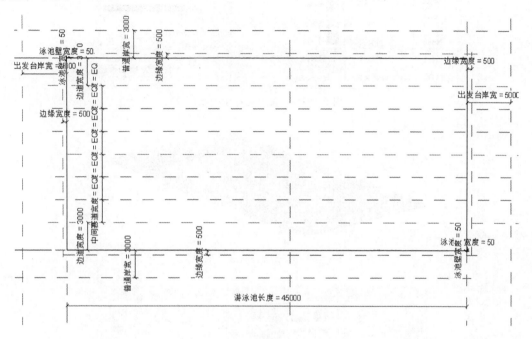

图5-37　"泳池底的绘制"

　　2）设置泳池底厚度。单击"属性"面板中的"材质"按钮，打开"材质浏览器"对话框，输入拉伸起点（此处假设为-2200），拉伸终点（此处假设为-2100），单击应用，厚度为100的泳池底设置完成。

　　3）设置泳池底材质。单击"属性"面板中的"材质"按钮，打开"材质浏览器"对话框，单击"材质"选项卡右下角"新建材质/复制选定的材质"按钮，编辑所需泳池底材质。单击"材质"右侧的"图形"选项卡，设置泳池底的着色、表面填充图案以及截面填充图案，见图5-38。

　　4）设置泳池底可见性。单击"属性"面板中的"材质"按钮，打开"族图元可见性设置"对话框，对三维以及视图中的显示详细程度进行相关设置。

　　此时泳池绘制完成，三维视图见图5-39。

　　（8）添加泳道标志。

　　1）在"族编辑器"环境下，单击使用"创建"选项卡"形状"面板上的"放样"工具，进入放样绘制界面。单击"拾取路径"按钮，选择参照线，单击完成编辑按钮，完成路径绘制，见图5-40和图5-41。

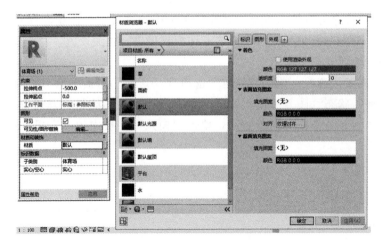

图 5 - 38 "泳池底材质选择"

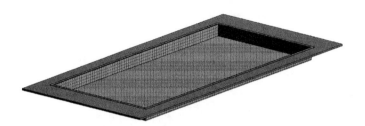

图 5 - 39 "完成后的三维视图"

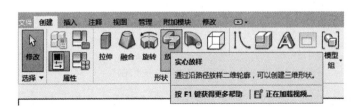

图 5 - 40 "实心放样"

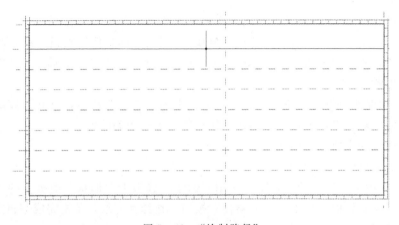

图 5 - 41 "绘制路径"

2）单击选项卡中的"编辑轮廓"，出现"转到视图"对话框，见图 5-42 和图 5-43，选择"立面：右"，单击"打开视图"。

图 5-42 "编辑轮廓"

图 5-43 "选择立面"

3）在右立面视图绘制圆形轮廓线，见图 5-44。

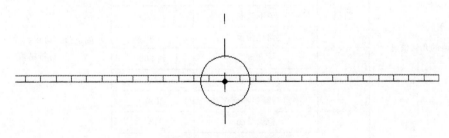

图 5-44 "绘制轮廓"

4）使用复制工具绘制所有泳道标志，泳池模型绘制完成。

5.2.4 最终效果展示

完成绘制后，其三维视图见图 5-45。

图 5-45　"着色模式下的泳池完成模型"

5.3　家具族

5.3.1　目标分解

本例目标创建一个三维椅子族，其几何参数信息、几何形体分析以及创建后的平面视图如下：

（1）几何参数信息详述。

在该"公制家具.rft"族样板中只包含了两条用于定位族的初始参照平面且没有任何初始参数，故本例所有的几何信息均需自行添加。由于椅子族在使用时通常不需要参数化修改其尺寸，故只需采用固定值添加几何信息，见表 5-3。

表 5-3　　　　　　　　　　　　几 何 信 息 表

类　　型		参数名称	值	备　　注
可参数化的几何信息		—	—	本例不需要设置，但如有特殊需求可根据需要添加
固定值的几何信息	坐垫	底面离地高度	450	固定值，可根据实际情况自行赋值
		厚度	20	
		空心放样轮廓弧线半径	25	
	前腿	高度	450	
		轮廓边长	10	
		路径角度	85°	
	后腿	高度	约 900	
		轮廓边长	10	
		中点与参照平面距离	100	
	靠背	轮廓长轴	14	
		轮廓短轴	8	
		横条长度	490	

（2）几何形体详述。

该椅子由共 11 个部件构成：2 条前腿、2 条后腿、1 个坐垫以及坐垫边缘用于去除棱边的空心形状、6 根横条组成的靠背。

（3）椅子平面、立面及三维视图。

平面、立面及三维视图展示见图 5-46～图 5-48。

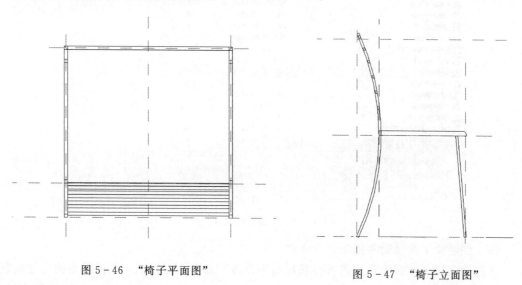

图 5-46 "椅子平面图"　　　　　　　　　　　　图 5-47 "椅子立面图"

5.3.2 创建思路

采用公制家具族样板，分别对椅子腿和靠背进行放样创建，并对坐垫进行拉伸创建，并使用空心放样去除其棱角，最后放样创建椅子靠背。

（1）选择族样板。

在 Revit 2018 的自带族样板库中，选择"公制家具.rft"。

（2）创建家具几何形体。

在楼层平面视图和右立面视图中，绘制多条参照平面，以便确定椅子各部分的位置。本例中，参照平面并不是必需的，但可以使几何形体的创建更加方便。可以在创建几何形体前绘制完成所有需要的参照平面，也可以在创建的不同阶段分别绘制相应的参照平面。

图 5-48 "椅子三维视图"

本例不需要参数化驱动，直接绘制即可。

该模型由扁平立方体、有 90°转角的空心细长柱状体、沿轴向带有弧度或角度的细长柱状体，以及椭圆截面细长柱状体四类几何形体组成，扁平立方体采用"拉伸"命令进行模型创建，其余几何形体均采用"放样"或"空心放样"进行创建。

5.3.3 创建步骤

（1）选择族样板文件。

打开样板文件，单击应用程序菜单按钮，单击"新建"侧拉菜单＞"族"按钮。在弹出的"新族-选择样板文件"对话框中，选择"公制家具.rft"样板文件，单击"打开"按钮，见图 5-49。

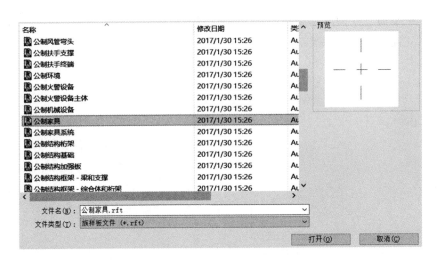

图 5-49　"选择样板文件"

（2）创建椅子的后腿和前腿。

首先创建椅子的四条腿，进入参照标高平面视图和右立面视图，根据需要的尺寸绘制参照平面，见图 5-50 和图 5-51。

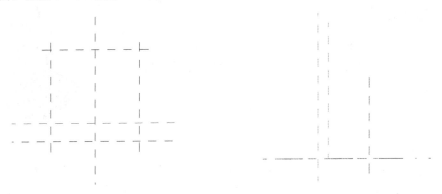

图 5-50　参照标高平面视图

图 5-51　右立面视图

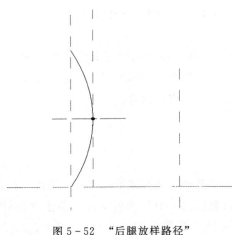

图 5-52　"后腿放样路径"

然后在右立面视图进行放样。进入右立面视图，单击"创建"选项卡"形状"面板中的"放样"按钮，点击"绘制路径"开始为椅子的一条后腿绘制放样路径见图 5-52。路径绘制完毕后开始编辑轮廓，单击"修改｜放样"选项卡下"放样"面板中的"编辑轮廓"，转到"楼层平面：参照标高"进行轮廓绘制，见图 5-53。完成编辑模式并进入三维视图中查看，见图 5-54。

进入参照标高平面视图，使用"移动"工具将已经创建的一条后腿移动到合适的位置，然后使用"复制"或"镜像"工具创建另一条后腿，见图5-55和图5-56。

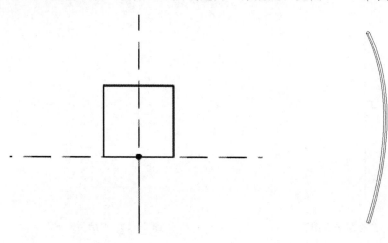

图 5-53 "后腿轮廓"   图 5-54 "完成的三维视图"

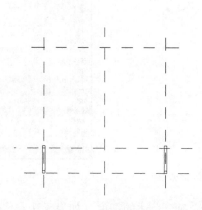

图 5-55 "进行复制"

图 5-56 "完成复制"

使用上述方法，对椅子的两条前腿进行创建。在绘制放样前，可以先在坐垫所在高度绘制参照平面，以便对前腿高度定位。为方便在参照标高平面视图中绘制轮廓，可以先在椅子腿路径上绘制一段竖直方向的路径作为辅助，转到参照标高平面绘制完轮廓后，再回到右立面视图，编辑之前的路径并将这一小段删除，见图5-57～图5-59。

调整椅子前腿并复制后，三维视图效果见图5-60。

（3）创建坐垫。

进入参照标高平面视图，单击"创建"选项卡"形状"面板中的"拉伸"，创建坐垫，见图5-61，并在"属性"中为其设置合适的拉伸终点，形成坐垫厚度，见

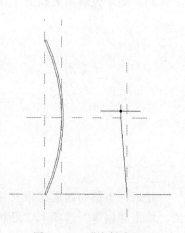

图 5-57 "绘制路径"

图 5 - 62。

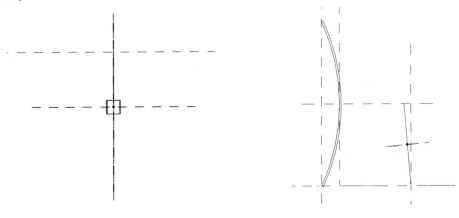

图 5 - 58　"绘制平面图"　　　　　　　　　图 5 - 59　"绘制完成"

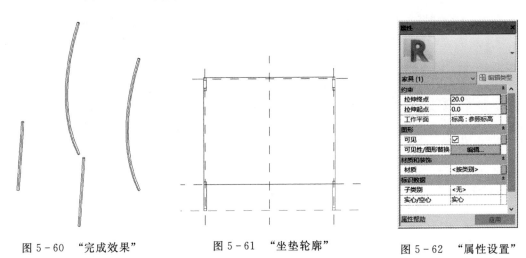

图 5 - 60　"完成效果"　　　图 5 - 61　"坐垫轮廓"　　　图 5 - 62　"属性设置"

　　创建完成后，进入右立面视图，调整其垂直位置至合适的高度（如果无法在垂直方向上移动，则需先取消关联的工作平面，见图 5 - 63），完成后的三维效果见图 5 - 64。

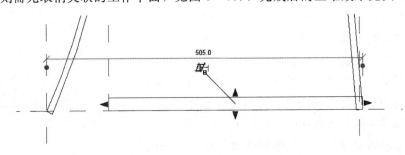

图 5 - 63　"调整高度"

　　此时，坐垫的四周是带有棱角的，需要通过空心放样来去除。进入参照标高平面视图，单击"创建"选项卡"形状"面板下的"空心形状→空心放样"，单击"绘制路径"，绘制路径见图 5 - 65。

图 5-64 "完成效果图"

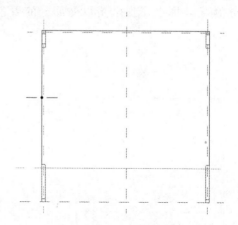

图 5-65 "绘制路径"

路径绘制完成后，单击"修改｜放样"选项卡"放样"面板中的"编辑轮廓"，转到前立面视图开始绘制轮廓，见图 5-66。

（4）创建椅背。

进入前立面视图，绘制一条椅背的参照平面，见图 5-67。

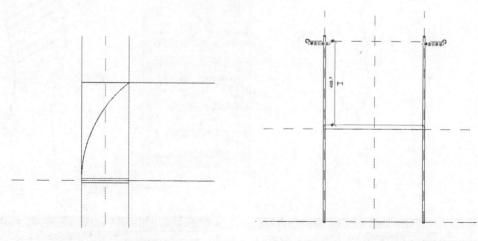

图 5-66 "绘制轮廓"

图 5-67 "绘制参照平面"

单击"创建"选项卡"图形"面板中的"放样"，单击"绘制路径"对椅背的路径进行绘制，见图 5-68。

单击编辑轮廓，进入右立面视图，绘制需要的椅背轮廓，见图 5-69。

进入右立面视图，复制几个已经创建好的椅背至合适的位置，三维效果见图 5-70。

（5）赋予材质颜色。

选择除坐垫之外的部分，单击"属性"浏览器中的"材质"，进入材质浏览器，见图 5-71 和图 5-72。

单击左下角"创建并复制材质"下拉菜单中的"新建材质"，重命名为"椅子材质"，在右侧的"图形"选项下设置"着色"的颜色，见图 5-73 和图 5-74。

　　点击确定，即可实现坐垫以外部分的着色，以相同的方法设置坐垫的着色，见图 5－75。

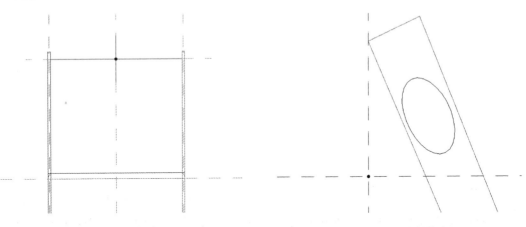

图 5－68　"绘制路径"　　　　　　　　　　图 5－69　"绘制轮廓"

图 5－70　"三维效果图"　　　　　　　　　图 5－71　"属性"

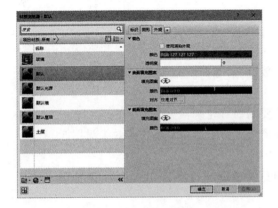

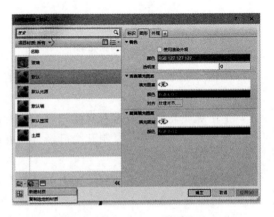

图 5－72　"材质选择"　　　　　　　　　　图 5－73　"材质选择"

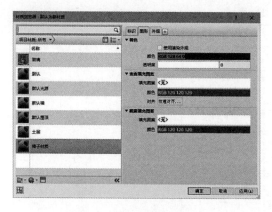

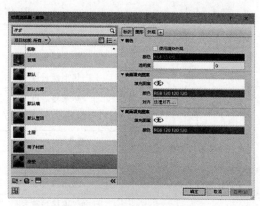

图 5 - 74 "颜色选择"　　　　　　　　　图 5 - 75 "坐垫颜色选择"

5.3.4 最终效果展示

完成绘制后，三维视图详见图 5 - 76。

图 5 - 76 "最终效果图"

5.4 机械设备族

5.4.1 目标分解

本例目标为创建一个参数化三维热水器，其几何参数信息、几何形体分析以及创建后的平面视图如下。

（1）几何参数信息详述。

采用公制机械设备样板，用拉伸创建热水器主体和各个进出口，然后选择管道连接件，放置连接件。

在该"公制机械设备样板.rft"族样板中只包含了两条用于定位族的初始参照平面且没有任何初始参数，故本例所有的几何信息均需自行添加。其几何信息分为需采用参数化方式添加的几何信息与采用固定值添加的几何信息，见表 5 - 4。

表 5-4　　　　　　　　　　几 何 信 息 表

类　　型	参 数 名 称	值	备　　注
固定值的几何信息	热水器宽度	340	固定值，可根据实际情况 自行赋值
	热水器长度	130	
	热水器高度	540	
	排风口直径	60	
	燃气进口直径	25	
	进水口直径	30	
	出水口直径	20	
	电气连接口直径	10	
	排风口高度	80	
	燃气进口高度	20	
	进水口高度	20	
	出水口高度	20	
	电气连接口高度	20	

（2）几何形体详述。

该热水器由共 6 个部件构成：1 个热水器矩形主体，1 个在热水器顶部的排风口，在热水器底部的燃气进口、进水口、出水口、电气连接口。

（3）热水器平面、立面及三维视图。

平面、立面及三维视图展示见图 5-77～图 5-79。

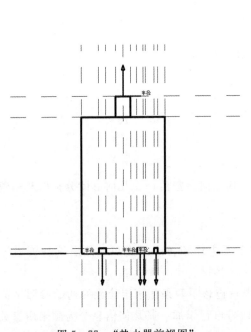

图 5-77　"热水器前视图"

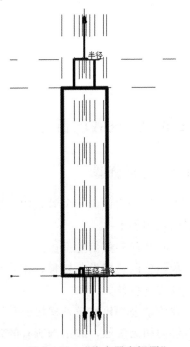

图 5-78　"热水器右视图"

5.4.2 创建思路

（1）选择族样板。

在 Revit 2018 的自带族样板库中，选择"公制机械设备.rft"。

（2）创建热水器几何形体。

1）在楼层平面视图中，绘制多条参照平面并进行锁定，以完成热水器高度、长度和宽度灯参数的控制。

2）对于不需要进行参数化驱动的进风口、进水口、出水口、电气连接口、燃气进口等，直接绘制即可。

3）该模型由立方体、横截面为矩形的柱状体两类几何形体组成，其几何轮廓均不会沿拉伸方向进行变化，故对其采用"拉伸"命令进行模型创建。

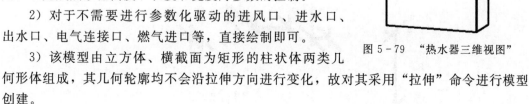

图 5-79 "热水器三维视图"

5.4.3 创建步骤

（1）选择样板文件。

打开样板文件，单击应用程序菜单按钮，单击"新建"侧拉菜单＞"族"按钮。在弹出的"新族-选择样板文件"对话框中，选择"公制机械设备.rft"样板文件，单击"打开"按钮，见图 5-80。

图 5-80 "公制机械设备文件"

（2）绘制参照线。

在楼层平面，参照标高视图中绘制主体和各个进出口的参照线，见图 5-81，然后在右视图中，绘制高度的参照线，结果见图 5-82。

（3）绘制主体和各个出入口。

先绘制主体，单击"创建"选项卡→"形状"面板→"拉伸"命令，在草图编辑模式下，单击"设置"→"拾取一个平面"，在右视图中选择底面，见图 5-83，然后进入到

343

楼层平面：参照标高，单击"绘制"面板→"线"命令，依据之前的尺寸绘制热水器主体的轮廓，见图 5-84，之后在属性选项卡中将拉伸终点改为 530，见图 5-85，然后完成主体编辑。

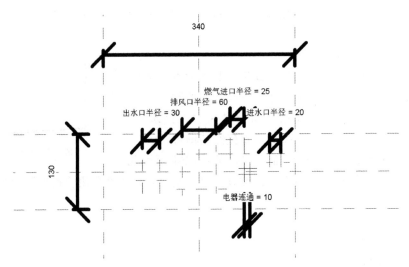

图 5-81　"绘制完成后的平面视图"

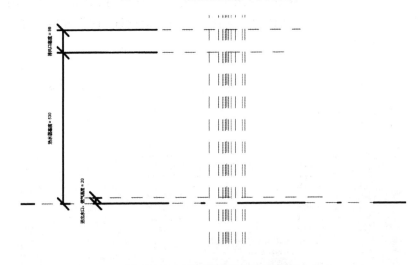

图 5-82　"绘制完成后的右视图"

后续的进出水口，电器通路与主体操作类似，但是它们的拉伸终点为 20，依次绘制，完成后见图 5-86。

最后绘制排气管，进入右视图，选择创建选项卡中的拉伸，选择热水器主体的上部作为参照平面见图 5-87。并选择楼层平面：参照标高进行绘制。绘制完后见图 5-88，并在属性选项卡中将拉伸终点改为-80，完成后三维视图见图 5-89。

（4）放置连接件。

在创建选项卡中选择管道连接件，并放置在出水口、进水口、燃气进口，在属性中设置相应直径，见图 5-90。

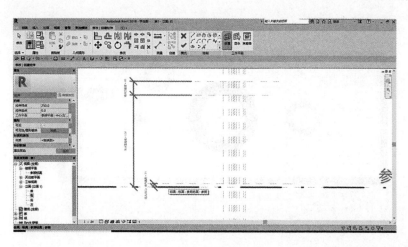

图 5-83 "选择平面"

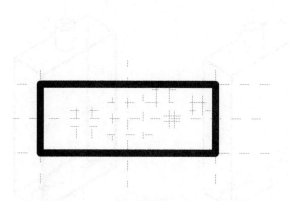

图 5-84 "绘制热水器主体图形"

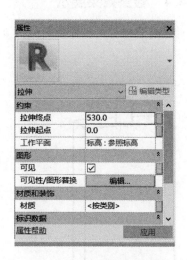

图 5-85 "拉伸终点设置"

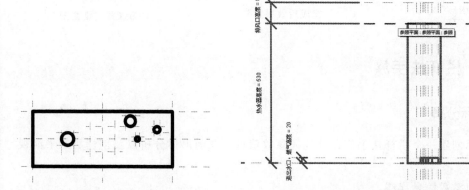

图 5-86 "进出水口、电器通路，燃气进口完成图"

图 5-87 "选择进风口参照平面"

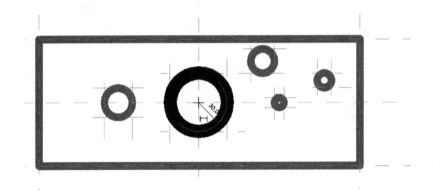

图 5-88　"进风口图形绘制"

5.4.4　最终效果展示

完成绘制后，三维视图见图 5-91。

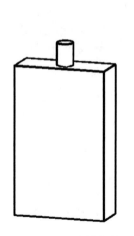

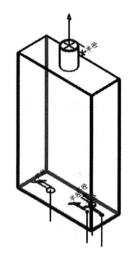

图 5-89　"绘制完成
后的图形"

图 5-90　"连接件放置
完成后效果图"

图 5-91　"绘制完成后的
热水器三维视图"

5.5　栏杆扶手族

5.5.1　目标分解

本例目标创建一个栏杆扶手族，其几何参数信息、几何形体分析以及创建后的平面视图如下：

（1）几何参数信息详述。

在该"公制常规模型.rft"族样板中只包含了两条用于定位族的初始参照平面且没有任何初始参数，故本例所有的几何信息均需自行添加。其几何信息分为需采用参数化方式添加的几何信息与采用固定值添加的几何信息，见表 5-5。

表 5-5 几 何 信 息 表

类　型	参数名称	值	备　注
固定值的几何信息	栏杆扶手高度	1260	固定值，可根据实际情况自行赋值
	栏杆扶手宽度	2000	
	栏杆上部扶手宽度	60	
	栏杆宽度	40	
	栏杆高度	800	
	栏杆间距	100	
	玻璃板高度	800	
	玻璃板厚度	40	
	玻璃板长度	720	

（2）几何形体详述。

该栏杆扶手由共 14 个部件构成：8 根栏杆、2 根长栏杆、3 根扶手、1 块玻璃板。

（3）栏杆扶手平面、立面及三维视图。

平面、立面及三维视图展示见图 5-92～图 5-94。

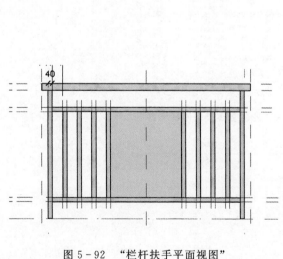

图 5-92 "栏杆扶手平面视图"

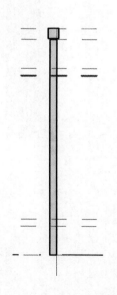

图 5-93 "栏杆扶手立面图"

5.5.2 创建思路

（1）选择族样板。

在 Revit 2018 的自带族样板库中，选择"公制常规模型 .rft"。

（2）创建栏杆扶手几何形体。

1）对于不需要进行参数化驱动的栏杆扶手尺寸，直接绘制即可。

2）该模型有横截面为矩形的柱状体组成，其几何轮廓均不会沿拉伸方向进行变化，故对其采用"拉伸"命令进行模型创建。

5.5.3　创建步骤

（1）选择样板文件。

打开样板文件，单击应用程序菜单按钮，单击"新建"侧拉菜单＞"族"按钮。在弹出的"新族-选择样板文件"对话框中，选择"公制常规模型.rft"样板文件，单击"打开"按钮，见图 5 - 95。

（2）绘制参照线。

在项目浏览器中选择前视图，然后绘制栏杆扶手的外轮廓的参照平面，见图 5 - 96。

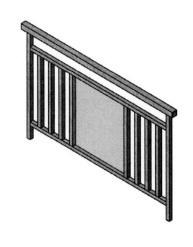

图 5 - 94　"完成后的栏杆扶手三维视图"

图 5 - 95　"公制常规模型样板文件"

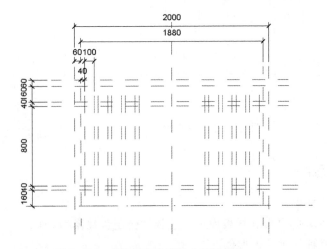

图 5 - 96　"绘制完成后的立面视图"

（3）绘制栏杆扶手。

先绘制上扶手，在前视图，单击"创建"选项卡→"形状"面板→"拉伸"命令，在草图编辑模式下，单击"绘制"面板→"线"命令，然后完成绘制，依次绘制完剩下的栏杆扶手，完成后见图 5-97，并将其材质改为木材，见图 5-98 和图 5-99。

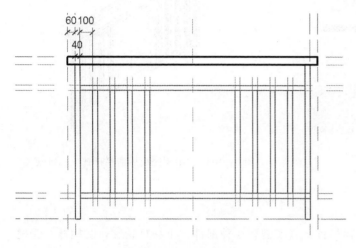

图 5-97 "绘制上扶手"　　　　　　　　图 5-98 "扶手绘制完后效果图"

（4）放置玻璃板。

在创建选项卡中选择拉伸，在栏杆中间绘制图形，见图 5-100，然后选中这块板，属性选项卡中选择材质，选择玻璃，见图 5-101。

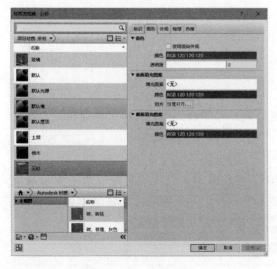

图 5-99 "材质选择"

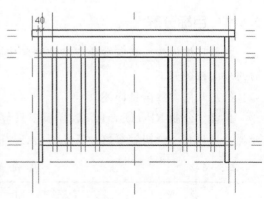

图 5-100 "玻璃板绘制"

5.5.4 最终效果展示

完成绘制后，三维视图见图 5-102。

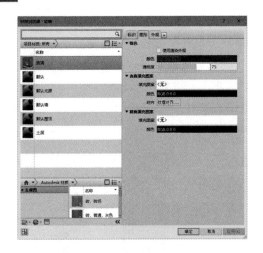

图 5 - 101 "玻璃板材质选择"

图 5 - 102 "绘制完成后的栏杆扶手三维视图"

5.5.5 特别说明

在项目中,若按正常方法创建栏杆,其实需要 4 种部件:①扶栏轮廓,②栏杆,③栏杆支柱,④栏杆嵌板(这 4 种构件并不需要都有);这 4 种部件都有相应的族样板,且都是可载入族。同时,这 4 种构件不能脱离栏杆扶手族单独使用。此时的栏杆扶手族是一个比较特殊的系统族,在族编辑器中无法直接创建。

本节选用公制常规模型创建栏杆扶手族可以在族编辑器中直接创建或编辑,但所创建的族参数较为简单。

5.6 植物环境族

5.6.1 目标分解

本例目标创建一个参数化三维植物环境族,其几何参数信息、几何形体分析以及创建后的平面视图如下。

(1)几何参数信息详述。

在该"公制 RPC 族.rft"族样板中只包含了两条用于定位族的初始参照平面与渲染外观,且只有一个初始参数。其几何信息为需采用参数化方式添加,见表 5 - 6。

表 5 - 6 几何信息表

类 型	参数名称	值	备 注
可参数化的几何信息	高度	0	参数化控制,可根据实际情况自行修改

(2)几何形体详述。

该植物族由一个部件构成:渲染外观。

(3)植物族平面、立面及三维视图。

平面、立面及三维视图展示见图5-103~图5-106。

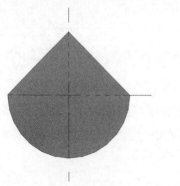

图5-103 "完成后的植物
平面视图"

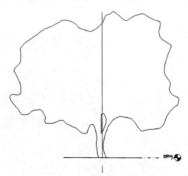

图5-104 "完成后的植物
前立面视图"

图5-105 "完成后的
植物三维视图"

5.6.2 创建思路

（1）选择族样板。

在Revit 2018的自带族样板库中，选择"公制RPC族.rft"。

（2）创建植物族几何形体。

修改渲染外观后，在族类型面板中即可任意修改其高度。

5.6.3 创建步骤

（1）选择样板文件。

打开Revit 2018，选择"族>新建"，在弹出的对话框中选择"公制RPC族.rft"族样板，见图5-106。

（2）载入模型。

利用公制RPC族样板创建的植物族其外观效果是基于在渲染场景中的一种多方位组合贴图的RPC贴图技术。

图5-106 打开"公制RPC族样板"

因此，打开族样板模型后，点击"族类别和族参数"，之后选择植物，在渲染外观源参数选项中为第三方，见图5-107和图5-108。

图5-107 "点击族类别和族参数"

之后进入族类型选项卡中，将渲染外观改为 Trees［Asian］Fraxinus，如果希望改变树木的高度，可以在"尺寸标注-高度"中修改，见图 5 - 109。

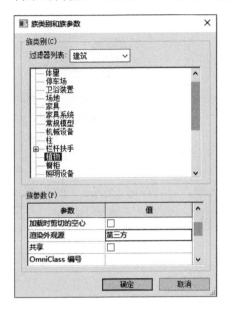

图 5 - 108　"渲染外观源为第三方"

图 5 - 109　"更改渲染外观"

5. 6. 4　最终效果展示

完成绘制后，三维视图见图 5 - 110。

图 5 - 110　"真实渲染下的模型"

5. 7　橱柜族

5. 7. 1　目标分解

本例目标创建一个参数化三维橱柜族，并要求可以通过参数化改变橱柜门的开启角度。其几何参数信息、几何形体分析以及创建后的平面视图如下。

（1）几何参数信息详述。

在该"基于墙的公制橱柜 . rft"族样板中预留了一些未设置默认值的尺寸参数，除此之外，还需要添加一些其他的几何参数。其几何信息分为需采用参数化方式添加的几何信息与采用固定值添加的几何信息，见表5-7。

表5-7   几 何 信 息 表

类 型	参数名称		值	备 注
可参数化的几何信息	橱柜板厚度		15	参数化控制，可根据实际情况自行修改
	橱柜门宽度		460（=0.5×宽度）	
	橱柜门开角		30°	
	深度		300	
	宽度		920	
	高度		600	
固定值的几何信息	厨柜门把手	轮廓尺寸	20×10	固定值，可根据实际情况自行赋值
		路径总高	140	
		路径下端离地高度	130	
		距离门缝	50	

（2）几何形体详述。

该橱柜由共3个部件构成：1个用于形成橱柜主体的实体，1个用于形成橱柜内部空间的空心，2扇带把手的橱柜门。

（3）橱柜平面、立面及三维视图。

平面、立面及三维视图展示见图5-111～图5-113。

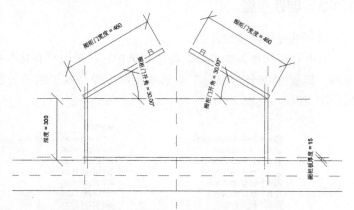

图5-111 "完成后的橱柜平面视图"

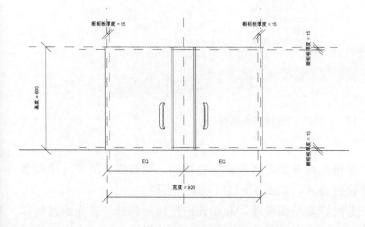

图5-112 "完成后的橱柜放置边立面视图"

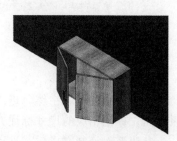

图5-113 "完成后的橱柜三维视图"

353

5.7.2　创建思路

（1）选择族样板。

在 Revit 2018 的自带族样板库中，选择"基于墙的公制橱柜.rft"。

（2）创建橱柜几何形体。

1）在楼层平面及前立面视图中，绘制多条参照平面并进行锁定，以完成橱柜主体尺寸的参数化控制。

2）使用"基于线的公制常规模型.rft"单独创建一个橱柜门板，预留相应参数，再载入到橱柜族中作为嵌套族使用。对于不需要进行参数化驱动的厨柜门把手，直接绘制即可。

3）为了实现橱柜门的角度变化，需要在楼层平面视图中绘制参照线，并将其端点锁定到对应的参照平面交点上。

4）该模型由立方体和带弧度的柱状体（橱柜门把手）两类几何形体组成，对前者采用"拉伸"或"空心拉伸"命令进行模型创建，对后者采用"放样"命令创建。

5.7.3　创建步骤

（1）选择族样板文件。

打开样板文件，单击应用程序菜单按钮，单击"新建"侧拉菜单＞"族"按钮。在弹出的"新族-选择样板文件"对话框中，选择"基于墙的公制橱柜.rft"样板文件，单击"打开"按钮，见图 5-114。

图 5-114　"选择样板文件"

（2）创建橱柜主体。

首先创建橱柜的主体。进入参照标高平面视图和放置边视图，根据需要的尺寸绘制参照平面。标记相应的尺寸标注并设置标签，见图 5-115～图 5-117。

参照平面绘制完成后，进入参照标高平面视图，开始几何形体的创建。首先通过放样进行实心形体的创建：单击"创建"选项卡"形状"面板中的"放样"按钮，点击"绘制路径"，绘制路径见图 5-118。

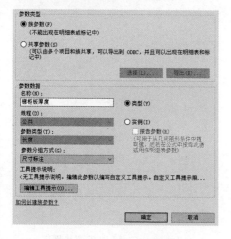

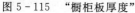

图 5-115 "橱柜板厚度"

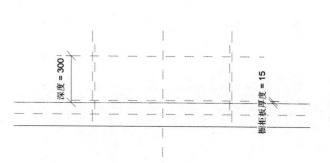

图 5-116 "厚度设置"

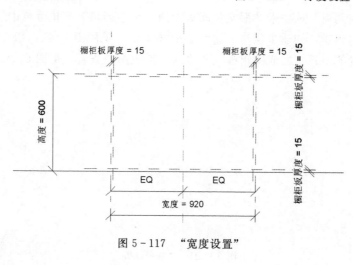

图 5-117 "宽度设置"

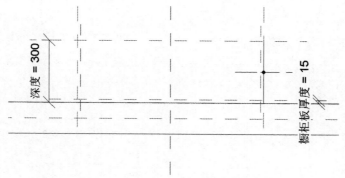

图 5-118 "路径设置"

路径绘制完毕后开始编辑轮廓，单击"修改 | 放样"选项卡下"放样"面板中的"编辑轮廓"，转到"立面：放置边"进行轮廓绘制，见图 5-119。完成编辑模式并进入三维

视图中查看，见图 5 - 120。

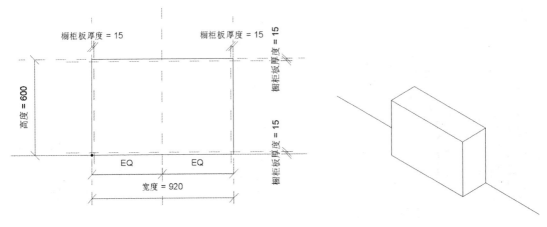

图 5 - 119 "轮廓编辑"　　　　　　　　　　图 5 - 120 "完成效果图"

　　然后使用"创建"选项卡"形状"面板中的"空心形状"下拉菜单中的"空心放样"，进行空心形体的创建，创建步骤与上述实心形体类似，见图 5 - 121、图 5 - 122。请注意路径与绘制位置的差异。完成编辑模式并进入三维视图中查看，见图 5 - 123。

图 5 - 121 "路径设置"

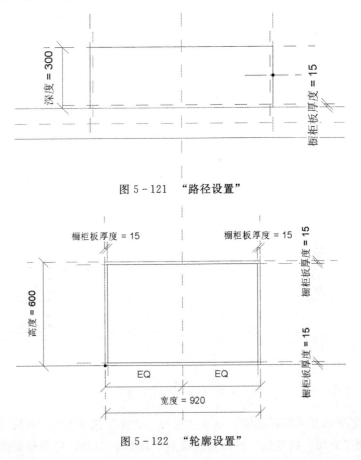

图 5 - 122 "轮廓设置"

完成主体形体的创建后，分别进入参照标高平面视图和放置边立面视图，将之前创建的参照平面与对应的几何形体边缘一一进行对齐锁定，以实现对橱柜主体几何形体的参数化控制，见图5-124，注意不要将某个几何形体在同一个参照平面上多次约束，否则会造成"过约束"。完成后即可通过修改族类型中的参数，控制橱柜主体几何形状的改变，见图5-125。

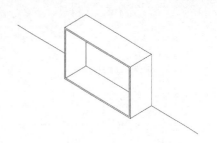

图5-123 "完成效果图"

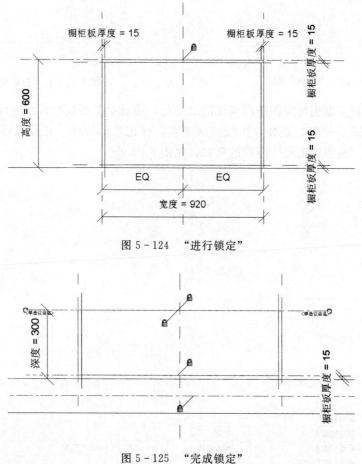

图5-124 "进行锁定"

图5-125 "完成锁定"

（3）创建参照线。

橱柜主体创建完毕，但在创建橱柜门前，需要先设置好实现橱柜门角度参变所需的参照线。

进入参照标高平面视图，绘制一条参照线，见图5-126。将参照线与橱柜主体连接的一端锁定在这两参照平面的交点（即分别将两参照平面与参照线端点锁定），见图5-127。在参照线与参照平面间创建角度尺寸标注，并设置标签，即可通过参数驱动参照线的角度变化，见图5-128。

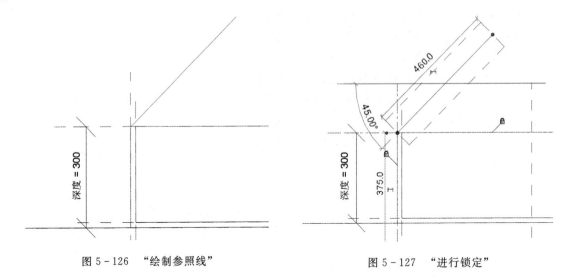

图 5-126　"绘制参照线"　　　　　　　　图 5-127　"进行锁定"

为了使橱柜宽度变化时橱柜门宽度随之变化，需要对参照线的长度进行尺寸标注，并设置标签，见图 5-129。选择参照线的两端点，标记尺寸标注，并设置标签，单击族类型按钮，设置"橱柜门宽度"参数的公式，见图 5-130。

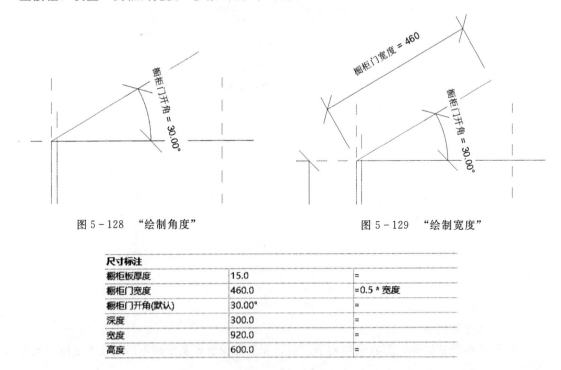

图 5-128　"绘制角度"　　　　　　　　　图 5-129　"绘制宽度"

尺寸标注		
橱柜板厚度	15.0	=
橱柜门宽度	460.0	=0.5 * 宽度
橱柜门开角(默认)	30.00°	=
深度	300.0	=
宽度	920.0	=
高度	600.0	=

图 5-130　"尺寸标注设置"

（4）创建橱柜门。

以上设置完成之后，开始进行橱柜门的创建。要制作可以参数控制任意角度旋转的橱柜门，可以在一个新的族文件中单独将橱柜门创建好，再将橱柜门作为嵌套族载入橱柜族文件中，最后使用已经创建好的参照线来实现。

　　单击"文件"选项卡中"新建"菜单下的"族"，选择"基于线的公制常规模型.rft"族样板打开，见图5-131。进入参照标高平面视图，单击"创建"选项卡"拉伸"来创建橱柜门板，见图5-132。将两条短边与对应的参照平面对齐锁定，以实现随后对橱柜门宽度的控制。进入前立面视图，绘制参照平面，标记尺寸标注并设置标签，以实现随后对橱柜门高度的控制。将上下两条边分别与对应的参照平面对齐锁定，见图5-133。

图5-131　"选择样板文件"

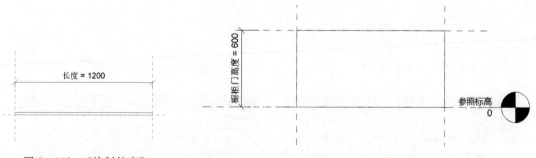

图5-132　"绘制长度"　　　　　　　　　图5-133　"绘制高度"

　　设置完成后，即可实现通过参数对橱柜门板几何形体尺寸的控制。下一步开始创建厨柜门把手。进入前立面视图，单击"创建"选项卡"放样"，单击"修改｜放样"选项卡"工作平面"面板中的"设置"按钮，进入工作平面，转到右立面视图，在合适的高度绘制厨柜门把手的路径，见图5-134和图5-135。

　　路径绘制完成后，单击"编辑轮廓"，转到"楼层平面：参照标高"视图，在合适的位置绘制厨柜门把手的轮廓见图5-136。

　　为了便于后期更改橱柜门的材质，需要在橱柜门的创建过程中预留材质参数。然后选择橱柜门板，将它的材质与相应的族参数关联。以相同的操作将厨柜门把手的材质与"厨柜门把手材质"族参数关联，即可完成橱柜门的创建，见图5-137～图5-140。

　　橱柜门创建完成后，单击"修改"选项卡"族编辑器"面板中的"载入到项目"，即可将橱柜门族载入到橱柜族中，实现族嵌套。

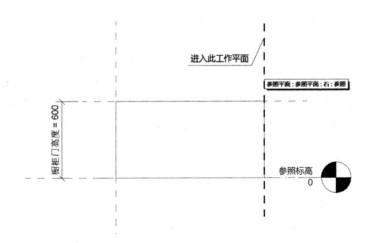

图 5-134 "选择工作平面"

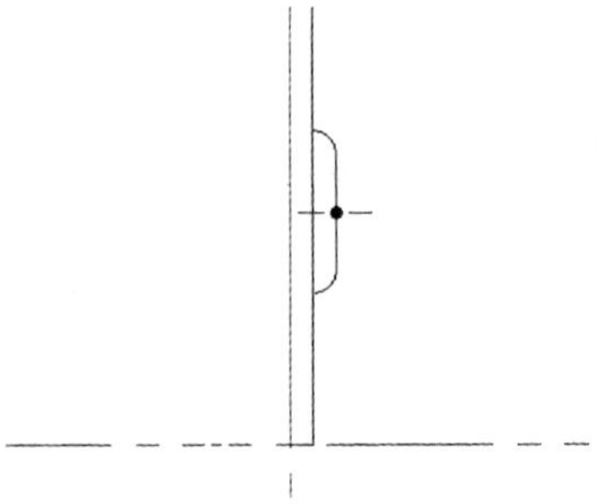

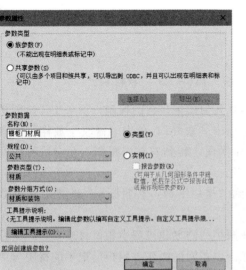

图 5-135 "绘制路径"

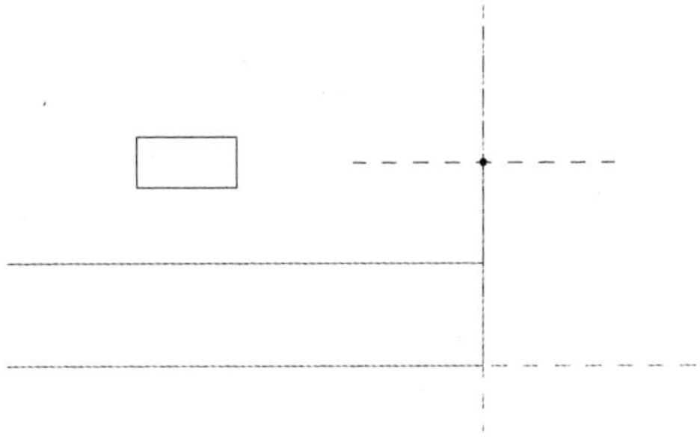

图 5-136 "绘制轮廓"

图 5-137 "橱窗门材质"

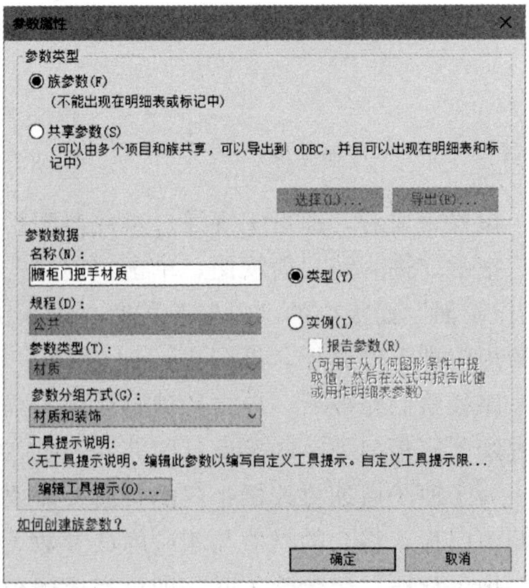

图 5-138 "橱窗门把手材质"

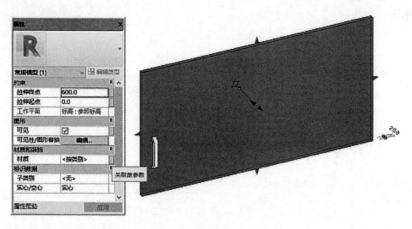

图 5-139 "属性设置"

回到橱柜族参照标高平面视图，单击"创建"选项卡"工作平面"面板中的"设置"，拾取参照线与平面视图平行的工作平面，见图 5-141。

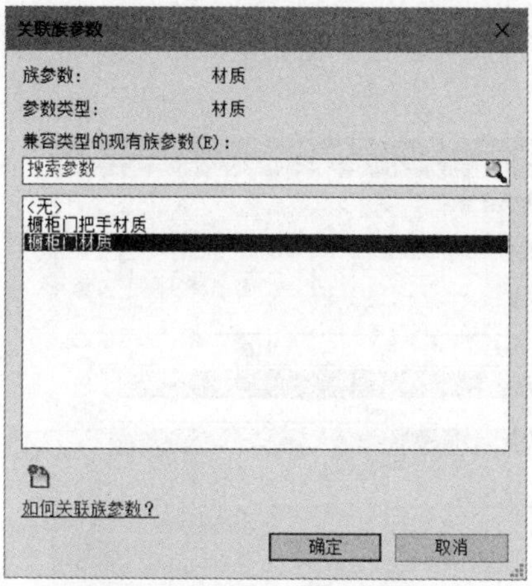

图 5-140 "关联参数"

图 5-141 "拾取工作平面"

要放置创建好的橱柜门，单击"创建"选项卡"模型"面板中的"构件"，选择"修改｜放置构件"选项卡"设置"面板中的"放置在工作平面上"，然后即可将构件放置于视图中，见图 5-142。

使用对齐锁定，将橱柜门锁定到参照线上，见图 5-143。此时橱柜门即可跟随参照线的转动而转动。下面进一步设置，使橱柜门达到使用要求。

将橱柜门的两短边分别与参照线的两端对齐锁定，以实现对橱柜门宽度的参数

图 5-142 "放置构件"

控制，见图 5-144。

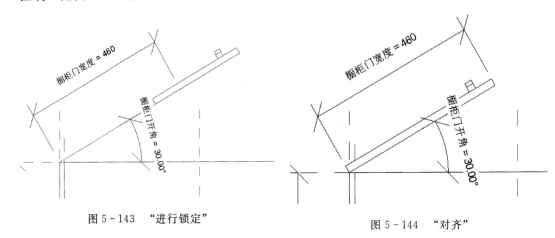

图 5-143　"进行锁定"

图 5-144　"对齐"

为了使橱柜门高度与橱柜高度一致，需要对橱柜门高度进行关联。单击选中放置好的橱柜门，单击属性浏览器中的"编辑类型"，进入橱柜门的类型属性对话框，单击"橱柜门高度"参数右边的"关联族参数"按钮，见图 5-146。选择"高度"参数，点击确定，即可实现橱柜门高度与橱柜高度的关联，见图 5-147。

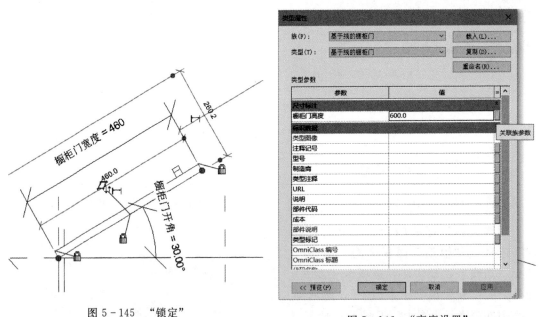

图 5-145　"锁定"

图 5-146　"高度设置"

至此，一侧的橱柜门已创建完成，另一侧的橱柜门创建方法相同，两侧橱柜门创建完成后的平面视图见图 5-148。

（5）赋予材质。

最后，为橱柜赋予材质。单击"创建"或"修改"选项卡"属性"面板中的"族类型"，添加两个材质参数见图 5-149 和图 5-150。

图 5-147 "选择关联参数"

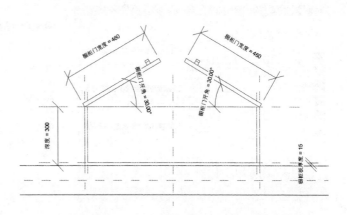

图 5-148 "完成后的平面视图"

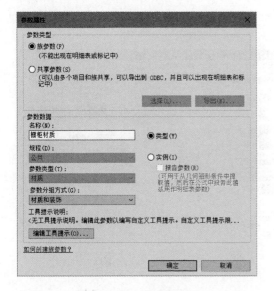

图 5-149 "橱柜材质"

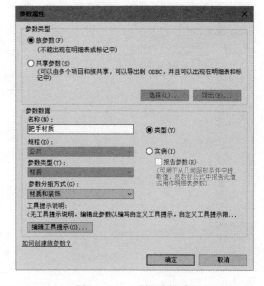

图 5-150 "把手材质"

参数创建完成后,单击"族类型"对话框材质参数值右侧的省略号,弹出材质浏览器对话框,为参数选定材质。这里先设置"橱柜材质"参数,见图 5-151。

此时,如果没有需要的材质,则新建材质。单击材质浏览器对话框左下角的"创建并复制材质",在下拉菜单中选择"新建材质"见图 5-152。并将新建的材质右键重命名为"木材"。

| 把手材质 | <按类别> | ... |
| 橱柜材质 | <按类别> | |

图 5-151 "参数设置"

点击右侧的"外观"选项,在"常规"一栏中单击"替换此资源",见图 5-153。在弹出的"材质浏览器"选项卡中,搜索"桦木",单击此资源右侧的双向箭头按钮,替换原来的默认材质,见图 5-154。创建完成后见图 5-155。

此时已经将"橱柜材质"的参数设置为新创建的"木材"材质,然后用相同的方法为"把手材质"创建材质,并设置为参数,见图 5-156 和图 5-157。

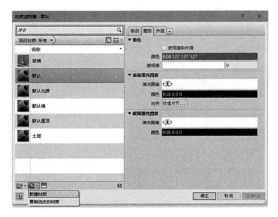

图 5－152　"材质选择"（一）

图 5－153　"材质选择"（二）

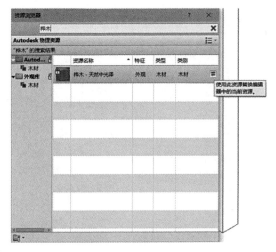

图 5－154　"木材选择"

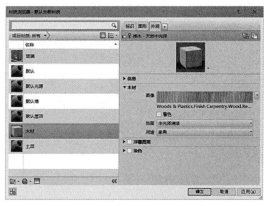

图 5－155　"选择木材"

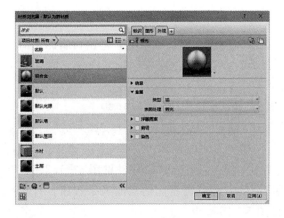

图 5－156　"选择材质"

把手材质	铝合金
橱柜材质	木材

图 5－157　"参数设置"

然后分别将橱柜各部分实体的材质与上述两参数对应关联,见图 5-158 和图 5-159。

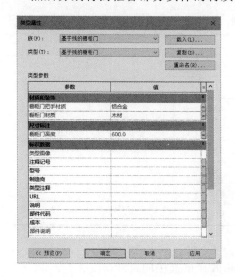

图 5-158 "参数关联"

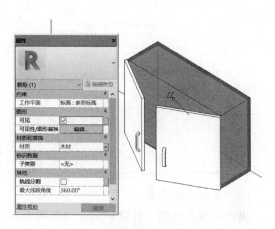

图 5-159 "完成的属性图和效果图"

至此,橱柜族的创建完成。

5.7.4 最终效果展示

在详细程度为精细、视觉样式为真实状态下的三维效果见图 5-160。

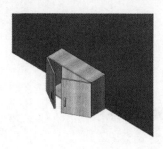

图 5-160 "最终效果图"

5.8 窗族

5.8.1 目标分解

本例目标创建一个参数化百叶窗族,其几何参数信息、几何形体分析以及创建后的平面视图如下:

(1)几何参数信息详述。

"公制窗.rft"族样板中在墙中预设了窗洞口,族类型中已经定义好洞口的高度和宽度,本例其他几何信息需读者自行添加。其几何信息分为需采用参数化方式添加的几何信息与采用固定值添加的几何信息，见表5-8。

表5-8   几 何 信 息 表

类　　型	参数名称	值	备　　注
可参数化的几何信息	百叶厚度	20	参数化控制，可根据实际情况自行修改
	百叶宽度	100	
	百叶角度	30	
	百叶长度	800	
	窗框宽度	100	
	窗框突出宽度	30	
	高度	1500	
	宽度	1000	

（2）几何形体详述。

该百叶窗共由两个部分构成：嵌在墙中的窗框和嵌在窗框中的百叶。

（3）百叶窗平面、立面及三维视图。

平面、立面及三维视图展示见图5-161～图5-164。

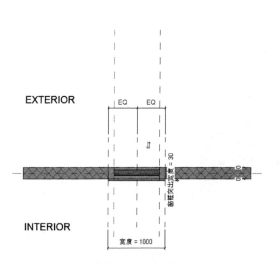

图5-161 "完成后的百叶窗楼层平面视图"

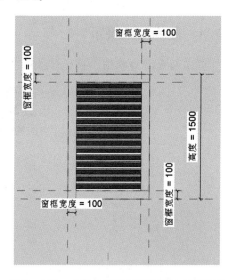

图5-162 "完成后的百叶窗前立面视图"

5.8.2 创建思路

（1）选择族样板。

在Revit 2018自带族样板中，选择"公制窗.rft"。

（2）创建百叶窗几何形体。

1）在内部立面视图绘制多条参照平面进行锁定，以完成百叶窗窗框尺寸以及窗框宽度的参数化控制。

2）在常规模型中创建一个百叶族，以嵌套族的方式载入到百叶窗族中。

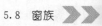

3）该模型由百叶窗框以及百叶的几何形体组成，其几何轮廓不会沿拉伸方向进行变化，去对其采用"拉伸"命令进行模型创建。

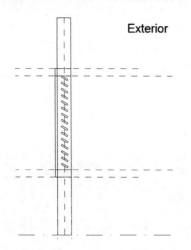

Exterior

图 5-163　"完成后的百叶窗右立面视图"

图 5-164　"完成后的百叶窗三维视图"

5.8.3　创建步骤

（1）选择样板文件。

打开样板文件，点击应用程序菜单按钮，单击"新建"侧拉菜单的"族"按钮。在弹出的"新族-选择样板文件"对话框中，选择"公制窗.rft"样板文件，单击"打开"按钮，见图 5-165。

图 5-165　"项目样板选择"

（2）创建模型及添加参数。

进入内部立面视图，单击"创建"选项卡"基准"面板中的"参照平面"按钮，对参照平面进行绘制，见图 5-166。

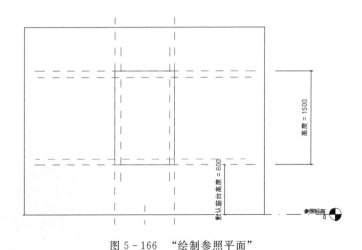

图 5 - 166　"绘制参照平面"

在内部立面视图中绘制参照平面，添加尺寸标注，为尺寸标注添加类型参数，见图 5 - 167。

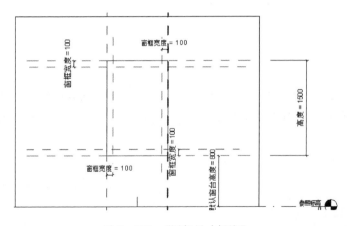

图 5 - 167　"添加尺寸标注"

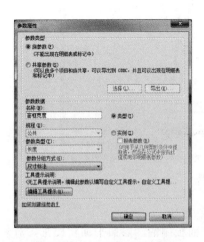

图 5 - 168　"窗框宽度设置"

添加类型参数需单击尺寸标注，随后在修改面板中的标签尺寸标注选项卡中单击，见图 5 - 168。

单击"创建"选项卡"形状"面板中的"拉伸"按钮，绘制矩形轮廓并与参照平面锁定，见图 5 - 169。单击"完成"按钮完成拉伸。

将参照平面视图的矩形轮廓进行进行调整并绘制参照平面，添加尺寸标注，见图 5 - 170。

打开样板文件，点击应用程序菜单按钮，单击"新建"侧拉菜单的"族"按钮。在弹出的"新族-选择样板文件"对话框中，选择"公制常规模型 .rft"样板文件，单击"打开"按钮，见图 5 - 171。

进入左立面视图，单击"创建"选项卡"基准"

面板中的"参照线"按钮,对绘制的角度进行注释,并添加类型参数,见图 5-172。

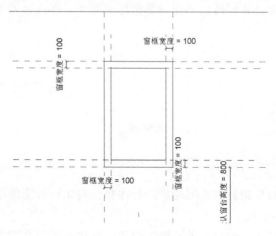

图 5-169 "轮廓绘制"

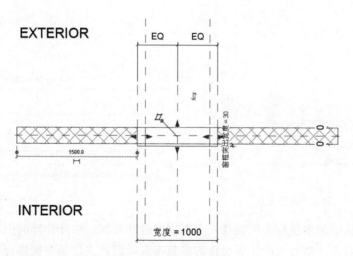

图 5-170 "尺寸标注"

图 5-171 "选择项目样板文件"

单击"创建"选项卡"形状"面板中的"拉伸"按钮,点击"工作平面"面板中的设置按钮,拾取一个平面,转到楼层平面:参照标高视图,并在参照平面中任意绘制一个矩形,见图 5-173。

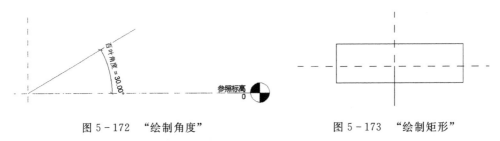

图 5-172　"绘制角度"　　　　　　　　　图 5-173　"绘制矩形"

在左立面视图中对绘制好的矩形轮廓进行注释,对矩形长度的注释进行平均注释并添加共享参数,见图 5-174。

单击进入前立面视图,对矩形外轮廓进行均分标注并添加共享参数,见图 5-175。

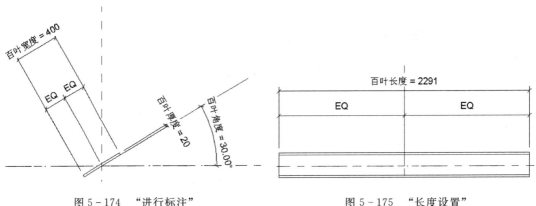

图 5-174　"进行标注"　　　　　　　　　图 5-175　"长度设置"

在百叶窗族中的参照标高平面载入刚刚创建的叶片族,将叶片族的中心线与百叶窗族的中心线进行对齐。然后对叶片族文件的参数与百叶窗族文件的参数进行关联,先在百叶窗族中新建与叶片族对应的参数,其中百叶角度的"参数类型"改为角度。创建完成后的参数需要输入数据,否则无法进行关联。点击载入项目中的叶片,打开叶片的"属性类型",将创建好参数进行关联,见图 5-176、图 5-177。

在内部立面视图中,将叶片上沿对齐窗框内沿并进行锁定。使用整列工具,选择成组并关联移动到最后一个以及约束选项,将最后一个叶片拉到底部,见图 5-178。

在三维视图中对阵列添加参数,名称命名为百叶个数并在族类型参数中输入公式"高度/百叶宽度",见图 5-179。

5.8.4　最终效果展示

将族保存好,单击"载入到项目"按钮进行载入。

在项目中绘制一扇窗,并对窗的参数进行调整,如果调整后的百叶窗随着参数的调整而变化,表明该族不存在问题,见图 5-180。

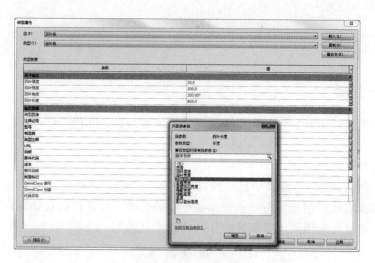

图 5-176 "关联参数"

图 5-177 "参数设置"

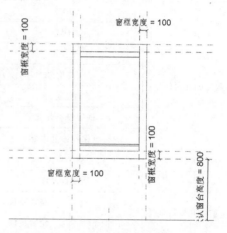

图 5-178 "关联约束"

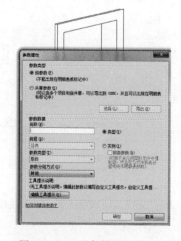

图 5-179 "参数设置"

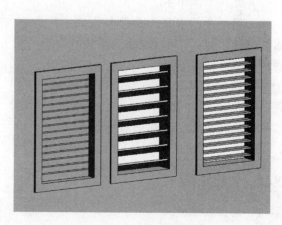

图 5-180 "最终效果图"

5.9　门族

5.9.1　目标分解

本例目标创建一个参数化三维门族，其几何参数信息、几何形体分析以及创建后的平面视图如下。

（1）几何参数信息详述。

在该"公制门.rft"族样板中已经预设了一部分参数，可以满足本例大部分要求，但样板未预设门开启线，创建时需要进行一些相应的设置。其几何信息分为需采用参数化方式添加的几何信息与采用固定值添加的几何信息，见表 5-9。

表 5-9　　　　　　　　　　几 何 信 息 表

类　型	参数名称		值	备　注
可参数化的几何信息	功能		内部	参数化控制，可根据实际情况自行修改
	墙闭合		按主体	
	开启线		1000（=0.5×宽度）	
	高度		2100	
	宽度		2000	
	框架投影外部		25	
	框架投影外内部		25	
	框架宽度		75	
固定值的几何信息	玻璃板厚度		20	固定值，可根据实际情况自行赋值
	门把手	路径总长	140	
		轮廓长轴	20	
		轮廓短轴	10	

（2）几何形体详述。

该双扇平开门由共 4 个部分构成：2 面带玻璃的门板，1 对门把手，平面和立面视图上的开启线。

（3）双扇平开门平面、立面及三维视图。

平面、立面及三维视图展示见图 5-181～图 5-183。

5.9.2　创建思路

（1）选择族样板。

在 Revit 2018 的自带族样板库中，选择"公制门.rft"。

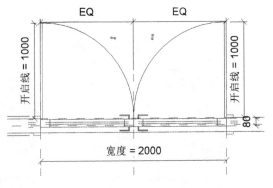

图 5-181　"完成后的双扇平开门平面视图"

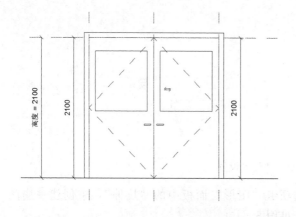

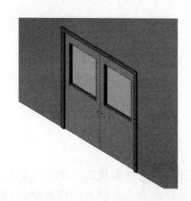

图 5-182 "完成后的双扇平开门外部立面视图"   图 5-183 "完成后的双扇平开门三维视图"

（2）创建门几何形体。

1）在楼层平面视图中，绘制两条参照平面并进行锁定，以完成门上玻璃厚度的确定。

2）对于不需要进行参数化驱动的门把手，直接绘制即可。

3）该模型由扁平立方体、带转折的柱状体及二维符号线三类几何形体组成，分别采用"拉伸""放样"和"符号线"等命令进行创建。

5.9.3 创建步骤

（1）选择族样板文件。

打开样板文件，单击应用程序菜单按钮，单击"新建"侧拉菜单＞"族"按钮。在弹出的"新族-选择样板文件"对话框中，选择"公制门.rft"样板文件，单击"打开"按钮，见图 5-184。

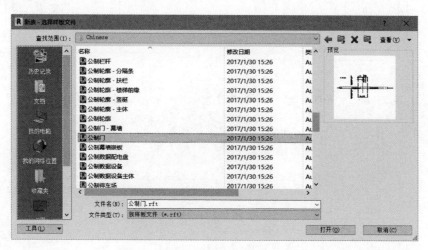

图 5-184 "选择项目样板文件"

（2）创建门板。

首先进入参照标高平面视图，绘制参照平面以确定门所在的墙中的位置，见图 5-185。

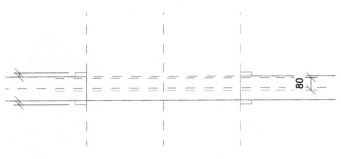

图 5-185 "位置设置"

进入外部立面视图，单击"创建"选项卡"图形"面板中的"拉伸"，来创建一扇门板，注意在合适的位置预留玻璃的位置，见图 5-186。

绘制完成后，分别进入外部立面视图与参照标高平面视图，对门板边缘与其所在的参照平面进行对齐锁定，以实现参数化控制门高度和宽度的变化，见图 5-187 和图 5-188。

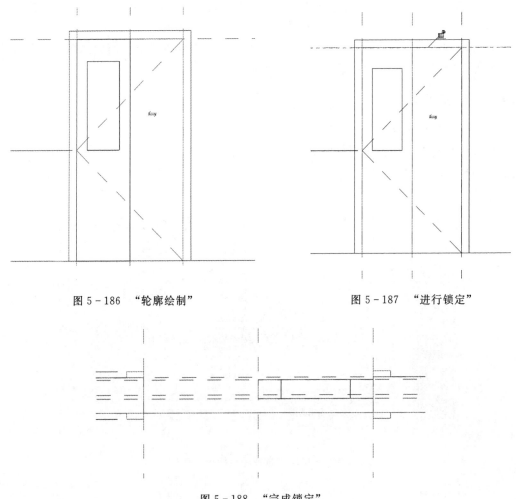

图 5-186 "轮廓绘制"　　　　　　　　　　图 5-187 "进行锁定"

图 5-188 "完成锁定"

（3）创建门上玻璃。

进入参照标高平面视图，用参照线对玻璃板的厚度及其在门中的位置进行确定，见图5-189。

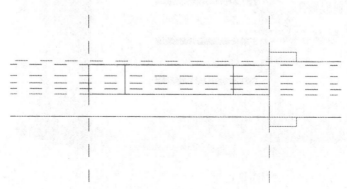

图5-189 "确定位置"

进入外部立面视图，单击"创建"选项卡"图形"面板中的"拉伸"，来创建一面玻璃，并直接将绘制线与预留洞口边缘锁定，见图5-190。

创建完成后，选择刚才创建的拉伸形体，为其赋予材质。在属性浏览器中单击"材质"，进入材质浏览器，选择"玻璃"，点击"确定"，见图5-191和图5-192。

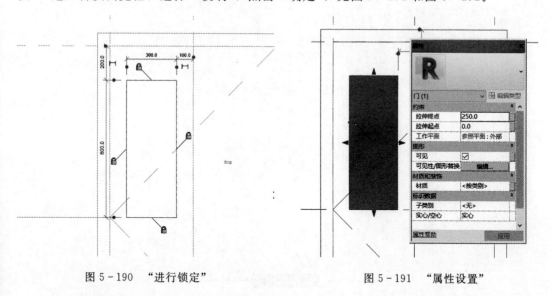

图5-190 "进行锁定"　　　　图5-191 "属性设置"

进入参照标高平面视图，调整玻璃的厚度，然后进入三维视图查看效果，见图5-193。

（4）创建门把手。

进入参照标高平面视图，在合适的水平位置创建门把手。单击"创建"选项卡"图形"面板中的"放样"，绘制门把手的路径见图5-194。

单击"绘制轮廓"，转到外部立面视图，绘制轮廓见图5-195。

在外部立面视图选择刚才创建的门把手，取消关联工作平面，并将其移动到合适的高度，见图5-196和图5-197。

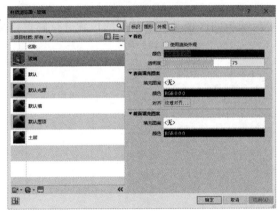

图 5-192   "材质设置"

图 5-193   "三维效果图"

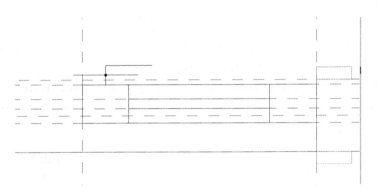

图 5-194   "绘制路径"

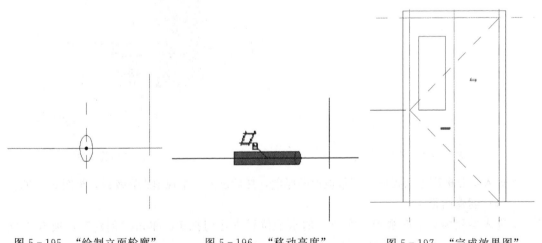

图 5-195   "绘制立面轮廓"   图 5-196   "移动高度"   图 5-197   "完成效果图"

　　进入参照标高平面视图，使用"修改"选项卡"修改"面板中的"镜像-绘制轴"命令，创建门内侧的把手，见图 5-198。

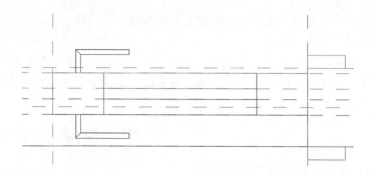

图 5-198　"创建内侧把手"

（5）创建另一扇。

双扇平开门其中的一扇已经创建完成，在参照标高楼层平面选择刚才创建好的一扇门，使用"修改"选项卡"修改"面板中的"镜像-拾取轴"命令，创建双扇门的另一扇，见图 5-199。

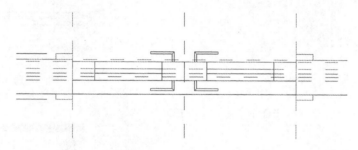

图 5-199　"创建另一扇门"

单击"创建"或"修改"选项卡"属性"面板中的"族类型"按钮，将"高度"和"宽度"参数改为需要的值，并检验门是否能正常变化。

（6）赋予材质颜色。

选择两扇门板，单击属性浏览器中的"材质"，见图 5-200。

进入材质浏览器，新建材质并重命名为"门板"，在右侧"图形"选项中修改着色颜色，见图 5-201 和图 5-202。

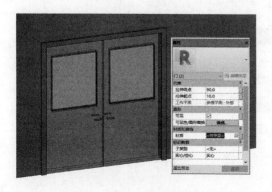

图 5-200　"材质选择"

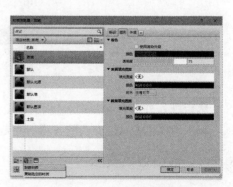

图 5-201　"修改着色"

以相同的方法，分别为门把手和门框赋予材质颜色。

（7）绘制平面、立面开启线。

为使门满足使用需求，需要在平面和立面上绘制门的开启线。进入参照标高平面视图，使用"注释"选项卡"详图"面板中的"符号线"来绘制门的平面开启线，标记尺寸标注并设置标签，以适应门宽，见图 5-203～图 5-205。

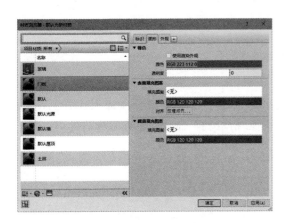

图 5-202　"选择颜色"

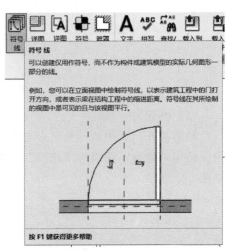

图 5-203　"选择符号线"

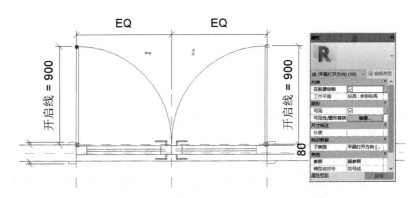

图 5-204　"选择属性"

尺寸标注		
开启线	900.0	=0.5 * 宽度

图 5-205　"尺寸标注"

然后进入外部立面视图，以相同的方法绘制立面开启线，见图 5-206。

载入到项目中，检查门的各项功能是否能按照预期正常使用，见图 5-207 和图 5-208。

5.9.4　最终效果展示

完成绘制后，三维视图见图 5-209。

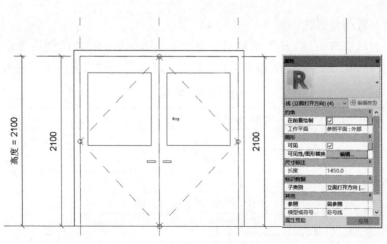

图 5-206 "绘制开启线"

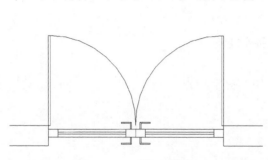

图 5-207 "载入测试"

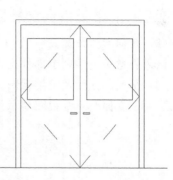

图 5-208 "载入测试"

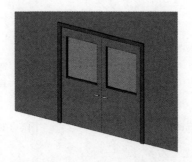

图 5-209 "最终效果图"

5.10 风管弯头族

5.10.1 目标分解

本例目标创建一个参数化三维风管弯头族，其几何参数信息、几何形体分析以及创建后的平面视图如下。

（1）几何参数信息详述。

在该"公制风管弯头族.rft"族样板中包含了4个用于定位族的初始参面。其几何信息分为需采用参数化方式添加的几何信息与采用固定值添加的几何信息，见表5-10。

表5-10　　　　　　　　　　　　几 何 信 息 表

类　型	参 数 名 称		值	备　注
可参数化的几何信息	尺寸标注	直径1（默认）	500.0	参数化控制，可根据实际情况自行修改
		直径2（默认）	400.0	
		角度（默认）	45.00°	
	机械	内衬厚度（默认）	0.0mm	
		隔热层厚度（默认）	0.0mm	
固定值的几何信息	尺寸标注	延长线半长（默认）	310.7mm	固定值，可根据实际情况自行赋值
		延长线长度（默认）	621.3	
		弯曲半径（默认）	750.0mm	

（2）几何形体详述。

该风管弯头由共两个部件构成：风管和连接件。

（3）平面、立面及三维视图。

平面、立面及三维视图展示见图5-210～图5-212。

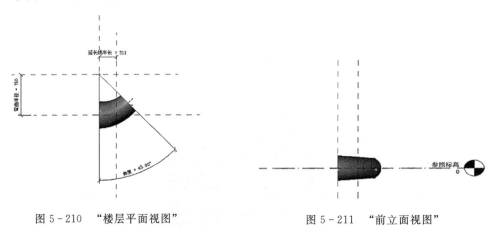

图5-210　"楼层平面视图"　　　　　　　　图5-211　"前立面视图"

5.10.2　创建思路

在Revit 2018的自带族样板库中，选择"公制风管弯头.rft"。

首先利用放样工具绘制风管弯头的主体，再绘制轮廓，最后添加风管连接件。

5.10.3　创建步骤

（1）选择族样板。

打开"公制风管弯头.rft"族样板，见图5-213～图　　图5-212　"三维最终效果图"

5-215。

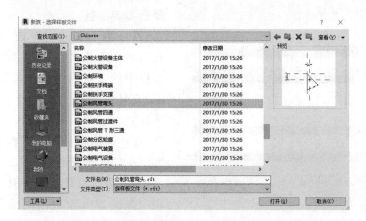

图 5-213　"打开公制风管族样板"

样板楼层平面中，已创建了 4 个参照平面，其中 2 个为定义原点和中心所用。

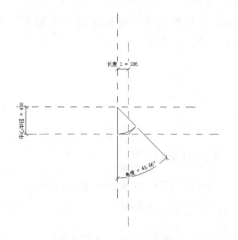

图 5-214　"绘制角度"

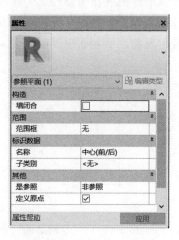

图 5-215　"属性设置"

　　确保族类别参数设置正确，确保是风管弯头，使用的是直径还是半径，见图 5-216。

　　（2）创建模型。

　　接下来开始设置族的类型参数，其实建族的过程也是一种管件设计的过程，所以做法并不是唯一的，例如采用"使用直径"和"使用半径"这两种做法。

　　这里推荐提前先考虑好整个族的建模思路，先设置完参数再创建实体，对建族程度足够熟练时这样更为方便。

　　首先利用放样工具绘制风管弯头的主体，再绘制轮廓。值得注意的是该风管弯头的轮廓由于角度问题，只能进入到三维视图中绘制。之后创建参数"风管半径，

图 5-216　"族类别设置"

图 5 - 217 "族类型设置"

赋予半径的尺寸标注，注意这里的风管半径是实例参数。

1）将"长度 1"改为"延长线半长"，"中心半径"改为"弯曲半径"，样板族中的"弯曲半径"是固定值，改为：if（直径 1＞直径 2，直径 1×1.5，直径 2×1.5）。

2）添加新长度实例参数"延长线长度"＝"延长线半长"×2。

3）添加风管尺寸实例参数"直径 1"和"直径 2"，设置不同的默认大小便于观察区别，见图 5 - 217。

使用"放样融合"来创建模型拾取模板中的弧形参照线作为路径，勾选完成，见图 5 - 218。

开始编辑轮廓之前，先将默认角度改为 90°。选择轮廓 1，编辑轮廓。选择左立面视图（若出现前、后立面视图时，先编辑轮廓 2），见图 5 - 219。

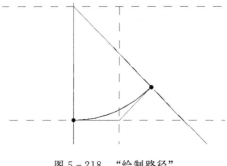

图 5 - 218 "绘制路径"

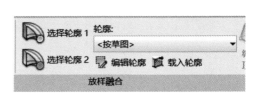

图 5 - 219 "选择立面"

在红色高亮的中心点上绘制圆形添加直径标注，标注关联参数"直径 1"，勾选完成，见图 5 - 220。

勾选完成编辑融合放样，完成基本的模型创建，见图 5 - 221。

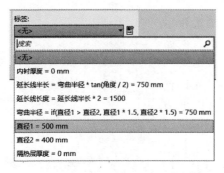

图 5 - 220 "选择关联参数"

图 5 - 221 "基本模型"

然后设置放样融合的可见性，见图5-222。

使用对齐命令将圆心与相交的两个参照平面对齐并锁定。使用对齐命令将圆弧端点与各自相交的一个参照平面对齐并锁定（按 Tab 键显示出小圆点并确保对齐的是弧线的端点），见图5-223。

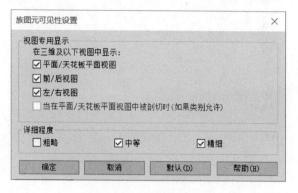

图5-222 "设置可见性"

图5-223 "绘制参照平面"

（3）添加连接件。

最后添加风管连接件，这也是管件族创建的关键所在，问题往往就容易在这个环节出错。

首先选择风管连接件，见图5-224。

在弯头两侧的面上分别添加一个连接件，见图5-225。

【注意】 必须捕捉在融合放样体的轮廓面上。

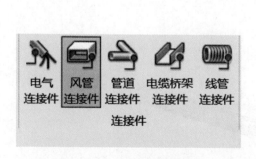

图5-224 "添加连接件"

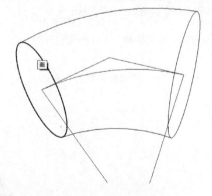

图5-225 "捕捉轮廓面"

选中连接件，将造型设为"圆形"，系统分类设为"管件"，见图5-226。

点击数值后的控件关联参数，见图5-227。轮廓1上的连接件直径关联"直径1"，角度关联"角度"。轮廓2上的连接件直径关联"直径2"，角度关联"角度"。

最后将两个连接件链接起来，见图5-228和图5-229。

5.10.4 最终效果展示

完成绘制后，三维视图见图5-230。

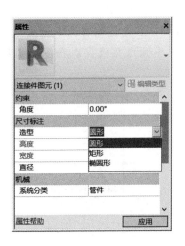

图 5 - 226　"属性设置"

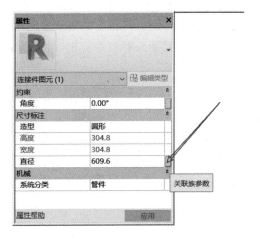

图 5 - 227　"关联参数"

图 5 - 228　"链接连接件"（一）

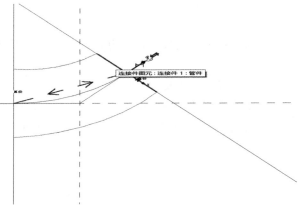

图 5 - 229　"链接连接件"（二）

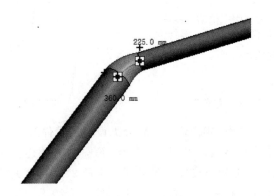

图 5 - 230　"最终效果图"

5.11 风管附件族

5.11.1 目标分解

本例创建一个参数化风管附件族防火阀，其几何参数信息，几何形体分析以及创建后的平面视图如下：

（1）几何参数信息详述。

"防火阀"族采用公制常规模型添加多条参照平面进行创建且"公制常规模型.rft"没有任何初始参数，故本例中所有的几何信息均需自行添加。其几何信息分为需采用参数化方式添加的几何信息与采用固定值添加的几何信息，见表5-11。

表5-11   几何信息表

类 型	参数名称	值	备 注
可参数化的几何信息	法兰厚度	150	参数化控制，可根据实际情况自行修改
	法兰宽度	850	
	法兰高度	550	
	风管厚度	400	
	风管宽度	700	

（2）几何形体详述。

该防火阀共由两个部分构成：两个矩形法兰和两个矩形风管。

（3）防火阀平面、立面及三维视图。

平面、立面及三维视图展示见图5-231～图5-233。

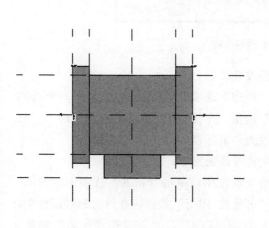

图5-231 "完成后的防火阀楼层平面视图"

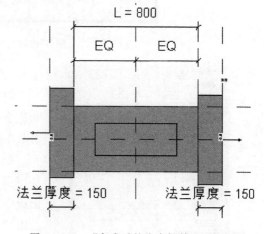

图5-232 "完成后的防火阀前立面视图"

5.11.2 创建思路

（1）选择族样板。

在 Revit 2018 自带族样板中，选择"公制常规模型.rft"。

（2）创建防火阀几何形体。

1）在楼层平面视图绘制多条参照平面进行锁定，以完成风管以及法兰尺寸的参数化控制。

2）该模型由矩形几何形体组成，其几何轮廓不会沿拉伸方向进行变化，去对其采用"拉伸"命令进行模型创建。

图5-233 "完成后的防火阀三维视图"

5.11.3 创建步骤

（1）选择样板文件。

打开样板文件，单击应用程序菜单按钮，单击"新建"侧拉菜单＞"族"按钮。在弹出的"新族-选择样板文件"对话框中，选择"公制常规模型.rft"样板文件，单击"打开"按钮，见图5-234。

图5-234 "选择样板文件"

图5-235 "族类别和族参数设置"

（2）修改族类别。

单击"创建"选项卡"属性"面板中的"族类别和族参数"按钮，在族类别中选择"管路附件"，"族参数"修改为"阻尼器"，见图5-235。

（3）创建及添加参数。

进入前立面视图，单击"视图"选项卡"图形"面板中的"可见性/图形"按钮，在弹出的对话框中，点击"注释类别选项卡"，取消勾选"标高"选项，避免在编辑时对锁定形成影响，见图5-236。

在左立面视图中绘制参照平面，添加尺寸标注，为尺寸标注添加实例参数，见图5-237。

实例参数需单击尺寸标注，在随后显示的修改面

完成拉伸。

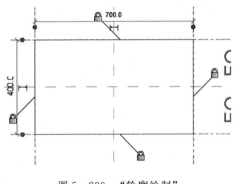

图 5-239 "轮廓绘制"

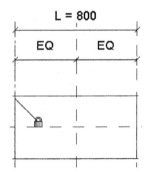

图 5-240 "进行锁定"

点击进入参照平面视图，在视图中再绘制一条参照线，添加尺寸标注，为尺寸标注定义实例参数。将参照平面内部的矩形进行调整，绘制好的实体拉伸图形与参照平面锁定，见图 5-242。

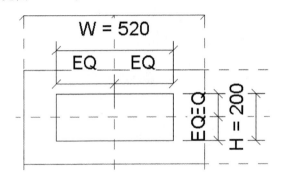

图 5-241 "轮廓绘制"

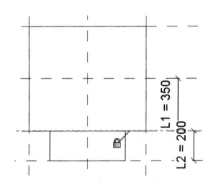

图 5-242 "绘制和锁定"

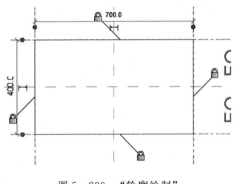

图 5-243 "族类型设置"

单击"创建"选项卡中的"属性"面板中的"族类型"按钮，在弹出的"族类型"对话框中为参数"L1"添加公式"L1＝风管宽度/2"，见图 5-243。

在左立面视图单击"常用"选项卡中的"形状"面板中的拉伸按钮，绘制矩形轮廓，添加尺寸标注和均分，为尺寸标注定义实例参数，见图 5-244。单击"完成"按钮完成拉伸。

在前立面视图右侧绘制一条参照平面，添加尺寸标注，为尺寸标注定义实例参数。将视图中的竖向矩形拉伸到相应位置，拉伸完成后的几何图形与参照平面锁定，见图 5-245 和图 5-246。

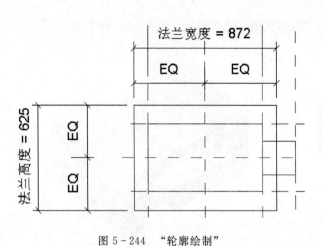

图 5-244 "轮廓绘制"

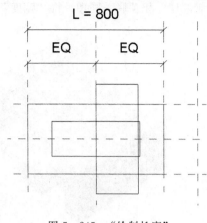

图 5-245 "绘制长度"

选定绘制完成后的参照平面与法兰厚度，单击"修改"选项卡"修改"面板中的"镜像-拾取轴"按钮，拾取中心参照平面，完成镜像命令并进行锁定，见图 5-247。

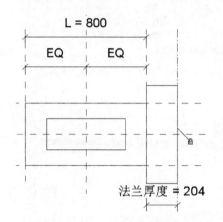

图 5-246 "绘制厚度"

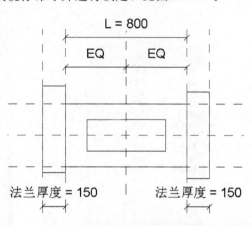

图 5-247 "镜像"

单击"常用"选项卡中的"属性"面板中的"族类型"按钮，在弹出的"族类型"对话框进行编辑，在"法兰高度"后的公式中编辑公式"风管厚度＋150mm"。同理，在"法兰宽度"后的公式中编辑公式"风管宽度＋150mm"，见图 5-248。

（4）添加连接件。

进入三维视图，单击"创建"选项卡"连接件"面板中的"风管连接件"命令，利用 Tab 键选择所需要添加连接件的面进行添加，见图 5-249 和图 5-250。

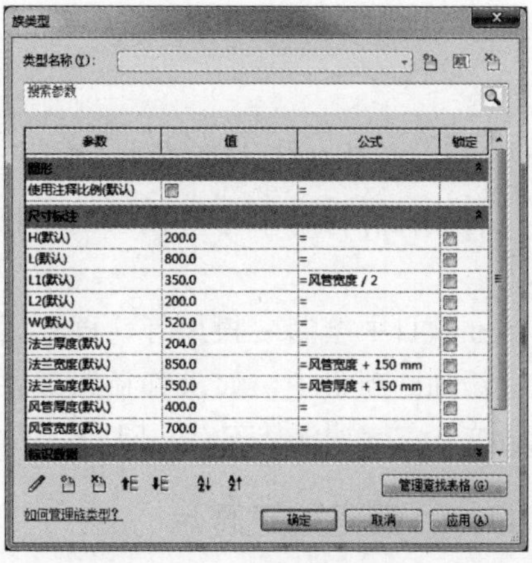

选择两个风管连接件，在"属性"对话框，点击"高度"后的"关联参数"按钮，将高度与"风

图 5-248 "族类型编辑"

管厚度"相关联，同理，将"宽度"与"风管宽度"相关联，见图 5 - 251 和图 5 - 252。

图 5 - 249　"放置连接件"

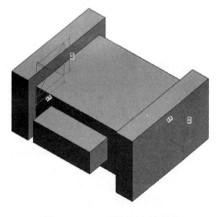

图 5 - 250　"调整连接件"

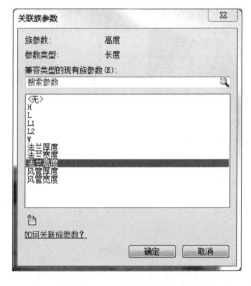

图 5 - 251　"属性设置"　　　　　　　图 5 - 252　"关联族参数"

（5）载入项目中进行测试。

将族保存好，单击"载入到项目"按钮进行载入。

在项目中绘制一根风管，再载入刚刚创建的族，添加到项目中，如果管径跟随主风管的尺寸进行变化，表明该族不存在问题，见图 5 - 253。

5.11.4　最终效果展示

完成绘制后，三维视图见图 5 - 253。

图 5 - 253　"完成效果图"

5.12 风管末端族

5.12.1 目标分解

本例目标创建一个参数化风管末端族,其几何参数信息、几何形体分析以及创建后的平面视图如下。

(1) 几何参数信息详述。

"风管末端"族采用公制常规模型添加多条参照平面进行创建,且"公制常规模型.rft"没有任何初始参数,故本例中所有的几何信息均需自行添加。其几何信息分为需采用参数化方式添加的几何信息与采用固定值添加的几何信息见表5-12。

表 5 - 12
几 何 信 息 表

类 型	参数名称	值	备 注
可参数化的几何信息	格栅厚度	10	参数化控制,可根据实际情况自行修改
	格栅宽度	40	
	格栅角度	60	
	横向格栅数	8	
	纵向格栅数	10	
	格栅距边距离	20	
	边框厚度	10	
	边框宽度	40	
	风口宽	1000	
	风口长	1500	

(2) 几何形体详述。

该风管末端共由两个部分构成:风管末端族的边框和嵌在边框中的横纵向格栅。

(3) 风管末端平面、立面及三维视图。

平面、立面及三维视图展示见图5-254~图5-256。

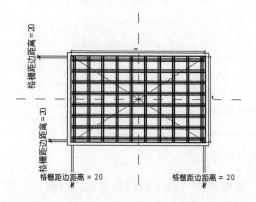

图 5 - 254 "完成后的风管末端楼层平面视图"

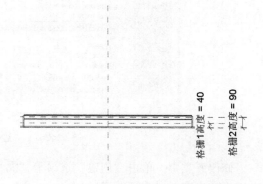

图 5 - 255 "完成后的风管末端前立面视图"

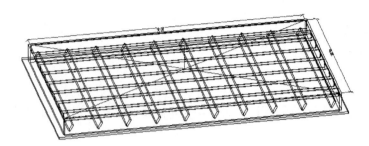

图 5 - 256　"完成后的风管末端三维视图"

5.12.2　创建思路

（1）选择族样板。

在 Revit 2018 自带族样板中，选择"公制常规模型 . rft"。

（2）创建风管末端几何形体。

1）在楼层平面视图绘制多条参照平面进行锁定，采用放样的方式绘制风管末端的边框。

2）在常规模型中创建一个格栅族，以嵌套族的方式载入到风管模型族中，并对横纵向格栅进行设置。

5.12.3　创建步骤

（1）选择样板文件。

打开样板文件，单击应用程序菜单按钮，单击"新建"侧拉菜单的"族"按钮。在弹出的"新族-选择样板文件"对话框中，选择"公制常规模型 . rft"样板文件，单击"打开"按钮，见图 5 - 257。

图 5 - 257　"选择项目样板文件"

修改族类别。单击"创建"选项卡"属性"面板中的"族类别和族参数"按钮，在族类别中选择"风道末端"，见图 5 - 258。

（2）创建及添加参数。

单击"创建"选项卡"形状"面板中的"放样"按钮，绘制矩形轮廓并进行均分注释以及添加类型参数，见图5-259。

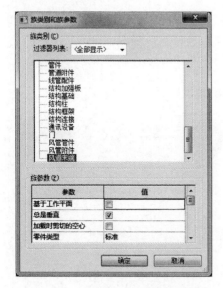

图5-258 "族类别和组参数选择"

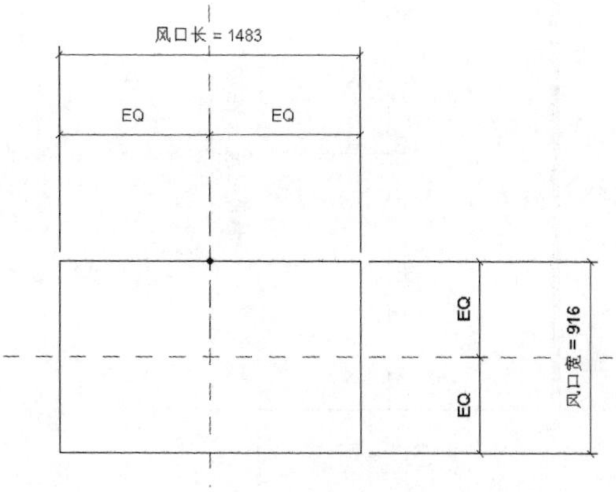

图5-259 "绘制轮廓"

编辑"放样轮廓"，拾取立面：右工作平面，绘制放样轮廓并进行标注以及添加类型参数，见图5-260。

打开样板文件，单击应用程序菜单按钮，单击"新建"侧拉菜单的"族"按钮。在弹出的"新族-选择样板文件"对话框中，选择"公制常规模型.rft"样板文件，单击"打开"按钮，见图5-261。

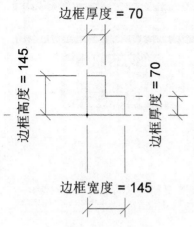

图5-260 "绘制厚度"

图5-261 "选择项目样板文件"

单击"创建"选项卡"基准"面板中的"参照线"按钮，绘制参照线并进行标注，并把参照线锁定到参照平面上，标注并添加类型参数见图5-262。

单击"创建"选项卡"形状"面板中的"放样"按钮，在"修改"面板中单击"拾取路径"，拾取绘制的参照线。并在"立面：前"编辑放样轮廓，见图 5 - 263 和图 5 - 264。

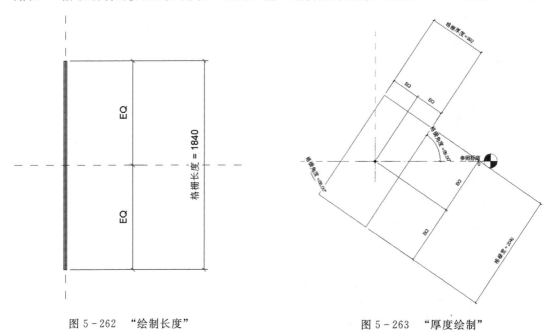

图 5 - 262　"绘制长度"　　　　　　　　图 5 - 263　"厚度绘制"

由于风口格栅分为纵向格栅和横向格栅，需要在"族类型"中进行设置，见图 5 - 265。

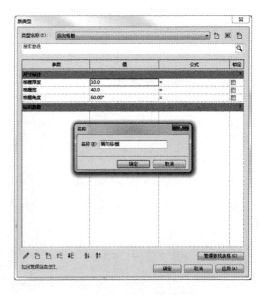

图 5 - 264　"族类型设置"　　　　　　　图 5 - 265　"设置横向格栅"

将创建好的格栅族导入风管末端族中，选择"横向格栅族"并将格栅的中心与风管末端的中心进行对齐，见图 5 - 266。

选中导入的格栅族，在弹出的"属性"面板中的"可见"按钮进行参数的关联，设置此参数可以对格栅的可见性进行控制，见图 5-267。

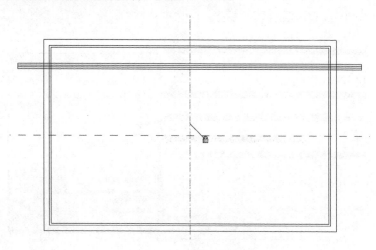

图 5-266 "对齐和锁定"

格栅是导入的族，因此在风管末端族中必须对格栅的参数进行调整设置，并在格栅的属性面板与设置的参数进行关联，其中"格栅长度"需要与风管的长度相对应，见图 5-268 和图 5-269。

横向格栅与纵向格栅所在的高度并不相同，需要在立面视图进行调整。在前立面视图绘制参照平面，标注并添加类型参数，见图 5-270。

在前立面视图将横向格栅与格栅高度1 进行对齐，其中叶片需要使用 Tab 键选中中心点进行对齐，纵向格栅在右立面视图进行设置，见图 5-271、图 5-272。

单击"修改"面板中的"阵列"按钮，对横向的格栅进行阵列，选择成组并关联移动到最后一个以及约束选项，将最后一个格栅拉到底部，并将格栅与风管末端边的距离进行标注，纵向格栅与横向格栅的方法一致，不再赘述，见图 5-273～图 5-275。

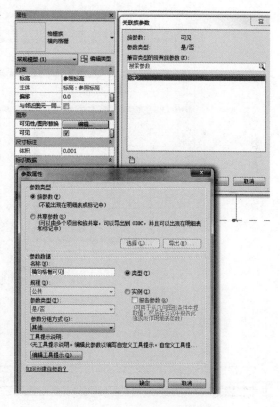

图 5-267 "属性参数设置"

在三维视图中，单击"创建"选项卡"连接件"面板中的"风管连接件"按钮，使用 Tab 键选中平面进行布置，见图 5-276。

对放置好的连接件的高度和宽度进行关联调整，并对机械风口的设置也进行调整以适应不同情况的需求，见图 5-277 和图 5-278。

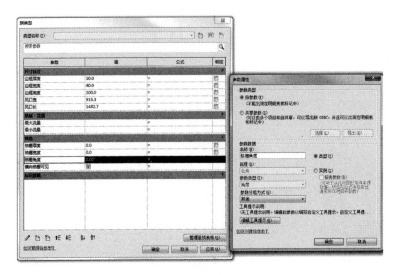

图 5 - 268　"参数属性设置"

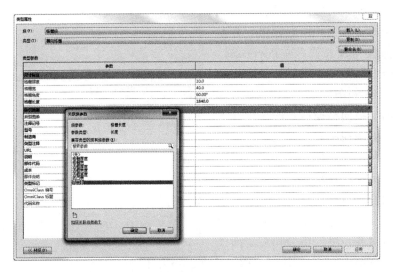

图 5 - 269　"关联族参数"

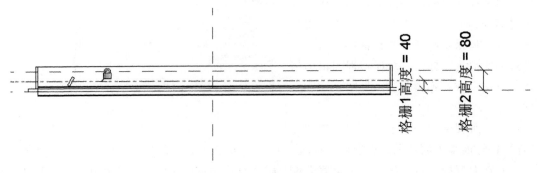

图 5 - 270　"格栅高度绘制"

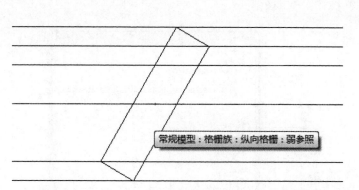

图 5-271 "高度设置"

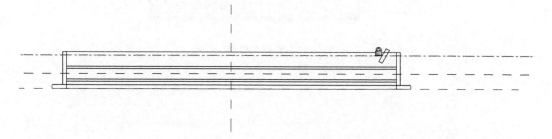

图 5-272 "设置和锁定"

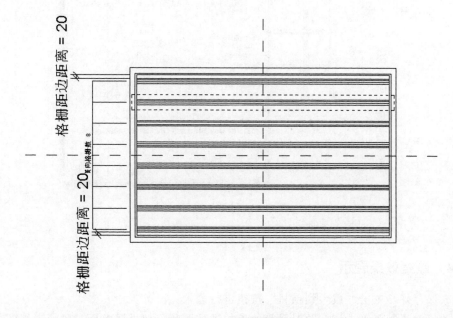

图 5-273 "绘制阵列"

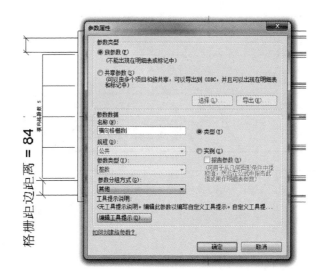

图 5 - 274 "参数属性设置"(一)

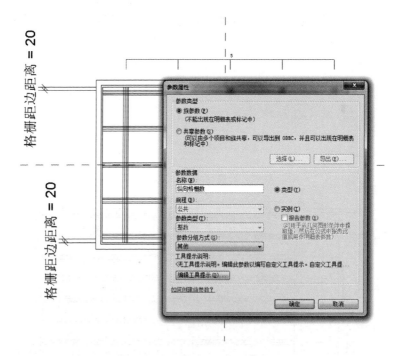

图 5 - 275 "参数属性设置"(二)

5.12.4 最终效果展示

将族保存好,单击"载入到项目"按钮进行载入。

在项目中绘制风管末端,并对风管的参数进行调整,如果调整后的风管末端随着风管管径的调整而变化,表明该族不存在问题,见图 5 - 279。

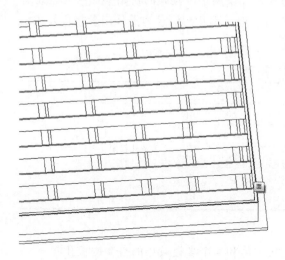

图 5 – 276　"选中平面"

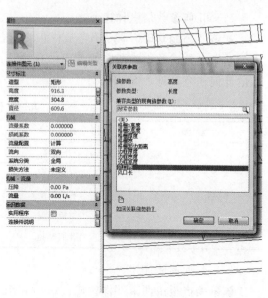

图 5 – 277　"关联族参数"（一）

图 5 – 278　"关联族参数"（二）

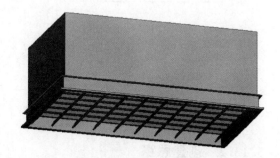

图 5 – 279　"最终效果图"

5.13　幕墙嵌板族

5.13.1　目标分解

本例目标创建一个参数化三维幕墙嵌板族，其几何参数信息、几何形体分析以及创建后的平面视图如下。

（1）几何参数信息详述。

在该"公制幕墙嵌板 .rft"族样板中只包含了几条用于定位族的初始参照平面且没有任何初始参数，故本例所有的几何信息均需自行添加。其几何信息为需采用参数化方式添加的几何信息，见表 5－13。

表 5－13 几 何 信 息 表

类　　型	参数名称	值	备　　注
可参数化的几何信息	孔偏移	300	参数化控制，可根据实际情况自行修改
	嵌板长度	3000	
	嵌板宽度	4000	
	嵌板厚度	250	
	孔洞半径	40	

（2）几何形体详述。

该幕墙嵌板由两个部件构成：1 个幕墙嵌板主体和 4 个半径较小的幕墙嵌板孔洞。

（3）幕墙嵌板平面、立面及三维视图。

平面、立面及三维视图展示见图 5－280～图 5－282。

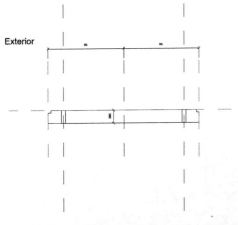

图 5－280 "完成后的幕墙嵌板平面视图"

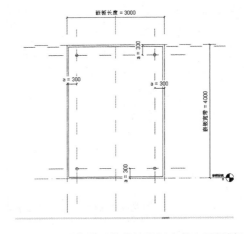

图 5－281 "完成后的幕墙嵌板内部立面视图"

5.13.2　创建思路

（1）选择族样板。

在 Revit 2018 的自带族样板库中，选择"公制幕墙嵌板 .rft"。

（2）创建幕墙嵌板几何形体。

1）在楼层平面视图中，绘制多条参照平面并进行锁定，以完成嵌板尺寸、孔洞偏移及孔洞半径的参数化控制。

2）该模型由一个立方体挖掉边缘一圈以后得到的几何形体，故对其采用"拉伸""放样"命令进行模型创建。

图 5－282 "完成后的幕墙嵌板三维视图"

5.13.3 创建步骤

（1）选择族样板文件。

打开 Revit 2018，选择"族＞新建"，在弹出的对话框中选择"公制幕墙嵌板 .rft"族样板，见图 5-283。

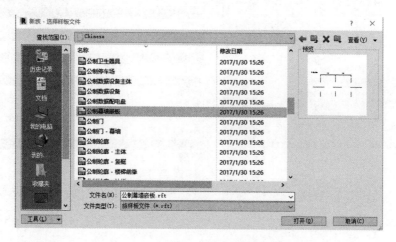

图 5-283 "打开公制幕墙嵌板族样板"

（2）绘制参照平面。

首先进入内部立面视图与右立面视图，绘制参照平面并使用"注释"面板中的"对齐"工具进行尺寸标注，见图 5-284 和图 5-285。

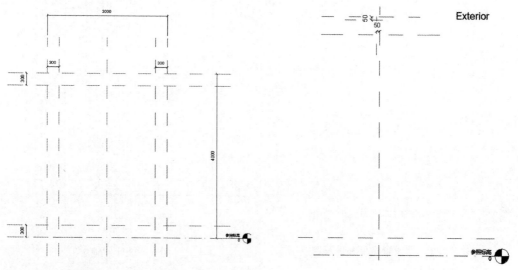

图 5-284 "幕墙嵌板内部立面参照平面的绘制"

图 5-285 "右立面参照平面的绘制"

（3）绘制模型。

点击任一尺寸为 300 的标注，激活"修改|尺寸标注"选项卡，在"标签尺寸标注"选项栏中添加标签，命名为"孔偏移"，见图 5-286。

在"族类型"面板中，可对孔偏移数值进行修改，见图 5-287。

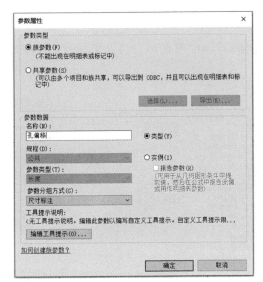

图 5-286　"参数属性设置"　　　　　　　　图 5-287　"族类型设置"

为嵌板长度与宽度创建参数，步骤同上，效果见图 5-288。

利用"拉伸"工具绘制幕墙的主体，并与相关参照平面对齐并锁定。见图 5-289。

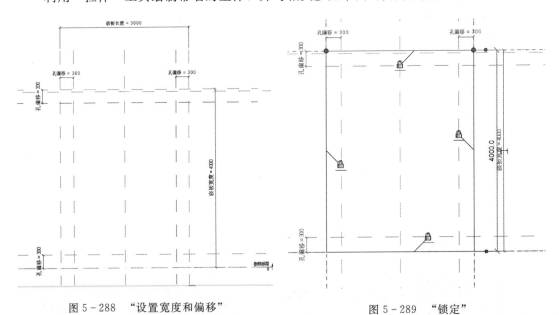

图 5-288　"设置宽度和偏移"　　　　　　　图 5-289　"锁定"

利用空心放样工具绘制嵌合槽：使用矩形绘制方式绘制路径，偏移量为 50，见图 5-290。

完成编辑模式，切换至右立面视图，双击红点进行绘制，见图 5-291。

完成编辑模式，为嵌板赋予玻璃材质，切换至三维视图，见图 5-292。

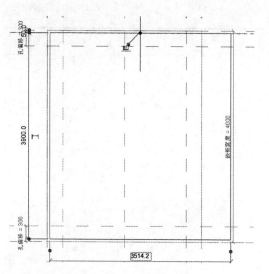

图 5-290 "绘制路径"

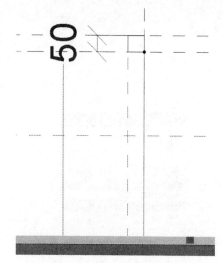

图 5-291 "绘制轮廓"

切换为参照标高平面视图，为嵌板厚度添加标签，见图 5-293。

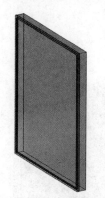

图 5-292 "选择材质"

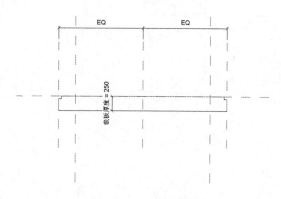

图 5-293 "添加标签"

再次进入内立面视图，通过编辑拉伸编辑嵌板轮廓，绘制四个锚固孔洞，对圆的属性选择"中心标记可见"并与相关的参照平面锁定，之后利用注释工具注释孔洞的半径并添加标签，见图 5-294～图 5-297。这样就完成了幕墙嵌板的绘制。

5.13.4 最终效果展示

完成绘制后，三维视图见图 5-298。

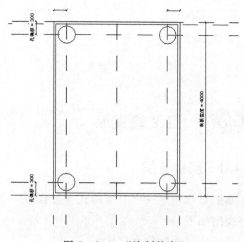

图 5-294 "绘制轮廓"

图 5 - 295 "设置中心标记可见"

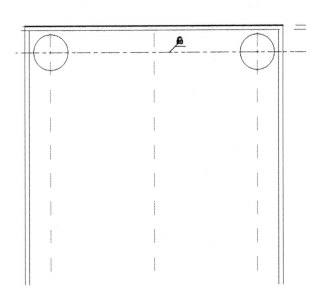

图 5 - 296 "锁定"

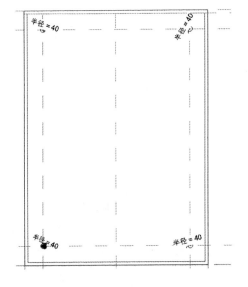

图 5 - 297 "设置半径"

图 5 - 298 "幕墙嵌板完成图"

5.14 卫浴装置族

5.14.1 目标分解

本例目标创建一个三维蹲式大便器族，其几何参数信息、几何形体分析以及创建后的平面视图如下。

（1）几何参数信息详述。

在该"基于墙的公制卫生器具.rft"族样板中没有预设几何信息参数,故本例所有的几何信息均需自行添加。由于蹲式大便器族在使用时通常不需要参数化修改其尺寸,故只需采用固定值添加几何信息,见表5-14。

表5-14   几 何 信 息 表

类 型	参 数 名 称		值	备 注
可参数化的几何信息	—		—	本例不需要设置,但如有特殊需求可根据需要添加
固定值的几何信息	承台	截面边长	1150	固定值,由于本例几何形体有一定的不规则性,故请根据实际需求灵活赋值
		厚度	150	
	圆角矩形	截面边长	650	
		圆角半径	50	
		厚度	15	
	便槽半径	大弧	150	
		小弧	100	
	防滑轮廓半径		3	
	冲水管	总高度	930	
		内径	25	
		外径	30	

(2)几何形体详述。

该蹲式大便器由4个部件构成:1个承载便器的承台,1个便槽,1个用来脚踩的圆角矩形便器边缘及其表面的防滑,1条冲水管道及其与便器的连接部分。

(3)蹲式大便器平面、立面及三维视图。

平面、立面及三维视图展示见图5-299~图5-301。

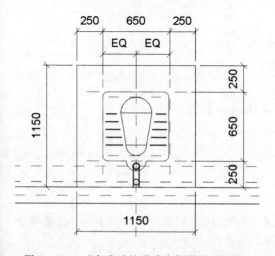

图5-299 "完成后的蹲式大便器平面视图"

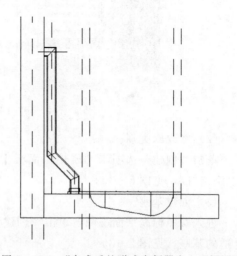

图5-300 "完成后的蹲式大便器右立面视图"

5.14.2   创建思路

（1）选择族样板。

在 Revit 2018 的自带族样板库中，选择"基于墙
的公制卫生器具.rft"。

（2）创建蹲式大便器几何形体。

1）在楼层平面视图中，绘制多条参照平面并进行
锁定，以便于对蹲式大便器几何形状的创建进行定位。

2）本例不需要参数化驱动几何信息，直接绘制
即可。

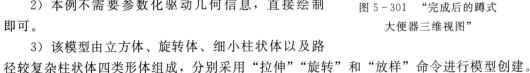

图 5-301   "完成后的蹲式
大便器三维视图"

3）该模型由立方体、旋转体、细小柱状体以及路
径较复杂柱状体四类形体组成，分别采用"拉伸""旋转"和"放样"命令进行模型创建。

5.14.3   创建步骤

（1）族样板的选用。

一般来讲，因为有冲水管道相连，蹲式大便器都会与墙壁相连或不远，故在创建时可
选择"基于墙的公制卫生器具"样板。打开样板文件，单击应用程序菜单按钮，单击"新
建"侧拉菜单＞"族"按钮。在弹出的"新族-选择样板文件"对话框中，选择"基于墙
的公制卫生器具.rft"样板文件，单击"打开"按钮，见图 5-302。

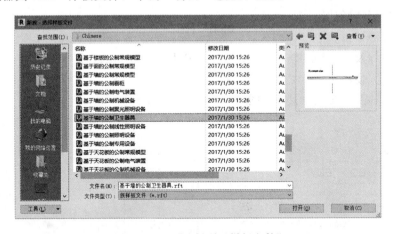

图 5-302   "选择项目样板文件"

（2）修改族类别。

单击"创建"选项卡"属性"面板中的"族类别和族参数"按钮，在族类别中选择
"卫浴装置"，见图 5-303。

（3）创建基座。

进入参照标高平面视图，单击"创建"选项卡"形状"面板中的"拉伸"，创建一个
合适的基座，见图 5-304。

进入放置边立面视图，调整基座高度见图 5-305。

图 5-303 "族类别和族参数设置"

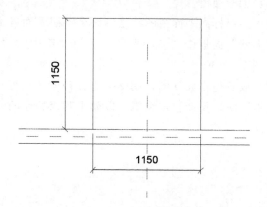

图 5-304 "创建基座"

回到参照标高平面视图，进行进一步创建。创建几个参照平面，以对便器进行定位，见图 5-306。

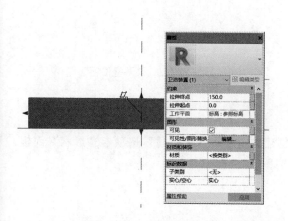

图 5-305 "属性设置"

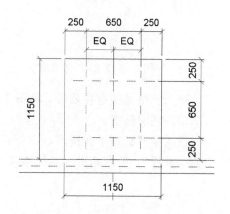

图 5-306 "创建参照平面"

再次使用"拉伸"命令，创建便器边缘，见图 5-307。
进入放置边立面视图，调整便器边缘高度，见图 5-308。

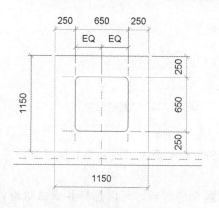

图 5-307 "创建便器边缘"

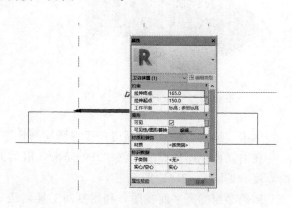

图 5-308 "调整高度"

（4）创建便槽。

进入参照标高平面视图，绘制两个参照平面以确定便槽的前后位置，单击"创建"选项卡"形状"面板中"空心形状"下拉菜单中的"空心旋转"命令，绘制便槽的平面形状，见图 5-309。

进入放置边立面视图，调整空心旋转体的高度至合适位置。回到参照标高平面视图，双击便器边缘，重新进入编辑，以露出其遮挡住的便槽，见图 5-310。

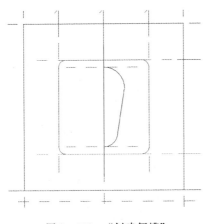

图 5-309　"创建便槽"

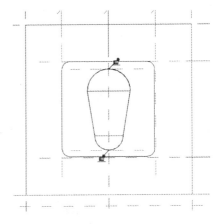

图 5-310　"调整位置"

进入三维视图查看效果，见图 5-311。

（5）创建防滑。

进入参照标高平面视图，在合适的位置创建防滑。单击"创建"选项卡"形状"面板中的"放样"，绘制防滑的放样路径见图 5-312。

图 5-311　"三维视图"

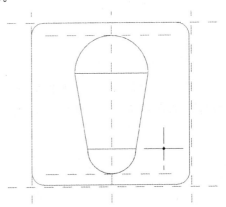

图 5-312　"路径绘制"

单击"编辑轮廓"，转到右立面视图绘制轮廓，见图 5-313。

在右立面视图选择刚才创建好的防滑，取消关联的工作平面，以便调整其位置至合适的高度，见图 5-314、图 5-315。

回到参照标高平面视图，利用复制工具创建一侧剩余的防滑，可以选择并双击防滑，来调整其路径长度，见图 5-316。

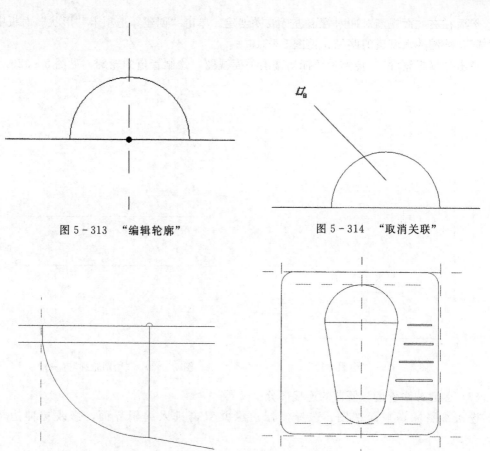

图 5－313 "编辑轮廓"　　　　　图 5－314 "取消关联"

图 5－315 "调整至适合高度"　　　图 5－316 "调整防滑"

　　然后选择一侧的防滑，单击"修改"选项卡"修改"面板中的"镜像-拾取轴"命令，创建另一侧的防滑，见图 5－317。

（6）创建冲水管道。

　　进入右立面视图，绘制几条参照平面，以确定冲水管道的位置，见图 5－318。

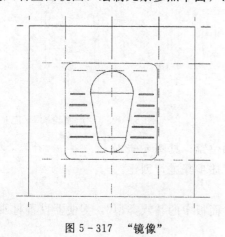

图 5－317 "镜像"

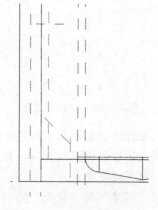

图 5－318 "绘制参照平面"

　　然后在右立面视图对冲水管道进行放样创建。单击"创建"选项卡"形状"面板中的"放样"，绘制冲水管道的路径，见图5-319。

　　单击"编辑轮廓"，转到参照标高楼层平面视图，绘制管道的轮廓，见图5-320。

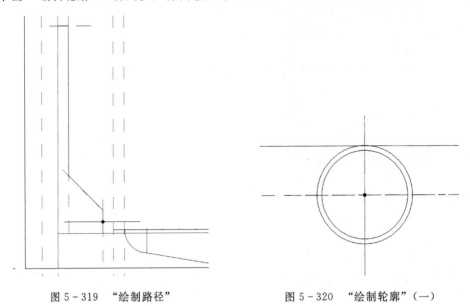

图5-319　"绘制路径"　　　　　　　　　图5-320　"绘制轮廓"（一）

　　(7) 创建冲水管道与便器的连接部分。

　　进入参照标高平面视图，选择便器边缘并双击进入编辑界面，修改拉伸边界见图5-321。

　　继续在参照标高平面视图创建连接，单击"创建"选项卡"图形"面板中的"拉伸"，绘制连接的形状见图5-322。

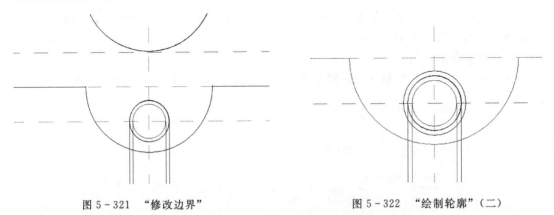

图5-321　"修改边界"　　　　　　　　　图5-322　"绘制轮廓"（二）

　　进入放置边立面视图，调整连接的高度和位置，见图5-323。

　　如果还需要创建其他细节，都可以参考上述步骤进行创建。

　　(8) 赋予材质颜色。

　　单击"创建"或"修改"选项卡"属性"面板中的"族类型"，为便器设置材质参数，见图5-324。

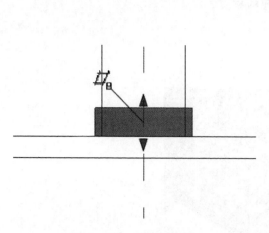

图 5-323 "调整高度"

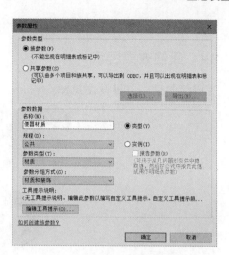

图 5-324 "参数属性设置"

单击"便器材质"值右侧的省略号，为便器创建材质。在材质浏览器中新建材质，并重命名为"陶瓷材质"，见图 5-325。

在右侧的"图形"选项中修改材质着色颜色，点击"确定"，见图 5-326。

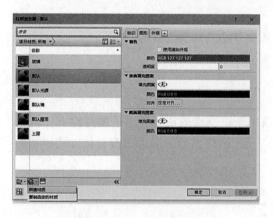

图 5-325 "选择材质"

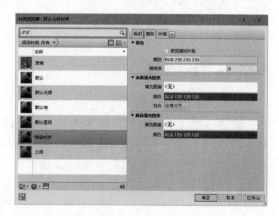

图 5-326 "颜色选择"

材质创建完成后，选择便器，在属性浏览器中单击材质右侧的方块按钮，为便器的材质参数创建关联，见图 5-327。

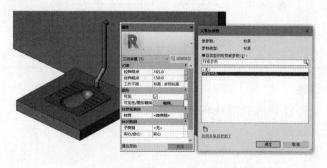

图 5-327 "关联参数"

411

使用相同的方法，为其余部分赋予相应的材质。

5.14.4 最终效果展示

完成绘制后，三维视图见图 5-328。

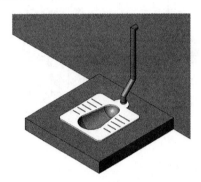

图 5-328 "最终效果图"

5.15 喷头族

下面以一个消防喷头为例，介绍一个喷头族文件的具体创建过程。

5.15.1 目标分解

（1）几何参数信息详述。

在该"喷头族.rft"族样板中只包含了两条用于定位族的初始参照平面且没有任何初始参数，故本例所有的几何信息均需自行添加。其几何信息分为需采用参数化方式添加的几何信息与采用固定值添加的几何信息，见表 5-15。

表 5-15　　　　　　　　　　　　　几 何 信 息 表

类　型	参数名称		值	备　注
可参数化的几何信息	尺寸标注	h_1	15.0	参数化控制，可根据实际情况自行修改
		h_2	30.0	
		h_3	10.0	
		r_1	10.0	
		r_2	20.0	
		r_3	1.7	

（2）几何形体详述。

该构件由共 4 个部件构成：喷头的顶部（旋转），底部和 U 形连接（旋转），U 形连接，喷头的轭臂架（拉伸）。

（3）平面、立面及三维视图。

平面、立面及三维视图展示见图 5-329～图 5-331。

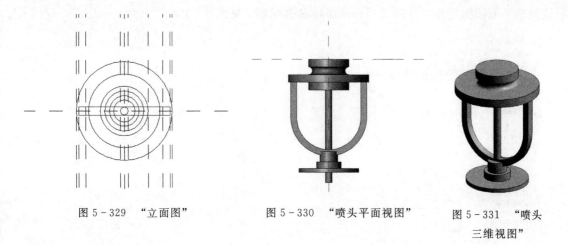

图 5-329 "立面图"　　　　图 5-330 "喷头平面视图"　　　　图 5-331 "喷头三维视图"

5.15.2 创建思路

（1）打开 Revit 2018 的自带族样板，选择"公制常规模型.rft"。

（2）消防喷头分为下垂型洒水喷头、直立型洒水喷头、普通型洒水喷头、边墙型洒水喷头，此处以下垂型洒水喷头为例绘制，主要分为降水盘、主体部分和 U 形连接装置三部分，可一一进行绘制。除 U 形连接装置用拉伸命令绘制外，其余部分都可用旋转命令完成。全部绘制完成后，还要增加连接件来将下垂型洒水喷头和管道连接到一起，此外也可用来计算流量。

5.15.3 创建步骤

打开"公制常规模型.rft"，见图 5-332。

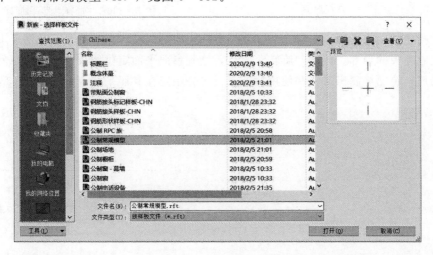

图 5-332 "选择项目样板文件"

打开族类别和族参数面板，选择族类别为"喷头"，族参数可先保持默认，见图 5-333。

在参照标高平面中，新建几个参照平面，用来定位。同时点击"注释＞对齐"命令，给参照平面添加注释，并将尺寸标注添加参数标签，见图 5－334。

图 5－333　"族类别和族参数设置"

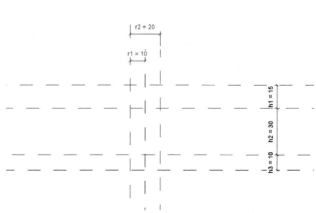

图 5－334　"创建参照平面"

选择创建面板中的"旋转"命令，见图 5－335。

接着选择设置，选中名称，在下拉菜单中选择"参照平面：中心（前/后）"见图 5－336。

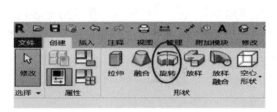

图 5－335　"选择旋转命令"

图 5－336　"选择参照平面"

进入指定的工作平面后，再次创建几个参照平面，添加注释并等分，见图 5－337。

先绘制喷头的顶部。使用"旋转"工具，绘制参照平面定位约束轮廓细节，然后将上部构件的旋转轮廓绘制出来，并使用对齐工具对齐锁定在参照平面上，见图 5－338。

图 5－337　"绘制参照平面"

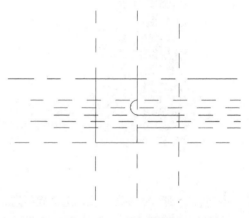

图 5－338　"绘制轮廓"

拾取左边边线为旋转轴后，完成编辑模式，见图 5-339。

模式设置为着色或真实，见图 5-340。

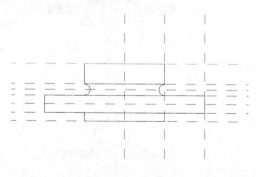

图 5-339 "完成图"

图 5-340 "完成三维视图"

再次回到参照标高平面中，绘制新的参照平面，添加注释并等分，同时添加参数 r3，见图 5-341。

点击"旋转"命令，同上述方法一样设置一个平面，选择名称，在下拉菜单中选择"参照平面：中心（前/后）"，见图 5-342。

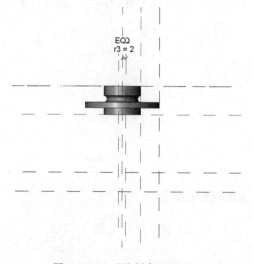

图 5-341 "绘制参照平面"

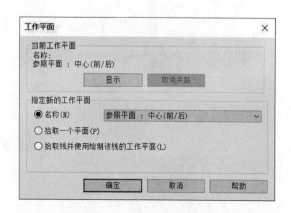

图 5-342 "选择参照平面"

绘制用于旋转的图形轮廓，设置合适的尺寸，见图 5-343。

拾取左侧边线为旋转轴，完成编辑模式，见图 5-344。

再新建几个参照平面，用来绘制 U 形连接，绘制完参照平面，添加注释，设置到合适的距离并锁定，见图 5-345。

最后，来绘制喷头的轭臂架。使用"拉伸"工具将轭臂架的轮廓绘制出来并与参照平面进行对齐锁定，见图 5-346。

进入前立面视图中，修改拉伸范围，将拉伸对象的两端对齐至相应的平面并锁，见图 5-347。

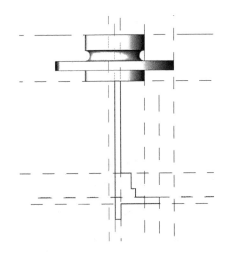

图 5-343　"轮廓绘制"

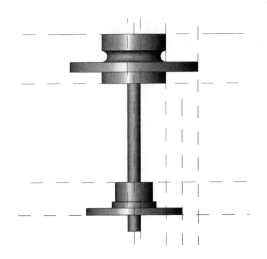

图 5-344　"完成图"

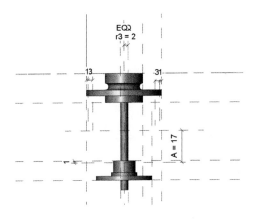

图 5-345　"添加注释和锁定"

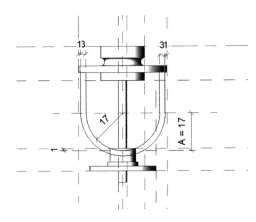

图 5-346　"绘制轮廓"

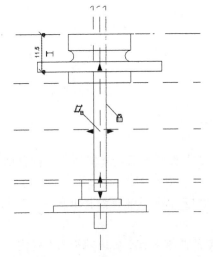

图 5-347　"修改拉伸"

5.15.4　最终效果展示

进入三维视图，绘制完成，见图 5-348。

图 5-348　"完成三维视图"

5.16 护理呼叫设备族

5.16.1 目标分解

本例目标创建一个参数化护理呼叫区域灯族，其几何参数信息、几何形体分析以及创建后的平面视图如下。

（1）几何参数信息详述。

在该"公制常规模型.rft"族样板中只包含了两条用于定位族的初始参照平面且没有任何初始参数，故本例所有的几何信息均需自行添加。其几何信息分为需采用参数化方式添加的几何信息与采用固定值添加的几何信息，见表5-16。

表5-16 几何信息表

类 型	参数名称	值	备 注
固定值的几何信息	基座长度	716	固定值，可根据实际情况自行赋值
	基座高度	250	
	呼叫灯长度	116	
	呼叫灯高度	50	

（2）几何形体详述。

该护理呼叫区域灯由共两个部件构成：1个基座和1个呼叫灯。

（3）护理呼叫区域灯平面、立面及三维视图。

平面、立面及三维视图展示见图5-349～图5-351。

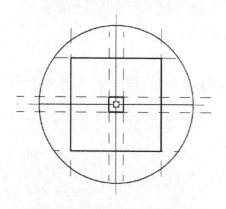

图5-349 "护理呼叫灯平面视图"

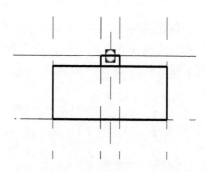

图5-350 "护理呼叫灯立面视图"

5.16.2 创建思路

（1）选择族样板。

在Revit 2018的自带族样板库中，选择"公制常规模型.rft"。

（2）创建护理呼叫灯几何形体。

417

1）对于不需要进行参数化驱动的基座和灯，直接绘制即可。

2）该模型由横截面为正方形的柱状体几何形体组成，其几何轮廓均不会沿拉伸方向进行变化，故对其采用"拉伸"命令进行模型创建。

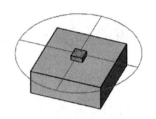

图 5 - 351　"护理呼叫灯三维视图"

5.16.3　创建步骤

（1）选择族样板文件。

打开样板文件，单击应用程序菜单按钮，单击"新建"侧拉菜单＞"族"按钮。在弹出的"新族-选择样板文件"对话框中，选择"公制常规模型.rft"样板文件，单击"打开"按钮，见图 5 - 352。

图 5 - 352　"公制常规模型样板文件"

（2）创建基座。

首先创建基座的参照平面，进入参照标高平面视图和右立面视图，根据需要的尺寸绘制参照平面，见图 5 - 353 和图 5 - 354。

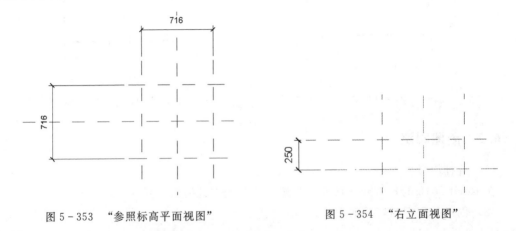

图 5 - 353　"参照标高平面视图"　　　　　　图 5 - 354　"右立面视图"

　　然后在参照标高平面视图进行放样。进入参照标高平面视图，单击"创建"选项卡→"形状"面板→"直线"命令，此时进入草图编辑模式，开始为底座绘制平面图见图 5-355。底座平面图绘制完毕后开始编辑高度，单击属性选项卡中的拉伸终点，数值为 250，见图 5-356。完成编辑模式并进入三维视图中查看，见图 5-357。

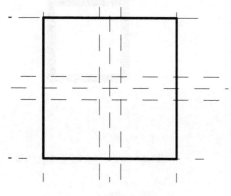

图 5-355　"绘制完成后的基座"

图 5-356　"拉伸终点设置"

　　（3）创建灯。

　　使用上述方法，对灯进行创建，进入参照标高平面视图，单击"创建"选项卡→"形状"面板→"直线"命令，此时进入草图编辑模式，然后单击"设置"选择"拾取一个平面"，见图 5-358。

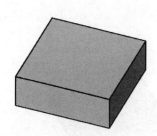

图 5-357　"基底绘制完成后的三维视图"

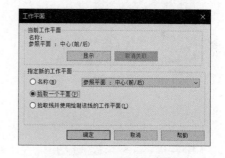

图 5-358　"拾取一个平面"

　　在右立面图里选中基座上平面，见图 5-359。

　　在转到平面中选择"楼层平面：参照标高"，见图 5-360。

　　然后在平面图绘制图形，见图 5-361。

　　最后在属性选项卡里选择拉伸终点，输入 50，完成灯的绘制。

　　（4）放置连接件。

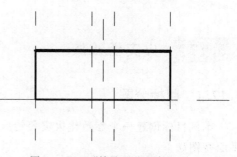

图 5-359　"拾取基座顶部"

　　选择"创建"选项卡中的"电气连接件"，放置在灯的上表面，并在属性选项卡中系统类型选择为"护理系统"见图 5-362。

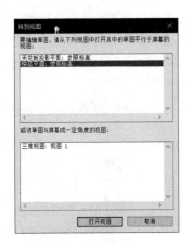

图 5 - 360　"选择楼层平面：参照标高"

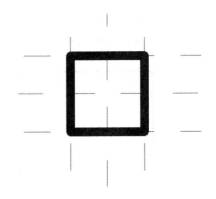

图 5 - 361　"绘制完成后的灯"

完成创建。

5.16.4　最终效果展示

完成绘制后，三维视图见图 5 - 363。

图 5 - 362　"系统类型的选择"

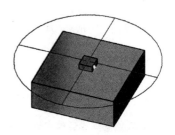

图 5 - 363　"完成绘制的护理呼叫区域灯的三维视图"

5.17　火灾警铃族

5.17.1　目标分解

本例目标创建一个参数化火灾警铃族，其几何参数信息、几何形体分析以及创建后的平面视图如下。

（1）几何参数信息详述。

"火灾警铃"族采用基于面的公制常规模型添加多条参照平面进行创建且"公制常规模型.rft"没有任何初始参数，故本例中所有的几何信息均需自行添加。其几何信息分为需采用参数化方式添加的几何信息与采用固定值添加的几何信息，见表 5 - 17。

表 5 - 17 　　　　　　　　　　　　几 何 信 息 表

类　型	参数名称	值	备　注
可参数化的几何信息	半径	75	参数化控制，可根据实际情况自行修改
	长度	14	
	深度	35	

（2）几何形体详述。

该火灾警铃共由 3 个部分构成：火灾警铃设备，电气连接件，放置在火灾警铃设备的注释文字。

（3）火灾警铃平面、立面及三维视图。

平面、立面及三维视图展示见图 5 - 364～图 5 - 366。

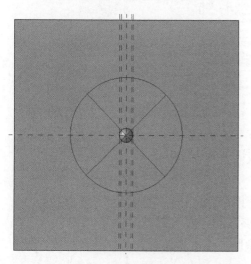

图 5 - 364　"完成后的火灾警铃楼层平面视图"

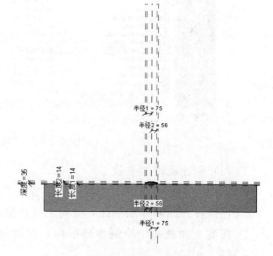

图 5 - 365　"完成后的火灾警铃前立面视图"

5.17.2 创建思路

（1）选择族样板。

在 Revit 2018 自带族样板中，选择"基于面的公制常规模型.rft"。

（2）创建火灾警铃几何形体。

1）在楼层平面视图绘制多条参照平面，并放置电气连接件。

2）在前立面视图绘制多条参照平面并进行锁定，以完成火灾警铃的参数化控制。

3）该模型的几何轮廓不会沿旋转方向进行变化，去对其采用"旋转"命令进行模型创建。

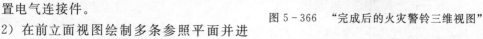

图 5 - 366　"完成后的火灾警铃三维视图"

5.17.3　创建步骤

（1）选择样板文件。

打开样板文件，单击应用程序菜单按钮，单击"新建"侧拉菜单的"族"按钮。在弹出的"新族-选择样板文件"对话框中，选择"基于面的公制常规模型.rft"样板文件，单击"打开"按钮，见图 5-367。

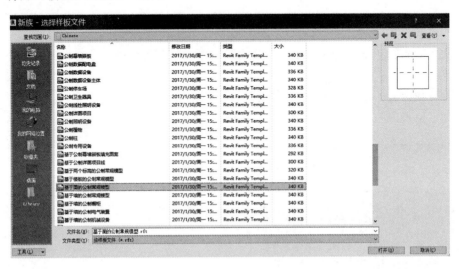

图 5-367　"选择项目样板文件"

（2）创建及添加参数。

在楼层平面视图单击"创建"选项卡"连接件"面板中的"电气连接件"按钮，放置电气连接件并绘制参照平面，并将电气连接件的系统类型改为火警，见图 5-368。

在前立面视图中绘制参照平面，对绘制的参照平面进行注释并添加类型参数，见图 5-369。

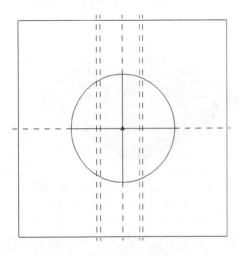

图 5-368　"绘制参照平面"

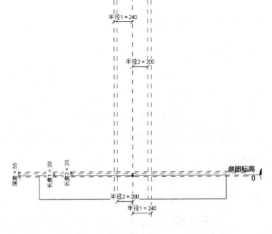

图 5-369　"绘制参照平面和添加参数"

在前立面视图单击"创建"选项卡"形状"面板中的"旋转"按钮，绘制旋转的边界线以及旋转的中心线，见图 5-370。

在参照平面视图单击"创建"选项卡"形状"面板中的"拉伸"按钮，绘制一个圆形图案并对半径注释并添加共享参数，在前立面视图对圆形的轮廓进行拉伸调整，并在前立面视图和左立面视图均进行锁定见图 5-371 和图 5-372。

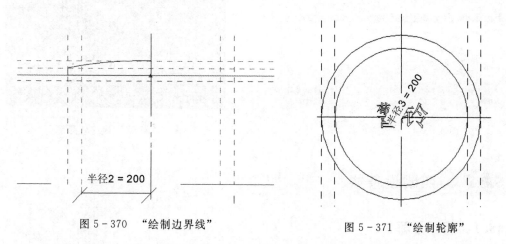

图 5-370 "绘制边界线"

图 5-371 "绘制轮廓"

在参照平面视图，单击"创建"选项卡"模型"面板中的"模型文字"按钮，在弹出的面板中输入"警铃"，点击警铃的属性面板编辑文字大小，见图 5-373。

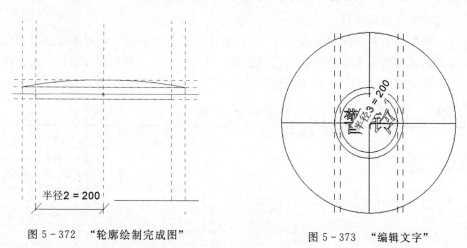

图 5-372 "轮廓绘制完成图"

图 5-373 "编辑文字"

单击"创建"选项卡"属性"面板中的"族类型"按钮，在显示的族类型对话框中进行公式的输入，见图 5-374。

5.17.4 最终效果展示

将族保存好后，单击"载入到项目"按钮将族载入项目中进行测试。

在项目中载入刚刚创建的族，添加到项目中，如果警铃的大小跟随半径的变化进行变化，表明该族不存在问题，见图 5-375。

图 5-374 "族类型设置"

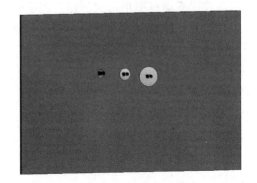

图 5-375 "最终效果图"

5.18 照明设备族

5.18.1 目标分解

本例目标创建一个参数化三维壁灯族，其几何参数信息、几何形体分析以及创建后的平面视图如下。

（1）几何参数信息详述。

在该"基于墙的公制照明设备.rft"族样板中已经基本包含了创建壁灯所需的参照平面，如需用通过参照平面来辅助创建几何形体，可自行添加。照明设备族在使用时通常不需要通过参数化调整其尺寸，故本例故只需采用固定值添加几何信息，见表5-18。

表 5-18　　　　　　　　　　　　　几 何 信 息 表

类　型	参数名称		值	备　注
可参数化的几何信息	—		—	本例不需要设置，但如有特殊需求可根据需要添加
固定值的几何信息	基座	底面	55	固定值，由于本例几何形体有一定的不规则性，故请根据实际需求灵活赋值。光源为样板默认预设的光源（点、球形）
		顶面	20	
		厚度	15	
	连接杆	总高度	164	
		轮廓宽度	20	
		厚度	3	
	灯罩	开口半径	40	
		总高度	55	
	灯座	总高度	75	
		圆杆半径	5	

（2）几何形体详述。

该壁灯由共 4 个部件构成：样板预设的光源，位于墙面上的基座，连接基座与灯座的连接杆，灯座与灯罩。

（3）壁灯平面、立面及三维视图。

平面、立面及三维视图展示见图 5-376～图 5-378。

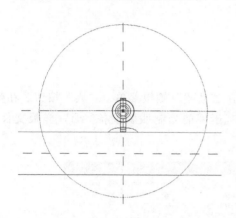

图 5-376　"完成后的壁灯平面视图"

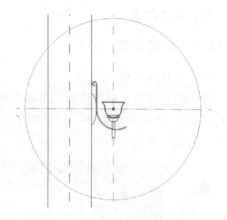

图 5-377　"完成后的右立面视图"

5.18.2　创建思路

（1）选择族样板。

在 Revit 2018 的自带族样板库中，选择"基于墙的公制照明设备.rft"。

（2）修改光源。

可根据需要修改光源。选择光源，在"修改｜光源"选项卡的"照明"面板中单击"光源定义"，即可根据需要选择合适的光源，见图 5-379。本例采用样板默认预设的光源。

图 5-378　"完成后的三维视图"

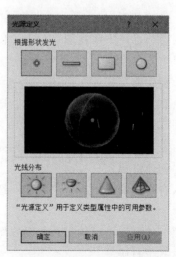

图 5-379　"定义光源"

（3）创建壁灯的几何形体。

1）本例不需额外绘制参照平面，但若需要辅助创建复杂几何形体，可根据需要灵活设置。

2）本例不需要参数化驱动几何信息，直接绘制即可。

3）该模型由旋转体和形状较复杂的扁平连接杆组成，分别采用"旋转"和"放样"命令进行模型创建。

5.18.3　创建步骤

（1）选择族样板。

打开样板文件，单击应用程序菜单按钮，单击"新建"侧拉菜单＞"族"按钮。在弹出的"新族-选择样板文件"对话框中，选择"基于墙的公制照明设备.rft"样板文件，单击"打开"按钮，见图 5-380。

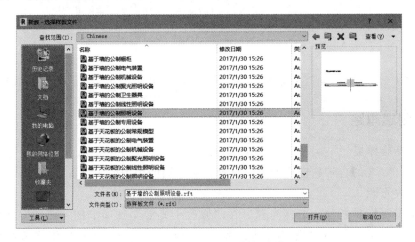

图 5-380　"选择项目样板文件"

（2）创建基座。

进入参照标高平面视图，单击"创建"选项卡"图形"面板中的"旋转"，创建一个基座，见图 5-381。

（3）创建连接杆。

进入右立面视图，单击"创建"选项卡"图形"面板中的"放样"，绘制连接杆的路径，见图 5-382。

然后点击编辑轮廓，转到参照标高楼层平面视图，绘制放样路径，见图 5-383。

（4）创建灯罩。

进入右立面视图，单击"创建"选项卡"图形"面板中的"旋转"，绘制灯罩，见图 5-384。

仿照上述操作，继续在右立面视图使用"旋转"创建灯罩的基座，见图 5-385。

（5）赋予材质。

为灯罩以外的部分赋予材质。选中灯罩以外的部分，单击"属性浏览器"材质右侧的省略号按钮，进入材质浏览器，见图 5－386。

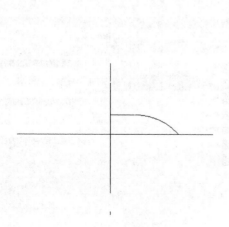

图 5－381 "轮廓创建"

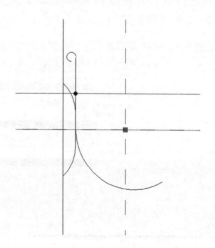

图 5－382 "绘制路径"

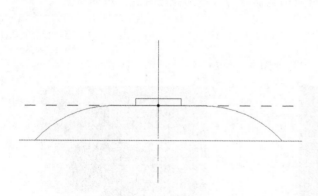

图 5－383 "绘制轮廓"（一）

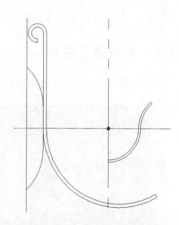

图 5－384 "轮廓绘制"（二）

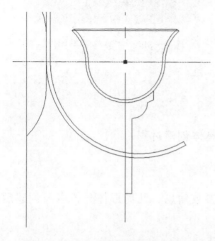

图 5－385 "绘制轮廓"（三）

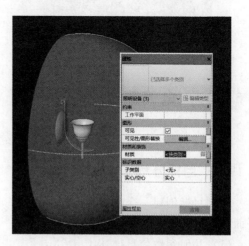

图 5－386 "属性设置"

新建材质，并重命名为"烤漆"，在右侧的"图形"选项中设置着色颜色见图 5 - 387 和图 5 - 388，单击确定。

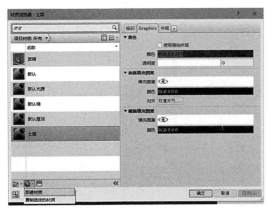

图 5 - 387 "材质选择"

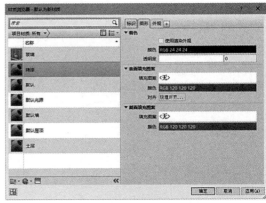

图 5 - 388 "颜色选择"

选择灯罩，以相同的操作进入材质浏览器，为灯罩选择已有的"玻璃材质"。

5.18.4 最终效果展示

完成绘制后，三维视图见图 5 - 389 和图 5 - 390。

图 5 - 389 "最终效果图"

图 5 - 390 "最终效果图"

5.19 电气装置族

下面以一个开关为例，介绍一个电气装置族的具体创建过程。

5.19.1 目标分解

本例目标创建一个参数化电气装置族，其几何参数信息、几何形体分析以及创建后的平面视图如下。

（1）几何参数信息详述。

在该"基于面的公制常规模型来创建. rft"族样板中只包含了两条用于定位族的初始

参照平面且没有任何初始参数，故本例所有的几何信息均需自行添加。其几何信息分为需采用参数化方式添加的几何信息与采用固定值添加的几何信息，见表5-19。

表5-19　　　　　　　　　　　　几 何 信 息 表

类　　型	参数名称		值	备　　注
可参数化的几何信息	材质和装饰	Pc	Pc	参数化控制，可根据实际情况自行修改
		Pvc	Pvc	
	电器高程	级数	1	
		电压	220.00v	
	电器符合	其他		
	尺寸标注	a	100.0	
		b	100.0	
		默认高程	1200.0	

（2）几何形体详述。

该族仅由1个开关部件构成。

（3）平面、立面及三维视图。

平面、立面及三维视图展示见图5-391和图5-392。

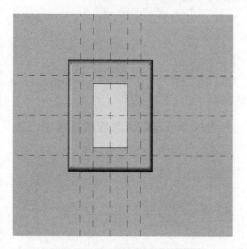

图5-391　"开关平面视图"

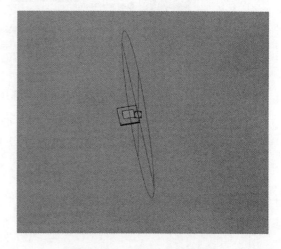

图5-392　"开关三维视图"

5.19.2　创建思路

（1）选择族样板。

在Revit 2018的自带族样板库中，选择"基于面的公制常规模型.rft"。

（2）创建开关几何形体。

绘制的开关由接线盒、接线面板、按钮和电气连接件组成，为了增加美观，可给开关的外形一个导角，其中电气连接件的作用是将开关接入电路。绘制完成的开关见图5-393。

5.19.3 创建步骤

打开 Revit 2018，选择族面板下的"新建"，在弹出的对话框中选择基于面的公制常规模型 .rft，见图 5-394。

图 5-393 "完成效果图"

打开界面后选择"族类别"按钮，在族类别中选择"电气装置"，在"族参数"中的零件类型中选择为"开关"。

为了定位开关的位置，先绘制 4 个参照平面，并选择"注释＞对齐"，进行注释并等分，随后将两边的距离添加为参数 a、b，见图 5-395。

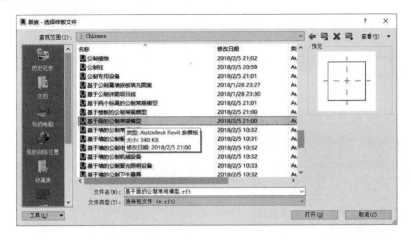

图 5-394 "选择项目样板文件"

选择拉伸工具，根据刚才绘制的参照平面，来绘制开关接线盒的大概轮廓并锁定，见图 5-396。

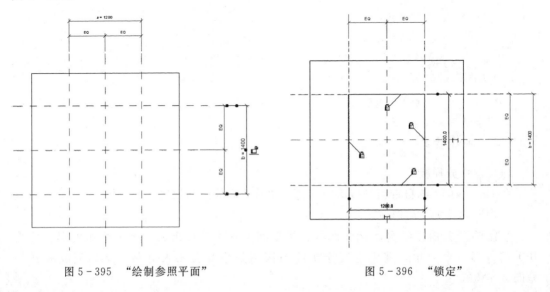

图 5-395 "绘制参照平面"　　　　　　图 5-396 "锁定"

完成编辑模式后，为其设置一个材质，命名为"开关材质"，见图 5-397。

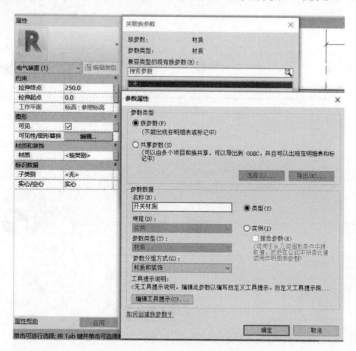

图 5-397　"参数属性设置"

回到族参数选项卡中，将 a、b 改为合适的尺寸并应用，如 100、100，见图 5-398。

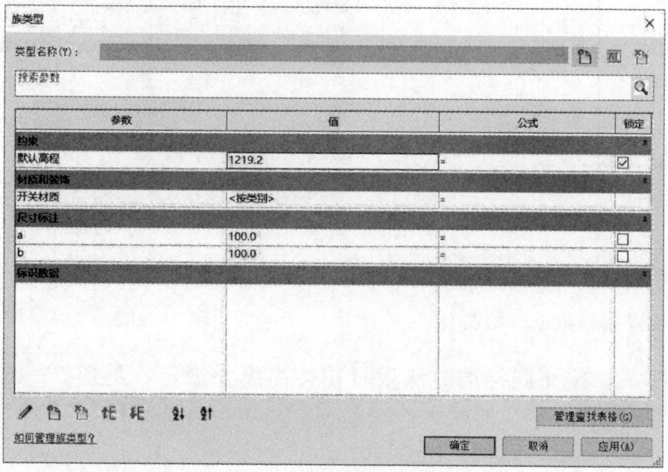

图 5-398　"族类型设置"

打开前立面视图，由于绘制的开关为暗装，所以要确定开关深入墙体的厚度，需要绘制见图 5-399 的参照平面并锁定距离。

将拉伸实体上下边缘分别锁定到墙体表面和参照平面上并锁定，见图 5-400。

接下来绘制面板，同样使用拉伸工具，绘制接线盒的一个面板，这时可设置适当的偏移量来进行绘制，见图 5-401。

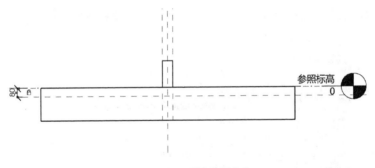

图 5-399　"锁定距离"

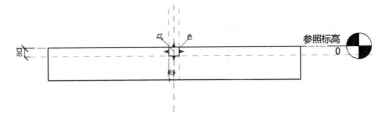

图 5-400　"锁定参照平面"

完成编辑模式后，同样将其关联为"开关材质"，见图 5-402。

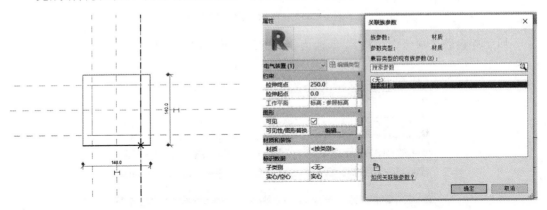

图 5-401　"设置偏移量进行绘制"　　　　　　　图 5-402　"关联族参数"

打开前立面视图，按照同样的方法设置拉伸高度并锁定，见图 5-403。

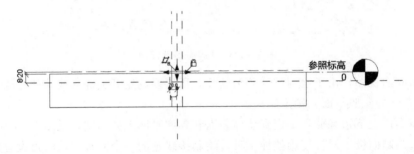

图 5-403　"设置拉伸高度并锁定"

接下来选择空心放样的工具为开关设置一个导角的样式，见图5-404。

在三维视图中选择一个面，见图5-405。

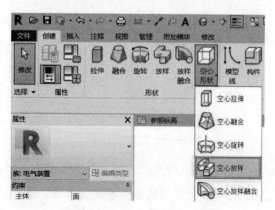

图5-404 "选择空心放样"

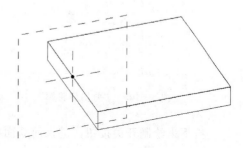

图5-405 "选择轮廓参照平面"

选择编辑轮廓，选定两条线，见图5-406。

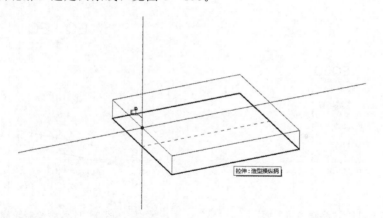

图5-406 "绘制轮廓"

使用修剪工具，将外侧的线修剪掉，见图5-407。

选用圆弧工具绘制一个角，见图5-408。

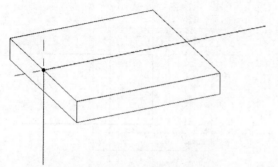

图5-407 "修剪多余线条"

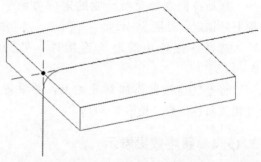

图5-408 "用弧度绘制圆角"

点击 view cube 前立面视图，根据所剪切范围编辑轮廓后见图 5‑409。

点击完成编辑模式，打开三维视图见图 5‑410。

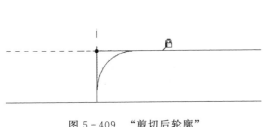

图 5‑409　"剪切后轮廓"

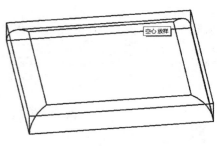

图 5‑410　"完成编辑"

接下来绘制开关按钮，进入前立面视图，先绘制两个定位用的参照平面并等分，见图 5‑411。

选用拉伸工具绘制按钮大致形状，见图 5‑412。

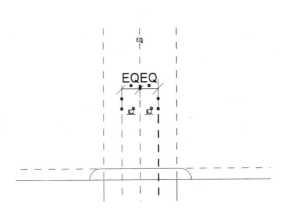

图 5‑411　"绘制参照平面"

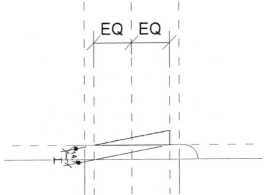

图 5‑412　"绘制轮廓"

回到参照标高中，发现绘制的按钮拉伸范围不正确，再次绘制定位且等分参照平面，见图 5‑413。

拖动拉伸端部至所绘制的定位参照平面上并锁定，见图 5‑414。

选择连接件中的电气连接件，见图 5‑415。

将电气连接件添加到开关上，并设置其相关属性参数，见图 5‑416。

5.19.4　最终效果展示

绘制完成，三维实体见图 5‑417。

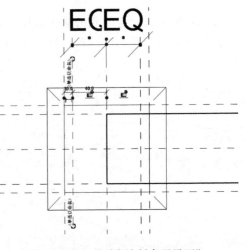

图 5‑413　"再次绘制参照平面"

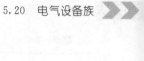

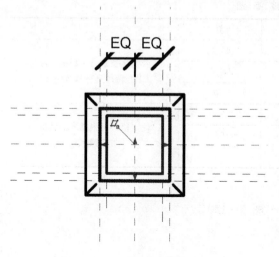

图 5-414 "拖动拉伸并锁定"

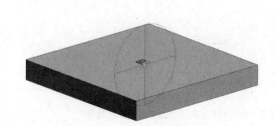

图 5-415 "选择电气连接件"

图 5-416 "添加连接件"

图 5-417 "最终完成效果图"

5.20 电气设备族

5.20.1 目标分解

本例目标创建一个参数化三维电气设备族，其几何参数信息、几何形体分析以及创建后的平面视图如下。

（1）几何参数信息详述。

在该"基于面的公制常规模型.rft"族样板中只包含了两条用于定位族的初始参照平面以及一个立方体预设构件且只有一个初始参数。其几何信息分为需采用参数化方式添加的几何信息与采用固定值添加的几何信息，见表 5-20。

（2）几何形体详述。

该电气设备为配电柜，由 3 个部件构成：1 个高度较小的立方体配电柜柜体，1 个绘制了模型线的配电柜顶盖，1 个电气连接件。

表 5 - 20　　　　　　　　　　　　　　几 何 信 息 表

类　　型	参数名称	值	备　　注
可参数化的几何信息	配电柜主体长度 a	1400	参数化控制，可根据实际情况自行修改
	配电柜主体宽度 b	1498	
	配电柜主体高度 h	167	
固定值的几何信息	配电柜顶盖长度	1500	固定值，可根据实际情况自行赋值
	配电柜顶盖宽度	1598	
	配电柜顶盖高度	50	

（3）配电柜平面、立面及三维视图。

平面、立面及三维视图展示见图 5 - 418～图 5 - 420。

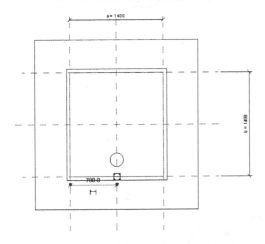

图 5 - 418　"完成后的配电柜平面视图"

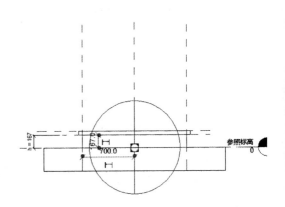

图 5 - 419　"完成后的配电柜前立面视图"

5.20.2　创建思路

（1）选择族样板。

在 Revit 2018 的自带族样板库中，选择"基于面的公制常规模型 . rft"。

（2）创建配电柜几何形体。

1）在楼层平面视图中，绘制多条参照平面并进行锁定，以完成配电柜柜体的长度、宽度的参数化控制。

2）对于不需要进行参数化驱动的配电柜顶盖长度、宽度以及高度，直接绘制即可。

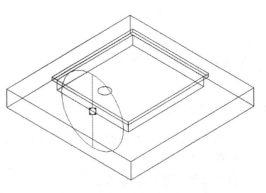

图 5 - 420　"完成后的配电柜三维视图"

3）该模型由立方体、连接件两类几何形体组成，其几何轮廓均不会沿拉伸方向进行变化，故对其采用"拉伸"命令进行模型创建，辅以模型线工具来使外表美观。

5.20.3 创建步骤

（1）选择族样板文件。

打开"基于面的公制常规模型.rft"族样板，见图5-421。

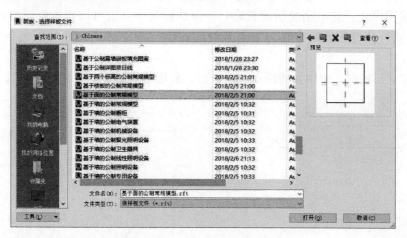

图5-421 "选择项目样板文件"

打开"族类别和族参数"面板，在族参数中选择"电气设备"，族参数中的零件类型选择为"配电盘"，配电盘设置中选择为我国规定的"单柱"，见图5-422。

（2）创建模型。

先绘制配电柜主体部分，在参照标高平面视图中，利用6个参照平面来确定其位置，并点击"注释＞对齐"，为其添加注释，见图5-423。

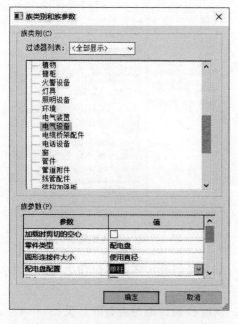

图5-422 "族类别和族参数设置"

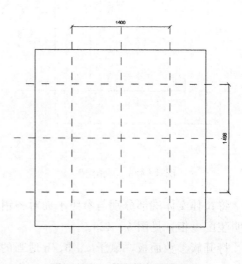

图5-423 "绘制参照平面"

　　分别选中两个数值标注，激活"修改｜尺寸标注"上下文选项卡，在"标签尺寸标注"面板中添加标签"a"和"b"，并与两个数值标注关联，见图 5-424。

　　选择创建面板中的拉伸命令，使用"矩形"绘制方式绘制如图轮廓，并将其与相关参照线对齐锁定，见图 5-425 和图 5-426。

　　完成编辑模式，选中刚绘制的轮廓，在属性面板中点击材质栏右侧按钮，在弹出的"关联族参数"面框中新建参数，为刚绘制的配电柜主体材质关联"配电柜材质"，见图 5-427。

　　进入前立面视图，绘制如图所示参照平面，利用参照平面新添加一个参数为 h，见图 5-428。

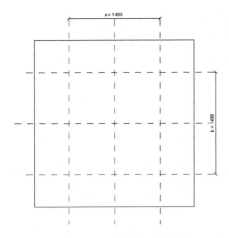

图 5-424　"修改尺寸标注"

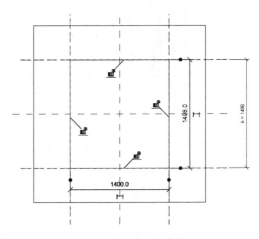

图 5-425　"绘制轮廓"

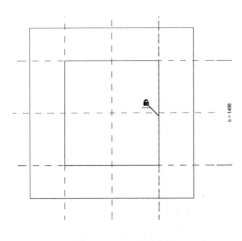

图 5-426　"锁定"

图 5-427　"参数属性设置"

　　将拉伸实体端部分别与参照平面对齐锁定，如果是暗装，则下部拉伸至墙内，此处绘制明装配电柜，见图 5-429。

　　打开族参数面板，赋予 a、b、h 适当的值。同时检验约束是否有效，见图 5-430。

　　接下来绘制配电柜的上部结构，切换至参照标高平面视图，同样选择拉伸命令，选择适当偏移量,在参照标高平面视图中绘制轮廓线,见图 5-431。

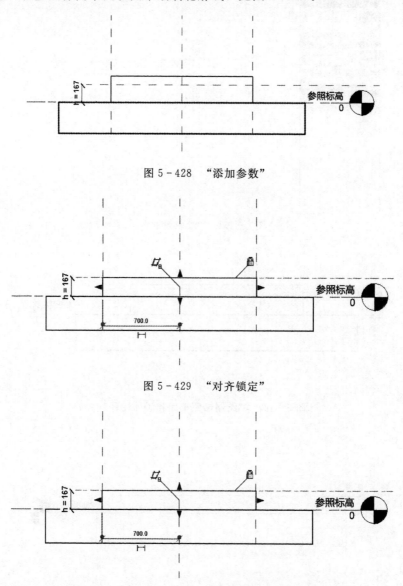

图 5-428 "添加参数"

图 5-429 "对齐锁定"

图 5-430 "设置参数"

完成编辑后,再次进入前立面视图中,利用新绘制的参照平面,并添加注释,见图 5-432。

拖动拉伸对象的端部,将其对齐至相应平面并锁定,见图 5-433。

进入三维视图看配电柜的三维实体,顶部略微单调,见图 5-434。

可用模型线来装饰,进入前立面视图,在"创建"选项卡中"工作平面"面板中选择"设置",见图 5-435,弹出"工作平面"对话框,选择"拾取一个平面"。

拾取通电柜上部结构顶端平面,弹出"转到视图"对话框,选择"楼层平面:参照标高",打开视图,见图 5-436。

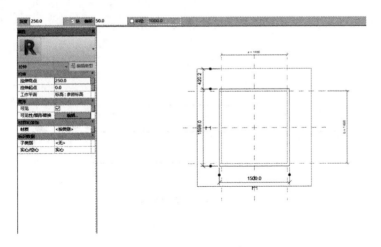

图 5-431 "绘制轮廓"

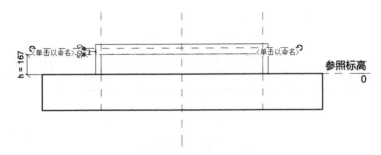

图 5-432 "绘制参照平面和添加注释"

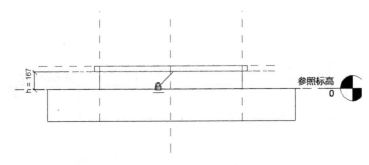

图 5-433 "对齐和锁定"

图 5-434 "完成效果图"

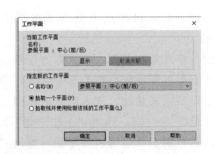

图 5-435 "选择工作平面"

选择"创建"面板中的"模型线",绘制如图所示形状,见图5-437。

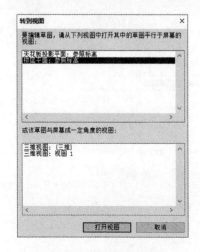

图5-436 "选择视图"

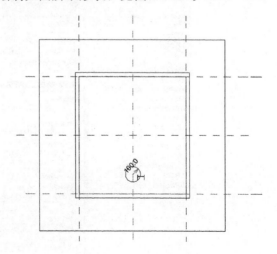

图5-437 "绘制模型线"

绘制完成后,进入三维视图中,见图5-438。

(3) 添加连接件。

切换至前立面视图,选择连接件中的电气连接件,激活"修改｜放置电气连接件"上下文选项卡,在"放置"面板中,点击工作平面。在弹出的"工作平面"对话框中,选择"拾取一个平面"并拾取如图5-439所示平面。

图5-438 "完成效果图"

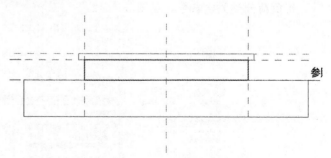

图5-439 "拾取平面"

使用"移动"工具,将连接件移动至图5-440所示位置。

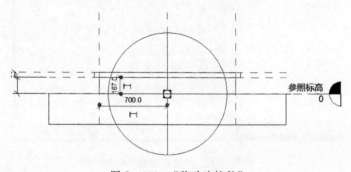

图5-440 "移动连接件"

选中连接件，修改属性面板中的参数，将级数关联参数，见图 5－441。

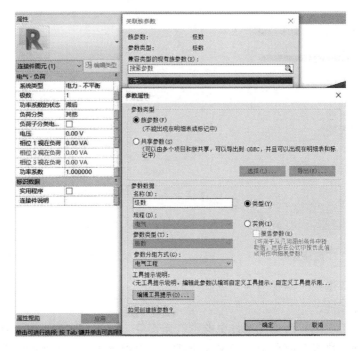

图 5－441　"关联参数"（一）

将负荷分类关联参数，见图 5－442。

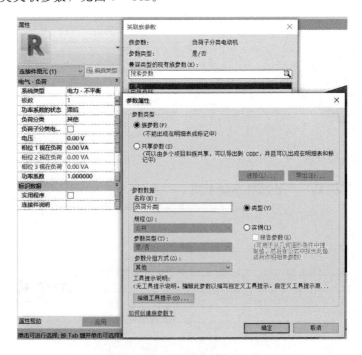

图 5－442　"关联参数"（二）

将配电盘电压关联参数，见图5-443。

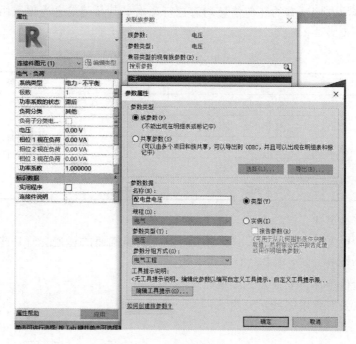

图5-443 "关联参数"（三）

绘制完成。

5.20.4 最终效果展示

完成绘制后，三维视图见图5-444。

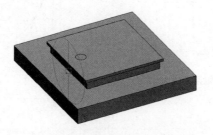

图5-444 "最终完成效果图"

5.21 管道附件族

5.21.1 目标分解

本例目标创建一个参数化三维管道附件族，其几何参数信息、几何形体分析以及创建后的平面视图如下。

（1）几何参数信息详述。

在该"公制常规模型.rft"族样板中只包含了两条用于定位族的初始参照平面且没有任何初始参数，故本例所有的几何信息均需自行添加。其几何信息为需采用参数化方式添加的几何信息，见表5-21。

表5-21   **几 何 信 息 表**

类　　型	参数名称	值	备　　注
可参数化的几何信息	外皮外径（默认）	1800	参数化控制，可根据实际情况自行修改
	外皮内径（默认）	1750	
	穿管外径（默认）	1750	
	穿管内径（默认）	1000	
	套管长度（默认）	1000	

（2）几何形体详述。

该管道附件由3个部件构成：1个空心的同心圆横截面的管道套管外皮，1个实心的同心圆横截面的穿管，2个半径与套管一致的连接件。

（3）管道附件平面、立面及三维视图。

平面、立面及三维视图展示见图5-445～图5-447。

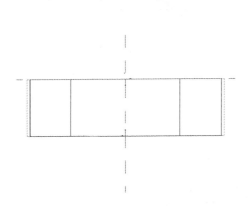

图5-445 "完成后的管道附件平面视图"

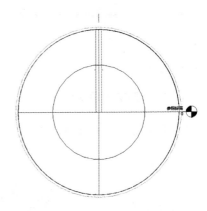

图5-446 "完成后的管道附件前立面视图"

5.21.2 创建思路

（1）选择族样板。

在Revit 2018的自带族样板库中，选择"公制常规模型.rft"。

（2）创建管道附件几何形体。

1）在楼层平面视图中，利用两条初始参照平面绘制构件的几何形体并进行锁定，以完成管道附件外径、内径以及长度的参数化控制。

2）该模型由空心的同心圆横截面的管道套管、穿管以及半径与套管一致的连接件三类几何形体组

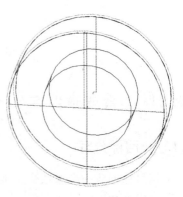

图5-447 "完成后的管道附件三维视图"

成，其几何轮廓均不会沿拉伸方向进行变化，故对其采用"拉伸"命令进行模型创建。

5.21.3 创建步骤

（1）选择族样板文件。

打开"公制常规模型.rft"族样板，见图 5-448。

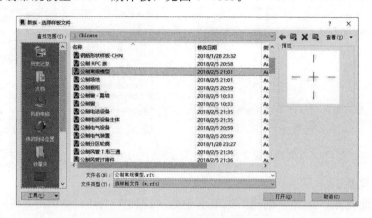

图 5-448 "选择项目样板文件"

单击"创建"选项卡"属性"面板中的"族类别和族参数"按钮，在族类别中选择"管道附件"，勾选"族参数"中的"加载时剪切的空心"选项，圆形连接件大小选择"使用半径"，见图 5-449。

打开参照标高视图，选中两个参照平面，将其属性改为"弱参照"见图 5-450。

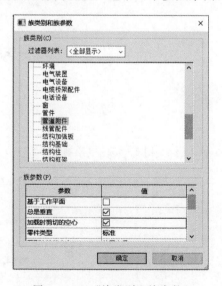

图 5-449 "族类别和族参数"

图 5-450 "属性设置"

（2）添加类型参数。

打开"族类型"面板，依次添加：外皮外径、外皮内径、套管长度、穿管外径、穿管内径 5 个实例参数，见图 5-451 和图 5-452。

图 5 - 451　"族类型设置"

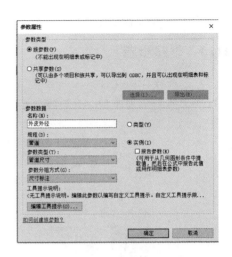

图 5 - 452　"参数属性设置"

（3）绘制模型。

进入前立面视图，选择"创建"选项卡中的"拉伸"工具，见图 5 - 453。

绘制两个同心圆，按两次 Esc 键退出编辑模式，选中轮廓线，在属性窗口中选择"中心标注可见"，并将小十字架锁定在相应参照平面上，同时在属性面板中选择空心拉伸，见图 5 - 454～图 5 - 457。

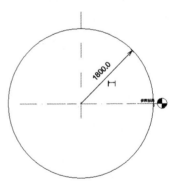

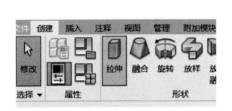

图 5 - 453　"选择拉伸"

图 5 - 454　"绘制轮廓"（一）

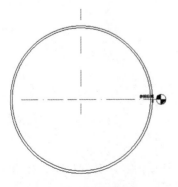

图 5 - 455　"绘制轮廓"（二）

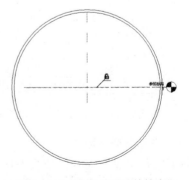

图 5 - 456　"中心可见并锁定"

完成编辑模式，并切换至三维视图，见图5-458。

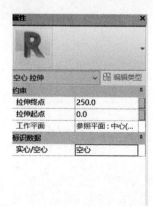

图5-457 "属性设置"

图5-458 "完成效果图"

切回前立面视图，使用"注释"选项卡中的"半径尺寸标注"工具对同心圆的半径进行标注。标注完成后，单击尺寸标注，激活"修改｜尺寸标注"上下文选项卡，在"标签尺寸标注"面板中分别关联"外皮外径""外皮内径"参数，见图5-459～图5-461。

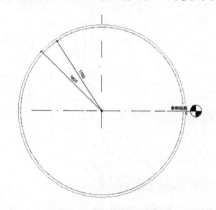

图5-459 "尺寸标注"

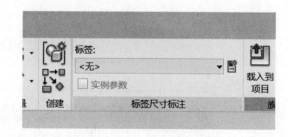

图5-460 标签尺寸标注

切换至参照平面视图，使用"注释"选项卡中的"对齐"命令标注图示部分，并关联"套管长度"参数。在"族类型"面板中修改套管长度为1000mm，见图5-462～图5-464。

回到前立面视图，再次选择拉伸工具，绘制两个同心圆，外圈同心圆与外皮内圈嵌合，显示圆心标注，并与相关参照平面对齐锁定。完成编辑模式后，注释两个同心圆的半径，并将两个同心圆半径关联参数"穿管外径""穿管内径"，见图5-465～图5-467。

选中刚绘制的同心圆，在属性面板中点击拉伸终点栏右侧的按钮，将拉伸终点与"套管长度"族参数

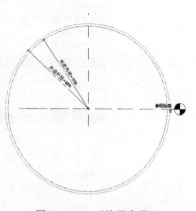

图5-461 "关联参数"

相关联，见图 5 - 468。

图 5 - 462　"设置套管高度"

图 5 - 463　"关联相关参数"

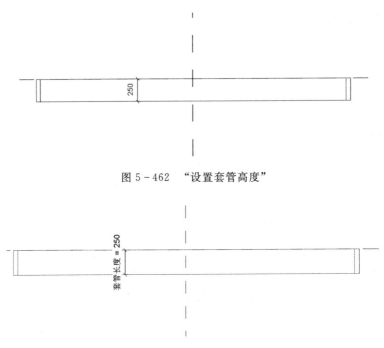

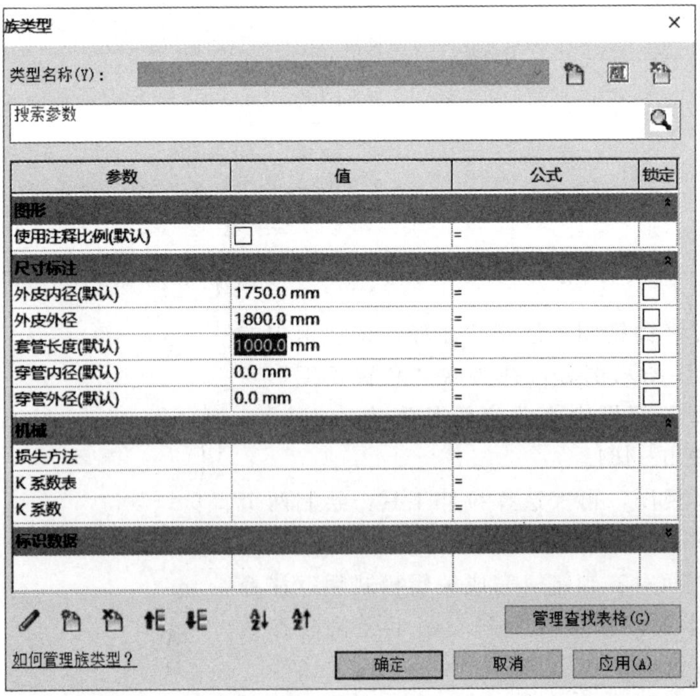

图 5 - 464　"族类别设置"

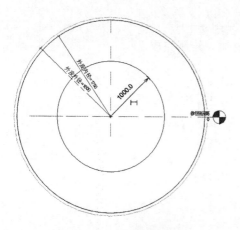

图 5-465 "绘制同心圆"

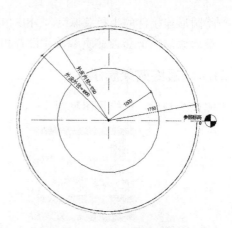

图 5-466 "尺寸标注"

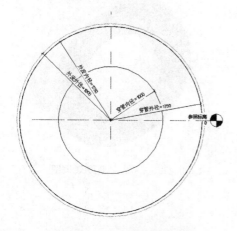

图 5-467 "关联相关参数"

图 5-468 "关联族参数"

（4）添加连接件。

进入三维视图，打开"创建"选项卡，在连接件面板中选择"管道连接件"放置在套管两端，见图 5-469。

选中两个连接件，在属性面板中"系统分类"中选择"管件"，见图 5-470。

图 5-469 "放置连接件"

图 5-470 "属性设置"

将圆形连接件的半径关联为"外皮内径",见图 5-471。

最后添加一个套管材质参数并设置相应的材质,绘制完成。

5.21.4　最终效果展示

完成绘制后,三维视图见图 5-472。

图 5-471　"关联族参数"

图 5-472　最终效果图

5.22　管件族

5.22.1　目标分解

本例目标创建一个参数化 T 形三通管道族,其几何参数信息、几何形体分析以及创建后的平面视图如下。

(1)几何参数信息详述。

在该"公制常规模型 . rft"族样板中只包含了两条用于定位族的初始参照平面且没有任何初始参数,故本例所有的几何信息均需自行添加。其几何信息分为需采用参数化方式添加的几何信息与采用固定值添加的几何信息,见表 5-22。

表 5-22　　　　　　　　　　　　　几何信息表

类　型	参数名称	值	备　注
可参数化的几何信息	管件外径	50	参数化控制,可根据实际情况自行修改
	端点到中心距离	250	

(2)几何形体详述。

该 T 形三通管道由共 2 个部件构成:1 根竖向管道,1 根横向的管道。

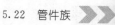

（3）T形三通平面、立面及三维视图。

平面、立面及三维视图展示见图5-473～图5-475。

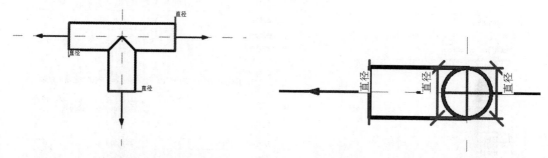

图5-473 "T形三通平面视图"（一）　　　图5-474 "T形三通平面视图"（二）

5.22.2 创建思路

（1）选择族样板。

在Revit 2018的自带族样板库中，选择"公制常规模型.rft"。

（2）创建T形三通管道几何形体。

1）在楼层平面视图中，绘制多条参照平面并进行锁定，以完成管道直径和长度的参数化控制。

2）放置管道连接件。

5.22.3 创建步骤

（1）选择样板文件。

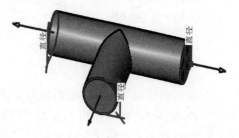

图5-475 "T形三通三维视图"

打开样板文件，单击应用程序菜单按钮，单击"新建"侧拉菜单＞"族"按钮。在弹出的"新族-选择样板文件"对话框中，选择"公制常规模型.rft"样板文件，单击"打开"按钮。设置族类别和族参数，在族类别中选择"管件"，将族参数中的零件类型选择为"T形三通"，其余保持默认即可，见图5-476、图5-477。

图5-476 "公制常规模型样板文件"

（2）设置参数。

打开族类型，选择新建参数，先创建"端点到中心的距离"见图 5-478。

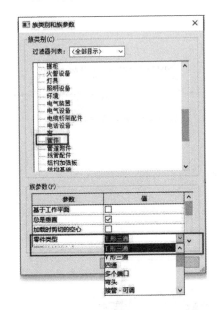

图 5-477　"选择族类别和族参数"

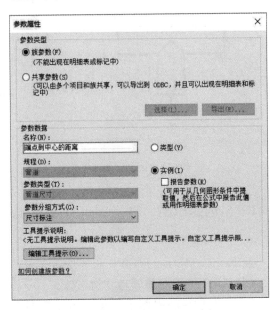

图 5-478　"端点到中心的距离"

（3）创建主管、支管。

先在参照标高平面视图进行放样。进入参照标高平面视图，点击"创建"选项卡"形状"面板中的"放样"按钮，点击"绘制路径"开始为主管绘制路径见图 5-479，并将其与"端点到中心的距离"相关联。并将其与参照线锁定主管路径绘制完毕后开始编辑图形，单击"修改"选项卡中的编辑轮廓，并绘制相应的图形，并在属性选项卡中选择中心可见见图 5-480。

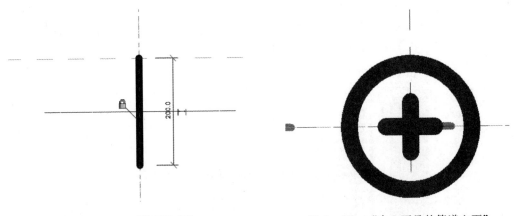

图 5-479　"放置路径"　　　　　　　　　图 5-480　"中心可见的管道立面"

先用直径尺寸标注该圆，再在尺寸标注选项卡中选择新建参数，创建管道直径，见图 5-481，并与之相关联，完成编辑模式并进入三维视图中查看，见图 5-482。同理，创建支管，并完成相应尺寸标注。

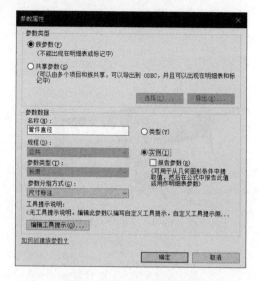

图 5-481 "管件直径"

图 5-482 "完成绘制的主管"

（4）连接。

在修改选项卡中选择连接，再选择主管和支管，使其完成连接，完成后见图 5-483，三维视图见图 5-484，并在族类型中编辑参数。

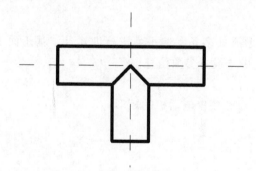

图 5-483 "完成连接后的平面视图"

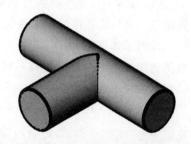

图 5-484 "完成连接后的三维视图"

（5）放置连接件。

选择"创建"选项卡中的"管道连接件"，在主管和支管的切面放置，见图 5-485，选中连接件，对半径，进行调整，选择关联族参数，选中管道直径，见图 5-486。

完成创建。

5.22.4 最终效果展示

完成绘制后，三维视图见图 5-487。

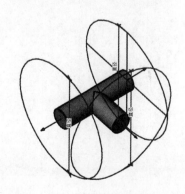

图 5-485 "放置管道连接件"

图 5－486　"选择关联族参数"

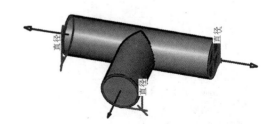

图 5－487　"最终效果图"

5.23　通信设备族

5.23.1　目标分解

本例目标创建一个通信设备族电话机，其几何参数信息、几何形体分析以及创建后的平面视图如下。

（1）几何参数信息详述。

"电话机"族采用基于面的公制常规模型添加多条参照平面进行创建且"基于面的公制常规模型.rft"没有任何初始参数，本例中未设置参数信息。

（2）几何形体详述。

该防火阀共由两个部分构成：电话机注释和放置电话机的矩形。

（3）电话机平面、立面及三维视图。

平面、立面及三维视图展示见图 5－488～图 5－490。

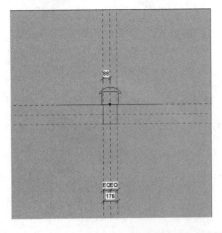

图 5－488　"完成后的电话机楼层平面视图"

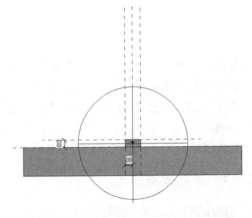

图 5－489　"完成后的电话机前立面视图"

5.23.2 创建思路

（1）选择族样板。

在 Revit2018 自带族样板中，选择"基于面的公制常规模型.rft"。

（2）创建电话机几何形体。

1）在楼层平面视图绘制多条参照平面进行锁定，并采用拉伸创建电话机图形。

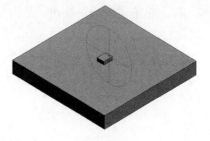

图 5-490 "完成后的电话机三维视图"

2）在面上放置电气连接件，并采用嵌套族的方式添加电话机注释。

5.23.3 创建步骤

（1）选择样板文件。

打开样板文件，单击应用程序菜单按钮，单击"新建"侧拉菜单中"族"按钮。在弹出的"新族-选择样板文件"对话框中，选择"基于面的公制常规模型.rft"样板文件，单击"打开"按钮，见图 5-491。

图 5-491 "选择项目样板文件"

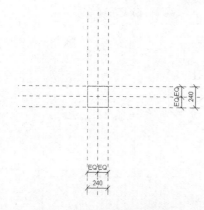

图 5-492 "绘制参照平面"

（2）创建及添加参数。

进入楼层平面视图，单击"创建"选项卡"形状"面板中的"拉伸"按钮，绘制矩形轮廓并与参照平面锁定，见图 5-492。单击"完成"按钮完成拉伸。

在前立面视图修改拉伸后的矩形轮廓，并与参照平面对其锁定，见图 5-493。

在后立面视图放置电气连接件，放置完成后选中电气连接件将系统类型修改为电话，见图 5-494。

打开样板文件，单击应用程序菜单按钮，单击"新建"侧拉菜单中"族"按钮。在弹出的"新族-选择样板文件"对话框中，选择"公制常规注释.rft"

样板文件，单击"打开"按钮，见图 5－495。

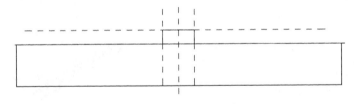

图 5－493　"绘制轮廓"

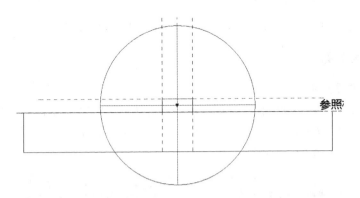

图 5－494　"放置连接件"

图 5－495　"选择注释文件"

　　采用模型线绘制电话机注释模型，注释模型绘制的比例需要按照电话机族的比例进行换算绘制，见图 5－496。

　　将绘制好的注释族导入电话机族进行放置，放置完成的效果见图 5－497。

5.23.4　最终效果展示

　　将族保存好后，单击"载入到项目"按钮将族载入项目中进行测试，见图 5－498。

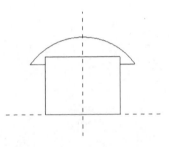

图 5－496　"按比例绘制"

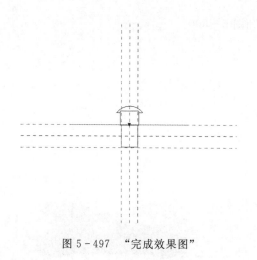

图 5-497 "完成效果图"　　　　　　图 5-498 "完成效果图"

5.24　电缆桥架配件族

5.24.1　目标分解

下面以槽式电缆桥架水平三通为例，介绍电缆桥架配件族的创建。

（1）几何参数信息详述。

在该"公制常规模型.rft"族样板中只包含了两条用于定位族的初始参照平面且没有任何初始参数，故本例所有的几何信息均需自行添加。其几何信息分为需采用参数化方式添加的几何信息与采用固定值添加的几何信息，见表 5-23。

表 5-23　　　　　　　　　　　几 何 信 息 表

类　型		参 数 名 称	值	备　注
可参数化的几何信息	尺寸标注	桥架宽度 3（默认）	100.0	参数化控制，可根据实际情况自行修改
		桥架宽度 1（默认）	100.0	
		桥架长度（默认）	75.0	
		桥架高度（默认）	50.0	
		厚度（默认）	3.0	
	其他	长度 4（默认）	1.2	
固定值的几何信息	尺寸标注	长度 3（默认）	350.0	固定值，可根据实际情况自行赋值
		长度 1（默认）	600.0	
	其他	最大桥架宽度 13（默认）	100.0	
		长度 5（默认）	250.0	

（2）几何形体详述。

该构件由共两个部件构成：电缆桥架和电缆桥架连接件。

（3）平面、立面及三维视图。

平面、立面及三维视图展示见图 5-499 和图 5-500。

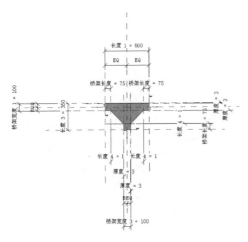

图 5-499　"楼层平面视图"

图 5-500　"三维视图"

5.24.2　创建思路

（1）选择族样板。

在 Revit 2018 的自带族样板库中，选择"公制常规模型.rft"。

（2）创建槽式电缆桥架水平三通几何形体。

槽式电缆桥架水平三通族主要包括桥架和电缆连接件两部分，为绘制简便，可绘制为等径三通。

5.24.3　创建步骤

（1）族样板的选用。

创建槽式电缆桥架水平三通，选择公制常规模型族样板即可。最终效果见图 5-501 和图 5-502。

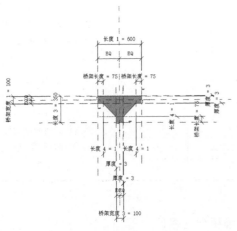

图 5-501　"楼层平面视图"

图 5-502　"三维视图"

（2）创建流程。

打开 Revit 2018，点击"族＞新建"，选择"公制常规模型.rft"，打开见图 5-503。

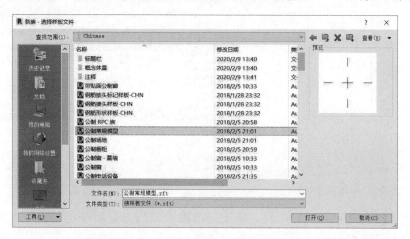

图 5-503 "选择项目样板文件"

打开族类别和族参数面板，选择族类别为"电缆桥架配件"，将族参数中的零件类型选择为"槽式 T 形三通"，见图 5-504。

进入参照标高平面，先绘制用于定位的参照平面，由于槽式电缆桥架水平三通等径，故可根据绘制形状所需，一并绘制所有的定位参照平面，见图 5-505。

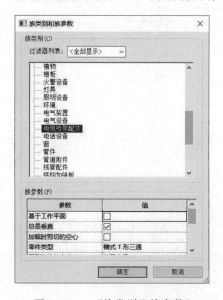

图 5-504 "族类别和族参数"

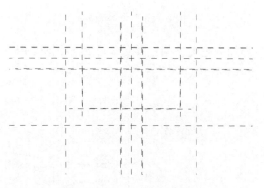

图 5-505 "绘制参照平面"

选择"注释＞对齐"，为各参照平面添加注释，同时添加尺寸标签参数，见图 5-506。

打开族参数面板，将各参数设置为合适的值，大概见图 5-507。

选择拉伸命令，先绘制内侧（或外侧）轮廓线，双线的绘制用偏移命令，设置偏移量为厚度即可，绘制结果见图 5-508。

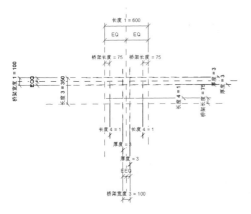

图 5-506　"添加尺寸标注"

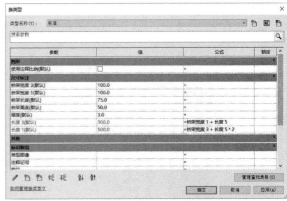

图 5-507　"族类型设置"

确定合适的拉伸起点和终点后，进入三维视图添加电缆桥架连接件，选择面操作，无法选中水平三通端部的平面，故选择"工作平面"＞"拾取一个平面"进行添加，见图 5-509。

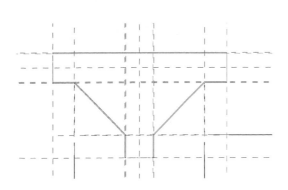

图 5-508　"轮廓绘制"

图 5-509　"拾取参照平面"

添加完电缆桥架连接件，三维视图见图 5-510。

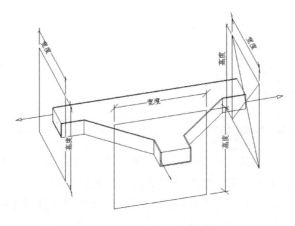

图 5-510　"完成效果图"

选中电缆桥架，修改其左侧属性面板中的参数，将其高度和宽度关联参数，见图 5 - 511、图 5 - 512。

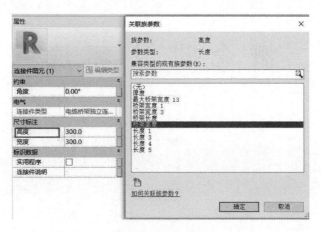

图 5 - 511 "关联族参数"（一）

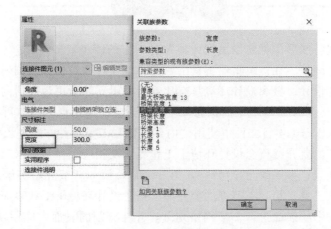

图 5 - 512 "关联族参数"（二）

5.24.4 最终效果展示

绘制完成，最终效果见图 5 - 513。

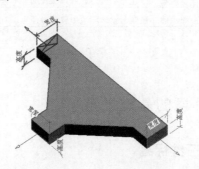

图 5 - 513 "最终效果图"

第6章

概 念 设 计 环 境

本 章 导 读

为了满足一些特殊形体创建以及设计师即时创作的需求，Revit 提供了一种特殊的族编辑器：概念设计环境。在该编辑器工具下，既可以完成建筑构件的创建，还可以完成建筑整个形体的概念设计。概念设计环境具有比普通编辑器环境更为灵活的编辑功能，可以用来创建加载到 Revit 项目环境中的概念体量和自适应几何图形。用户可以通过调用相关族样板文件以及在 Revit 项目文件中使用"内建体量"工具两种方式进入概念设计环境。

本章第 6.1 节主要介绍概念设计环境下工作界面及相应工作基础（三维参照平面、三维参照标高、参照点、参照线与模型线），第 6.2 节、第 6.3 节开始讲解概念设计环境下形状的创建与修改工具，第 6.4 节则主要介绍了概念设计环境下形状表面有理化处理的具体操作与应用（对形状表面进行 UV 网格划分，并在分割的表面中应用填充图案）。对概念设计环境下功能模块的了解，将为第 7 章、第 8 章自适应构件与概念体量的创建与应用打下基础。

专有名词解释，见图 6-1。

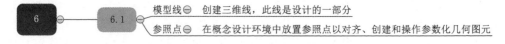

图 6-1　专有名词解释

6.1　概念设计环境的基础知识

6.1.1　三维参照平面和三维标高

区别于标准族编辑器，在概念设计环境中的参照平面与标高不仅在平面、立面、剖面中被显示，而且也能在三维视图中作为三维图元被显示、绘制和编辑。而通过 Revit 项目文件的功能区中"体量和场地"→"概念体量"→"内建体量"工具访问概念设计环境时，该环境中没有三维参照平面和三维标高。

1. 三维参照平面

（1）"新建"族→选择族样板"公制体量.rft"，见图 6-2。

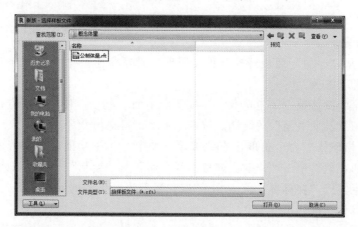

图 6-2 "选择族样板"

（2）绘制三维参照平面。

单击"创建"→"绘制"→"平面"按钮，然后单击"修改｜放置参照平面"→"绘制"→选取"线"命令或"拾取线"命令，见图 6-3。

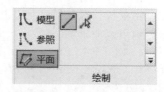

图 6-3 绘制三维参照平面

1）通过"线"命令直接绘制。在选项栏"放置平面"中选择所要放置的平面，见图 6-4，Revit 2018 默认提供了四种选项，见表 6-1。

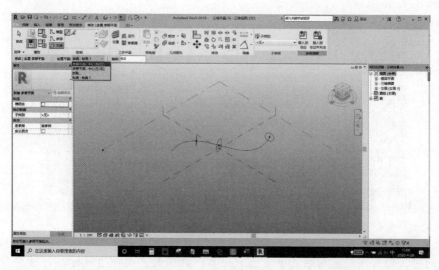

图 6-4 "放置平面"

表 6-1　　　　　　　　　　三维参照平面"放置平面"选项

编号	选项	说明
1	参照平面：中心（前/后）	所绘制参照平面将垂直于此参照平面
2	参照平面：中心（左/右）	所绘制参照平面将垂直于此参照平面
3	拾取	所绘制参照平面将垂直于被拾取的平面
4	标高：标高 1	所绘制参照平面将垂直于此标高平面

【提示】　　从"绘制"面板选择其他工具时，选项卡上的"放置平面"列表也可用，例如"模型"和"参照"。

将鼠标移至绘图区域，单击选取"三维参照平面"起点，移动至终点位置再次单击，即完成一个"三维参照平面"的绘制。按两下 Esc 键可退出命令。

2）通过"拾取线"命令拾取已有线或平面绘制。单击功能区中"创建"→"绘制"→"平面"按钮，然后单击"修改｜放置参照平面"→"绘制"→"拾取线"按钮。

在选项卡上输入"偏移量"值为 0。"偏移量"表示生成的参照平面与被选择物体之间的距离，可以为正值、负值或 0。

勾选选项栏中"锁定"选项，可以使生成的参照平面与被选择物体产生关联联动。

【提示】　　如果"偏移量"不为 0，则"锁定"选项功能将失效。

将鼠标移至绘图区域，按下 Tab 键可以切换拾取想要的线或面，单击鼠标左键即可以绘制出参照平面，出现"上锁"表示锁定成功，见图 6-5。

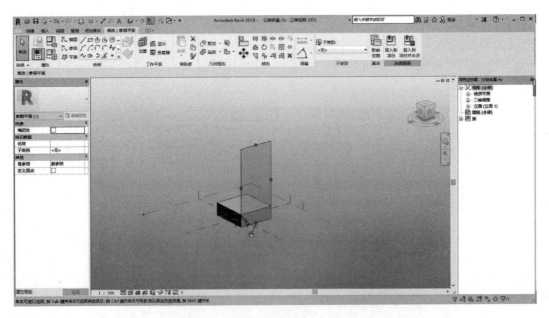

图 6-5　锁定

3）通过快捷方式复制绘制。单击选中一个三维参照平面，当鼠标指针移至参照平面轮廓线时，轮廓线会高亮显示，这时就会出现"移动"图标，按下 Ctrl 键和鼠标左键可将参照平面拖动复制到所要位置。同时按住 Shift 键可保证直线拖动复制。先选中参照平面，见图 6-6。

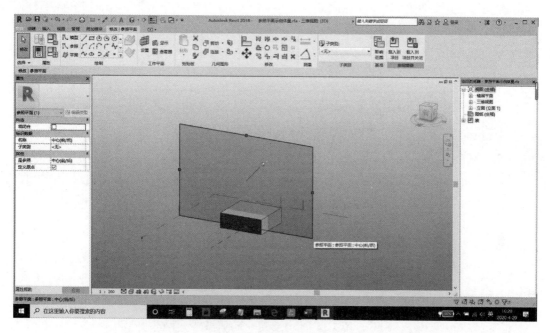

图 6-6 选中参照平面

按下 Ctrl 键和鼠标左键进行拖动复制，见图 6-7。

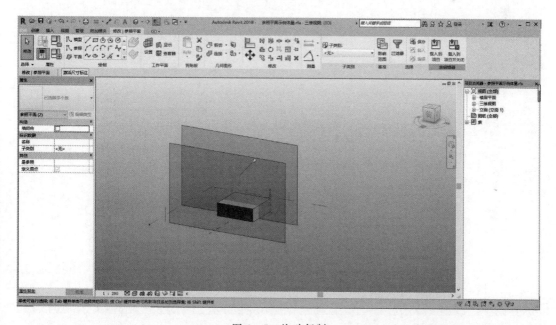

图 6-7 拖动复制

（3）修改三维参照平面。

1）修改参照平面位置。通过修改绘图区域中的尺寸标注来修改位置，见图 6-8。

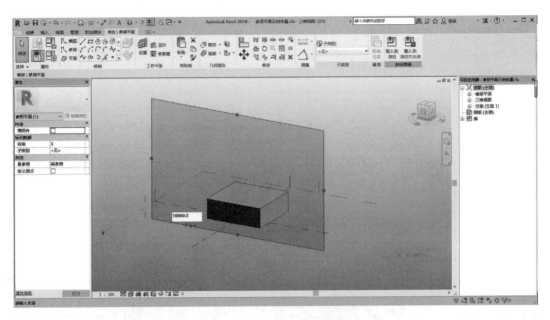

图 6-8　修改参照平面的位置

2）修改参照平面边界位置。单击一个三维参照平面，此时在参照平面四边会出现 4 个圆形拖动操纵柄，单击并拖动操纵柄即可改变参照平面边界位置，见图 6-9。

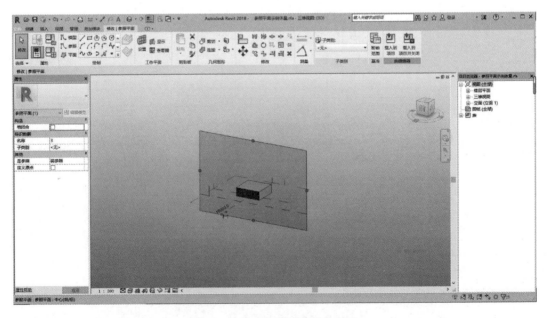

图 6-9　修改参照平面边界位置

2. 三维标高

在标准族编辑器中，用户是不能够添加标高的，而在概念设计环境中，可以添加标高。

（1）绘制三维标高。

单击功能区中"创建"→"基准"→"标高"按钮，见图6-10。

图6-10 绘制三维标高

1）直接绘制。在绘图区域中移动光标，在适当高程位置单击左键即可放置标高，可根据需要继续放置标高。

在创建标高时默认勾选选项栏上的"创建平面视图"选项，此时会在"项目浏览器"的"视图"→"楼层平面"内会自动添加一个标高平面视图，见图6-11。如果不勾选，则不会生成一个对应的楼层平面视图。

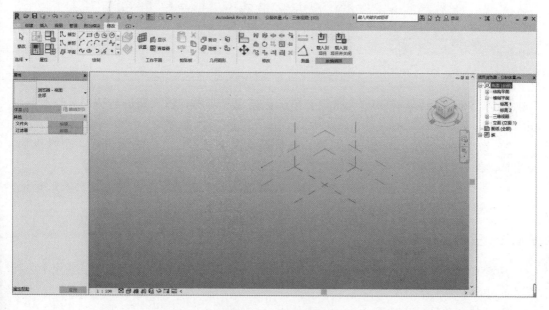

图6-11 直接绘制

2）拾取已有线或平面绘制三维标高。单击功能区中"修改│放置标高"→"绘制"面板→"拾取线"按钮。在选项卡上可设置"偏移量"值，表示生成的标高与被选择标高之间的距离。被拾取的平面必须为水平平面，即与原有标高1所在平面平行。

3）快捷方式复制绘制。与复制参照平面类似，单击某一标高，再出现 "移动"

图标后，按 Ctrl 键和鼠标左键将标高拖动复制到所要位置。通过这种方式不会自动生成一个楼层平面视图。

（2）修改三维标高。

1）修改标高高程。单击一个标高，此标高平面高亮显示，单击高度尺寸值，可在显示的文本框中输入新的尺寸值，即可更改标高高程，见图 6-12。

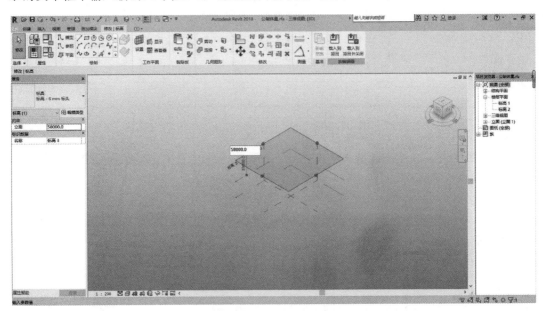

图 6-12　修改标高高程

2）修改标高名称。单击一个标高，单击标高原有名称，输入新的名称即可修改，见图 6-13。

3）修改标高边界。单击一个标高，该标高会高亮显示，其四边会出现 4 个操纵柄，点击拖动操纵柄则可以修改标高边界。

4）三维标高相应视图间的快速切换。在绘图区域双击三维标高端点处的圆形标记，其对应的楼层平面视图就会显示出来。

6.1.2　三维工作平面

三维工作平面是一个二维平面。三维标高、三维参照平面和一个"形状"的水平表面等都可以设置为工作平面。

1. 三维工作平面的设置

（1）单击"创建"→"工作平面"→"设置"按钮，见图 6-14。在绘图区域单击选中要设置的平面即可。

（2）直接在绘图区域单击要设置的工作平面即可，被设置为工作平面后会高亮显示。

2. 三维工作平面的显示

单击功能区中"创建"→"工作平面"→"显示"按钮，在绘图区域会高亮显示之前设置的工作平面，见图 6-15。再次单击"显示"按钮则会取消高亮显示工作平面。

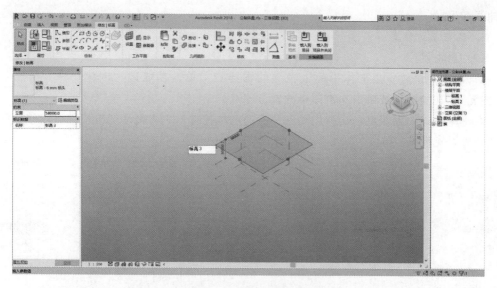

图 6-13　修改标高名称

图 6-14　三维工作平面的设置

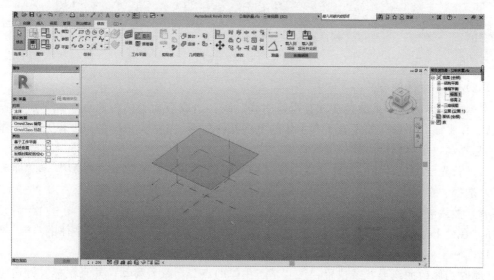

图 6-15　三维工作平面的显示

6.1.3　参照点

参照点是概念设计环境中特有的一种图元，用来指定 XYZ 工作空间中的位置。参照点工具，弥补了标准编辑器对于点控制的空白。通过放置参照点还可以设计和绘制线、样条曲线和形状。

1. 参照点的种类

（1）自由点。

"自由点"是放置在工作平面上独立的参照点，单击功能区"创建"→"绘制"→"点图元"，在绘图区域单击左键即可放置参照点。

左键单击选中参照点，会弹出该参照点的三维控件，单击拖动三维控件可以移动参照点的位置，见图 6-16。

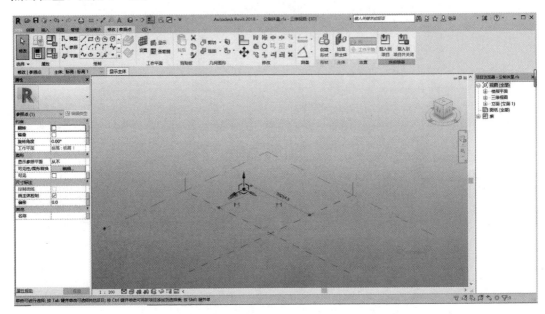

图 6-16　自由点

（2）基于主体的点。

"基于主体的点"是放置在现有样条曲线、线、边或表面上的参照点。每个点都提供自己工作平面，用以添加垂直于其主体的更多几何图形。"基于主体的点"既可随主体图元一起移动，也可以沿主体图元移动。

1）首先绘制点依附的主体，在功能区中"创建"→"绘制"→"模型"→"样条曲线"，选择"在面上绘制"，在绘图区域任意绘制一条曲线，见图 6-17。

2）然后再绘制"基于主体的点"，单击功能区中"创建"→"绘制"→"点图元"，选择"在面上绘制"，在刚才绘制的曲线主体上单击左键即可放置"基于主体的点"，见图 6-18。

此时当修改曲线形状或位置，该"基于主体的点"会跟着移动，并且鼠标左键选中并拖动"基于主体的点"，该点会沿着曲线主体移动。删除主体时，主体会被删除，该点会被放大，变成一个"自由点"。

"基于主体的点"会为自己提供工作平面，单击"基于主体的点"，使工作平面切换到该点所在的平面。可以在该平面上绘制样条曲线、边等几何图形，见图 6-19。

（3）驱动点。

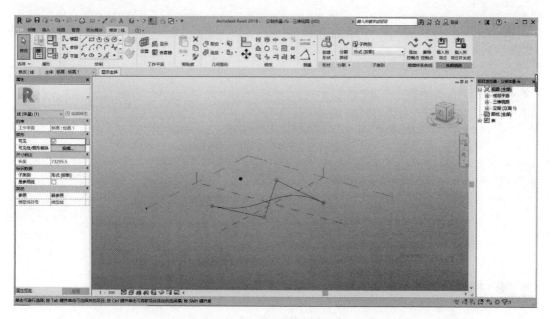

图 6-17　任意绘制一条曲线

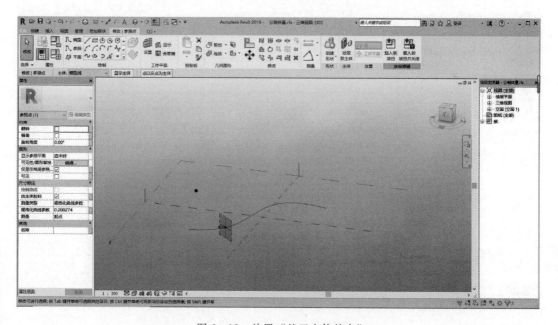

图 6-18　放置"基于主体的点"

"驱动点"是用于控制相关样条曲线几何图形的参照点，选择驱动点后，驱动点也会显示三维控件。

单击功能区中"创建"→"模型"→"通过点的样条曲线"，在绘图区域随意绘制一条曲线，见图 6-20。

471

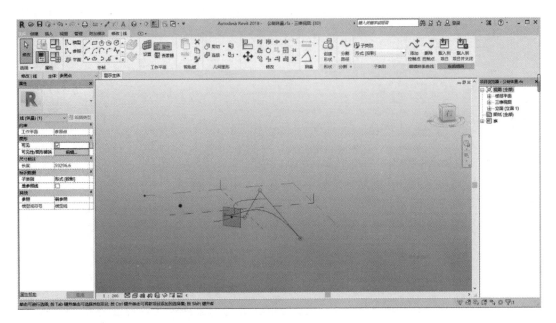

图 6 - 19　"基于主体的点"的工作平面

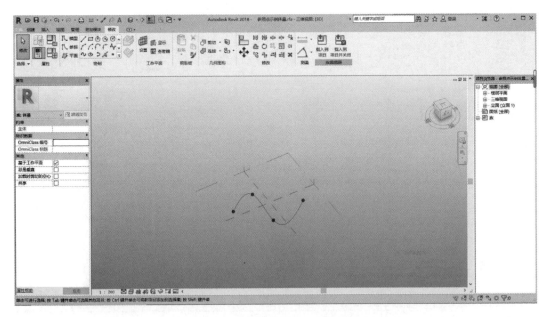

图 6 - 20　任意绘制一条曲线

该曲线上的所有点均为"驱动点",选取其中一点,会出现三维控件,单击拖动控件可以使曲线形状和位置发生改变,见图 6 - 21。

在曲线上添加一个"基于主体的点",单击该点,在选项栏上点击"生成驱动点"也可以将"基于主体的点"转化为"驱动点",见图 6 - 22。

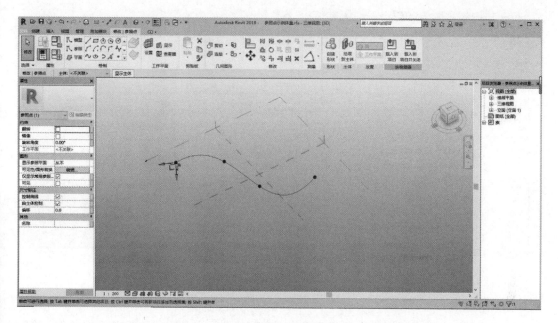

图 6-21 驱动点

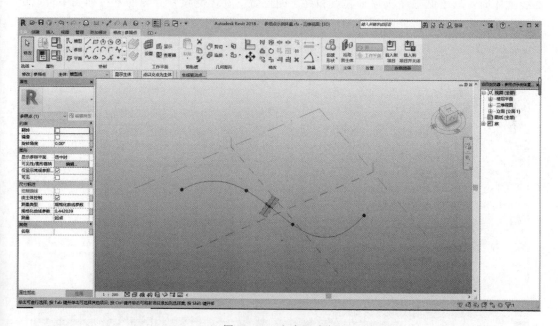

图 6-22 生成驱动点

2. 修改参照点属性

参照点没有类型属性，但可以修改其实例属性，例如限制条件、图形和尺寸标注数据等。具体可用的参数取决于所选点的类型（自由、基于主体或驱动）。

以下以"基于主体的点"为例，讲述其实例属性的作用。单击一个"基于主体的点"，其实例属性见图 6-23。

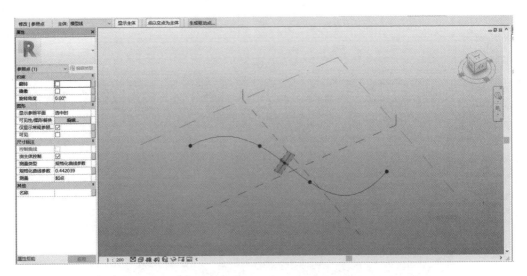

图 6-23　"基于主体的点"的实例属性

（1）测量。

在"测量"参数中可以指定"基于主体的点"的测量点是主体的起点还是终点。绘制曲线主体时，其绘制顺序决定了起点和终点的位置。在"测量"参数的下拉列表中可以更改起点和终点的位置，见图 6-24。

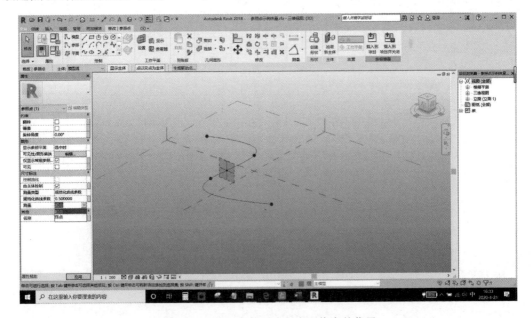

图 6-24　使用参数更改起点和终点的位置

单击"基于主体的点"的"控件"也可以更改主体起点和终点的位置，见图 6-25。

（2）测量类型。

该参数是用来准确定位"基于主体的点"在主体的位置。该参数下拉列表中有 5 个选项，具体说明见表 6-2。

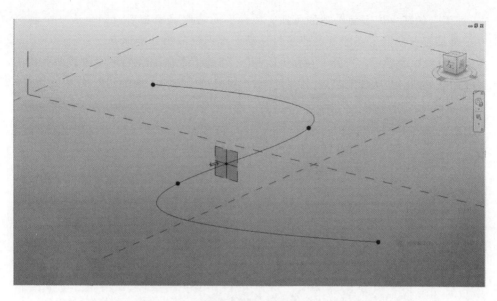

图 6-25 使用控件更改起点和终点的位置

表 6-2   测 量 参 数 说 明

编号	选 项	说 明
1	非规格化曲线	暂无
2	规格化曲线	该类型是定义"基于主体的点"距测量点之间曲线长度和曲线总长之间的比值,值为 0~1
3	线段长度	"基于主体的点"距测量点之间的线段长度
4	规格化线段长度	同规格化曲线
5	弦长	"基于主体的点"与测量点之间的直线长度

6.1.4 参照线与模型线

1. 绘制参照线

单击功能区中"创建"→"绘制"→"参照"按钮。然后单击"修改 | 放置参照线"→"绘制"→"直线"按钮。

此时将激活"绘制"面板上的两个工具:"在面上绘制"和"在工作平面上绘制"。"在面上绘制"表示将某个二维平面设置为工作平面;"在工作平面上绘制"表示将某个标高或参照平面明确设置为工作平面。同时在选项栏中出现"根据闭合的环生成表面"和"三维捕捉"选项,见图 6-26。

图 6-26 选项栏

"根据闭合的环生成表面"功能可在完成环形的参照线绘制后自动生成一个面的"形状";"三维捕捉"功能可在绘制参照线时自动捕捉到物体的三维顶点。

激活"直线"命令后,选择"在面上绘制",勾选"根据闭合的环生成表面"功能,在绘图区域任意绘制一个闭合的多边形,该多边形将自动生成一个面的"形状",见图6-27。

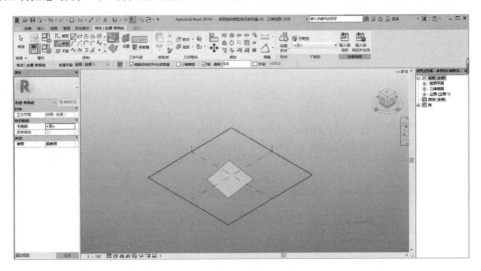

图 6-27　闭合多边形自动生成面

2. 绘制模型线

绘制模型线和绘制参照线命令一致。

3. 参照线和模型线的转换

选中某根参照线,在其实例属性表中取消勾选"是参照线"参数,则可以将参照线转换为模型线,见图6-28。相反,在模型线的实例属性表中勾选"是参照线"参数也可以将模型线转换为参照线。

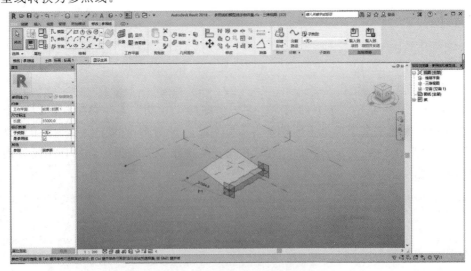

图 6-28　参照线和模型线的转换

6.2 形状创建

在概念设计环境中，除了可以创建点、线，还可以通过点和线创建面和体"形状"。

在创建面时，除了在绘制线时勾选"根据闭合的环生成表面"选项来创建面，还可以通过"创建形状"工具使同一平面或不同平面上的线生成一个平面或曲面。

在创建体时，可以将由点或线形成的"形状"轮廓、路径或轴线，通过"创建形状"工具，使之完成标准族编辑器中拉伸、融合、旋转、放样和放样融合 5 个建模命令的效果，从而创建体。

1. 不受约束的形状

通过"模型"绘制工具和"创建形状"工具而创建的形状，不依赖于其他对象。

2. 基于参照的对象

通过"参照"绘制工具和"创建形状"工具而创建的形状，依赖于其参照，当其依赖的参照发生改变时，基于参照的形状也随之变化。

6.2.1 创建面

1. 创建二维空间的平面

（1）一条线创建平面。

单击功能区"创建"→"绘制"→"模型"→"直线"按钮，选择"在面上绘制"，在"标高：标高1"工作平面任意绘制一条直线，见图 6-29。

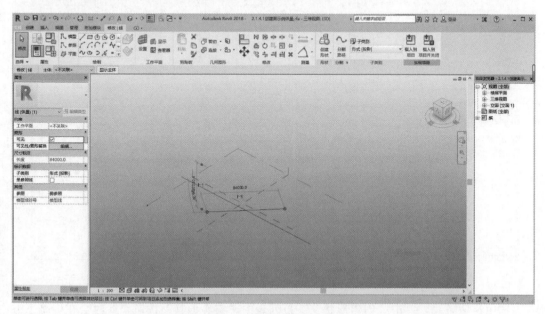

图 6-29 任意绘制一条直线

单击该直线，在"修改|线"面板中单击"形状"→"创建形状"下拉列表中"实心形状"按钮，会生成一个面，该面垂直于这条线所在的平面，见图 6-30。

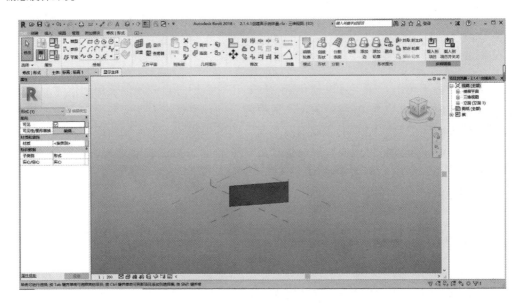

图 6 - 30　创建形状

（2）两条共面线创建平面。

两条共面线创建的平面，其线的端点会就近连接，与绘制的先后顺序没有关系。

同样的，在功能区通过"模型"→"直线"命令在"标高：标高 1"工作平面上任意绘制两条直线，见图 6 - 31。

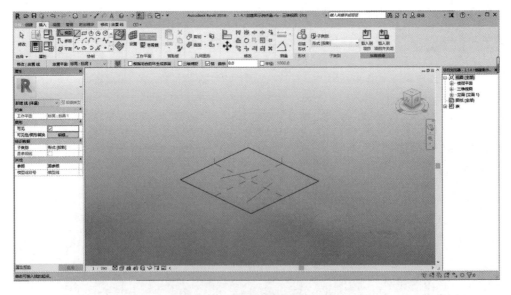

图 6 - 31　任意绘制两条直线

选中这两条线，单击"创建形状"下拉列表中"实心形状"按钮，此时会在屏幕下方出现 3 种模型样式供选择，见图 6 - 32，选择第 3 种创建一个平面。

3 条即 3 条以上共面的线创建平面，方法和（2）中的步骤一致，线与线之间点的连接依旧是就近连接。

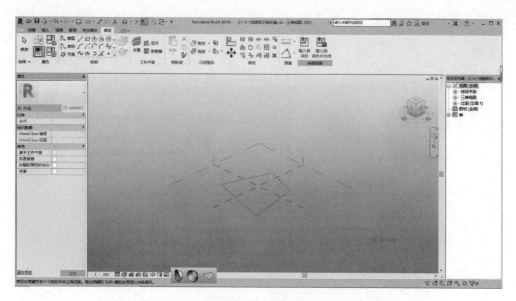

图 6 - 32　创建形状

2. 创建三维空间的表面

（1）两条不共面线创建三维空间表面。

两条不共面的线其端点连接方式依旧是就近连接。

首先在三维视图中创建一个新的标高平面"标高 2"，单击功能区中"创建"→"基准"→"标高"按钮，创建新的标高平面，见图 6 - 33。

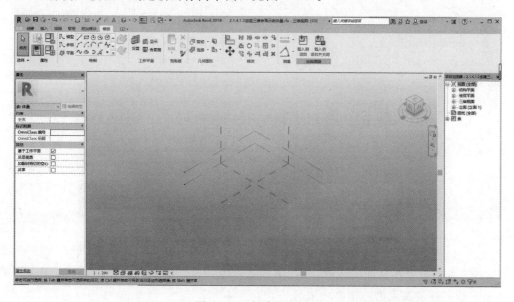

图 6 - 33　创建标高平面

分别在"标高：标高 1"平面和"标高：标高 2"平面中创建两条不共面的直线，见图 6 - 34。

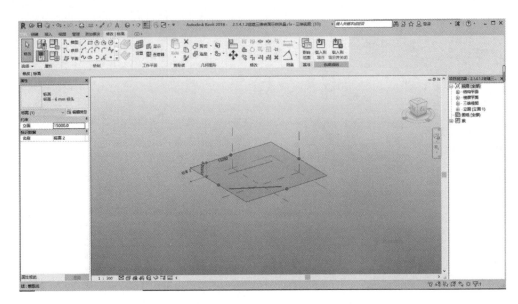

图 6-34 创建两条不共面的形状

选中这两条直线，单击"创建形状"下拉列表中"实心形状"按钮，这样就可以创建一个三维表面，见图 6-35。

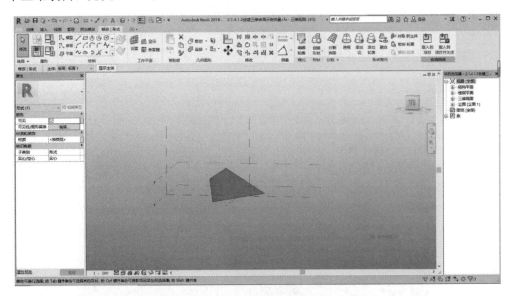

图 6-35 创建三维表面

3 条及 3 条以上不共面的线和（1）中创建步骤一样，需要在三个不同的工作平面创建 3 条直线，线的端点的连接方式依旧是就近连接。

创建"标高 3"工作平面，在"标高 1"和"标高 2"以及"标高 3"中各画一条相互不共面的线，见图 6-36。

同时选中这 3 条直线，创建实心形状，见图 6-37。

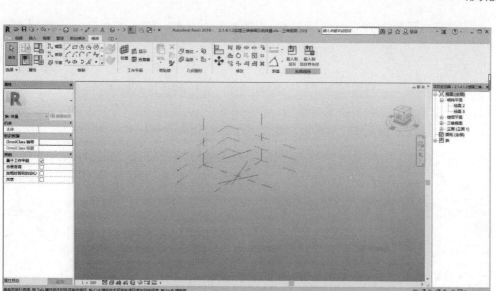

图 6 - 36 创建三条互不共面的线

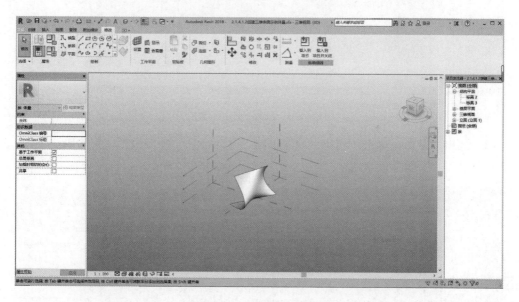

图 6 - 37 创建实心形状

6.2.2 创建实心体

在概念设计环境中，会根据用户提供的图形来判断生成三维模型，其生成方式与标准族编辑器类似，通过拉伸、融合、旋转、放样和放样融合 5 种命令创建三维形体。虽然在概念设计环境中没有这 5 种相应的按钮，但是，它可以将由点或线形成的"形状"轮廓、路径或轴线，通过"创建形状"工具，使之完成标准族编辑器中拉伸、融合、旋转、放样和放样融合 5 个建模命令的效果，从而创建体。

以下将着重讲解如何在概念设计环境中创建轮廓和路径来达到这 5 种建模命令的效果。

1. 拉伸

要产生拉伸效果，只需要提供一个轮廓即可，它的路径由系统自动定义。只要在绘图区域绘制一个环或者面就可以被拉伸为一个体。

（1）在"标高：标高 1"平面上，绘制一个矩形轮廓，见图 6－38。

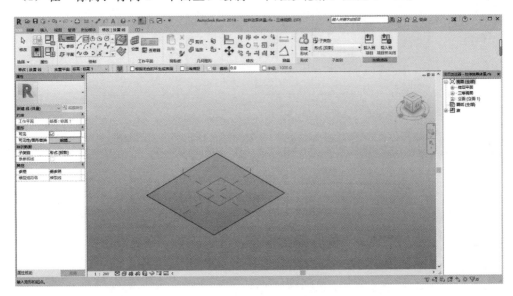

图 6－38　绘制一个矩形轮廓

（2）选中该矩形，单击"创建形状"按钮，系统会自动将矩形轮廓拉伸成一个体，见图 6－39。

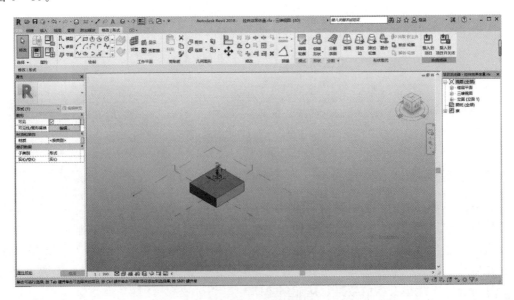

图 6－39　创建形状

2. 融合

要产生融合效果，需要一个或多个轮廓图形，它的路径由系统根据被融合图形的几何中心自动定义。

（1）线与环的融合。

1）在"标高：标高1"平面上，绘制一个圆形轮廓；在"标高：标高2"平面上绘制一条直线，见图6-40。

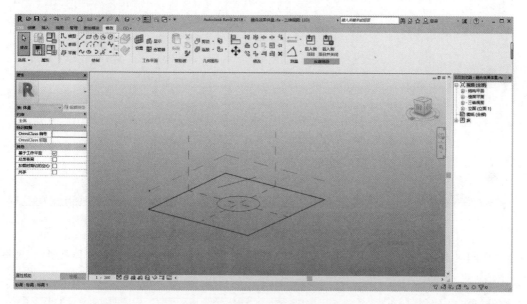

图6-40 绘制一个圆形轮廓和直线

2）同时选中圆轮廓和线，通过"创建形状"功能，会创建出一个体，见图6-41。

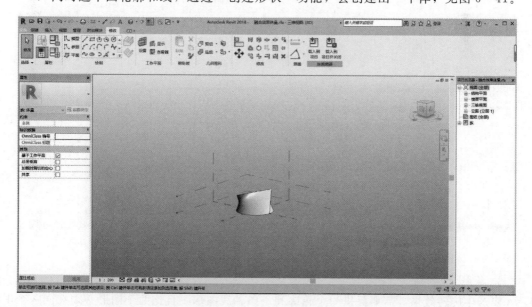

图6-41 创建形状

（2）两个环之间的融合。

1）在标高1和标高2平面分别绘制两个圆形轮廓，见图6-42。

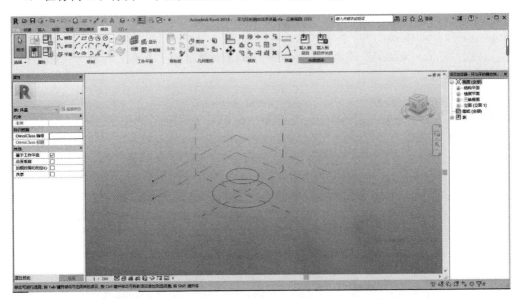

图6-42　绘制两个圆形轮廓

2）同时选中这两个圆轮廓，单击"创建形状"按钮，会产生一个立体图形，见图6-43。

图6-43　创建形状

3. 旋转

要产生旋转效果，需要提供一个轮廓和一条轴线图形，且这两个图形必须在同一个平面内。

(1) 一个轮廓和一条轴线。

1) 在"参照平面:中心(前/后)"平面内,任意绘制一个圆形形状和一条直线,见图 6-44。

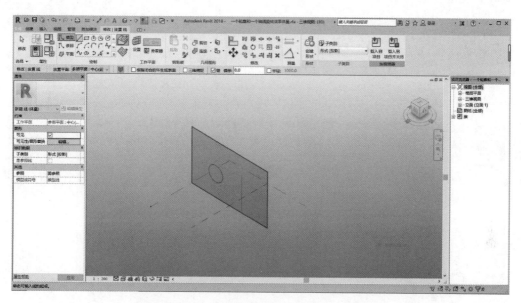

图 6-44 绘制共面的一个圆形和一条直线

2) 同时选中这个圆和直线,单击"创建形状"按钮,见图 6-45。

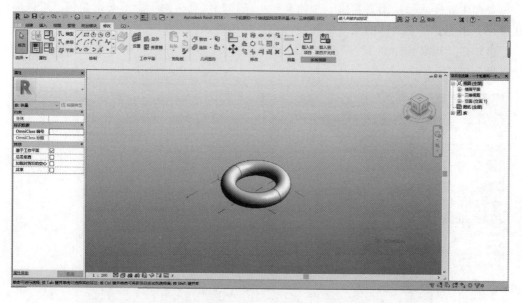

图 6-45 创建形状

(2) 只有一个轮廓。

如果只绘制一个轮廓,在某些情况下也可以产生旋转效果,例如在绘图区域只绘制一个圆,选中这个圆,单击"创建形状"按钮,系统会将这个圆的中心线作为轴线执行"旋转"命令。

在"参照平面：中心（前/后）"平面内，绘制一个圆，然后创建实心形状，会形成一个球体，见图6-46。

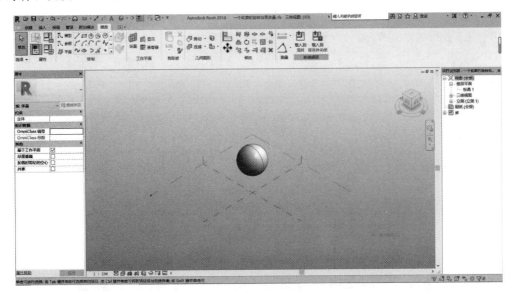

图6-46　只绘制一个轮廓创建的形状

4. 放样

要产生放样效果，需要提供一个轮廓和一条路径，且这两个图形必须相切。可以通过在路径上添加"基于主体的点"来寻找与路径相切的面。

（1）在"标高：标高1"平面上通过"样条曲线"命令任意绘制一根曲线，该曲线就是路径，见图6-47。

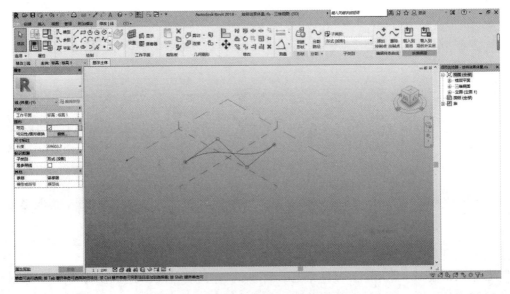

图6-47　任意绘制一条曲线

（2）在样条曲线上添加"基于主体的点"，然后再"基于主体的点"所在平面上绘制一个圆形形状，该圆形就是轮廓，见图 6-48。

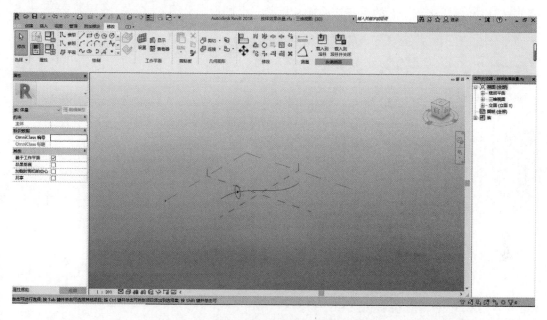

图 6-48 绘制圆形形状

（3）同时选中圆和样条曲线，单击"创建形状"按钮，见图 6-49。

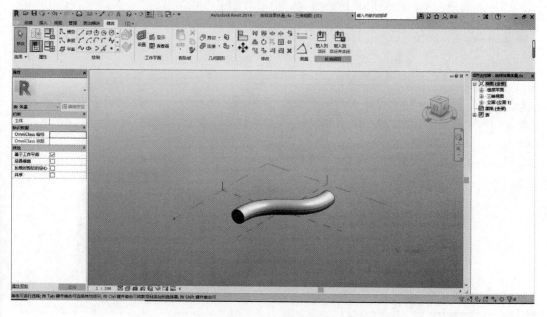

图 6-49 创建形状

5. 放样融合

与放样类似，要产生放样融合效果需要提供轮廓和一条路径图形。不同点在于，在放样融合中可以满足多个不同轮廓的放样。

（1）在"标高：标高1"平面中绘制一条样条曲线，然后在曲线上绘制三个"基于主体的点"，分别在这三个点的所在平面任意绘制三个圆形，见图 6-50。

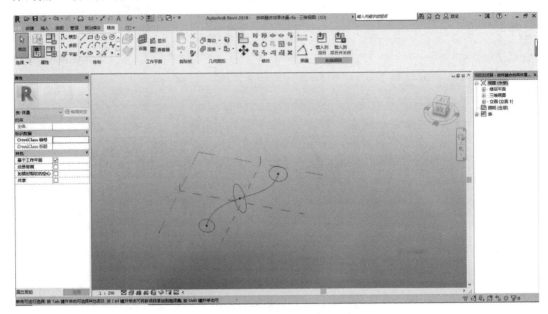

图 6-50　绘制一条曲线和三个圆形

（2）同时选中这三个圆形和样条曲线，单击"创建形状"按钮，见图 6-51。

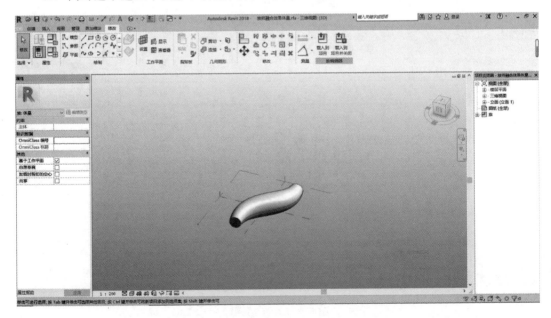

图 6-51　创建形状

注：以上创建实心体形状均是通过"模型"命令创建的，而通过"参照"命令的创建

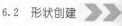
方法与其一致,不同点在于通过"参照"创建的形状,其原有的轮廓和路径不会被消耗掉,如果把实体删除了,原有的轮廓和路径依旧存在。并且通过"参照"创建的形状可以像标准族编辑器那样添加参数控制。

6.2.3 创建空心体

创建空心体形状的方法有两种:①"创建形状"下拉列表中的"空心形状"按钮,通过这个按钮可以创建空心体,其创建的方法和创建实心体一致。②实心和空心的转换,单击实心模型,在"属性"选项板的"实心/空心"参数下列表中选择"空心"选项,见图6-52。

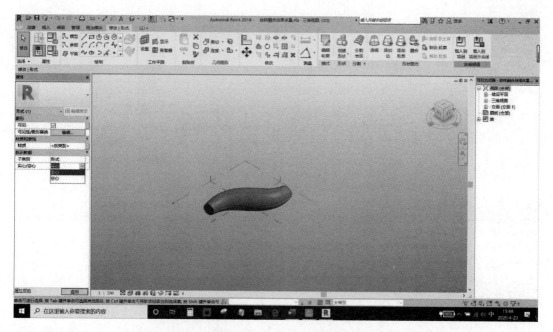

图 6-52 创建空心形状

6.2.4 "注释"选项卡

区别于标准族编辑器,概念设计环境中的功能区中没有"注释"选项卡,用户不能在族文件中直接添加"符号线""遮罩区域""文字"等二维图元,也不能载入"详图构件"和"注释"族文件。而"尺寸标注"面板则被纳入"创建"选项卡中,见图6-53。

图 6-53 "注释"选项卡

6.2.5　三维透视图

概念设计环境除了提供普通的三维视图（轴测效果）外，还默认设置了一种三维透视视图"三维视图 1"。双击"项目浏览器"中"视图"→"三维视图"→"三维视图 1"。在此视图中，可以观察到模型的透视效果，见图 6-54。

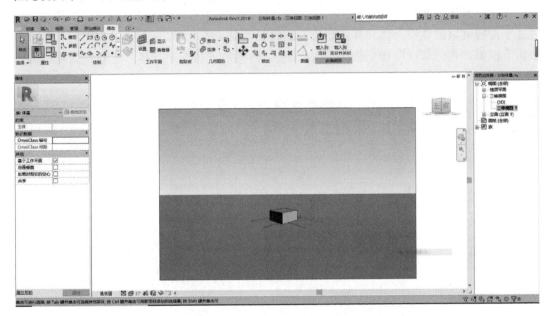

图 6-54　三维透视效果图

6.3　修改形状

在标准族编辑器中，对于模型的修改只局限在对整个模型体的修改。而在概念设计环境中，可以在三维视图中，对一个表面、一条线，甚至是一个点进行修改。

6.3.1　选择形状

在概念设计环境中，可以将鼠标移至形状周边，通过按 Tab 键切换选择形状上的任何边、表面或顶点，甚至是整个形状整体。

6.3.2　操纵形状

1. 无约束操纵形状

（1）通过三维控件操纵形状。

形状上点、线、面位置变化的驱动主要是通过三维控件来操纵的，该控件也能显示在选定的独立面上，见图 6-55。

拖动该控件，可以沿局部或全局坐标系所定义的轴（X、Y、Z 轴）或平面（XY、YZ、XZ 平面）进行拖动，从而直接操纵形状，见表 6-3。选择图元后默认的三维控件

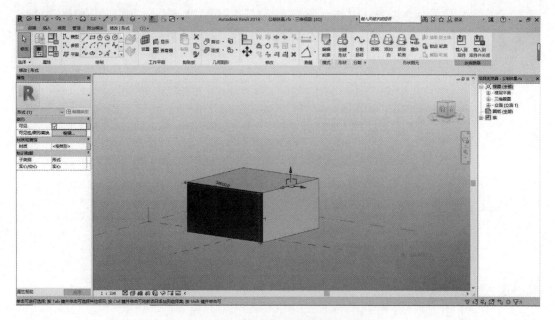

图 6-55 通过三维控件操纵形状

坐标为全局坐标系，如果要切换到局部坐标系，可以按空格键。

表 6-3   控件表示拖动对象的位置

编号	使用的控件	拖动对象的位置
1	蓝色箭头	沿全局坐标系 Z 轴
2	红色箭头	沿全局坐标系 Y 轴
3	绿色箭头	沿全局坐标系 X 轴
4	蓝色平面控件	在 Z 平面中
5	红色平面控件	在 Y 平面中
6	绿色平面控件	在 X 平面中
7	橙色箭头	沿局部坐标轴
8	橙色平面控件	在局部平面中

1）全局坐标系。形状的全局坐标系基于 view cube 的东、南、西、北 4 个坐标。

2）局部坐标系。当形状发生重定向与全局坐标系有不同的关系时，即当所选形状不位于正东、南、西、北 4 个方向，此时选中的形状其三维控件的坐标系将切换到局部坐标系。在局部坐标系中，X 和 Y 箭头将以橙色显示，但由于全局 Z 坐标值保持不变，因此 Z 箭头仍为蓝色显示，见图 6-56。

（2）通过临时尺寸操纵形状。

单击选择形状上的表面、边或点，在绘图区域中会出现临时尺寸。修改临时尺寸也可以达到操纵形状的目的。

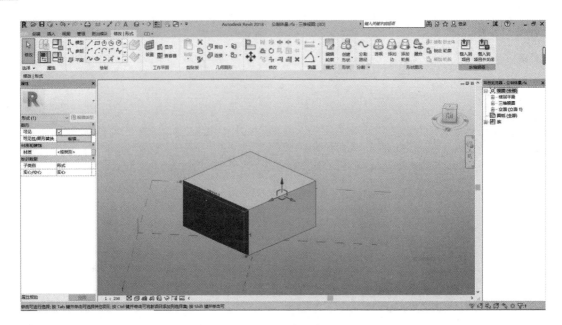

图 6-56　局部坐标系

2. 通过参照平面操纵形状

单击选择形状上的表面、边或点，出现三维控件后，拖动三维控件使图元向参照平面靠近。当所选形状上的图元与参照平面同处于一个平面时，参照平面会高亮显示并出现"开锁"图标，点击该图标可以将图元锁定在参照平面上，这样图元和参照平面就会产生联动关系，见图 6-57。

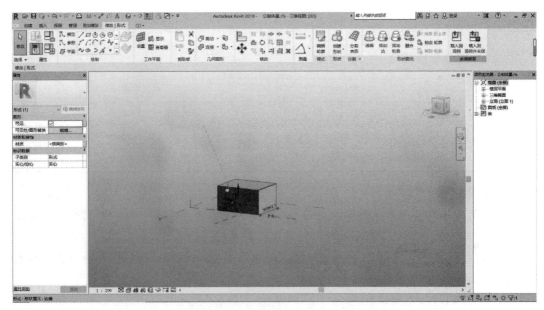

图 6-57　通过参照平面操纵形状

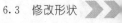

6.3.3 删除形状图元

1. 删除顶点

删除形状上的顶点后，所有以此点为端点的边将消失，系统将这些边上的另一个端点与就近边的顶点相连，形成另外的边，见图 6-58。

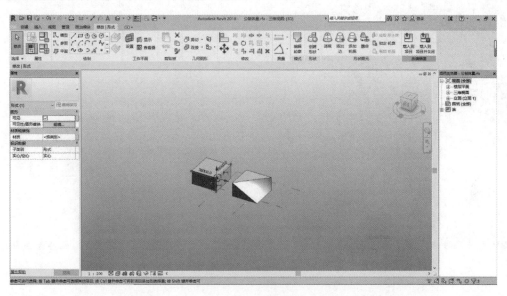

图 6-58 删除顶点

2. 删除边

删除形状上的边后，所有以此线为边的面将消失，系统将这些面上和被删除边上的端点不发生关系的边与就近面的边相连，形成另外的面，见图 6-59。

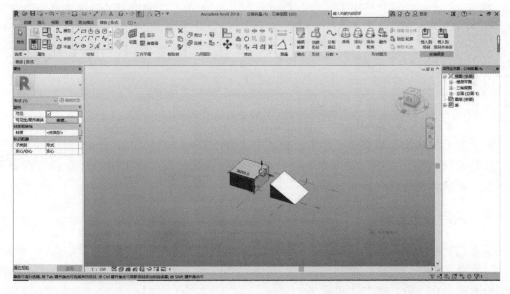

图 6-59 删除边

3. 删除表面

删除形状上的面后，所有以此面作为构成面的体将消失，见图6-60。

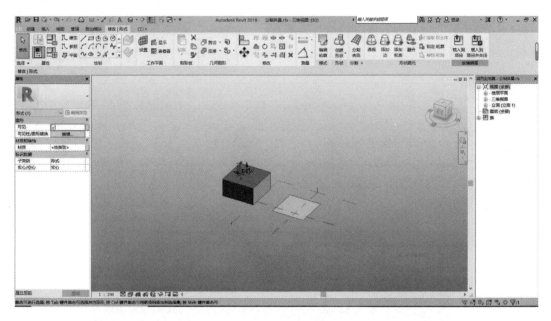

图6-60　删除表面

6.3.4　用实心形状剪切实心形状

概念设计环境的布尔运算工具与标准族编辑器的基本相似，包括连接和剪切，见图6-61。

图6-61　连接和剪切工具

两个实心形状相互剪切时，单击功能区中"修改"→"几何图形"→"剪切"下拉列表"剪切几何图形"按钮。先选择要被剪切的实心形状，再选择用来进行剪切的实心形状。实心形状将相应进行剪切，见图6-62。

6.3.5　通用修改工具

概念设计环境中的图元修改工具与标准族编辑器的基本相似，包括三维对齐、修剪、延伸、拆分、偏移、移动、旋转、复制、镜像、阵列等，见图6-63。其操作方式与标准族编辑器的操作一致，本节不再重述。

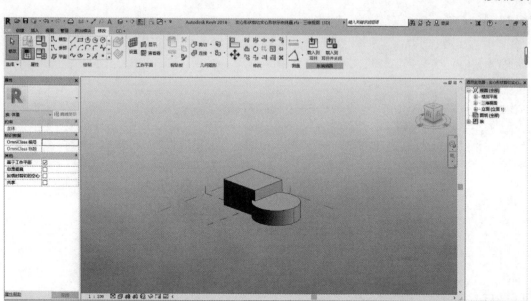

图 6-62 剪切几何图形

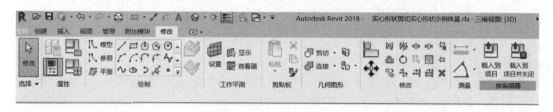

图 6-63 通用修改工具

6.3.6 特殊修改工具

在概念设计环境中，除了可以通过三维控件来直接修改形状，还可以通过一些特殊修改工具。单击选中需要修改的图元后，在"修改丨形式"面板中会出现编辑轮廓、透视、添加边、添加轮廓等功能按钮，见图 6-64。这些不同的功能按钮可以对图元进行特殊形式的修改，本节将逐一讲述。

图 6-64 特殊修改工具

1. 编辑轮廓

单击选择形状，然后单击功能区中"修改丨形式"→"模式"→"编辑轮廓"按钮，将鼠标移至绘图区域，选择一个基于形状的轮廓，进入修改环境，见图 6-65。修改完成后，单击"完成编辑模式"按钮，退出编辑模式。

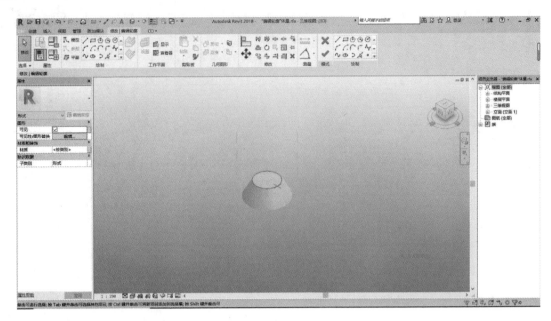

图 6-65　编辑轮廓

2. 透视

单击选择形状，然后单击功能区中"修改｜形式"→"形状图元"→"透视"按钮，该命令可以显示所选形状的基本几何骨架，见图 6-66。在该模式中，表面是透明的，可以更直接地与组成形状的各图元交互，有助于了解形状的构造方式或者对形状图元的某个特定部分进行操纵。并且透视模式只能对一个对象起作用，对一个对象使用"透视"命令后，如果再对另一个对象使用"透视"命令，就会自动关闭之前一个对象的透视模式。

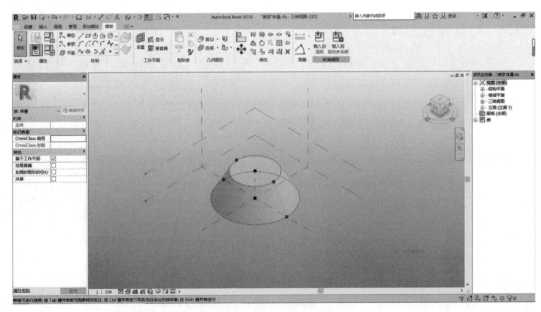

图 6-66　透视

启用透视模式后，它会显示用于创建形状的轮廓、显示和隐式路径、形状轴及控制节点。

（1）显示轮廓。

用紫色实线表示为定义拉伸、融合、旋转、放样和放样融合的形状而绘制的图形。

（2）显示和隐式路径。

显示路径是用黑色实线表示为定义放样和放样融合的形状而绘制的路径线。隐式路径是用黑色虚线表示系统为构造拉伸和融合的路径线。其区别就在于前者是用户通过绘制或选择已有图形明确定义的，而后者是系统自动定义的。

（3）显示形状轴。

显示形状轴是用黑色实线表示为定义旋转的形状而绘制的轴线。

（4）控制节点。

用黑色点显示系统在承载各轮廓的路径上创建的点。

（5）轮廓节点。

用紫色点显示构成轮廓的点。

（6）操纵形状。

在透视模式下操纵形状的方式与非透视模式下的相同，通过三维控件来调整形状点、线、面的位置。也可以在透视模式中选择和删除轮廓、边和顶点。

3. 添加边

单击选择一个形状，单击功能区"修改｜形式"→"形状图元"→"添加边"按钮，用于在形状的表面上添加边，所添加的边沿拉伸或旋转方向。"添加边"命令完成后，在"透视"模式下，形状的所有轮廓上将增加一个紫色的轮廓节点，见图 6-67。

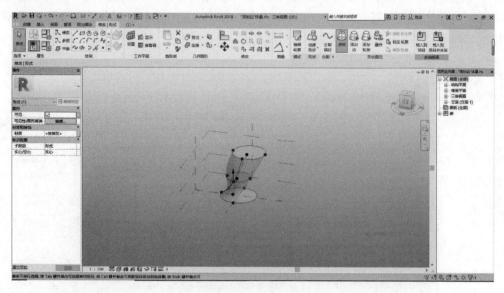

图 6-67 添加边

4. 添加轮廓

单击选择一个形状，单击功能区中"修改｜形式"→"形状图元"→"添加轮廓"按钮，用于向形状图元中添加轮廓，而所添加的轮廓只能相切于生成这个形状的路径，包括用户自定义的和系统定义的。"添加轮廓"命令完成后，在"透视"模式下，除了被添加的轮廓上将出现轮廓节点外，形状轴上也将增加一个黑色的控制节点，见图 6-68。

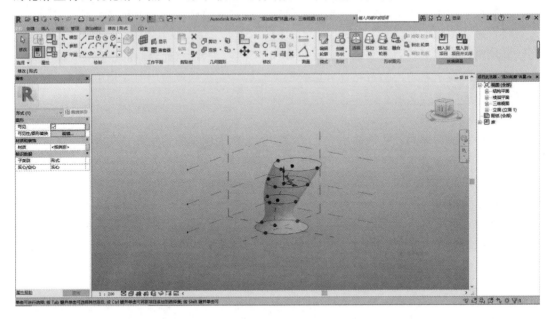

图 6-68　添加轮廓

5．融合

单击选择形状，然后单击功能区中"修改｜形状图元"→"形状图元"→"融合"按钮，可以将形状融合到其底层的可编辑曲线中。简单地说，就是使形状恢复到未形成形状的轮廓、路径或轴线，见图 6-69。

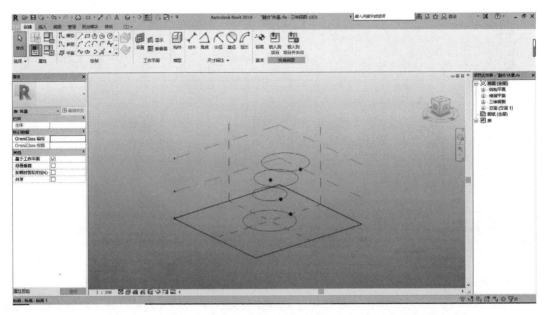

图 6-69　融合

6. 锁定轮廓

通过锁定轮廓功能，可以锁定形状的其中一个轮廓，而其他轮廓将全部采用被锁定的轮廓样式。形状的路径垂直于被锁定轮廓的平面，相当于将被锁定轮廓做拉伸处理的效果。且在锁定状态下，不能使用"添加轮廓"功能。

（1）选择一个形状，在锁定轮廓前其"透视"模式下的形状见图 6-70。

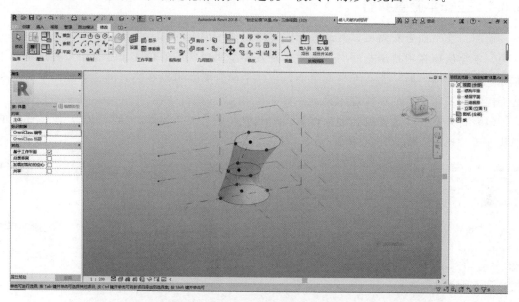

图 6-70 "透视"模式下的形状

（2）单击选择其中一个轮廓，单击功能区中"修改 | 形式"→"形状图元"→"锁定轮廓"按钮，见图 6-71。

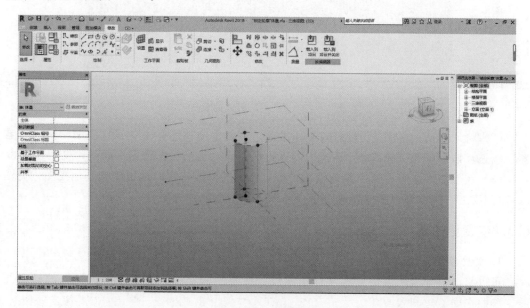

图 6-71 锁定轮廓

7. 解锁轮廓

单击选择之前已经锁定轮廓的形状，单击功能区中"修改｜形式"→"形状图元"→"解锁轮廓"按钮，取消锁定形状轮廓，则可以恢复添加轮廓功能，但不能恢复之前的形状。

6.3.7　工作平面查看器

使用工作平面查看器可以修改概念模型中工作平面上的图元。这是一个临时性的二位视图，不会保留在项目浏览器中。它对于观察和编辑形状中的轮廓非常有用，特别是基于非标准的东、南、西、北4个坐标平面，工作平面查看器可以在临时的二维视图中显示所选工作平面或轮廓上的正投影图元。

（1）打开文件"放样融合效果体量"中"放样融合效果体量.rfa"文件，使文件中的形状处于"透视"模式，见图6-72。

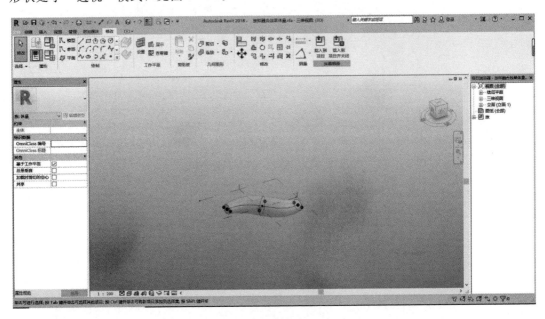

图6-72　"透视"模式的形状

（2）将"标高：标高1"设置成工作平面，然后单击功能区中"工作平面"→"查看器"按钮，该形状在"标高1"平面中的正投影图像会显示在查看器平面上，见图6-73。

（3）在工作平面查看器中修改编辑模型，所做的修改将实时地更新到其他视图，见图6-74。反之，在三维视图中做修改也会反馈到工作平面查看器中。

6.3.8　变更主体

1. 变更参照点主体

可以将已放置参照点的主体从样条曲线、参照平面、边和表面变更为其他的样条曲线、参照平面、边和表面。

（1）为"基于主体的点"变更主体。

1）打开文件“'变更主体'体量”中的“'变更参照点主体'示例体量.rfa”文件，在“标高：标高1”工作平面中绘制了两条“通过点的样条曲线”，见图6-75。

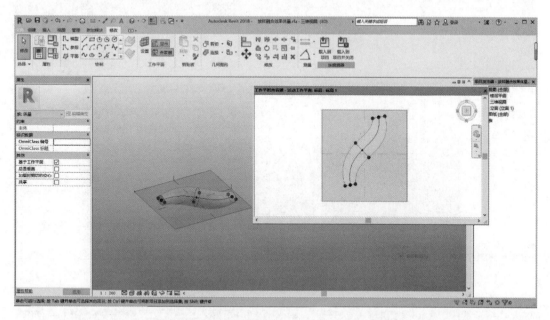

图6-73 形状在“标高1”平面中的正投影图像

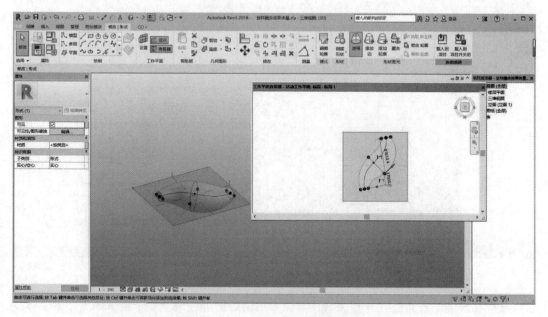

图6-74 修改实时更新到其他视图

2）在第一条曲线上添加一个“基于主体的点”，并在该点的所在平面上绘制一条“通过点的样条曲线”，见图6-76。

3）选中该“基于主体的点”，单击“修改｜参照点”→“主体”→“拾取新主体”按

501

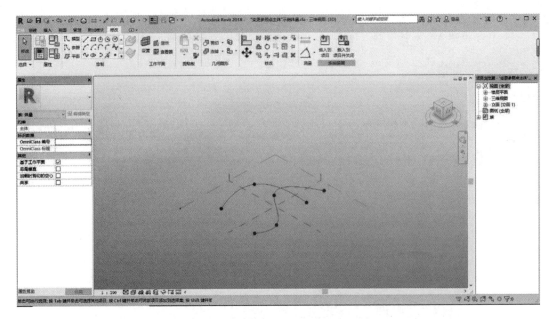

图 6-75　绘制两条"通过点的样条曲线"

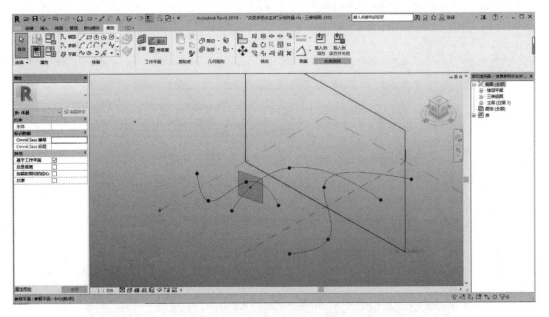

图 6-76　添加点并绘制曲线

钮，鼠标移至第二条曲线，并在曲线任意位置单击，即可完成"基于主体的点"的主体变更，该参照点在新的曲线主体上依旧是"基于主体的点"，见图 6-77。

（2）变更"驱动点"的主体。

1）利用（1）中步骤 2）绘制的图元，选中第一条曲线上的任意一个"驱动点"，见图 6-78。

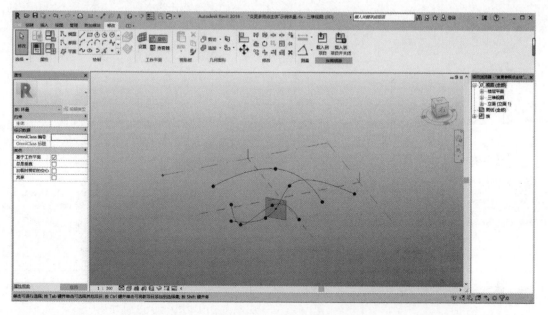

图 6-77　主体变更

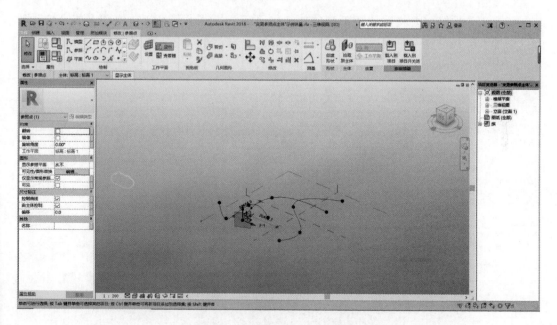

图 6-78　绘制曲线与"驱动点"

2）将该"驱动点"变更主体到第二条曲线上，见图 6-79。

3）该"驱动点"变更主体后，在新主体曲线中变成了"基于主体的点"。

2. 变更形状主体

变更形状主体是变更绘制原有形状的工作平面，例如在"标高：标高 1"平面中绘制一个形状，则可以将该形状的工作平面"标高：标高 1"变更为其他工作平面。

503

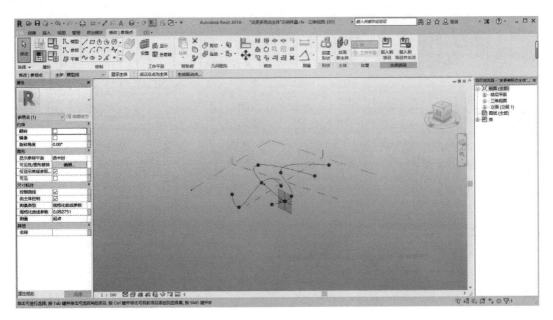

图 6-79　变更主体

（1）首先设置需要将形状变更到的新工作平面，如"参照平面：中心（前/后）"平面，见图 6-80。

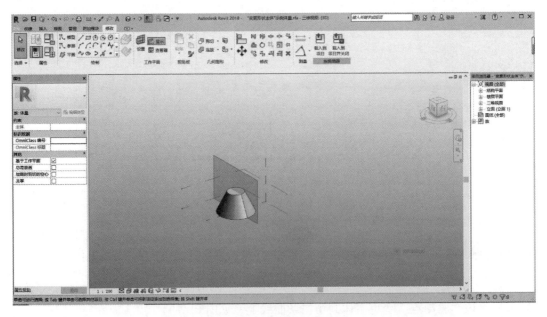

图 6-80　设置新的工作平面

（2）单击选择该形状整体，然后单击"修改丨形式"→"形状图元"→"拾取新主体"按钮，然后在"参照平面：中心（前/后）"平面中任意位置单击即可完成形状主体的变更，见图 6-81。

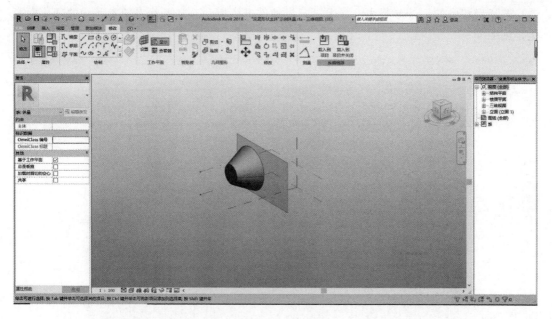

图 6-81 主体变更

6.3.9 修改基于参照的形状

对于不受约束的形状，在修改时可以直接编辑边、表面和顶点。而对于基于参照的形状，即通过"参照"命令绘制的形状，只能通过编辑参照图元来进行修改。例如，通过"参照"命令在"标高：标高1"平面上绘制一个矩形，并通过"创建形状"命令创建一个体，见图 6-82。

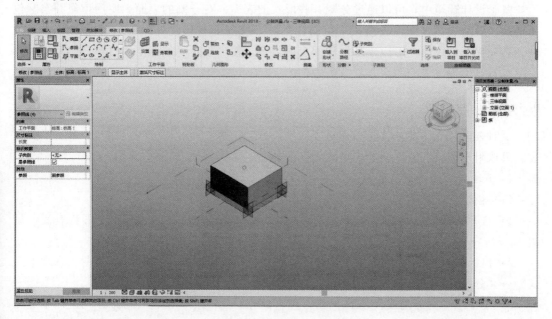

图 6-82 创建一个体

选择形状中的一条参照线，并通过三维控件进行拖动，则形状将随参照线的变化而变化，见图 6 - 83。

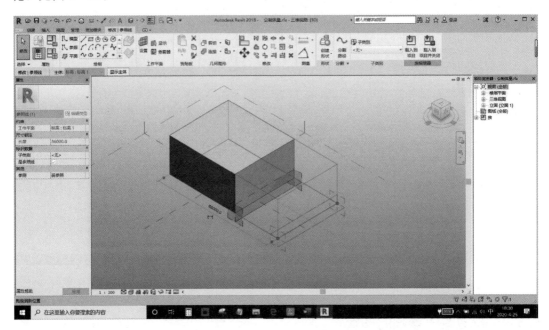

图 6 - 83　形状随参照线变化而变化

6.4　有理化处理表面

概念设计环境中，可以通过分割一些形状的表面并在分割的表面中应用填充图案，包括平面、规则表面、旋转表面和二重曲面等，来将表面有理化处理为参数化的可构建构件。有理化处理表面，可以丰富形状的表面形态，使之满足建筑外立面对于玻璃幕墙和其他赋有重复机理效果的要求。

6.4.1　分割表面

要对表面填充图案，首先必须对表面进行分割处理。通过"分割表面"工具新形成的表面只依附于形状，而不会取代形状本身的表面。

1. 通过 UV 网格分割表面

（1）创建 UV 网格。

1）打开"分割表面示例体量 . rfa"文件，可以看到在绘图区域有一个形状表面，见图 6 - 84。

2）鼠标移至该形状附近，按 Tab 键切换并选择整个表面，单击功能区中"修改｜形式"→"分割"→"分割表面"按钮，见图 6 - 85。

3）图中水平向分割线代表 U 网格，竖直向分割线代表 V 网格，可以在功能区中关闭和开启 UV 网格命令。

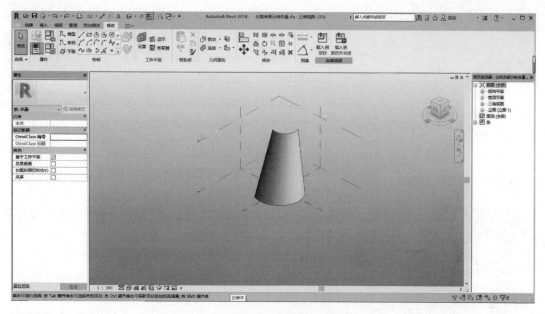

图 6 - 84 形状表面

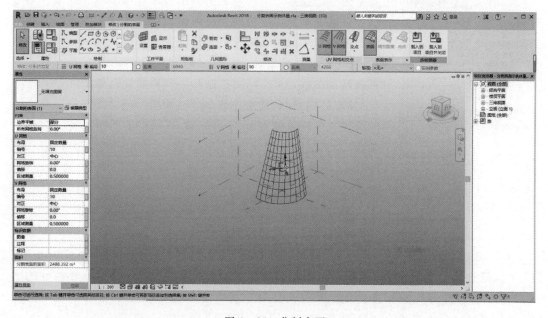

图 6 - 85 分割表面

（2）通过选项栏调整 UV 网格。

表面可以按分割数或分割之间距离进行分割。选择分割表面后，选项栏上会显示用于 U 网格和 V 网格的设置，见图 6 - 86。这些内容可以彼此独立地进行设置。

1）按分割数分布网格。选择"编号"选项，输入将沿表面平均分布的分割数。

2）按分割之间距离分布网格。选择"距离"选项，输入沿分割表面分布的网格之间

图 6-86　通过选项栏调整 UV 网格

的距离。"距离"下拉列表中除"距离"外，还有"最大距离"和"最小距离"选项。

"距离"代表的是固定距离，与实际分割的距离值一致。"最大距离"和"最小距离"指定了距离的上限和下限，实际被分割的距离不一定等于这个值，而只要满足这个范围即可。当指定了最大距离或最小距离后，将确定这个范围内的最多或最少分割数；然后根据分割数最终确定网格距离值，每个网格的距离值相等。

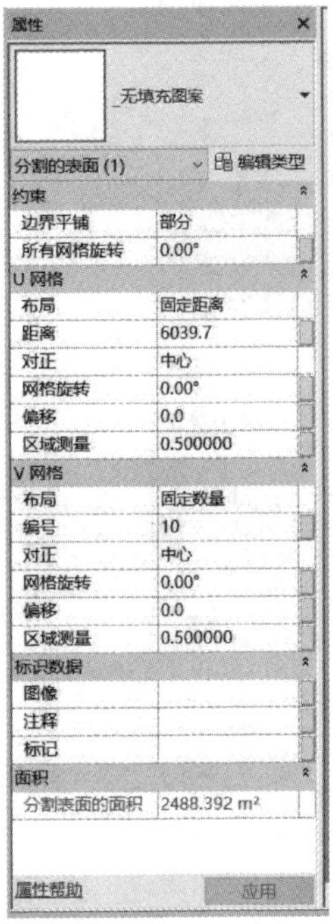

（3）通过"属性"选项板调整 UV 网格。

单击选择分割表面，其属性参数值会在属性面板中显示，见图 6-87。

通过 UV 网格分割表面后，其默认为"无填充图案"，在其"类型选择器"下拉列表中系统自带了很多填充图案，当然也可以通过填充图案构件族载入图案构件。填充图案的属性和运用将在 6.4.2 和 6.4.3 中着重讲述。

1）所有网格旋转。修改"限制条件"列表下的"所有网格旋转"参数，可以同时控制 UV 网格的旋转角度。

2）U 网格/V 网格。修改"U 网格"或"V 网格"列表下的参数，可以单独控制 U 网格或 V 网格的间距单位（"布局"参数）、固定分割数（"编号"参数）、固定分割距离（"距离"参数）、网格位置（"对正"参数）及旋转角度（"网格旋转"参数）。

图 6-87　通过"属性"
选项板调整 UV 网格

3）面积。在"面积"列表下"分割表面的面积"参数中，可以读取被分割表面的面积数据，但不能做修改。

（4）通过"面管理器"调整 UV 网格。

"面管理器"是一种编辑模式，可以在选择分割表面后，通过在三维组合小控件的中心单击"面管理器"图标来访问。单击后，UV 网格编辑控件即显示在表面上，见图 6-88。通过"面管理器"，也可以调整 UV 网格的间距、旋转和网格定位等。

1）修改分割数。单击编辑界面中"♯"符号后面的数字即可修改"U 网格"或"V 网格"分割数，其功能与"属性"面板的功能一致。

2）修改分割距离。单击"距离"选项后面的数字即可修改"U 网格"或"V 网格"的分割间距。

3）旋转 UV 网格。单击表面形状中心的角度数值可以同时修改 UV 网格的旋转角度，单击图形正上方的角度数值可以单独修改 V 网格旋转角度；单击图形右侧角度数值

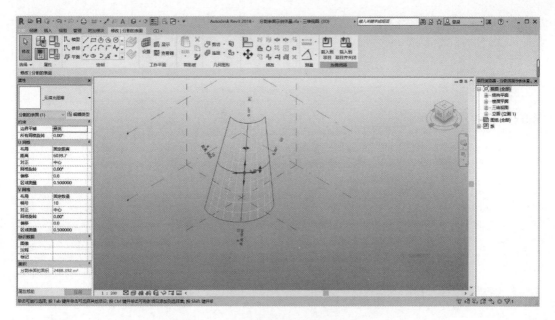

图 6-88　通过"面管理器"调整 UV 网格

可以单独修改 U 网格旋转角度。

2. 通过相交分割表面

除了通过 UV 网格来分割表面，也可以使用相交的三维标高、参照线、参照平面和参照平面上所绘制的模型线来分割表面。这种分割方式与 UV 网格分割表面的不同在于，使用 UV 网格可以为网格距离或分割数关联一个参数控制参变；而使用相交分割方式，则不具备这样的功能。

（1）使用三维标高和参照平面来分割表面。

1）打开"通过三维标高和参照平面分割表面示例体量 . rfa"文件，在绘图区域任意创建几个三维标高和参照平面，见图 6-89。

2）单击选中形状表面，单击功能区中"修改｜形式"→"分割"→"分割表面"按钮。

3）单击功能区中"修改｜分割的表面"→"UV 网格和交点"→"交点"或下拉列表中的"交点列表"按钮。单击"交点"后，会进入选择用来分割表面的三维标高和参照平面的界面，而单击"交点列表"按钮后，会弹出"相交命名的参照"对话框，用来选择三维标高和参照平面，其效果与"交点"命令一致。

4）通过"交点"命令选择刚才绘制的三维标高和参照平面，单击"完成"按钮，该形状表面将被所选三维标高和参照平面分割，同时关闭 U 网格和 V 网格的分割功能，见图 6-90。

（2）使用模型线或参照线来分割表面。

通过模型线或参照线来分割表面功能一致，以下以模型线为例讲解如何通过模型线来分割表面。

1）打开"通过模型线或参照线分割表面示例体量 . rfa"文件，在绘图区域任意绘制

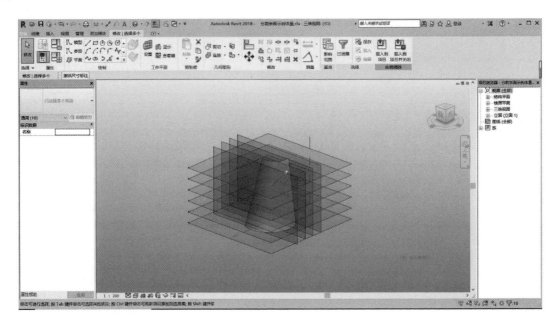

图 6-89 通过相交分割表面

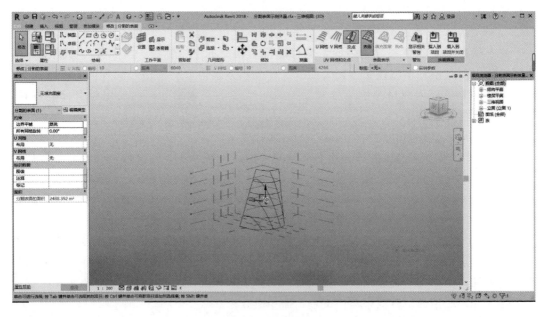

图 6-90 分割效果

几条模型线,见图 6-91。

2) 单击选中形状表面,单击功能区中"修改 | 形式"→"分割"→"分割表面"按钮。

3) 单击功能区中"修改 | 分割的表面"→"UV 网格和交点"→"交点"按钮,进入选择界面,选择绘制的所有模型线,单击"完成"按钮,见图 6-92。

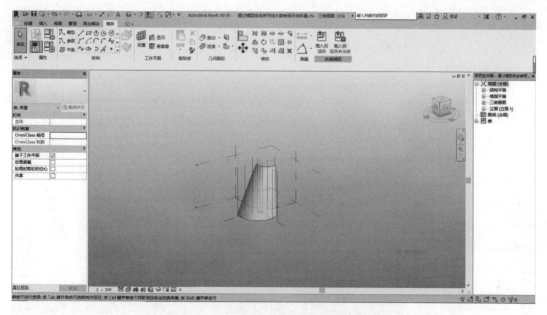

图 6-91　使用模型线或参照线来分割表面

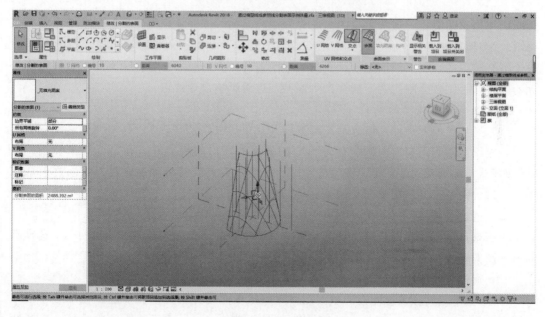

图 6-92　分割效果

6.4.2　填充图案

1. 在表面中填充图案

填充图案以族的形式存在，在应用填充图案前可以在"类型选择器"中以图形方式进行预览，见图 6-93，概念设计环境族样板文件中自带了 17 种填充图案族供选择。

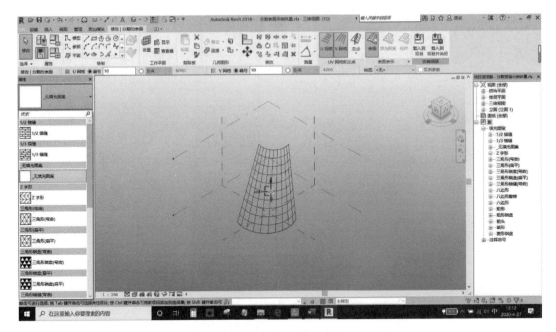

图 6-93 样板自带的填充图案族

应用填充图案后，这些填充图案成为分割表面的一部分，填充图案的每一个重复单元（即在"类型选择器"中预览看到的图案）需要特定数量的表面网格单元，而具体数量取决于填充图案的形状。因而在设计表面的分割数时，必须要考虑填充图案所需表面网格单元的因素，否则在分割比例上就会产生偏差，进而影响设计效果。

2. 修改已填充图案的表面

（1）通过"面管理器"修改填充图案属性。

填充图案的间距、方向和定位等由分割表面的网格间距、方向和定位等来控制。在"面管理器"编辑模式中，填充图案的间距、分割数以及旋转角度等修改方式同之前章节中"通过'面管理器'调整 UV 网格"中的修改方法一致。

（2）通过"属性"选项板修改填充图案样式。

单击选择分割的表面，然后从其"属性"选项板的"类型选择器"下拉列表中选择新的填充图案样式。

（3）通过"属性"选项板修改填充图案属性。

1）边界平铺。已填充图案的表面在原有形状表面边界相交部位可能存在部分不足一个填充单元的空白区域。例如，当选择表面填充图案样式为"三角形（弯曲）"，在属性"边界平铺"下拉列表中选择"空"属性。在图形表面可以看到，原有形状表面和已填充的图案在边界处存在不足一个填充单元的空白区域，见图 6-94。

当选择"部分"选项时，填充图案完全贴合分割表面边界，自动切除或补齐不足一个填充单元的部分，见图 6-95。

选择"悬挑"时，在边界处会填充整个填充单元，不会将超出边界的填充单元进行切除，而是将其悬挑出边界，见图 6-96。

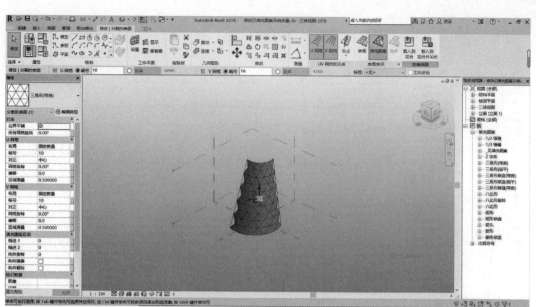

图 6-94 不足一个填充单元的空白区域

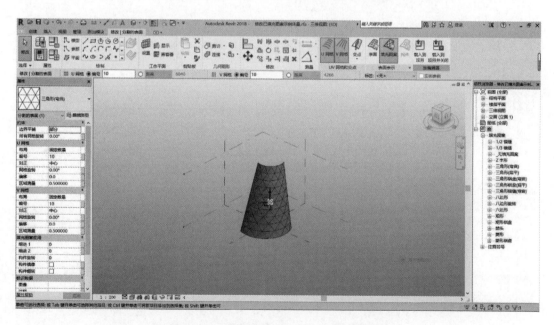

图 6-95 填充图案完全贴合分割表面边界

2）缩进系。"缩进1"是控制填充图案偏移的 V 网格分割数，"缩进2"是控制填充图案偏移的 U 网格分割数。这两个参数值必须为整数，可以是正值、负值或0。这两个参数默认值为0，当其值每增加一个或减少一个单位的值时，填充图案的填充单元会相应地偏移一个网格。

例如，先不修改"缩进1"和"缩进2"的值，使其值保持默认为0的状态，见图6-97。

513

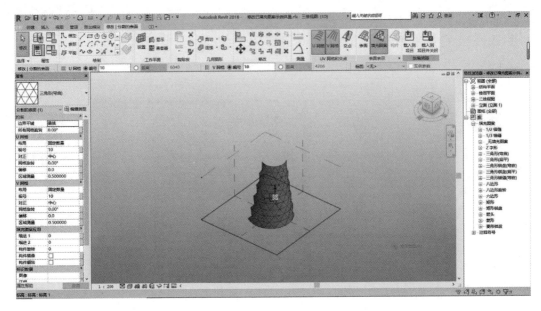

图 6-96　填充图案悬挑出边界

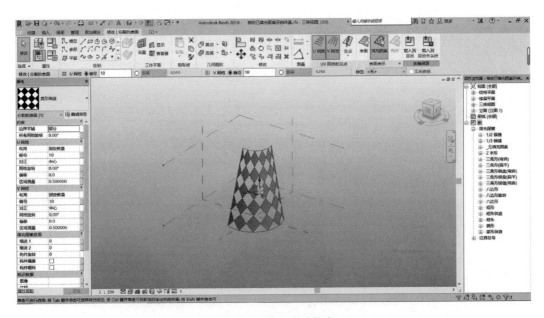

图 6-97　默认缩进状态

　　然后修改"缩进 1"的值为 1，"缩进 2"的值不变，见图 6-98。从图中可以看到，填充图案左右两个边界从原来的半个填充单元变成了一个填充单元，相当于是填充图案向右或向左平移了半个填充单元。

6.4.3　填充图案构件

　　填充图案嵌板构件是用"基于公制幕墙嵌板填充图案 . rft"或"基于填充图案的公制

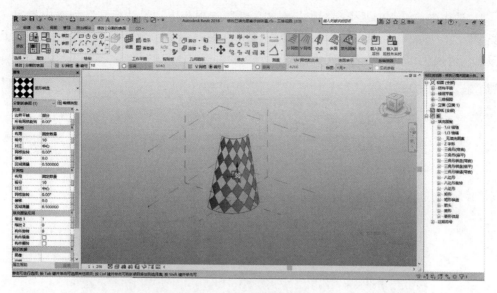

图 6-98　修改缩进值

常规模型.rft"的族样板创建的。这些构件是作为体量族的嵌套族载入概念体量族中的，并且可以应用到已分割或已填充图案的表面。以下以"基于公制幕墙嵌板填充图案.rft"为例，详细介绍填充图案构件的创建、应用以及修改。

1. 填充图案构件的创建

（1）创建嵌板框架。

1）新建族文件，选择"基于公制幕墙嵌板填充图案.rft"族样板文件。

2）单击功能区中"创建"→"绘制"→"参照"按钮，勾选选项栏上的"三维捕捉"选项，在绘图区域绘制一根参照线，见图 6-99。

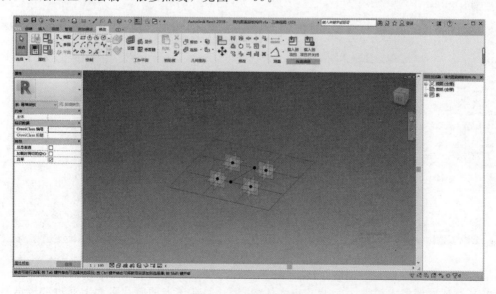

图 6-99　绘制参照线

3）选中先前绘制的两个参照点，在"属性"选项板上"尺寸标注"列表中指定"测量类型"为"规格化曲线参数"，且输入"规格化曲线参数"值为 0.5。此时参照线上的参照点位置发生相应的变化，其所在位置变更为在其主体的中点处，见图 6-100。

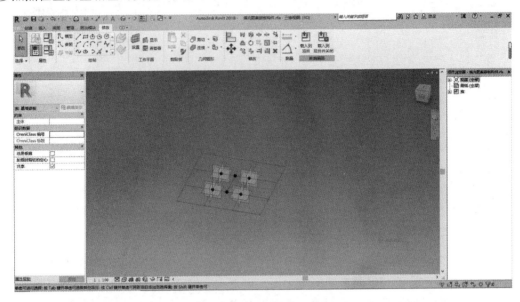

图 6-100　规格曲线化参数

4）单击"规格化曲线参数"中的"关联族参数"按钮，为其创建一个参数"位置系数"，见图 6-101。

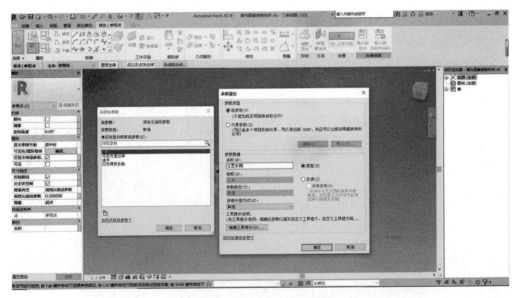

图 6-101　创建"位置系数"参数

5）在该参照线上放置一个"基于主体的点"，并在该点的所在平面上通过"模型"命令绘制一个半径为 300mm 的圆，见图 6-102。

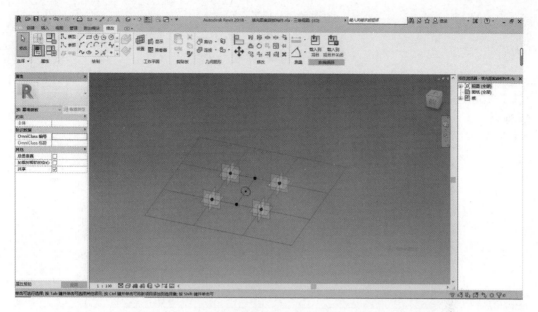

图 6-102 绘制一个半径为 300mm 的圆

6）同时选中圆和之前的参照线，单击"创建形状"按钮，见图 6-103。

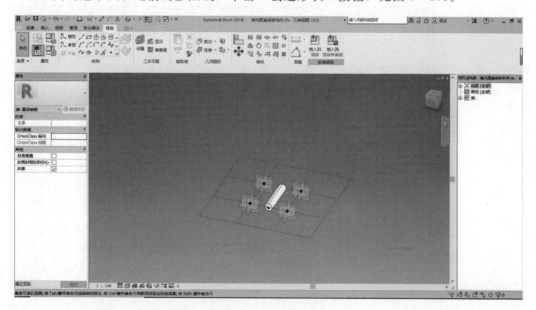

图 6-103 创建形状

7）在族样板原有的矩形参照线上用同样的方法创建半径为 300mm 的圆，并创建形状，见图 6-104。

（2）创建嵌板。

1）暂时隐藏之前创建的嵌板框架，单击选择原有的矩形参照线，单击"创建形状"按钮，创建"立方体"。创建完成后，重设临时隐藏图元，将嵌板框架取消隐藏，见图 6-105。

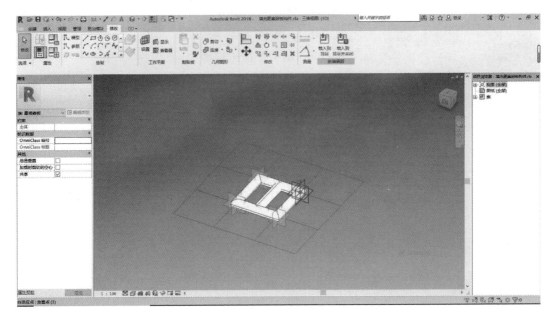

图 6 - 104　创建剩余的形状

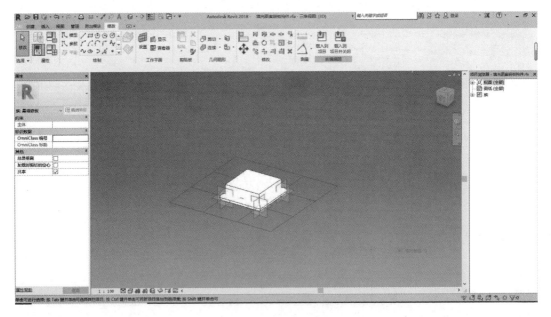

图 6 - 105　创建立方体

2）单击选择创建的立方体形状，在"属性"选项板上的"限制条件"列表中输入"正偏移"和"负偏移"参数值均为 10mm，在"材质和装饰"列表中选择"材质"参数值为"玻璃"，见图 6 - 106。

3）单击功能区中"创建"→"属性"→"族类型"按钮。打开"族类型"对话框，修改"位置系数"值为 0.75，单击"确定"，见图 6 - 107。

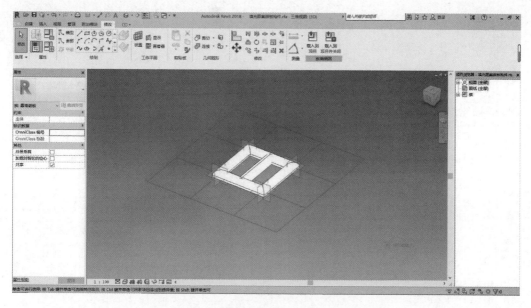

图 6-106 设置"限制条件"和"材质"参数

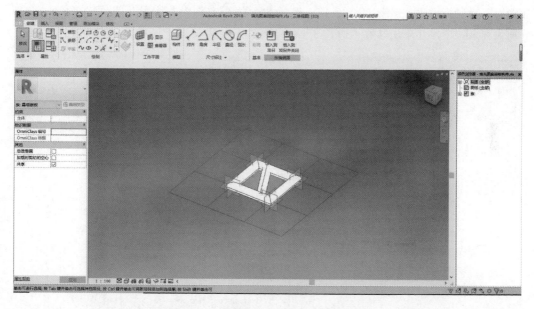

图 6-107 设置"位置系数"的参数值

（3）添加可读取边界长度的参数。

1）单击选择矩形环状形状，然后单击"透视"按钮，使形状呈现透视模式，避免之后选取图元时被干扰。

2）单击功能区中"创建"→"尺寸标注"→"对齐"按钮。分别对 4 个参照点的距离标注尺寸，见图 6-108。

3）单击选择其中一个尺寸，在功能区的"标签尺寸标注"中选择"添加参数"。在"参

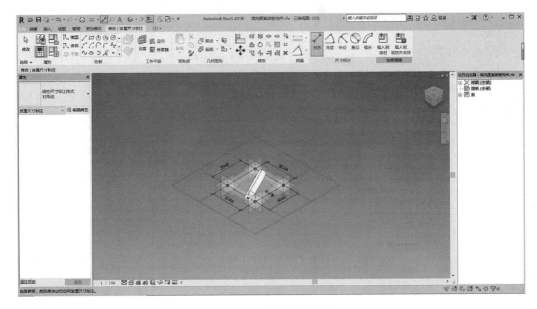

图 6 - 108　标记尺寸标注

数属性"对话框中输入名称"边长 1",设置此参数为实例报告参数,见图 6 - 109。同理,分别为其余三个尺寸添加参数"边长 2""边长 3"和"边长 4",同样设为实例报告参数。

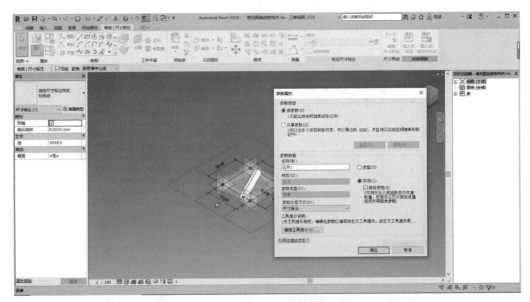

图 6 - 109　添加参数

4) 将族文件保存,命名为"填充图案嵌板构件.rfa"。

2. 填充图案构件的应用

(1) 打开"分割表面示例体量.rfa"文件,载入"填充图案嵌板构件.rfa"文件作为嵌套族。

（2）选择已分割的表面，在"类型选择器"中，选择填充图案构件族"填充图案嵌板构件＿矩形"，构件将应用到已分割的表面，见图6-110。

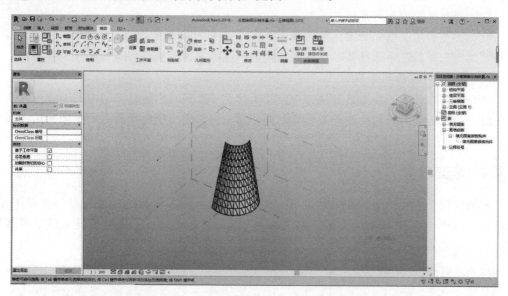

图6-110 将构件应用到已分割的表面

3. 填充图案构件的修改

（1）修改所有或部分填充图案构件。

单击应用了填充图案构件的表面后，再右键单击以选择"选择所有填充图案构件""选择所有内部构件"或"选择所有边界构件"，见图6-111，可选择所有或部分填充图案构件。选中之后，在"属性"选项板的"类型选择器"中可以更改所有或部分填充图案构件。

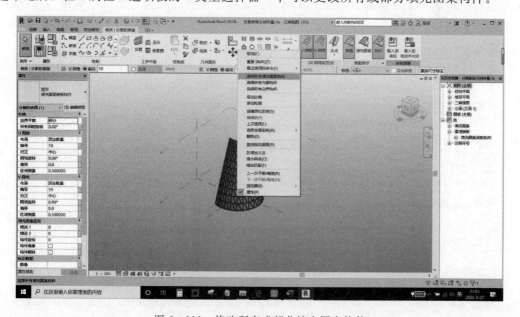

图6-111 修改所有或部分填充图案构件

此外，在填充图案构件族"属性"选项板上的"填充图案应用"列表中还提供了"构件旋转""构件镜像"和"构件反转"3个参数用来辅助调整构件族。

（2）修改单个填充图案构件。

鼠标移至应用了填充图案构件的表面，按 Tab 键可以切换选择到单个填充图案构件，并在"类型选择器"中选择新的填充图案构件，原填充图案构件将被替换。

4. 缝合分割表面的边界

填充图案构件除了作为重复构件单元用于填充外，还可以通过自适应的方式被利用来手动缝合表面的边界和解决在非矩形且间距不均匀的网格上创建和放置填充图案构件嵌板（三角形、五边形、六边形等）的问题。

6.4.4　表面表示

在概念设计环境中编辑表面时，可以通过"表面表示"工具选择要查看的表面图元，单击该工具中"表面""填充图案"和"构件"工具可在概念设计环境中显示或隐藏其表面图元，见图 6 - 112。

图 6 - 112　"表面表示"面板

在"表面表示"面板中，单击右下方"显示属性"按钮，将显示带有"表面""填充图案"和"构件"选项卡的对话框，见图 6 - 113。每个选项卡中都包含表面图元专有项的复选框。勾选某个复选框后，绘图区域中会显示出相应的变化。单击"确定"，以确认任何修改。

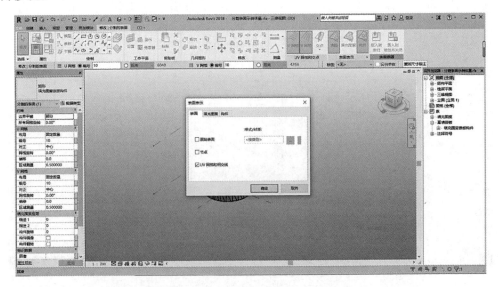

图 6 - 113　"表面表示"对话框

（1）原始表面。

勾选显示已被分割的原始表面，单击"浏览"按钮，以修改表面材质。

（2）节点。

勾选显示 UV 网格交点处的节点，见图 6-114。

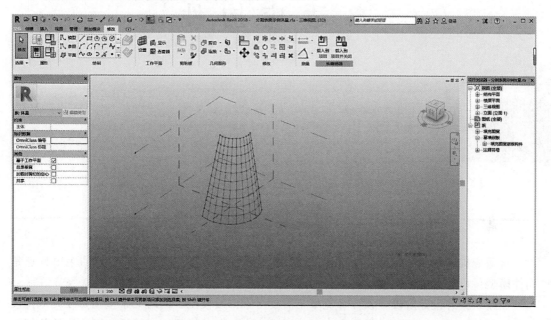

图 6-114　显示 UV 网格交点处的节点

第7章

自适应构件

本章导读

自适应构件是 Revit Architecture 2011 版本开始增加的一项新功能，它的主要特点是构件模型可以根据设定的情况进行灵活地变形适应，而又能保持最初的拓扑关系。

在建筑概念设计阶段，设计师免不了需要时常修改模型，同时又希望在修改时保持模型之间的相互关系。可通过参照点来创建自适应点。通过捕捉这些灵活点而绘制的几何图形将产生自适应的构件。自适应构件只能用于填充图案嵌板族、自适应构件族、概念体量环境和项目。

本章第 7.1 节主要介绍自适应点与自适应构件形状的创建，自适应点是自适应构件实现参数化自适应功能的基础，关于构件形状的创建则在上章已经说明；第 7.2 节主要是介绍了自适应构件在体量族中的应用，结合体量族表面有理化内容，创建异形景观休憩空间模型；第 7.3 节则讲解了在自适应构件族文件以及体量族文件中如何对自适应族进行修改。

专有名词解释，见图 7-1。

图 7-1　专有名词解释

7.1　创建自适应构件族

自适应构件的创建模板："自适应公制常规模型.rft"。

创建自适应构件族，首先要创建自适应点。自适应点是用于设计自适应构件的修改参照点，通过"使自适应"工具可以将参照点转换为自适应点。通过普通"参照点"创建的非参数化构件族在载入体量族后的形状是固定的，不具备自适应到其他图元或通过参照点来改变自身形状的功能。而自适应点可以理解为自适应构件的关节，通过定义这些关节的位置，就可以随心所欲地确定构件基于主体的形状和位置，并且通过捕捉这些灵活点绘制的几何图形来创建自适应构件族。

7.1.1 创建自适应点

首先确定需要创建自适应点的数量。例如，要想生成一个三角形的自适应构件，并且对三角形的三个端点都要求自适应，就必须创建三个自适应点。自适应点是带有顺序编号信息的点，这些编号信息将直接对自适应构件载入体量族、填充图案构件族或项目文件后的定位产生影响。另外，区别于普通"参照点"，当转换为自适应点后，系统默认显示基于点在 X、Y、Z 空间上的三个参照平面；而普通"参照点"则默认不显示基于点的三个参照平面，但可以通过属性"选项板上的"图形"列表中"显示参照平面参数来选择参照平面是否显示。

创建步骤如下：

（1）新建族，选择族样板"自适应公制常规模型．rft"。

（2）单击功能区中"创建"→"绘制"→"点图元"按钮。

（3）在绘图区域绘制 5 个参照点，建议先设置一个参照平面，在同一个参照平面上绘制 5 个参照点，这样方便后续操作，以便于对这个自适应构件的理解，见图 7-2。

（4）选择所有参照点，单击功能区中"修改｜参照点"→"自适应构件"→"使自适应"按钮。这些点此时即成为自适应点，并按其放置先后顺序进行编号，见图 7-3。

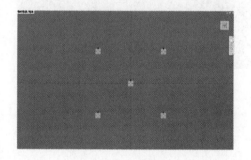
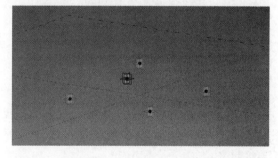

图 7-2 绘制参照点   图 7-3 自适应点（按其放置先后顺序进行编号）

（5）要将自适应点恢复为普通的参照点，可以选中后，再次单击"使自适应"按钮。该点被恢复为参照点后也将同时影响其他自适应点的编号。例如将图 7-2 中的 1 号点和 3 号点恢复为参照点，原来的 2 号点与 4 号点被重新调整编号为 1 和 2，见图 7-4。

7.1.2 创建自适应构件形状

在创建完自适应点后，通过捕捉这些点和"创建形状"工具来创建一些形状。

（1）单击功能区中"创建"→"绘制"→"模型"按钮，在选线栏上勾选"三维捕捉"，在绘图区域中绘制一些模型线，见图 7-5。

【提示】 必须要勾选"三维捕捉"，否则之后生成的形状不会随着自适应点而移动。

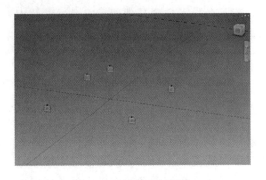

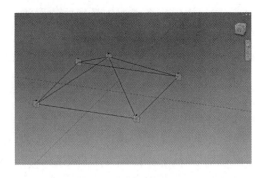

图 7 - 4　编号重新调整　　　　　　　　　　图 7 - 5　绘制模型线

（2）单击功能区中"创建"→"绘制"→"点图元"按钮，在绘图区域的模型线上单击绘制一个基于主体的参照点。单击选择该参照点，使工作平面切换到点所在平面。单击功能区中"修改｜参照点"→"绘制"→"圆形"按钮，选择"在工作平面上绘制"，以参照点为圆心绘制一个圆，半径 500mm，见图 7 - 6。

（3）选择圆和所以直线，单击功能区中"修改｜线"→"形状"→"创建形状"按钮，见图 7 - 7。

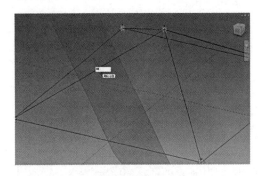

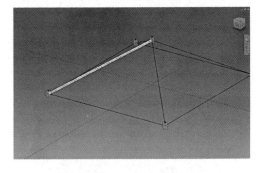

图 7 - 6　以参照点为圆心绘制一个圆　　　　　图 7 - 7　创建形状

（4）使用同样的方法，继续创建形状，见图 7 - 8。

（5）单击功能区中"修改"→"几何图形"→"连接"按钮，将之前创建的三个形状连接起来。

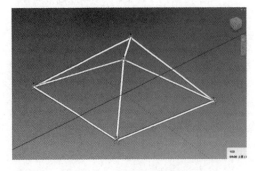

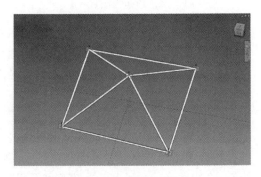

图 7 - 8　创建剩余的形状　　　　　　　　图 7 - 9　连接形状

【提示】 单击选择其中一个自适应点，拖动"三维控件"，如果形状随点的移动而移动，说明创建成功，见图 7-9。如果存在错误，可能是之前创建模型线的时候没有在同一个平面上，需要仔细检查之前的图元。

自适应构件族被载入体量族或项目文件中后其形状需要用户自定义，不依赖于之前在构件族中的形状。因而在此构件族中创建的形状只需要确定相互之间的关系，不必像其他构件族那样做准确定位。

（6）在保存文件前，可以根据项目的需要调整自适应构件族的类别。单击功能区中"创建"→"属性"面板→"族类别和族参数"按钮。打开"族类别和族参数"对话框，选择适合的族类别。

7.2 应用自适应构件族

本节以将自适应构件族载入到体量族中为例，创建一个异形景观休憩空间模型，详细介绍如何应用此类族。

7.2.1 创建马鞍形面（体量族）

（1）首先新建族→选择"公制体量.rft"族样板（见图 7-10）→调整到标高 1 视图（见图 7-11）。

（2）绘制参照平面→在"创建"选项

图 7-10 选择"公制体量.rft"族样板

卡下选择"平面"-"线"进行参照平面的绘制→新绘制的参照平面与中心线等距且为 10000mm，见图 7-12。

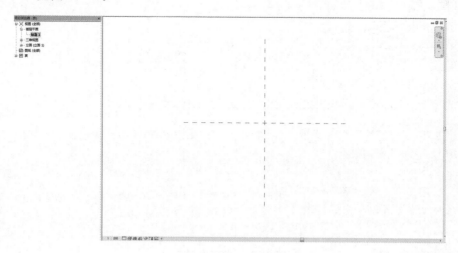

图 7-11 标高 1 平面视图

（3）放置模型点→在创建选项卡下选择"模型"-"点图元"，在绘制的参照平面上放置模型点，模型点之间的距离见图 7-13。

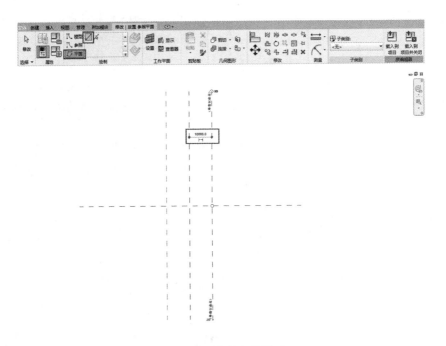

图 7-12 绘制参照平面

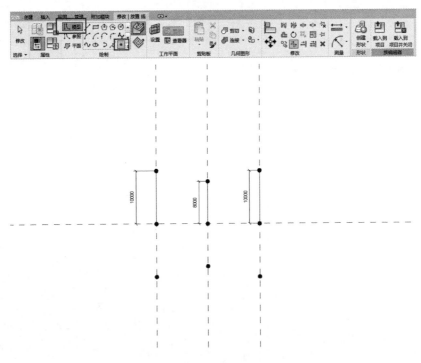

图 7-13 放置模型点

（4）绘制样条曲线→在创建选项卡下选择"模型"-"样条曲线"，将参照平面上的模型点连接，形成三条样条曲线，见图 7-14。

528

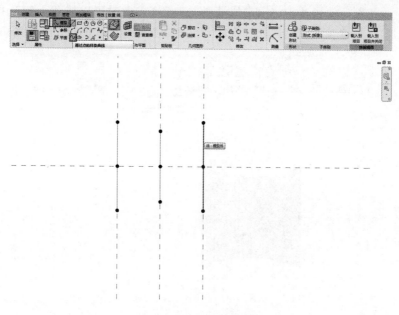

图 7-14　绘制样条曲线

（5）创建实心形状→从左到右依次选取样条曲线→选择"创建形状"-"实心形状"，见图 7-15。

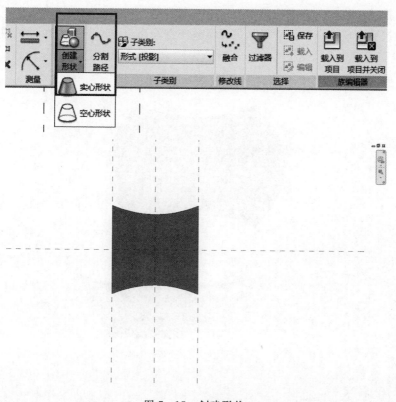

图 7-15　创建形状

【提示】 绘制后的形状，将原来的模型点遮盖了，此时可以按 Tab 键选择形状后选用"透视工具"，被遮盖的模型点此时将显示出来，方便对形状的操作，见图 7-16。

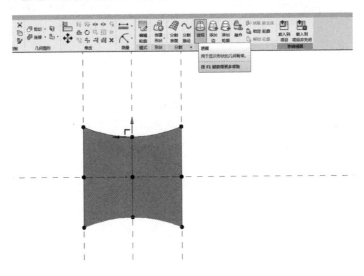

图 7-16 "透视工具"

技巧：鼠标放置在构件的自适应点上，按下 Tab 键，选中之前放置的自适应点时，可以拖动原来的自适应点，来改变自适应点的位置，造成构件形状的变换。如果没有选中自适应点而拖动构件时，整个构件则会跟着一起移动。

（6）通过移动模型点图元对形状进行调整→在标高 1 视图与北立面对模型点做出的调整见图 7-17。

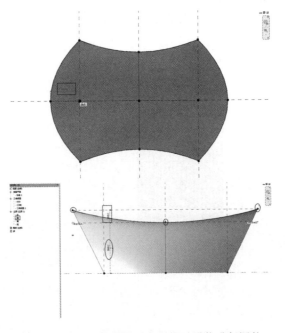

图 7-17 通过移动模型点图元对形状进行调整

创建完成后的马鞍形面见图 7-18。

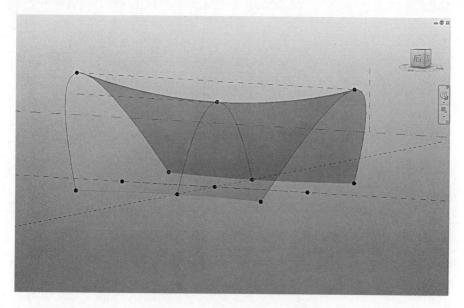

图 7-18　创建完成后的马鞍形面

（7）对马鞍形面进行表面有理化处理→Tab 键选中马鞍形面后点击"分割表面"工具，形状表面将按照 UV 网格进行划分，通过调整 UV 布局可以更改表面划分的密集程度，见图 7-19。

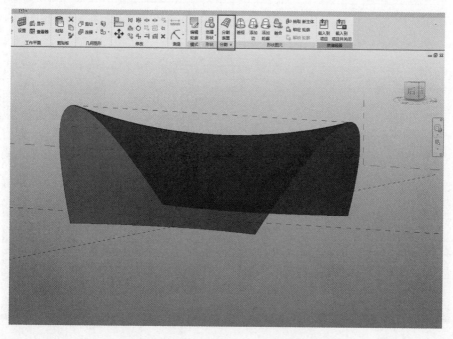

图 7-19（一）　按照 UV 网格分割表面

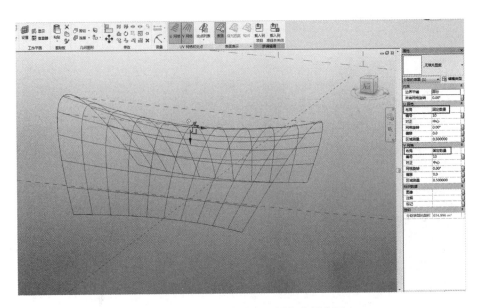

图 7 - 19（二）　按照 UV 网格分割表面

【注意】　在进行下一步载入自适应构件填充在形状表面时，应先勾选显示 UV 网格的节点，方便放置自适应构架形状，见图 7 - 20。

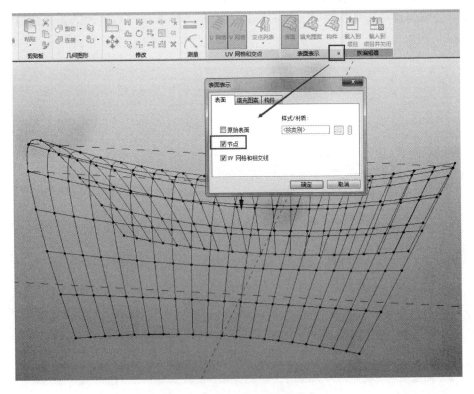

图 7 - 20　显示 UV 网格的节点

7.2.2 将自适应构件应用到体量族

选取 7.1.2 创建的自适应构件，加载到马鞍形面体量族中，需要注意的是自适应构件在放置时要遵循其自适应点的先后顺序，见图 7-21。

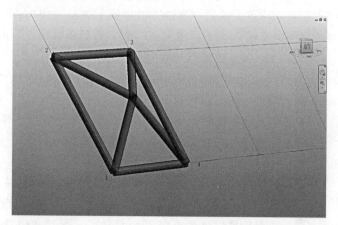

图 7-21 将自适应构件加载到马鞍形面体量族中

"重复"功能是自适应构件特有的一个功能，使用该功能后，自适应构件能自动识别体量表面 UV 网格，并自动填充。使用"重复"功能后形成的异形景观休憩空间模型见图 7-22。

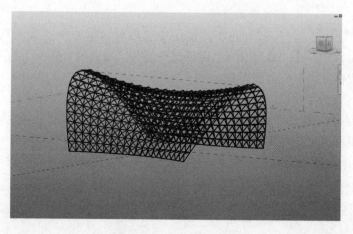

图 7-22 "重复"功能

7.3 修改自适应构件族

7.3.1 修改自适应点

自适应构件族受到自适应点的控制，因而修改自适应点，构件族也会发生相应变化。自适应点可以作为"放置点"用于放置构件，它们将按载入构件时的编号顺序放置，详见上一节"应用自适应构件族"中的相关内容。将参照点设为自适应点后，默认情况下它将是一个"放置点"。

自适应点也可以作为"造型操纵柄点"用来控制基于这些点的自适应构件的形状。

1. 修改点的类型

单击选择参照点或自适应点，通过"属性"选项板上"自适应构件"列表中的"点"参数，可以指定点的类型，见图 7-23。"放置点"和"造型操纵柄点"都是自适应点。

图 7-23　指定点的类型

（1）放置点与参照点。

通过"使自适应"工具可以将参照点与放置点之间做相互转换；同时也可以在"属性"选项板的"点"参数下拉列表中执行这样的转换。"放置点"是带有顺序编号的，可以控制自适应构件；而普通的"参照点"没有编号。

（2）造型操纵柄点。

定义点为"造型操纵柄点"，可以将自适应点用作造型操纵柄。"造型操纵柄点"与普通参照点一样，也没有编号信息。在放置构件时这些点将不会起到定义形状和位置的作用，仅在放置构件后通过这些点的移动来控制构件。

1）打开之前的创建的自适应构件族和体量族。

2）修改自适应构建族，选择 2 号和 3 号自适应点，在"属性"选项板中将其转化为"造型操纵柄点"。此时原先的 4 号点编号变为 2 号。

3）单击功能区中"族编辑器"→"载入到项目中"按钮后，载入至体量族中，在"族已存在"对话框中选择"覆盖现有版本"选项，使"自适应构件.rfa"在"体量族"中得到更新。

4）在放置新载入的自适应构件时，分别在两个位置单击定义自适应点的位置，见图 7-24。圈中的点为之前的"放置点"，另外两个为"造型操纵柄点"。"造型操纵柄点"无法在放置时捕捉和自定义放置的位置。

5）选择一个"造型操纵柄点"，可通过"三维控件"来调整点的位置，见图 7-25。

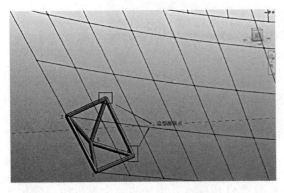

图 7-24　定义自适应点的位置

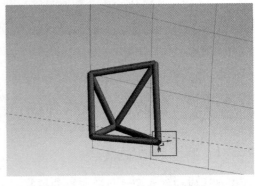

图 7-25　通过"三维控件"来调整点的位置

2. 修改"放置点"的属性

（1）修改"放置点"的编号。

只有"放置点"有编号，"参照点"与"造型操纵柄点"是没有编号的。前面已经提到，修改"放置点"的编号顺序，对之后放置相应的自适应构件也会产生影响。指定点的编号，就能确定自适应构件每个点的放置顺序。

在绘图区域中单击"放置点"的编号，改编号会显示在一个可被编辑的文本框中。输入新的编号，按下 Enter 键，或者单击文本框外面的区域退出。如果输入当前已使用的"放置点"编号，这两点的编号将互换。

【提示】 也可以在"放置点"的"属性"选项板上修改"放置点"的编号。修改编号时，输入的编号数不能超过已被定义为"放置点"数量的总和，否则将出现"错误"对话框。

下面举例说明修改自适应点编号对放置相应的自适应构件的影响。

打开之前的"自适应构件族"和"体量族"。修改"自适应构件族"中1号"放置点"编号为3，则3号"放置点"编号调整为1。将修改后的族重新载入"体量族"中，覆盖现有版本。在放置构件时，发现构件的形状虽然没有变化，但之前"放置点"的编号已发生了变化；如果按照之前定义的放置顺序将自适应构件重新放置，发现在编号不变的情况下，构件的形状发生了变化。见图7-26、图7-27。

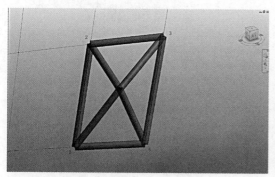

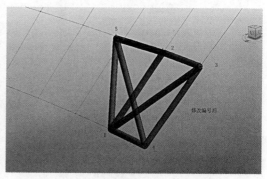

图7-26 修改自适应点编号前　　　　　图7-27 修改自适应点编号后

（2）修改"放置点"的定位。

单击选择"放置点"，通过"属性"选项板上的"自适应构件"列表中"定向到"参数。点击此参数会有一下几个不同选项：实例（xyz）、先实例（z）后主体（xy）、主体（xyz）、主体和环系统（xyz）、全局（xyz）、先全局（z）后主体（xy），见图7-28。

自适应点"定位到"参数是用来指定自适应点的垂直和平面方向，见表7-1。

当将自适应构件族放置在其他构件上或项目环境中时，方向会对其产生影响。下面解释一下三个概念：

全局：放置自适应族实例（族或项目）的环境的坐标系。

主体：放置实例自适应点的图元的坐标系。（无需将自适应点作为主体）。

实例：自适应族实例的坐标系。

表 7-1　　　　　　　　　　　　"定向到"参数的含义

定向	定向 z 轴到全局	定向 z 轴到主体	定向 z 轴到实例
定向 xy 轴到全局	全局（xyz）		
定向 xy 轴到主体	先全局（z）后主体（xy）[①]	主体（xyz） 主体和环系统（xyz）[②]	先实例（z）后主体（xy）
定向 xy 轴到实例			实例（xyz）

[①]　水平投影（x 和 y）通过主体构件几何图形的切线而生成。

[②]　这适用于自适应族至少有 3 个点形成环的实例。自适应点的方向由主体确定。但是，如果将构件的放置自适应点以与主体顺序不同的顺序放置（例如，顺时针方向而不是逆时针），则 z 轴将反转且平面投影将交换。

3. 修改"造型操纵柄点"的属性

指定点为"造型操纵柄点"后，在"属性"选项板上，将激活"受约束"参数，见图 7-29。通过指定点的约束范围基于的工作平面来对其移动范围进行约束，包括"无""YZ 平面""ZX 平面"或"XY 平面"。不同选项对应的"造型操纵柄点"，其表现形式见图 7-30。

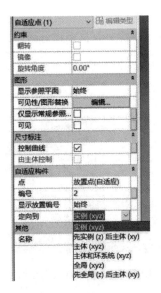

图 7-28　"定向到"参数　　　　　　　　图 7-29　"受约束"参数

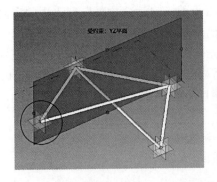

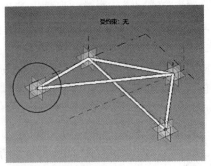

图 7-30（一）　"造型操纵柄点"的各种表现形式

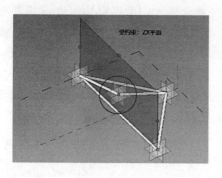
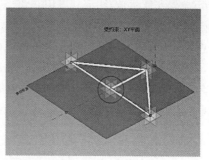

图 7 - 30（二）　"造型操纵柄点"的各种表现形式

【提示】　"YZ 平面"即"参照平面：中心（左/右）"；"ZX 平面"即"参照平面：中心（前/后）"；"XY 平面"即"标高：参照标高"。

7.3.2　体量族中修改自适应构件

1. 修改基于主体的自适应构件

（1）通过修改主体改变自适应构件形状。

调整主体的形状，自适应构件也会由相应的变化，见图 7 - 31。

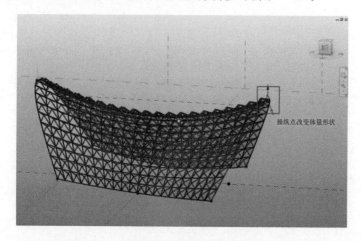

图 7 - 31　通过修改主体改变自适应构件形状

（2）通过修改自适应点的属性改变自适应构件形状。

打开之前的"体量族"，选择其中一个自适应点，见图 7 - 32。在"属性"选项卡上的"尺寸标注"列表中，将"规格化曲线参数"修改为 0.7，见图 7 - 33。通过修改"测量类型""测量"，可以使自适应点的位置沿主体发生变化。

2. 修改非基于主体的自适应构件

打开之前的"体量族"，鼠标放置在构件的自适应点上，按下 Tab 键，选中之前放置的自适应点时，可以拖动原来的自适应点，来改变自适应点的位置，造成构件形状的变换。如果没有选中自适应点而拖动构件时，整个构件则会跟着一起移动。

在 Revit Architecture 项目环境中，可以通过两种方式进行建筑概念设计，其一内建体量族，其二载入体量族图元。当用户准备完概念设计，可以对体量进行 3 方面深化设计：①创建体量楼层，提取体量楼层中体积、周长、面积等相关参数信息，进行概念设计分析；②在体量实例中创建相关建筑图元，如建立幕墙系统，屋顶，墙及其楼板，而这些建筑图元也能随着体量变化而进行相关修改；③在项目中载入多个体量族实例，这些实例可以指定单独的选项，阶段和工作集，同时也能通过设计选项对各体量之间的材质等进行修改和关联。以下将对这三方面应用进行详细介绍。

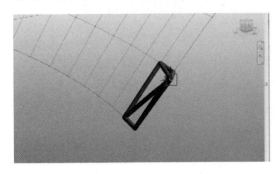

图 7 - 32　选择一个自适应点

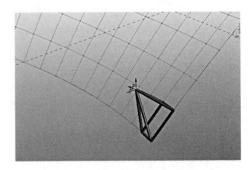

图 7 - 33　修改"规格化曲线参数"

第 8 章

体 量 与 体 量 族

━━━━━━━━━━━━ 本 章 导 读 ━━━━━━━━━━━━

　　体量可以通过在项目外部载入可载入体量族及其在项目内部内建体量族两种方式创建。可载入体量族可以运用到多个项目中，独立于项目文件外，详细介绍见本章前几节相关内容。内建体量族仅仅保存在当前项目文件中，同时用户可以在项目文件环境中对其他体量及其建筑图元之间关系进行编辑和修改。

　　本章第 8.1 节主要介绍了体量族的创建，在第 8.2 节对于体量族在项目中的应用（体量楼层）做了详细阐述，第 8.3 节介绍了从体量实例中创建建筑图元（楼板、墙、屋顶），第 8.4 节则是对于多个体量实例的应用进行了说明。

　　专有名词解释，见图 8-1。

图 8-1　专有名词解释

8.1　创建体量

8.1.1　创建内建体量族

1. 显示体量

（1）新建一个项目文件，单击"应用程序按钮"→"新建"→"项目"，打开"新建项目"对话框，点击"确定"。

（2）三种方法显示体量。

1）单击功能区"体量和场地"→"概念体量"→"按视图设置显示体量"→点击下

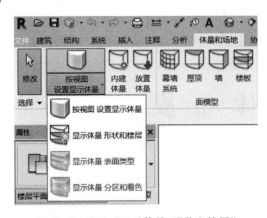

图 8-2　通过"显示体量 形状和楼层"
激活体量显示

拉列表提示键→"显示体量 形状和楼层"，即激活体量显示，见图 8-2。

2）单击功能区"体量和场地"→"概念体量"→"按视图 设置显示体量"，在"属性"选项板上选择"可见性/图形替换"，点击"编辑"按钮，进入"可见性/图形替换"对话框，在"模型类别"中勾选"体量"，点击"确定"，即完成体量显示激活，见图 8-3。

3）单击功能区"视图"→"图形"→"可见性/图形"，进入"可见性/图形替换"对话框，在"模型类别"中勾选"体量"，点击"确定"，完成体量显示，见图 8-4。

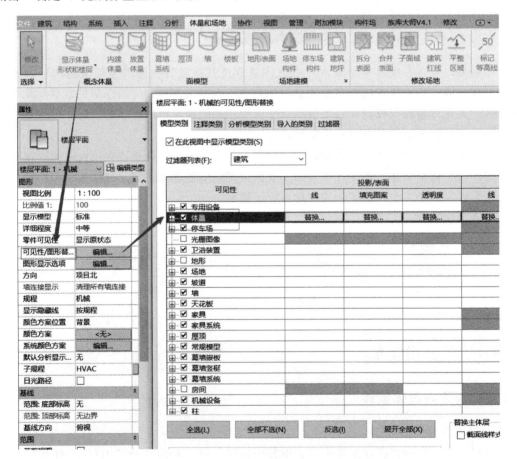

图 8-3　通过"属性"选项板激活体量显示

2. 创建体量几何形状

可根据需要在项目中导入 CAD 文件，进行体量辅助创建。操作步骤如下：单击功能

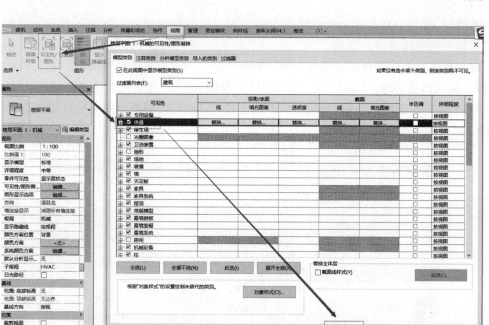

图 8-4 通过"可见性/图形替换"激活体量显示

区"插入"→"导入"→"导入 CAD"按钮，进入"导入 CAD 格式"对话框，在相应文件位置找到对应 .dwg 格式文件，然后点击"打开"，该 CAD 文件即被导入到项目中，见图 8-5。

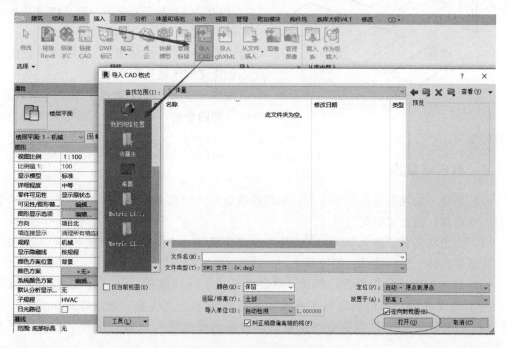

图 8-5 导入 CAD 文件到项目中

可将导入的 CAD 文件中轮廓线作为绘制内建体量的参照线，下面不以导入 CAD 文件形式进行内建体量族的绘制。

（1）单击功能区"体量和场地"→"概念体量"→"内建体量"按钮，进入"名称对话框"，输入体量名称："T1"，点击"确认"，见图 8-5，进入概念设计环境中。单击功能区"创建"→"绘制"→选择相应的绘制方式，在绘图区域根据需要进行相应绘制，见图 8-6。

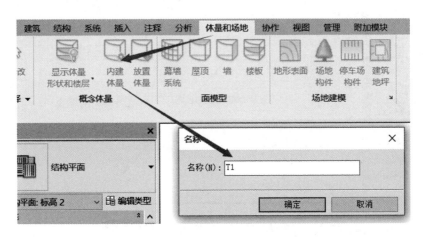

图 8-6　通过"内建体量"按钮进入概念设计环境

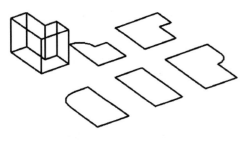

图 8-7　完成体量

（2）选择其中新建的轮廓线，单击功能区"修改 | 线"→"形状"→"创建形状"→"实心形状"，进入三维视图，定义体量高度为 8000mm，单击功能区"修改 | 形式"→"在位编辑器"→"完成体量"，即完成体量的创建，创建完成体量见图 8-7。

按照上步骤，依次完成相应体量的创建，进行分别的命名，定义其相关参数，最终完成体量的绘制。

8.1.2　载入体量族

（1）新建一个项目文件，单击"应用程序按钮"→"新建"→"项目"，打开"新建项目"对话框，点击"确定"。

（2）点击功能区"插入"→"载入族"→"建筑"→"体量"→"圆锥体"，点击确定，该圆锥体体量族即被载入到项目中。

（3）载入到项目文件中后，打开"项目浏览器"→"体量"→"圆锥体"，右键鼠标，点击创建实例。单击功能区"修改 | 放置体量"→"放置"→"放置在面上"或"放置在工作平面上"，然后在绘图区域选择合适的位置进行放置，两种放置方式区别见表 8-1。

表 8 - 1 　　　　　　　　　不 同 放 置 方 式 说 明

放置方式	说明	图示1	放置方式	说明	图示2
放置在面上	选择该种放置方式，体量族必须放置在主体图元（例如楼板）的选定面上，如果无主体平面，将无法进行放置		放置在工作平面上	将体量族放置在选定的工作平面上，不需要主体图元面	

8.2 体量楼层的应用

8.2.1 体量楼层概述

在 Revit Architecture 中，可以使用"体量楼层"对体量进行划分，使用"体量楼层"对计算容积率，建筑楼板面积等数据有重大作用。首先用户需在项目文件中定义楼层的标高，然后在每个标高处创建体量楼。体量楼层在三维显示视图中显示为一个标高平面处穿过体量的切面。

1. 创建体量楼层

打开项目文件中"内建体量.rvt"，选择所有的内建体量，单击功能区"修改｜体量"→"模型"→"体量楼层"选项。在"体量楼层"对话框中，勾选体量楼层所需要的标高，点击"确定"，完成创建体量楼板，见图 8 - 8。

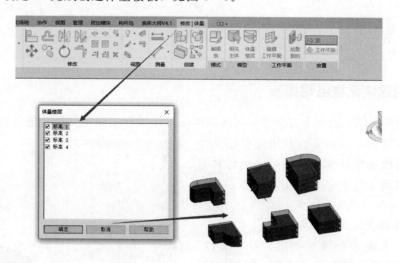

图 8 - 8 　创建体量楼板

2. 体量楼层参数

体量楼层实例参数说明，详细见表 8 - 2。

表 8-2　　　　　　　　　　　　体量楼层实例参数说明

参数	说　　明	只读
尺　寸　标　注		
楼层周长	体量楼层边界的尺寸总长	是
楼层面积	体量楼层的面积，单位为 m²	是
外表面积	从体量楼层周长向上到下一体量楼层的外部垂直表面的面积，单位为 m²。最上面的体量楼层，外表面积包括上方水平表面（屋顶）的面积。单个体量的外表面积包括体量的顶部和侧面，不包括该体量的底部。	是
楼层体积	当层体量楼层与其上方楼层表面之间，及其两者之间两侧垂直表面所围成的空间大小，单位为 m³	是
标高	两个体量楼层所处的标高	是
标　识　数　据		
用途	描述该体量楼层的使用用途	否
体量：类型	体量楼层所属的类型	是
体量：族	体量楼层所属的体量族	是
体量：类型注释	体量楼层所属的类型和体量族	是
体量：注释	体量楼层所属的体量类型的注释	是
体量：说明	体量楼层所属的体量的说明	是
图像	说明体量楼层的图片	否
注释	说明体量楼层的文字	否
标记	体量楼层的标识符	否
阶　段　化		
创建的阶段	创建体量楼层的阶段	否
拆除的阶段	拆除体量楼层的阶段	否

8.2.2　创建体量楼层明细表

体量楼层提供了切面上方至下个切面或体量楼层顶面之间相关尺寸的几何图形信息，包括面积，体积，周长等。利用这些相关参数，用户可以在创建体量楼层后，创建体量楼层的明细表，用于设计分析，具体创建方法如下。

1. 定制体量楼层实例参数

单选一个或多个体量楼层，在"属性"选项板中"用途"输入相关信息，例如住宅、商用等，用于表达相关建筑使用功能，见图 8-9。

2. 绘制体量楼层明细表

（1）下面以创建的其中一个体量进行创

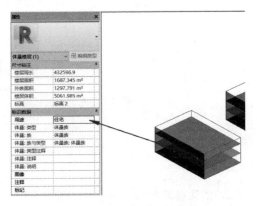

图 8-9　"用途"属性参数

建明细表。打开已创建体量的项目文件。单击功能区中"视图"→"创建"→"明细表"下拉列表→"明细表/数量",进入"新建明细表"对话框,选择"过滤器列表"中的"建筑"→"体量"→"体量楼层"类别,设置明细表名称为"体量楼层明细表",默认为"建筑构件明细表",点击"确定",进入"明细表属性对话框",见图8-10。

(2)单击"字段"选项卡,在左侧"可用的字段"依次双击选择或单击字段后点击"添加参数"键,将"用途""标高""楼层面积""体量:类型",添加到右侧"明细表字段中",此时这些字段在右侧"明细表字段中"将按照顺序排列出现,见图8-11。

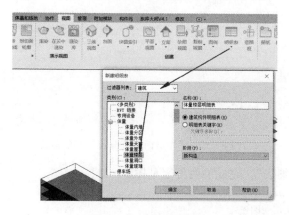

图8-10 新建明细表

图8-11 添加明细表字段

(3)点击"计算值"按钮,在"计算值"对话框中输入名称为"楼层面积百分比",选择"百分比"类型,在"属于"参数中选择"楼层面积",在"根据"参数中选择"总计",点击"确定",操作完后见图8-12。

(4)单击"排序/成组"选项卡,选择"排序方式"为"用途",勾选"页脚"选项;选择"否则按"中选择"标高",在"否则按"中选择:"面积";勾选"总计"选项,具体设置见图8-13。

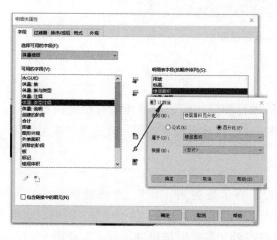

图8-12 设置计算值字段

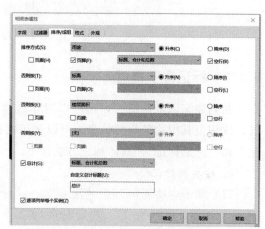

图8-13 "排序/成组"设置

单击"格式"选项卡,分别设置"楼层面积"和"楼层面积百分比",在左侧"字段"

中选择"楼层面积",选择"对齐"方式为"右",在下侧选项框中选择"计算总数",具体设置见图 8-14;"楼层面积百分比"与"楼层面积设置一致",见图 8-15。

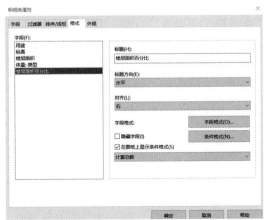

图 8-14　"楼层面积"字段格式　　　　　图 8-15　"楼层面积百分比"字段格式

点击"确定",完成创建"体量楼层明细表",完成的明细表见图 8-16。

〈体量楼层明细表〉				
A	B	C	D	E
用途	标高	楼层面积	体量:类型	楼层面积百分比
	标高 4	661 m²	体量族	12%
: 1		661 m²		12%
住宅	标高 2	1687 m²	体量族	29%
住宅	标高 3	1687 m²	体量族	29%
住宅: 2		3375 m²		59%
商用	标高 1	1687 m²	体量族	29%
商用: 1		1687 m²		29%
总计: 4		5724 m²		100%

图 8-16　体量楼层明细表

8.2.3　标记体量楼层

在创建完体量楼层后,还可以对体量楼层进行标记,标记包括体量楼层的面积,周长,体积及其用途等相关信息。可以采用两种方式进行体量楼层标记,分别是"按类别标记"和"全部标记",具体标记方法如下。

1. 按类别标记

(1)单击"功能区"中"注释"→"标记"→"按类别标记",点击选项卡中"标记…"按钮,见图 8-17,在出现的"载入的标记"对话框中选择"体量楼层"类别,此时需要用户自行载入"体量楼层标记"族,可通过右侧"载入"按钮进行载入,见图 8-18。标记族的具体创建见第 4 章"二维族的创建"中"注释族的创建"相关内容,单击"确定"。

(2)在绘图区域选择"体量楼层"图元,可以借助 Tab 键进行选择,创建体量楼层标记。

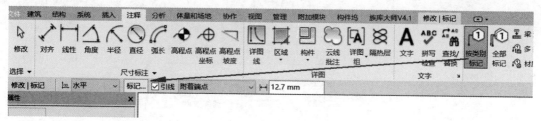

图 8-17 按类别标记

2. 全部标记

"全部标记"也称为"标记所有未标记的对象",点击功能区中"注释"→"标记"→"全部标记"按钮,在"标记所有未标记的对象"对话框中单击"体量楼层标记",见图 8-19,单击"确定",所有未被标记的体量楼层将全部被标记。

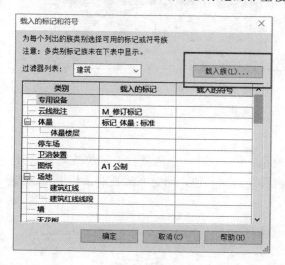

图 8-18 载入"体量楼层标记"族

图 8-19 勾选"体量楼层标记"

8.3 从体量实例创建建筑图元

"体量楼层"可以用来做概念设计分析,但由于本身并不具有任何建筑属性,所以必须将体量进一步转换为建筑图元才能进行下一步设计工作。

打开已创建体量的项目文件,进入到三维视图。

8.3.1 从体量楼层创建楼板

(1)在绘图区域中选择体量,单击功能区中"修改│体量"→"模型"→"体量楼层",在出现的"体量楼层"对话框中选择所有标高,单击确定,见图 8-20。

(2)单击功能区"体量与场地"→"面模型"→"楼板",在属性对话框选择合适楼板类型。在绘图区域选择需要创建楼板的体量楼层后,单击功能区中"修改│放置面楼板"→"创建楼板"按钮,见图 8-21,完成楼板的创建,按 Esc 键退出绘制模式。

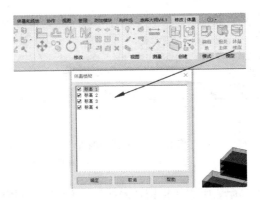

图 8-20　选择所有标高

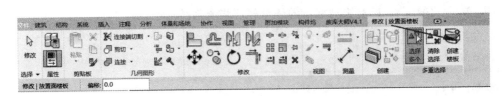

图 8-21　创建楼板

8.3.2　从体量中创建墙体

（1）单击功能区"体量和场地"→"面模型"→"墙"，在选型栏"定位线"中选择相应的墙体放置方式，现以选择"面层面：内部"为例创建，同时在属性对话栏中可以选择相应的墙体类型，见图 8-22。

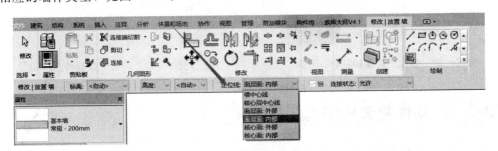

图 8-22　墙定位线

（2）在体量实例中选择多个面，按 Esc 键取消选择，即墙体创建完成，见图 8-23。

图 8-23　墙体创建完成效果

【提示】 选择墙不同的"定位线",会有不同的放置对齐方式,被选中的楼层面在平面上的投影线会与墙的定位线重合,几种不同的"定位线"效果见图8-24。

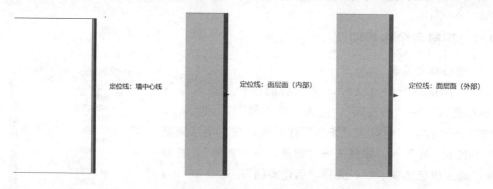

图8-24 不同定位线的效果

8.3.3 从体量实例中创建屋顶

单击功能区中"体量和场地"→"面模型"→"屋顶"按钮,并在"属性"选项板中选择合适的屋顶类型。在体量实例中点击选择屋顶平面,然后点击功能区选项卡中"修改 | 放置面屋顶"→"创建屋顶",见图8-25,按 Esc 键退出绘图模式,创建完屋顶,见图8-26。

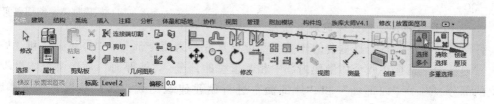

图8-25 创建屋顶

8.3.4 从体量实例中创建幕墙

单击功能区中"体量和场地"→"面模型"→"幕墙系统",在"属性"选项栏中选择合适的幕墙类型。在体量实例中,选择需要绘制幕墙的平面,单击功能区"修改 | 放置面幕墙系统"→"创建系统",按 Esc 键退出绘图模式,创建完幕墙,见图8-27。

图8-26 创建完成后的屋顶效果

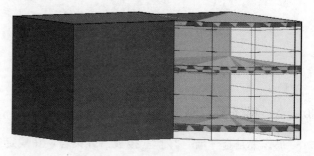

图8-27 幕墙创建完成效果

8.4　应用多个体量实例

8.4.1　连接两个体量实例

1.连接体量实例

（1）打开一个项目文件，单击功能区中"插入"→"从库中载入"→"载入族"，进入"载入族"对话框，从"建筑"→"体量"中载入"筒体"体量族，在"项目浏览器"中找到"族"→"体量"→"筒体"→"筒体"，右键鼠标，进入快捷选项卡中，选择"创建实例"，见图8-28，将其放置在"标高1"绘图区域中，高度为5000。

（2）用同样的方式路径载入"圆锥体"体量族，用同样的放置方式将其放置在标高2（4000）中，其投影面与"筒体"投影面重合，见图8-29。

（3）切换到"三维视图"中，单击功能区中"修改"→"几何图形"→"连接"→"连接几何图形"，然后分别单击"筒体"和"圆锥体"两个体量，完成体量连接，见图8-30。

图8-28　从项目浏览器创建实例

2.从体量内部和外部面创建建筑图元

任何已经连接的体量且重合的体量面都可将其分解为两个部分："内部面"和"外部面"。"内部面"是指在两个体量面内部中相互重叠的部分，"外部面"是指两个体量没有相交的部分。对于"内部面"和"外部面"进行创建建筑图元，如"楼板"和"幕墙"等，详细创建过程见本章8.3节。

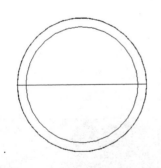

图8-29　两形状投影面重合

图8-30　连接完成效果

8.4.2　将体量实例指定给不同的工作集

工作集是指"墙""门""楼板"等集合，在规定的时间内，只允许一个用户编辑每个工作集，而其他用户虽然不能编辑工作集，但是可以对其进行查看，这样有利于项目的分工进行,防止潜在冲突发生。故将不同体量指定给不同工作集在项目中经常使用。

操作步骤如下:

(1)按照8.4.1步骤,将两个体量族载入到项目中,并进行连接。单击功能区中"协作"→"工作集"→"工作集"按钮,见图8-31。

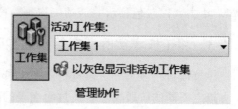

(2)在出现的"工作集"对话框中,单击右侧"新建",在"输入新工作集名称"中输入"筒体",同样方式新建名称"圆锥体",点击"确认",见图8-32。

图8-31 "工作集"按钮

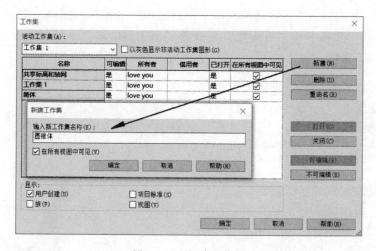

图8-32 新建工作集

(3)在绘图区域中单击"筒体"体量实例,在"属性"选项卡上"标识数据"中点击"工作集"下拉列表,选择"筒体",见图8-33。同样步骤指定"圆锥体"体量工作集为"圆锥体",此时两个不同的体量实例均赋予不同的工作集。

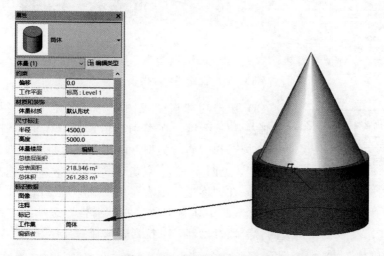

图8-33 为实例赋予工作集

（4）单击功能区中"协作"→"工作集"→"在活动工作集"下拉列表中选择"筒体"，单击"以灰色显示非活动工作集"按钮，此时"圆锥体"呈灰色变化。

8.4.3　将工作集实例指定给不同的阶段

建筑项目一般是分阶段进行，每个阶段代表项目不同的时间段，对于不同的图元，都可去指定不同的阶段属性，通过明细表的阶段过滤器功能，可以显示在同一阶段创建的图元，未在该阶段的图元可进行相应的隐藏，具体操作步骤如下。

（1）如上打开一个项目文件，创建"筒体"和"圆锥体"两个体量实例。

（2）单击"圆锥体"体量，在"属性"选项卡中"阶段化"列表的"创建的阶段"下拉列表中选择"新构造"；"拆除的阶段"下拉列表选择"无"，见图 8-34。单击"筒体"体量，在"属性"选项卡中"阶段化"列表的"创建的阶段"下拉列表中选择"现有"；"拆除的阶段"下拉列表选择"无"。

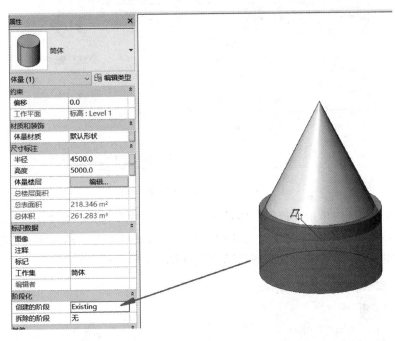

图 8-34　设置"阶段化"

<体量明细表>	
A	**B**
族	族与类型
筒体	筒体：筒体
圆锥体	圆锥体：圆锥体

图 8-35　体量明细表

（3）单击功能区"视图"→"创建"→"明细表"→"明细表/数量"键，在类别单击选择"体量"，按顺序分别选择"族"和"族与类型"两个字段，将其添加到"明细表字段"中，见图 8-35，点击"确定"。

（4）在"体量明细表"中"族"一栏出现了"筒体"和"圆锥体"两个体量名称，在"属性"选项栏"阶段化"列表的"阶段过滤器"下拉列表选择"显示新建"，"族"一栏中只出现"圆锥体"，见图 8-36。

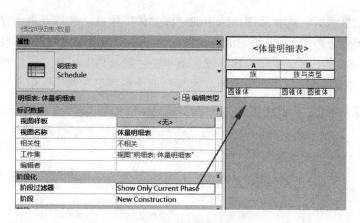

图 8-36 设置"阶段过滤器"

8.4.4 将体量实例指定给不同的设计选项

（1）打开一个项目文件，单击功能区中"插入"→"从库中载入"→"载入族"，进入"载入族"对话框，从"建筑"→"体量"中载入"筒体""圆锥体""圆屋顶"3 个体量族，其"筒体"和"圆锥体"放置方式如 8.4.1，同时将"圆屋顶"放置在"标高 2"楼层平面上。

（2）单击功能区中"管理"→"设计选项"→"设计选项"按钮，在"设计选项"对话框中，单击"选项集"中"新建"按钮，"选项集 1"和"选项 1"新建完成。单击"选项"栏中"重命名"按钮，输入"圆锥体"作为选项名称，单击"确认"。单击"选项"栏中"新建"按钮，生成另一个选项，单击"选项"栏中"重命名"按钮，输入"圆屋顶"作为选项名称，单击"关闭"，新建两个选项完成，见图 8-37。

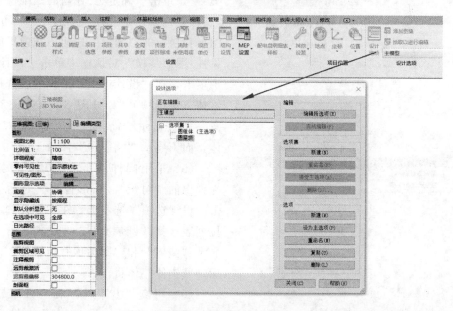

图 8-37 指定设计选项

（3）转到三维视图，选择绘图区域中的"圆锥体"体量，然后点击"管理"→"设计选项"→"添加到集"，在弹出的"添加到设计选项集"对话框中只选择"圆锥体"，见图 8-38，单击"确定"。同样步骤选择绘图区域中的"圆屋顶"体量，然后点击"管理"→"设计选项"→"添加到集"，在弹出的"添加到设计选项集"对话框中只选择"圆屋顶"。

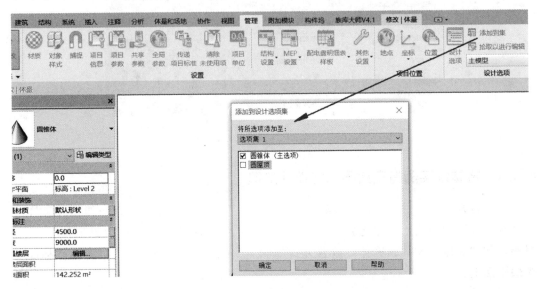

图 8-38 添加到设计选项集

（4）在"项目浏览器"中右击"﹛三维视图/3D﹜"视图名称，在出现的快捷菜单栏中选择"复制视图"，见图 8-39，形成新的三维视图，右键新的三维视图，再出现的快捷菜单栏中选择"重命名"，输入名称"方案一"，单击"确定"。在新的三维视图中的"属性"选项栏中选择"图形"→"可见性/图形替换"的"编辑"按钮，在弹出的"可见性/图形替换"对话框中单击"设计选项"选项卡，在"设计选项"下拉列表选择"圆锥体（主选项）"，见图 8-40，此时在方案一中只显示"简体"和"圆锥体"组合体，而不显示"圆屋顶"体量。

（5）采用同样的步骤创建"方案二"，在弹出的"可见性/图形替换"对话框中单击"设计选项"选项卡，在"设计选项"下拉列表选择"圆屋顶"，此时在方案一中只显示"简体"和"圆屋顶"组合体，而不显示"圆锥体"体量。

（6）切换"方案一"和"方案二"视图，可显示不同的设计方案体量，见图

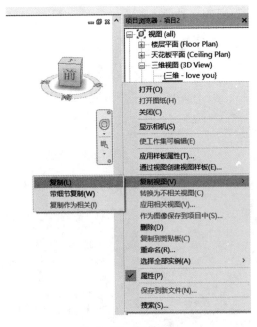

图 8-39 复制视图

8 - 41 和图 8 - 42。

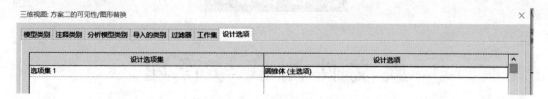

图 8 - 40　设置设计选项

图 8 - 41　"方案一"视图效果展示

图 8 - 42　"方案二"视图效果展示

第 9 章

族 文 件 测 试 与 管 理

本 章 导 读

在前面几个章节已经介绍了许多族的相关知识和创建过程，但是在实际使用族的过程中，需要对创建的族文件进行测试，以确保在实际使用中的正确性。大量的族文件还需要一定的管理才能更好地在项目中有效发挥其功能，本章第 9.2 节对于族文件的文件夹结构、族文件、族参数等的命名做了详细解释，在第 9.3 节还对族文件的知识产权管理提供了一些参考意见，可以为族文件的商业化推广提供保障。

9.1 族文件测试

9.1.1 载入族

使用 Revit 2018 创建项目时，有三种方式将族载入到项目中，具体方式如下：

（1）创建一个项目文件（.rvt），单击功能区中"插入"→"从库中载入"→"载入族"，进入"载入族"对话框，见图 9-1。选择需要载入的族，然后点击对话框右下角"打开"按钮，被选中的族即被载入到该项目中。如想将多个族同时载入到项目中，可按 Ctrl 键，再选择需要的族。

（2）打开一个项目文件（.rvt），然后在打开一个族文件（.rfa），点击功能区中"创建"→"族编辑器"→"载入到项目中"，该族即被载入到项目中，见图 9-2。

（3）先打开一个项目文件（.rvt），然后找到族文件（.rfa）所在的相应位置，选择需要的族，直接将其拖入到项目中，该族也将被载入到项目中。

【提示】 通过以上三种方法均可将族载入到具体项目中，如果在该项目中没有该族类型，当族被载入到项目中后，系统将自动创建一个与该族文件相同名字的族类型。使用方法（1）载入的族，当该族类型由"类型目录"文件创建时，可在载入时选择需要载入

556

的族类型，而对于方法（2）和（3）载入的族，哪怕该族类型由"类型目录"文件创建时，在载入时也将载入一个族类型。

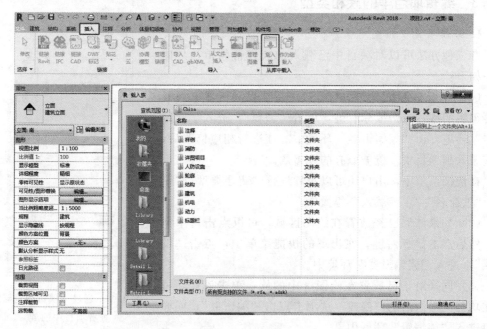

图 9-1 载入族

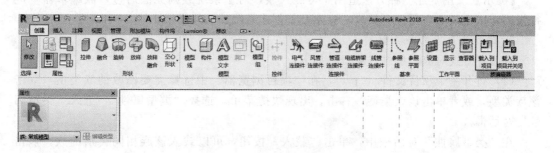

图 9-2 将族载入到项目

用户可以在"项目浏览器"中"族"列表查找所载入的族，该项目中族类别的族和族类型都将显示在该列表中，见图 9-3。

9.1.2 放置族类型

将族放置到项目中有三种方法，如下：

（1）打开一个项目文件（.rvt），点击功能区中"建筑"→"构建"面板选择一个族类别。如点击"窗"，出现"修改｜放置窗"选项卡，在"属性栏"选项板选择一个窗类型，将其放置在墙上某个位置，即完成族的放置。

（2）在"项目浏览器"中选择需要放置的族类型，将其直接拖动到需要放置的位置，即完成族的放置。

（3）在"项目浏览器"中，选择需要放置的族类型，右击，选择"创建实例"，点击所需放置的适当位置，完成族的放置。

9.1.3 编辑项目中的族和类型

1. 编辑项目中的族

有三种方法可以对项目中已载入的族进行编辑，具体方法如下：

（1）打开一个项目文件（.rvt），在项目浏览器中找到需要编辑的族，点击鼠标右键，单击"编辑"，进入"族编辑器"环境，在"族编辑器"环境中对族进行相应修改后，将其载入到项目中，覆盖原有的族参数。

在快捷菜单中，用户还可以对族进行"新建类型""删除""重命名""重新载入"等操作。

（2）如果该族已经放置在绘图区域，可以点击选中该族，然后点击鼠标右键，在出现的快捷菜单中，点击"编辑族"，进入"族编辑器"环境中。

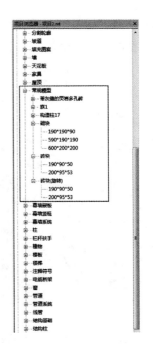

图 9-3 通过"项目浏览器"
查看项目中的族

（3）同样对于已放置在绘图区中的族，单击该族，可以在功能区中激活的"修改"选项卡点击"编辑族"，同样可以进入"族编辑"环境中。

【提示】 用上述三种方法适用于可载入族，对于系统族则无法通过"族编辑器"进行修改，用户只能在项目中修改，删除及其创建系统族的族类型。

2. 编辑项目中的族类型

有两种方式对族类型进行编辑，如下：

（1）打开一个项目文件（.rvt），在"项目浏览器"中选择需要修改的族类型，双击该族类型，或者单击该族类型，右击，出现快捷菜单，选择"类型属性"，进入"类型属性"对话框。

在"类型属性"对话框中，单击"载入"按钮，可以载入该族相同类别的族。点击"复制"按钮，即可基于当前族类型创建一个新的族类型。点击"重命名"即可为当前族类型进行重命名。

（2）如果该族已经被放置在绘图区域中，单击选中该族，进入"属性"对话框，单击"编辑类型"按钮，也将打开"类型属性"对话框。

【提示】 当用户想选择某个族类型的所有实例，可以在绘图区点击该族后右击鼠标或在"项目浏览器"中选择该族类型后右击，在出现的快捷菜单中选择"选择全部实例"，选择"在视图中可见"或"在整个项目中"，在选择后，这些实例都将在绘图区域中显示出来。

9.2 文件夹结构与命名规范

9.2.1 文件夹结构

为了方便对族的管理，建议用户可以参照族类别对族进行分类，建立一级目录。在一级目录下对该族类别进行相应分类，如"窗"文件夹下包括"普通窗""装饰窗"等不同类型族文件。而对于族数量及种类比较多的族，可以相应建立子目录。可根据族的用途、材质等进行分类，同样为了方便使用和管理族，对应的子目录不应过多。

9.2.2 族文件的命名

用户应对族及其嵌套族以一定命名规则进行命名，命名应准确、明晰，如将族运用于某个具体项目中，应结合项目图纸进行命名。

对于有多个同类族时，可以根据族的特征命名，如"平开门""推拉门"；当具有相同特征时，可以添加阿拉伯数字尾注，用户应将尽量使用前一种命名规则。

9.2.3 族类型的命名

族类型的命名主要用于突出个类型之间的区别，包括尺寸、材质、样式、形状等，以窗为例，可以有"900mm×1200mm""1200mm×1200mm"等，也可有"带贴面"和"不带贴面"等。

功能级模型单元命名：一级系统（或专业）-二级系统（选填，可不填）-三级系统-子系统编号；给排水系统-给水系统（选填，可不填）-热水系统-（R1）；P-GS-RSXT（选填，可不填）-R1。

构件级模型单元的命名：建筑结构：系统或专业_模型单元类型-模型单元名称-实例编号或图纸_材质_尺寸_位置；结构_结构梁-地梁-1-DL1_C30_300×600_地下室。

机电：系统或专业_模型单元类型-机电管道模型单元名称-子系统编号_材质_连接方式_尺寸_位置；给排水_给排水管道-消防管道-XF_内外壁热浸镀锌钢管_卡箍_DN150_地下室。

9.2.4 族参数的命名

用户在建立族的过程中，为了方便族的使用，需要添加相应族参数，即在使用过程中根据需要对族进行相应的修改，如族的材质、尺寸等。对此用户应根据该参数的特征进行相应的命名，如"宽度""材质"等。当用户为族添加相应的参数时，选定相应参数类型，系统将自动选择相应的"参数分组方式"，如"参数类型"为材质，则对应的"参数分组方式"为"材质和装饰"。一般而言，建议用户选择默认的分组方式，方便后面查改。

对于一些辅助参数，即在创建使用过程中，用户很少或不需要去修改的参数，一般通过公式将其他参数关联起来，对此类参数，可以根据相应特征命名，其"参数分组方式"宜选"其他"。还有一些参数类型通过选定来控制图形的显示方式，其"参数分组方式"宜选择"图形"。

9.3 族文件知识产权管理

Revit 的族由于 Revit 本身并不提供加解密方法，而且当一个 Revit 模型被分发之后，该模型所包含的所有族实际上都事实上"开源"了，因为拿到该模型的设计师可以很方便地将模型中的所有族另存为族文件。因此要做到完整意义上的加密实际上是一个复杂而十分绕弯的事。这里讲两个思路的族加密。

　　第一个思路就是在族中加作者信息，也就是俗称的打水印。当然打水印也有两个层级，一种是隐性的，即打开 Revit 族时是看不见有传统意义上的水印的；另一种是显性的，即打开 Revit 族可以看到传统意义上的水印。后一种方法虽然可以使用 Revit 插件自动打水印，但是在原生程序不支持的情况下很容易被删除修改，意义不大。这里主要讲一下第一种方法，Revit API 为开发者给 Revit 元素添加自定义数据提供了一个方法，那就是 ExtensibleStorage，开发者可以通过 Element 的 GetEntity/SetEntity 方法来读取或写入自定义数据。由于读取或修改需要正确的 Schema，因此开发者可以通过使用 ExtensibleStorage 将 Revit 族作者信息写入 Revit 族中。除非作者自己，其他人是无法知道正确的 Schema 的，因此也无法修改写入族中的作者信息。

　　第二个思路就是真正的加密。大致的思路就是对自己创建的 Revit 族进行加密变成另一个文件格式，该文件格式不能通过 Revit 直接打开，需要用族作者提供的 Revit 插件进行加载，该插件会先对加载的特殊文件进行解密，然后将解密后的文件加载进 Revit 模型。为了防止使用者另存或导出族文件，还需要响应应用程序的 DocumentSaving、DocumentSavingAs、FileExporting 等事件，以确保族文件不会被导出为标准的 Revit 文件格式。同时还需要将 Revit 模型文件本身也进行加密，否则标准格式的 Revit 模型被发布后，其中的族文件仍然可以自由另存使用。